Jean-François Sirinelli

Intellectuels et passions françaises

Manifestes et pétitions
au XXᵉ siècle

Gallimard

Jean-François Sirinelli, né en 1949, est professeur d'histoire contemporaine à l'université de Lille-III. Ses recherches portent sur l'histoire politique et socioculturelle de la France au XXe siècle, ainsi qu'en témoignent notamment son livre très remarqué *Génération intellectuelle. Khâgneux et normaliens dans l'entre-deux guerres* (Fayard, 1988) et la grande *Histoire des droites en France* (t. I : *Politique*, t. II : *Cultures*, t. III : *Sensibilités*) publiée sous sa direction aux Éditions Gallimard en 1992. La partie chronologique du premier volume (*Politique*) a paru dans la même collection (Folio Histoire, n° 63) sous le titre *Les droites françaises. De la Révolution à nos jours*. Il a publié récemment *Deux intellectuels dans le siècle, Sartre et Aron* (Fayard, 1995).

À mon père

AVANT-PROPOS

En 1977, Jean-Paul Sartre, septuagénaire depuis deux ans, est malade et souffre de surcroît d'une quasi-cécité. Or, notera Simone de Beauvoir en 1981, dans *la Cérémonie des adieux*, « cette année-là, comme les autres années, il a signé beaucoup de textes, qui ont tous paru dans *le Monde* : le 9 janvier, un appel en faveur de *Politique-Hebdo* qui était en difficulté ; le 23 janvier, un appel contre la répression au Maroc ; le 22 mars, une lettre au président du tribunal de Laval pour soutenir Yvan Pineau, inculpé pour avoir renvoyé son livret militaire ; le 26 mars, une protestation contre l'arrestation d'un chanteur au Nigeria ; le 27 mars, un appel pour les libertés en Argentine ; le 29 juin, une pétition adressée à la conférence de Belgrade contre la répression en Italie ; le 1er juillet, une protestation contre l'aggravation de la situation politique au Brésil [1] ».

1. Simone de Beauvoir, *la Cérémonie des adieux*, Gallimard, 1981, p. 133 (sauf indication contraire, le lieu d'édition des ouvrages signalés en note est Paris). Le texte du 29 juin protestait plus précisément contre la répression qui se serait alors exercée « contre les militants ouvriers et la dissidence intellectuelle en lutte contre le compromis historique ».

Rude semestre, en vérité ! Et d'autant plus chargé que, vérification faite, si certaines des pétitions relevées par Simone de Beauvoir – celles des 9 janvier, 22 et 26 mars – n'ont pas été publiées dans *le Monde* mais probablement dans d'autres titres de la presse française, un dépouillement du quotidien du soir permet de constater que Jean-Paul Sartre y signa durant le même semestre d'autres textes encore : le 2 février, un appel en faveur d'un Soviétique militant des droits de l'homme interné dans un hôpital psychiatrique, les 3-4 avril, un appel au général Videla à propos de la disparition d'un universitaire argentin, les 8-9 mai, un manifeste « contre une Europe capitaliste germano-américaine », le 27 mai, une dénonciation du « revirement » des partis de gauche sur l'armement nucléaire, le 1er juin, une lettre collective adressée à l'ambassade de Pologne à Paris et protestant contre des arrestations à Varsovie, les 12-13 juin, un appel stigmatisant la « duperie » de l'élection du Parlement européen au suffrage universel, le 17 juin, enfin, une pétition en faveur d'étudiants thaïlandais emprisonnés.

On aurait tort pourtant de sourire devant une activité pétitionnaire que le temps écoulé depuis n'a pas forcément toujours rétrospectivement bonifiée. Car il y a bien là, assurément, un bel objet d'histoire. Certes, le cas Sartre est, dans ce domaine des pétitions, un indicateur d'intensité qu'il convient de pondérer. En ce premier semestre 1977, en effet, l'écrivain continue sur la lancée d'une pratique dont il fut le champion absolu après 1945 : d'octobre 1946 à octobre 1958, il est le plus prolixe des signataires de pétitions publiées ou affleurant dans *le Monde*, avec 28 signatures sur 125 textes recensés, devant Claude Bourdet, François Mauriac, Jean-Marie Domenach et Jean Cassou, qui apposèrent pour leur part entre 22 et 20 signatures ; et, à l'époque de la République gaullienne, entre l'automne 1958 et le printemps 1969, il demeura en tête, cette fois devant Laurent Schwartz. Il n'empêche : à travers ce cas Sartre, ce sont une pratique dense du milieu intellectuel tout entier et « une des formes les plus caractéristiques [1] » de son activité politique qui questionnent ici l'historien.

LES INTELLECTUELS
EN LEURS MANIFESTES

C'est bien des intellectuels français, en effet, qu'il va être question dans ce livre. L'époque est révolue où le chercheur, intimidé, se tenait à l'écart de l'étude de ces intellectuels, sujet presque tabou car d'histoire proche et à forte teneur idéologique. Et une nouvelle conjoncture, sans aucun doute, a joué pour dissiper cette timidité. Car ce n'est pas une coïncidence si l'historien marqua moins d'hésitation à investir ce champ d'investiga-

---

1. René Rémond, « Les intellectuels et la politique », *Revue française de science politique*, IX, 4, décembre 1959, p. 864. Désignant ces textes collectifs, une distinction est faite le plus souvent entre *pétitions* et *manifestes* : les premières sont adressées à une « autorité », note le *Petit Larousse*, les seconds n'ayant pas forcément de destinataire, sinon l'opinion publique, nationale ou internationale. En outre, souvent, une pétition induit les notions de requête ou de protestation, tandis que le manifeste évoque plutôt une forme de déclaration de principe. Dans la pratique, la distinction est parfois ténue entre ces deux catégories de textes collectifs.

tion à partir des années 1970, au moment précisément où la cléricature, nous le verrons, était entrée
dans une phase d'ébranlement puis de désarroi ;
c'est donc bien quand l'intellectuel a commencé à
descendre du trône qui avait été le sien que son
histoire a pu devenir une histoire en majesté. Tout
comme Marc Bloch adjurait les spécialistes de la
Révolution française par un vigoureux « Robes-
pierristes, antirobespierristes, nous vous crions
grâce ; par pitié, dites-nous simplement : quel fut
Robespierre ? », il devenait désormais possible de
poser la même question pour Jean-Paul Sartre, en
historien, sans être accusé de terrorisme... intellectuel par l'un ou l'autre des camps – parfois encore –
en présence et sans être sommé de rendre rétroactivement la justice entre Sartre et Camus ou
Sartre et Aron. L'automne des maîtres à penser fit
donc le printemps des historiens des clercs [1].

Cette évolution est, à coup sûr, bénéfique. Trop
longtemps, le terrain a été occupé par une littérature endogène, faite d'autodéfinitions, d'auto-
proclamations, d'autojustifications ou d'autocri-
tiques, voire d'autoflagellations. Ce « salon de
l'auto » n'avait guère de rapport avec une approche scientifique et sereine de l'histoire des clercs.
Or une telle approche distanciée était seule
capable de répondre à ces deux questions essentielles : les intellectuels dans le siècle ont-ils pesé
sur l'événement et donc sur notre histoire natio-

---

1. Cet aspect de conjoncture idéologique s'intègre dans un
contexte plus large de déblocage de l'histoire des intellectuels : je
me permets de renvoyer sur ce point – ainsi que sur les problèmes
de définition – à mon étude, « Les intellectuels » (*Pour une histoire
politique*, sous la direction de René Rémond, Le Seuil, 1988).

nale ? Et ce rôle, si rôle il y eut, a-t-il été étale ou au contraire croissant ?

Les réponses à de telles questions sont d'autant plus difficiles à formuler que cette histoire des clercs en politique n'est pas déformée seulement par le prisme des autoreprésentations, mais aussi par les jeux de miroirs des visions partisanes. L'une, épique et éthique, a fait des intellectuels les paladins des grandes causes du siècle ; l'autre, inverse et polémique, les a souvent présentés comme des don Quichotte irresponsables et versatiles – et de surcroît dangereux puisque suivis d'innombrables Sancho Pança –, levains d'agitation sociale et ferments de dissolution nationale. Se sont ainsi forgées, par exemple, deux visions bien tranchées de l'intellectuel de gauche : ange gardien de la conscience française pour les uns, il aurait fréquemment sauvé l'honneur, et sa traversée du siècle serait jalonnée d'affaires Dreyfus où le bon camp aurait été chaque fois évident ; inversement, ce clerc, aux yeux de la droite, aurait eu la démarche hésitante des drogués de *l'opium des intellectuels* et aurait connu des engagements enivrants suivis de réveils douloureux mais pas forcément dégrisés. De surcroît, l'image des intellectuels, non plus seulement aux yeux des clercs de l'autre camp mais au miroir d'une opinion publique parfois perplexe ou réservée, voire hostile, a été souvent brouillée : individuelle, leur intervention tiendrait de la lubie ; collective, elle revêtirait l'aspect malfaisant du lobby.

Entre légende noire et légende dorée, entre lubies et lobbies, il est pourtant possible à l'historien de faire son métier en conscience, de dépasser ces jeux de miroirs déformants ou brisés, et de tenter en particulier d'évaluer ce que furent le rôle et l'influence de ces intellectuels. Et tout cela notamment en établissant la courbe de leur participation à la vie de la cité. Car il existe bien une histoire cyclique des intellectuels, rythmée par plusieurs paramètres : entre autres, l'amplitude de leur intervention et l'évaluation des rapports de forces droite-gauche en leur sein.

Globalement, cette amplitude a été croissant. L'historien des clercs se trouve en face de ce que ses collègues d'histoire économique appelleraient un *trend* – une tendance « lourde » – séculaire. Avec, il est vrai, au sein de cette orientation générale, des cycles plus courts. On observe en effet des phases d'intensité plus forte dans les temps de secousses de la communauté nationale. Dans ce constat réside, du reste, l'autre raison d'être de ce livre. Autant qu'une histoire des intellectuels en leurs pétitions, cette étude se veut aussi une histoire du XXe siècle français, ou, plus précisément, de ses moments de forte houle. En d'autres termes, et pour paraphraser le titre d'un ouvrage de l'historien britannique Theodore Zeldin, il y a là une approche possible de l'histoire des « passions françaises ». Car l'étude des manifestes et pétitions de clercs, on le verra, peut fournir un sismographe de certaines de ces passions, à condition d'en pondérer les indications.

IDÉES, CULTURES, MENTALITÉS

En fait, l'histoire des intellectuels mérite une large place au sein de l'histoire politique, branche

historiographique actuellement en pleine reviviscence. Si l'on considère celle-ci comme une
approche globale des comportements individuels
ou collectifs qui rythment ou sous-tendent la vie de
la cité, un triple registre doit être, me semble-t-il,
analysé : les grandes idéologies, les cultures politiques, et les systèmes de représentations et de
valeurs. Car l'histoire du politique est bien tout à la
fois une histoire des comportements et des sensibilités, des cultures et des idées. À condition, toutefois, de ne pas réduire le politique à l'expression du
vote, mais de l'élargir au contraire aux divers mouvements sociaux, qu'une sorte de Yalta tacite avait
exclus du champ du politique et réservés à l'histoire dite sociale. Non, bien sûr, qu'il s'agisse de
dépouiller les histoires sœurs et voisines, ni de
dénier leur légitimité et leur fécondité aux démarches historiques privilégiant d'autres approches
que celle du politique et d'autres hiérarchies dans
la grille d'explication. Mais la richesse de l'histoire
politique reste bien sa vocation à tenter d'analyser
des comportements collectifs divers, du vote au
mouvement d'opinion, et d'exhumer, à des fins
explicatives, tout le socle : idées, cultures et mentalités.

Dans cette perspective, l'histoire des intellectuels – et notamment à travers ces manifestations
collectives que sont les pétitions et manifestes – est
précieuse. S'y pose, en effet, le problème de la
circulation idéologique depuis la stratosphère des
grandes idéologies jusqu'à l'humus des mentalités. Comment les « idéologies » imprègnent-elles
– éventuellement – les grands débats à une date
donnée ? Quels sont les rapports entre ces idéolo-

gies et les cultures politiques qui nourrissent à cette date le débat civique et la vision du monde de ces acteurs importants que sont les partis ? Mais quelles sont aussi les représentations et les sensibilités qui parcourent une communauté nationale, et y a-t-il osmose ou au contraire imperméabilité avec les deux niveaux supérieurs [1] ?

Entre le chœur des clercs et la pièce pleine « de bruit et de fureur » qu'est, par périodes, l'histoire nationale, se sont tissés des rapports complexes, dont l'observation touche au cœur du politique et qui fait de l'histoire des intellectuels une fenêtre ouverte sur bien des aspects fondamentaux de notre histoire nationale.

OBSERVATOIRE ET SISMOGRAPHE

Certes, sur cette histoire des intellectuels, le temps des premières tentatives de synthèse est venu [2]. Celles-ci resteront toutefois pour l'instant forcément incomplètes, car, si le chantier est ouvert, les recherches sont loin d'être toutes terminées, et d'autres attendent toujours leur historien. Dans cette campagne de fouilles, l'une des approches possibles est précisément celle des pétitions.

De fait, une telle approche permet d'installer un

1. J'ai déjà proposé cette approche ternaire des phénomènes politiques dans « Les intellectuels », *op. cit.*, et dans « Génération et histoire politique », *Vingtième siècle. Revue d'histoire*, 22, avril-juin 1989. Pour l'étude des « mentalités » dans l'histoire de la France contemporaine, et pour leurs rapports avec les cultures politiques, cf. l'œuvre, essentielle et pionnière, de Maurice Agulhon.

2. *Cf.* Pascal Ory et Jean-François Sirinelli, *les Intellectuels en France, de l'Affaire Dreyfus à nos jours*, Armand Colin, 1986.

observatoire et de mettre en place un sismographe.
L'observatoire est celui des structures de sociabilité des clercs. La conviction de l'auteur [1], en effet,
est que trois outils, notamment, sont précieux
pour faire l'histoire de ces clercs : l'étude d'*itinéraires*, la mise en lumière de *générations* et celle des
structures de *sociabilité* – que le langage courant
appelle communément « réseaux » – du milieu
intellectuel. Les deux premiers axes ont déjà été
largement utilisés dans un précédent ouvrage
consacré à la génération normalienne et khâ-
gneuse née avec le siècle et dont les membres, à
partir d'une matrice pacifiste, connurent dans les
années 1930 et sous l'Occupation des itinéraires
contrastés [2]. Dans cet ouvrage étaient également
étudiés certains réseaux de sociabilité – ainsi le
microcosme des élèves d'Alain – et leur préhistoire, au moment où se nouaient, en milieu étudiant, des solidarités d'âge et d'études.

Mais si l'examen de ce milieu étudiant est propice à l'étude de certaines structures de sociabilité,
d'autres approches peuvent également y contribuer. L'histoire des maisons d'édition, notamment, doit permettre de faire apparaître les liens
complexes qui se tissent en leur sein et autour
d'elles : les structures endogènes – le comité de lec-

1. *Cf.* Jean-François Sirinelli, « Le hasard ou la nécessité ? Une
histoire en chantier : l'histoire des intellectuels », *Vingtième siècle.
Revue d'histoire*, 9, janvier-mars 1986. Le mot *sociabilité* est
emprunté à Maurice Agulhon, qui l'utilisa avec la fécondité que
l'on sait pour d'autres milieux que celui des intellectuels. Ma
conviction est que la notion de sociabilité est particulièrement
opératoire, dans le sens que je lui donne ici, pour l'observation du
milieu intellectuel.

2. *Cf.* Jean-François Sirinelli, *Génération intellectuelle. Khâgneux
et normaliens dans l'entre-deux-guerres*, Fayard, 1988.

ture, par exemple, facteur d'intégration aussi bien
que d'exclusion – tout autant que les couronnes
extérieures constituées par les auteurs, et les rapports entre les deux[1]. De même, les comités de
rédaction des revues sont, pour le chercheur, en
même temps que l'étalon d'une « histoire des pul-
sions, fondée sur la naissance et le rayonnement
de [ces] revues[2] », un balcon offrant une vue
imprenable sur la sociabilité des intellectuels. Et il
apparaît bien, après inventaire, que l'étude des
pétitions constitue elle aussi un observatoire précieux pour localiser, à une date donnée, les
champs de forces qui structurent et polarisent la
société intellectuelle française. C'est donc également du « fonctionnement » même de cette
société – ou microsociété –, avec ses rouages et ses
microclimats, qu'il sera question ici.

Mais ce n'est là que l'une des raisons qui
conduisent à prêter intérêt à ces manifestes et pétitions. D'autres raisons existent, qui ne sont pas
moindres. Tout autant qu'un observatoire ayant
vue rétrospective sur certaines structures de sociabilité des clercs, cette histoire des pétitions se veut
un sismographe permettant de saisir les ondes et
les frémissements ayant parcouru cette société
intellectuelle française au fil du siècle. Et nous
retrouvons le double objectif, déjà signalé, que
s'assigne ce livre : faire, sous un angle particulier,

1. *Cf.* par exemple la précieuse masse documentaire fournie, sur
le personnage éponyme mais aussi sur la mouvance peu à peu
constituée autour de lui, par le *Gaston Gallimard* de Pierre Assouline, Balland, 1984.
2. M. Decaudin, « Formes et fonctions de la revue littéraire au
xxᵉ siècle », *in Situation et avenir des revues littéraires*, Nice, 1976,
p. 19.

l'histoire des clercs français en politique, tout en contribuant dans le même temps à l'étude des grandes houles qui ont agité la communauté nationale depuis la fin du siècle dernier.

À condition toutefois de pondérer les indications du sismographe. Car trois mises au point, dans les deux sens de l'expression, s'imposent d'emblée. D'abord, on le verra, les pétitions et manifestes, s'ils traduisent le plus souvent une phase de trouble de la conscience civique et un moment de division des esprits, ne reflètent pas toujours pour autant l'ensemble du débat. Rares sont, en fait, les véritables batailles de pétitions, exemples chimiquement purs de crises orchestrées par les clercs, qui se font alors les hérauts des deux camps en présence et leur fournissent l'argumentaire, en explicitant les enjeux. Assurément, ces batailles seront étudiées dans ce livre, et leurs échos ont souvent laissé une trace jusqu'à nos jours dans la mémoire des clercs. Mais, dans d'autres cas, force sera de constater que la pétition ou le manifeste ne reflétait que les protestations ou les harangues d'un seul camp. Ce qui n'enlève rien à l'intérêt de leur étude, l'éclat de verbe ainsi étudié étant par lui-même objet d'histoire et reflétant une crise ou un débat qui prit d'autres aspects, de l'éclat de voix parlementaire à l' « émotion populaire » sous des formes diverses.

Cet aspect souvent unilatéral de la pétition – par essence, du reste – a une autre conséquence, imposant une seconde pondération ou, pour le moins, une interrogation. Est-on autant pétitionnaire sur les deux versants de l'intelligentsia ? Ou bien la gauche en constitue-t-elle, de ce point de vue, l'adret, davantage exposée par des pétitions plus nombreuses ? Ou encore, pour poser la question autrement, doit-on considérer que les pétitions sont un phénomène endémique à gauche [1] et seulement épidémique à droite ? Outre qu'une telle question ne peut être posée en postulat, qui enlèverait à cette étude l'une de ses raisons d'être, elle rend de toute façon, à supposer même qu'elle soit fondée, la pondération délicate. La droite intellectuelle serait-elle moins pétitionnaire tout simplement parce que son importance s'étiolerait au fil des décennies ? En d'autres termes, sa force de frappe s'affaiblirait-elle à mesure qu'elle aurait perdu elle-même de sa substance ? Ou bien cette droite intellectuelle serait-elle, par sensibilité, par héritage historique ou en fonction de la représentation qu'elle a de son rôle, moins encline à ce type d'expression ? Dans la première hypothèse, les oscillations relevées constituent un électro-encéphalogramme précis du milieu intellectuel, au sein duquel la droite a connu un incontestable affaissement après 1945 : la pondération droite-gauche ne s'y imposerait pas, étant entendu que la différence d'excitabilité pétitionnaire des deux hémisphères serait une donnée structurelle, au moins après 1945. Dans la seconde hypothèse, au contraire, les indications de l'électro-encéphalogramme sont à

---

1. À tel point, du reste, que l'activité pétitionnaire est parfois présentée à droite comme une sorte de dérive perpétuelle des incontinents de la plume. Et le pétitionnaire – forcément de gauche – ne peut être, dès lors, qu'un triste sire. Après les réactions entraînées par son utilisation du terme « détail » à propos des chambres à gaz, Jean-Marie Le Pen s'en prit aux « professionnels des droits de l'homme, ligueurs de l'antiracisme, pétitionnaires de gauche, ministricules en mal de renommée » (*cf.* par exemple *le Figaro* des 19-20 septembre 1987, p. 8).

pondérer afin de ne pas minimiser l'activité du versant droit du paysage intellectuel.

En tout état de cause, dans tous les cas de figure,
l'étude des pétitions débouche sur un tracé dont
les coordonnées sont à la fois chronologiques
– l'évolution dans le temps – et d'intensité à une
date donnée. Ce constat, toutefois, débouche sur
un troisième problème d'évaluation. L'histoire des
clercs en leurs manifestes n'est pas un simple
miroir des tensions et des conflits de la communauté civique. Certes, on le verra, manifestes et
pétitions reflètent l'histoire des crises françaises.
Mais les intellectuels amplifient certaines de ces
crises, en minimisent d'autres, infléchissent le
cours de quelques-unes et sont sans effet sur
d'autres encore. Le miroir est donc précieux mais
déformant. Ou, pour filer à nouveau la métaphore,
l'électro-encéphalogramme du milieu intellectuel
renseigne sur certaines palpitations de la communauté nationale, sans pour autant être en phase
totale avec l'électrocardiogramme de cette société.

UNE DÉMARCHE IMPRESSIONNISTE ?

Cette histoire des grands manifestes et des pétitions s'inscrit aussi, on l'a dit, dans une démarche,
poursuivie par l'auteur, de contribution à une histoire des intellectuels dans le siècle, et notamment
à leur histoire politique. Se pose dès lors le problème de leur *influence*.

Celle-ci n'est évidemment pas à évaluer en
termes électoraux. La structure partisane et son
débouché électoral n'ont jamais constitué un

champ d'influence des clercs sur la communauté civique. Les rares partis à forte armature intellectuelle n'ont jamais passé la barre statistique. Sans même évoquer ici le PSU, le RDR (Rassemblement démocratique révolutionnaire) fut un exemple chimiquement pur de parti issu de l'intelligentsia. Malgré de prestigieuses cautions – Sartre notamment –, le résultat fut piteux : « Il nous faut cinquante mille adhérents à Paris dans un mois », proclamaient avec superbe les clercs fondateurs en 1948 ; dix-huit mois plus tard, le RDR avait deux mille membres pour la France entière.

Poser le problème en termes de groupe de pression électoral est d'autant plus vain que cette cléricature constitue un groupe social aux contours flous, et demeuré longtemps peu étoffé. Mais, précisément, ce « petit monde étroit [1] » qui, par la plasticité de ses frontières et la maigreur de ses effectifs, décourage l'analyse quantitative peut se prêter à une approche davantage « impressionniste ». Tel est le cas notamment de l'approche par les pétitions. À condition toutefois de bien avoir conscience que l'on ne saisit ainsi que des effectifs encore plus maigres. Souvent, en effet, ces pétitions constituent un phénomène aristocratique, la « basse intelligentsia », pour employer une terminologie debraisienne [2], n'étant guère conviée aux duels des manifestes, sauf quand ceux-ci débouchent sur de véritables guerres de pétitions. L'infanterie redevient dans ce cas la reine des

---

1. La formule est de Jean-Paul Sartre, au lendemain de la mort d'Albert Camus (*France Observateur*, 7 janvier 1960, repris dans *Situations VI*, Gallimard, 1964, p. 16).
2. *Cf.* Régis Debray, *le Pouvoir intellectuel en France*, Ramsay, 1979.

batailles, et la plèbe, alors mobilisée, monte en ligne.

La maigreur statistique de la plupart des listes de pétitionnaires n'interdit pas pour autant – et c'est le dessein de ce livre – leur usage comme instruments d'investigation historique. Mais il importe de bien définir la nature du corpus traité. Avant ce lever de rideau que constitue l'affaire Dreyfus, quatre dernières précisions s'imposent à cet égard. Tout d'abord, l'étude ne se veut pas exhaustive. Nombre de pétitions n'ont pas été retenues, et ce pour plusieurs raisons. D'une part, un corpus intégral est probablement irréalisable, du fait de la porosité des limites de l'objet étudié : à partir de quelle proportion de clercs parmi les signataires peut-on parler d'un texte d'intellectuels ? D'autre part, au sein même du large corpus que nous avons constitué au fil de cette recherche, nous avons opéré, au moment de la rédaction, des coupes claires. Car, répétons-le, une pétition n'est significative que replacée dans un contexte historique, et on ne lui fait donner tout son suc qu'à cette condition. Du reste, même ainsi entendue, la démarche prête encore le flanc à la critique. Les pétitions retenues sont en effet, à nos yeux, de véritables « boîtes noires » que l'historien ouvre après coup pour évaluer l'ampleur des effets d'un « événement » au sein d'une communauté nationale ou l'amplitude d'une crise la parcourant. Dès lors, ce ne sont pas quelques pages mais un chapitre entier que requerrait chacun de ces textes. L'auteur formule le souhait que les spécialistes de chacune des périodes traversées n'entendent pas ces approches successives comme autant d'études exhaustives. Tels ne sont pas l'esprit et le propos de l'entreprise.

De même, on ne conclura pas trop vite que les choix opérés sont arbitraires. Ces choix ont été longuement pesés, dans cette optique de double contribution à l'histoire des intellectuels et à celle du XXe siècle français. L'auteur les assume et les a faits en connaissance de cause. Il a toutefois pleinement conscience que d'autres textes auraient aussi eu leur place dans cette étude.

Il mesure également une autre conséquence induite par cette absence d'exhaustivité. Un tel parti pris interdisait *de facto* des études de fréquence. Fréquence des signataires comme des termes. Et telles sont bien les deux précisions terminales que l'on doit ici au lecteur. S'il est possible de proposer des statistiques à partir de corpus très précis – ainsi Sartre, on l'a vu, dans les pétitions publiées ou répercutées par *le Monde* –, une telle démarche présentée en termes absolus serait scientifiquement peu sérieuse. D'autant que les listes de noms publiées, à supposer même que l'on puisse toutes les localiser et les recenser, ne le sont pas toujours sous une forme intégrale. À nouveau, il faut plaider ici pour une certaine dose d' « impressionnisme ».

Pour les mêmes raisons, il ne saurait être question de proposer une étude lexicographique. Outre que celle-ci n'est pas au cœur des deux préoccupations premières de la démarche – le sismographe et l'observatoire –, elle n'aurait, en tout état de cause, sa raison d'être que rapportée à des pétitions plus nombreuses. Ce qui ne signifie pas pour autant que l'étude qui suit néglige totalement le vocabulaire. Bien au contraire, on le verra. Mais on ne trouvera pas ici une étude de la « parole pétitionnaire » comme Marc Angenot a pu la mener pour la « parole pamphlétaire », à partir d'un corpus de textes polémiques, pamphlets et satires [1].

*

Pour finir, on permettra à l'auteur de parler – une seule fois – de lui. La génération à laquelle j'appartiens n'entendit que les échos lointains et déjà assourdis du second conflit mondial, et son éveil ne se passa pas non plus, chronologiquement, sous le signe de l'Algérie. De ce fait, cette génération d'historiens a un rapport au passé préquinto-républicain sans passions, ce qui ne veut pas dire sans convictions.

Au reste, la corporation historienne n'a pas attendu cette nouvelle strate de chercheurs pour estimer et pour démontrer qu'il était possible de faire une histoire du temps proche offrant toutes les garanties de rigueur et de sérieux. Dès lors, pourquoi une telle déclaration de principe ? En fait, pour cette raison évidente mais qu'il faut à nouveau rappeler : l'histoire des clercs est, par essence, une histoire à forte teneur idéologique ; de surcroît, s'y lit en filigrane un récit des grandes passions françaises. Aussi le chercheur, s'il baisse sa garde dans l'exercice de son métier, risque-t-il, consciemment ou inconsciemment, de céder la place au moraliste. Dans ce cas, que d'empoignades en perspective sur l'histoire proche, entre historiens moralistes de droite et de gauche – deux espèces qui ne demandent qu'à proliférer, tant il

---

1. Marc Angenot, *la Parole pamphlétaire. Contribution à la typologie des discours modernes*, Payot, 1982.

est vrai qu'au fond de chaque historien il est, si l'on n'y prend pas garde, un moraliste qui sommeille.

Le danger ne doit pas interdire pour autant une *réflexion* sur les intellectuels dans le siècle, leur rôle, leur influence et, pourquoi pas, leur responsabilité. Et comme une histoire sereine ne signifie pas une histoire aseptisée, pourront affleurer çà et là des réticences ou des sympathies, des admirations ou des incompréhensions : subjectivité assumée est à moitié bridée.

Mais là n'est pas l'essentiel. L'historien, ici, entend, autant que faire se peut, s'effacer derrière le dossier présenté. Car tel est bien, au bout du compte, l'esprit qui préside à ce livre : l'historien n'a pas de juridiction, tout juste – éventuellement – une compétence, celle de rapporter les pièces d'un dossier. Celui des intellectuels dans le siècle est, certes, plein du fracas contemporain des événements et gros des polémiques ultérieures. Raison de plus pour le chercheur de ne se comporter ni en Fouquier-Tinville ni, inversement, en membre d'une cour d'appel instruisant les réhabilitations. L'auteur, on l'aura compris, souhaite que son étude suscite des débats. Mais qui porteraient moins sur ses convictions présumées que sur les pièces présentées dans les pages qui suivent.

CHAPITRE PREMIER

LEVER DE RIDEAU

Au commencement était l'affaire Dreyfus. Dans la mémoire du milieu intellectuel, l'acte fondateur de la geste des clercs est la signature de « J'Accuse... ! » par Émile Zola dans *l'Aurore* du 13 janvier 1898, acte soutenu le lendemain dans le même journal par un groupe d'écrivains et d'universitaires. Une initiative individuelle, donc, immédiatement suivie d'un texte collectif. Et, de fait, l'historien peut globalement ratifier cette représentation : la défense du capitaine Dreyfus a bien été, d'une certaine façon, le point de départ de l'aventure des intellectuels dans le xxᵉ siècle. À cette occasion, on va le voir, se sont dégagées trois des caractéristiques essentielles de leur intervention politique.

PÉTITIONS PRÉ-HISTORIQUES

Encore faut-il auparavant corriger quelques affirmations courantes qui sont autant d'idées reçues. D'une part, il est maintenant bien établi que le substantif « intellectuel » existait déjà avant cette extrême fin du siècle dernier et n'est donc pas né de l' « Affaire ». D'autre part, des intellectuels – ou leurs ancêtres, sous d'autres vocables – avaient, bien avant 1898, parfois joué un rôle politique. Enfin, si l'affaire Dreyfus marque bien l'émergence historique de ces intellectuels en tant que force collective, et notamment par leurs pétitions et manifestes, il existe toutefois une « préhistoire » de tels textes. Ainsi, onze ans avant l'entrée en scène de 1898, *le Temps* du 14 février 1887 avait publié un manifeste d' « écrivains, peintres, sculpteurs, architectes et amateurs passionnés de la beauté jusqu'ici intacte de Paris » hostiles à l'érection de la tour Eiffel. Le quotidien avait publié le texte en page 2, sous le titre : « Les artistes contre la tour Eiffel », avec ce chapeau lapidaire : « La protestation suivante se signe en ce moment dans Paris. »

À Monsieur Alphand [1]
Monsieur et cher compatriote,
Nous venons, écrivains, peintres, sculpteurs, architectes, amateurs passionnés de la beauté jusqu'ici intacte de Paris, protester de toutes nos forces, de toute notre indignation, au nom du goût français méconnu, au nom de l'art et de l'histoire français menacés, contre l'érection, en plein cœur de notre capitale, de l'inutile et monstrueuse tour Eiffel, que la malignité publique, souvent empreinte de bon

1. Le polytechnicien Jean-Charles Alphand, l'un des trois directeurs généraux de l'Exposition universelle de 1889, chargé des travaux.
N.B. Sauf quand elle était défaillante, on a conservé, dans les pétitions reproduites dans cet ouvrage, la ponctuation originelle.

sens et d'esprit de justice, a déjà baptisée du nom de « tour de Babel ».

Sans tomber dans l'exaltation du chauvinisme, nous avons le droit de proclamer bien haut que Paris est la ville sans rivale dans le monde. Au-dessus de ses rues, de ses boulevards élargis, le long de ses quais admirables, du milieu de ses magnifiques promenades, surgissent les plus nobles monuments que le génie humain ait enfantés. L'âme de la France, créatrice de chefs-d'œuvre, resplendit parmi cette floraison auguste de pierres. L'Italie, l'Allemagne, les Flandres, si fières à juste titre de leur héritage artistique, ne possèdent rien qui soit comparable au nôtre, et de tous les coins de l'univers Paris attire les curiosités et les admirations. Allons-nous donc laisser profaner tout cela ? La ville de Paris va-t-elle donc s'associer plus longtemps aux baroques, aux mercantiles imaginations d'un constructeur de machines, pour s'enlaidir irréparablement et se déshonorer ? Car la tour Eiffel, dont la commerciale Amérique elle-même ne voudrait pas, c'est, n'en doutez pas, le déshonneur de Paris. Chacun le sent, chacun le dit, chacun s'en afflige profondément, et nous ne sommes qu'un faible écho de l'opinion universelle, si légitimement alarmée. Enfin lorsque les étrangers viendront visiter notre Exposition, ils s'écrieront, étonnés : « Quoi ? C'est cette horreur que les Français ont trouvée pour nous donner une idée de leur goût si fort vanté ? » Ils auront raison de se moquer de nous, parce que le Paris des gothiques sublimes, le Paris de Jean Goujon, de Germain Pilon, de Puget, de Rude, de Barye, etc., sera devenu le Paris de M. Eiffel.

Il suffit d'ailleurs, pour se rendre compte de ce que nous avançons, de se figurer un instant une tour vertigineusement ridicule, dominant Paris, ainsi qu'une noire et gigantesque cheminée d'usine, écrasant de sa masse barbare Notre-Dame, la Sainte-Chapelle, la tour Saint-Jacques, le Louvre, le dôme des Invalides, l'Arc de triomphe, tous nos monuments humiliés, toutes nos architectures rapetissées, qui disparaîtront dans ce rêve stupéfiant. Et pendant vingt ans, nous verrons s'allonger sur la ville entière, frémissante encore du génie de tant de siècles, nous verrons s'allonger comme une tache d'encre l'ombre odieuse de l'odieuse colonne de tôle boulonnée.

C'est à vous qui aimez tant Paris, qui l'avez tant embelli, qui l'avez tant de fois protégé contre les dévastations administratives et le vandalisme des entreprises industrielles, qu'appartient l'honneur de le défendre une fois de plus. Nous nous en remettons à vous du soin de plaider la cause de Paris, sachant que vous y dépenserez toute l'énergie, toute l'éloquence que doit inspirer à un artiste tel que vous l'amour de ce qui est beau, de ce qui est grand, de ce qui est juste. Et si notre cri d'alarme n'est pas entendu, si nos raisons ne sont pas écoutées, si Paris s'obstine dans l'idée de déshonorer Paris, nous aurons du moins, vous et nous, fait entendre une protestation qui honore.

Dans la liste de signataires, on relevait notamment les noms du musicien Charles Gounod, de l'architecte de l'Opéra Charles Garnier, du peintre William Bouguereau, et des écrivains François Coppée, Leconte de Lisle, Guy de Maupassant, Victorien Sardou et Sully-Prudhomme. À ceux-ci et aux autres signataires le ministre du commerce Édouard Lockroy répondit en plaçant leur pétition dans... une vitrine de l'Exposition de 1889, en appelant ainsi à l'arbitrage de l'opinion publique. D'où une première confrontation entre les clercs en leurs manifestes et cette opinion publique. Dont les premiers – bien que la gerbe de leurs signatures ait été bien moins médiocre qu'on ne l'a dit par la suite – sortirent vaincus, si l'on considère le succès dès sa naissance de la « masse barbare ». La magistrature d'influence ne commençait pas sous d'heureux auspices.

À la fin de la même année, une pétition de cinquante-quatre écrivains publiée par *le Figaro* du mardi 24 décembre 1889, sous le titre « Une protestation », avait pris la défense de Lucien Descaves, inquiété par la justice pour son livre *Sous-offs* :

> Des poursuites sont intentées contre un livre, sur la demande du ministre de la Guerre, à la veille d'une discussion législative sur la liberté d'écrire. Nous nous unissons pour protester.
>
> Depuis vingt ans, nous avons pris l'habitude de la liberté. Nous avons conquis nos franchises. Au nom de l'indépendance de l'écrivain, nous nous élevons énergiquement contre

toutes poursuites attentatoires à la libre expression de la pensée écrite. Solidaires lorsque l'Art est en cause, nous prions le gouvernement de réfléchir.

Le registre, on le voit, restait apolitique, et la mise en avant de « l'Art », dans les attendus de la protestation, avait permis de réunir une large palette de signatures : celles, entre autres, d'Alphonse Daudet, Edmond de Goncourt, Jean Richepin, Paul Bourget, Georges de Porto-Riche, Georges Courteline, Abel Hermant et Séverine. Deux noms surtout illustrent rétrospectivement ce relatif œcuménisme : ceux de Maurice Barrès et d'Émile Zola. Un peu plus de huit ans plus tard, les deux hommes allaient, d'une certaine façon, incarner les deux camps intellectuels en présence au moment de l'affaire Dreyfus.

L'année même où se constituèrent ces deux camps, une statue de Balzac par Rodin, commandée par la Société des gens de lettres en 1891 puis refusée par ces derniers [1], fut une autre occasion pour quelques clercs de monter en ligne. Olivier Merson, critique d'art au *Monde illustré*, attaquera d'ailleurs ces « intellectuels » présentant une « nullité » comme « une merveille accomplie ». Ceux-ci, au rang desquels figuraient Octave Mirbeau et Toulouse-Lautrec, estimaient notamment que « l'ordre du jour voté par le comité de la Société des gens de lettres est sans importance au point de vue artistique » et encourageaient « de

---

1. Sur cette affaire, *Cf.* Judith Cladel, *Rodin, sa vie glorieuse, sa vie commune*, Grasset, 1936, et plus brièvement, Pierre Daix, *Rodin*, Calmann-Lévy, 1988, et Jean-Noël Jeanneney, *Concordances des temps*, Le Seuil, 1987.

toute leur sympathie l'artiste à mener à bonne fin son œuvre... exprimant l'espoir que, dans un pays noble et raffiné comme la France, il ne cessera d'être, de la part du public, l'objet des égards et du respect auxquels lui donnent droit sa haute probité et son admirable carrière... ».

Le Temps observera à la même époque : « Avant peu, il faudra être pour ou contre Rodin, comme il a fallu être pour ou contre Esterhazy » (5 mai 1898). La remarque est significative. D'une part, il est vrai que la plupart des personnalités favorables à Rodin avaient pris, en cette même année, des positions dreyfusardes. D'autre part, et plus largement, l'affaire Dreyfus s'était à cette date installée au cœur du débat civique, et les intellectuels y avaient joué rapidement leur partition.

LA FAILLE DE L'AFFAIRE DREYFUS

Partition d'orchestre, en fait. Telle est bien, en effet, la première caractéristique nouvelle qui se dégage de cette affaire pour ce qui concerne l'intervention politique des clercs : celle-ci fut collective, et la force de frappe des signatures apparut comme une arme nouvelle dans les arsenaux des affrontements franco-français. Certes, la pétition ne fut pas alors le seul mode d'intervention de ces clercs – il faudrait, par exemple, recenser les « lettres ouvertes » et les libelles –, mais c'est celui qui, semble-t-il, a frappé les contemporains et qu'a retenu la postérité. Le lendemain de la publication du « J'Accuse... ! » de Zola, *l'Aurore* du 14 janvier 1898 publie un court texte intitulé « Une protestation » :

> Les soussignés, protestant contre la violation des formes juridiques au procès de 1894 et contre les mystères qui ont entouré l'affaire Esterhazy, persistent à demander la révision.

Une titulature précise place en tête des signataires Émile Zola et Anatole France ; dans la première liste de ces signataires, apparaissent notamment les noms de Daniel Halévy, Charles Rist, Robert de Flers, Marcel Proust. Une rubrique de la liste présente des « agrégés de l'Université » – par exemple Lucien Herr, Charles Andler, Célestin Bouglé, Jean Perrin, Élie Halévy, François Simiand –, et deux autres alignent des « licenciés ès lettres » et des « licenciés ès sciences ».

Si la liste des signataires s'étoffa rapidement au fil des numéros, il convient de ramener leur texte à de plus justes proportions. Certes, ce « Manifeste des intellectuels » – c'est sous ce titre, qu'il n'avait pas, qu'il est souvent cité – joua un rôle de catalyseur non seulement chez les dreyfusards mais aussi chez leurs adversaires : dès le 1er février suivant, Maurice Barrès s'en était pris dans *le Journal* à « la Protestation des intellectuels », titre ironique relevé par un point d'exclamation. Mais il faut se demander si ce manifeste n'était pas essentiellement endogène, pièce d'un débat entre clercs plus qu'élément de cristallisation d'une polémique de dimension nationale. L'« Affaire », à coup sûr, aurait existé sans lui !

Ce point est fondamental. Car il convient de se demander également si, au bout du compte, son importance ne lui a pas été conférée rétroactivement et ne relève pas davantage du symbole et du point de référence – statut rétrospectif – que de la réalité d'un texte vraiment déterminant sur le moment. Nous verrons, de la même façon, que l'« Appel aux intellectuels » de février 1934 était inséré en page 2 du *Populaire*, texte noyé au sein d'autres prises de position. Là encore, le Front populaire aurait vu le jour sans lui. Ce qui ne signifie pas pour autant que, dans les deux cas, en 1898 comme en 1934, les deux manifestes n'aient pas eu un effet d'entraînement et, de ce fait, un rôle non négligeable.

De toute façon, là n'est sans doute pas l'essentiel. Dans les quelques lignes du texte du 14 janvier et dans la titulature de ses signataires se dessinaient déjà deux autres caractéristiques de l'intervention des clercs. D'une part, la bataille pour « la révision » et contre « les mystères » plaçait le combat en faveur d'Alfred Dreyfus sous le signe des grandes causes à majuscule, telles la Justice et la Vérité. D'autre part, les clercs s'estimaient habilités à défendre de telles causes en raison et au nom de leur qualité d'experts : les « licenciés » et « agrégés » estimaient pouvoir et devoir prendre parti sur un dossier judiciaire fondé sur des pièces écrites litigieuses. À huit ans de distance, le contraste est frappant avec le texte en faveur de Lucien Descaves. Les deux « protestations » n'ont en commun que le titre : l'une entendait défendre « l'Art », l'autre dissiper un « mystère » juridique. Le pas était donc franchi. Et le précédent de 1898 est, de ce fait, essentiel et gros de malentendus futurs : par une sorte de glissement, nombre de clercs penseront bientôt avoir vocation à trancher sur tous les points qui divisent la communauté civique. C'est au nom de l'entendement que les clercs de tous bords ont désormais, implicitement et parfois explicitement, revendiqué leur droit – et souvent, selon eux, leur devoir – à l'engagement, et justifié leur pouvoir d'influence.

Cette vocation à jouer un rôle dans le débat civique portait aussi en germe une division politique accrue du milieu intellectuel. Non que ce milieu ait été placé auparavant sous le signe de l'assentiment général. Comme au sein du corps civique, des sensibilités opposées s'y sont toujours, fort logiquement, développées. Mais l'affaire Dreyfus va matérialiser et agrandir la faille. Et là encore un manifeste fournit un repère et permet de jalonner l'histoire des clercs. Car à droite aussi on voudra se compter, à la même époque. C'est chose faite en octobre 1898. Trois agrégés, Louis Dausset, Gabriel Syveton et Henri Vaugeois, rédigent une pétition hostile au dreyfusisme :

> Les soussignés,
> Émus de voir se prolonger et s'aggraver la plus funeste des agitations,
> Persuadés qu'elle ne saurait durer davantage sans compromettre mortellement les intérêts vitaux de la Patrie française, et notamment ceux dont le glorieux dépôt est aux mains de l'armée nationale,
> Persuadés aussi qu'en le disant ils expriment l'opinion de la France,
> Ont résolu :
> De travailler, dans les limites de leur devoir

professionnel, à maintenir, en les conciliant avec le progrès des idées et des mœurs, les traditions de la Patrie française,

De s'unir et de se grouper, en dehors de tout esprit de secte, pour agir utilement dans ce sens par la parole, par les écrits et par l'exemple,

Et de fortifier l'esprit de solidarité qui doit relier entre elles, à travers le temps, toutes les générations d'un grand peuple [1].

De cette initiative naît, proposée et baptisée par Maurice Barrès, la Ligue de la patrie française. Vingt-deux académiciens, dont François Coppée, Jules Lemaître, Paul Bourget, Albert de Mun, José-Maria de Heredia, Albert Sorel et Ferdinand Brunetière, ont signé ce texte fondateur, ainsi que Charles Maurras, Maurice Barrès, Gyp, Jules Verne, Léon Daudet, et aussi Caran d'Ache, Degas, Renoir. Des universitaires sont également présents, mais en moindre nombre.

LA PÉTITION, ARME DE GAUCHE ?

La quinzaine d'années qui vont suivre verront la faille devenir une structure permanente du

1. Sur le contexte et sur les arrière-pensées des uns et des autres, *cf.* Jean-Pierre Rioux, *Nationalisme et conservatisme : la Ligue de la patrie française 1899-1904*, Beauchesne, 1977, p. 11. Au chapitre XI de la version dactylographiée de sa thèse, Christophe Charle a étudié les listes de signataires des grandes pétitions de l'affaire Dreyfus (*cf. Intellectuels et élites en France (1880-1900)*, thèse Paris-I, 1986, 2 vol.).

paysage : clercs « nationalistes » et « universalistes » vont s'opposer sur des points qui n'étaient pas forcément de leur compétence ou qui, tout au moins, ne leur étaient pas spécifiques : ainsi les débats autour du régime républicain, ou la question des rapports avec l'Allemagne. Encore ne faut-il pas pour autant exagérer la place de ces clercs dans la société française à cette date. Au moment où certains d'entre eux deviennent donc peu à peu les hérauts des luttes civiques, le milieu même dont ils sont issus reste encore un microcosme. Pour l'époque de l'affaire Dreyfus, Madeleine Rebérioux l'évalue en effet à « quelque trente mille personnes », et Christophe Charle à « à peu près dix mille personnes », en convenant qu'on « peut doubler ou tripler » ce chiffre si l'on élargit la définition [1].

Cela étant, et sans que ce soit contradictoire, cette cléricature est alors en nette augmentation, les deux auteurs susnommés s'accordant pour estimer qu'en un quart de siècle, de 1876 à 1901, le nombre des intellectuels a doublé. Et le mouvement ascendant va continuer. L'affaire Dreyfus se situe, par exemple, au cœur d'une période où le nombre des étudiants français double en quinze ans : ils sont 19 821 en 1891 et 39 890 en 1906 [2], le chiffre se stabilisant autour de 40 000

---

1. Madeleine Rebérioux, « Classe ouvrière et intellectuels », *in les Écrivains et l'affaire Dreyfus*, sous la direction de Géraldi Leroy, PUF, 1983, p. 186, et Christophe Charle, « Naissance des intellectuels contemporains (1860-1898) », *in Intellectuels français, intellectuels hongrois. XIIIe-XXe siècles*, sous la direction de Jacques Le Goff et Béla Köpeczi, Budapest, Akadémiai Kiado, Paris, Éditions du CNRS, 1985, p. 223.

2. Antoine Prost, *l'Enseignement en France*, Armand Colin, Coll. U, 1968, p. 230.

dans les années qui précèdent le déclenchement de la Première Guerre mondiale. Ces jeunes clercs, qui étaient à l'école primaire au tournant du siècle, reprennent-ils à leur compte, vers 1910, les débats de leurs aînés ? Ou, pour poser la question autrement, la faille décelée au moment de l'affaire Dreyfus court-elle quinze ans plus tard selon le même tracé à travers le monde étudiant, pépinière de futurs gens de plume et de verbe ?

Pour répondre à une telle question, l'approche par les pétitions est précieuse, car elle permet de contourner l'obstacle et le piège de l'« enquête d'Agathon ». Celle-ci est connue : les 13 et 20 avril, 11 mai, 1er, 15 et 29 juin 1912, dans l'*Opinion*, sous le pseudonyme d'Agathon, deux jeunes intellectuels nationalistes, Henri Massis et Alfred de Tarde, publient une étude sur « les jeunes gens d'aujourd'hui », éditée avec des annexes par Plon l'année suivante sous le même titre. Leur projet était de mettre en lumière quelques traits censés être ceux de la jeunesse des Écoles. Parmi ces traits, les auteurs insistaient notamment sur un regain de ferveur patriotique. Ainsi, « à la faculté de droit, à l'École des sciences politiques, le sentiment national est extrêmement vif, presque irritable. Les mots d'Alsace-Lorraine y suscitent de longues ovations, et tel professeur ne parle qu'avec prudence des méthodes allemandes, par crainte des murmures ou des sifflets ». Bien plus, précisaient Henri Massis et Alfred de Tarde, « on ne trouve plus, dans les facultés, dans les grandes écoles, d'élèves qui professent l'antipatriotisme. À Polytechnique, à Normale, où les antimilitaristes et les disciples de Jaurès étaient si nombreux naguère, à la Sorbonne même, qui compte tant d'éléments cosmopolites, les doctrines humanitaires ne font plus de disciples ».

« L'âme de toute une génération » palpitait-elle dans l'enquête, comme le déclara Albert de Mun après une rencontre avec les deux auteurs [1] ? Cette enquête, en fait, fut partielle et partiale [2], et ne concernait, dans le meilleur des cas, qu'un rameau de la classe d'âge décrite. Celle-ci, il est vrai, partira au combat dès l'été 1914. Du coup, la mise en perspective a donné rétrospectivement à cette enquête un don de prescience qui n'est que jeux de miroirs, déformants de surcroît. L'illusion d'optique créée par l'enquête d'Agathon et entretenue par le conflit qui éclata deux ans plus tard apparaît bien, par exemple, à la lumière des débats de 1913 sur la loi des trois ans.

Cet allongement du service militaire entraîna en effet des pétitions d'intellectuels. La première de ces pétitions parut dans *l'Humanité* du jeudi 13 mars 1913, en page 1 :

> Les soussignés,
> Émus de l'affolement qui risque de faire voter, avec une précipitation sans précédent, une mesure aussi grave qu'une transformation de la loi militaire,

1. Henri Massis, *l'Honneur de servir*, Plon, 1937, p. 146.
2. *Cf.* les remarques en ce sens de René Rémond, Raoul Girardet, Jean-Jacques Becker et Philippe Béneton (titres cités et arguments relevés dans Jean-François Sirinelli, *Génération intellectuelle. Khâgneux et Normaliens dans l'entre-deux-guerres*, Fayard, 1988, pp. 226-229 ; on y notera aussi les témoignages – négatifs – des témoins Emmanuel Berl et Jean Guéhenno).

Considérant qu'un pareil projet affecte profondément la vie intellectuelle et économique du pays, peut même déterminer un recul de la civilisation française, et, d'ailleurs, soulève, aux yeux de beaucoup d'officiers, de graves objections techniques,

Émettent le vœu qu'il soit soumis à une discussion approfondie.

Le premier signataire mentionné au bas du texte était Anatole France. Suivaient sept professeurs au Collège de France, dont Paul Langevin, et sept professeurs de Sorbonne, parmi lesquels Charles Seignobos, Charles Andler, Célestin Bouglé, Léon Brunschvicg et Émile Durkheim. Puis venaient, entre autres, Marcel Mauss, Lucien Herr, Émile Chartier – plus connu sous le nom d'Alain – et Félicien Challaye [1]. Mais la jeune génération étudiante était également représentée. Quelques jours plus tôt, en effet, le philosophe Michel Alexandre avait écrit à son ami Gustave Monod : « Nous avons rédigé une pétition à la Commission de l'Armée... En quarante-huit heures, nous avons récolté près de 200 signatures : Normale marche, l'École des beaux-arts marche, la Médecine s'ébranle [2]... » Et, de fait, le même numéro de *l'Humanité* signale une autre pétition intitulée « Pour la dignité nationale, contre l'affolement militaire », diffusée parmi les étudiants et les jeunes « agrégés » et « docteurs »,

1. *L'Humanité* du 16 mars publia une seconde liste, où l'on relève notamment les noms de Jean Perrin, Lucien Lévy-Bruhl, François Simiand, et dans une rubrique « écrivains », Charles Vildrac, Marcel Martinet et Gaston Gallimard.
2. *Bulletin de l'Association des amis d'Alain*, 25, décembre 1967, p. 6.

et qui a recueilli plus de trois cents signatures. Eu
égard aux effectifs étudiants de l'époque, le résultat – qui s'étoffe de 71 nouvelles signatures le
16 mars – est loin d'être maigre. Il permet, en
tout cas, de retoucher le tableau brossé par Agathon. D'une part, le milieu étudiant est loin d'être
politiquement monochrome. D'autre part, il présente deux versants bien contrastés que la pétition met en lumière : sur les 300 signatures, 210
ont été recueillies à la Sorbonne – qui, à
l'époque, abrite la faculté des lettres mais aussi
celle des sciences – et une soixantaine à l'École
normale supérieure. Inversement, la médecine,
en définitive, ne s'était guère « ébranlée », avec
16 signatures. Quant aux signataires de la faculté
de droit, leur nombre n'était même pas mentionné. Était-il nul [1] ?

Il est bien vrai, en tout cas, que si l'Action française, notamment, est bien implantée à cette date
en milieu étudiant [2], cette implantation mord peu
sur les facultés des lettres et des sciences et se
trouve plus affirmée chez les juristes et les futurs
médecins. Et, de ce fait, l'enquête d'Agathon
avait, entre autres, le tort de gommer la diversité
sociologique – dans son recrutement – et politique – dans ses engagements – du milieu étudiant. Au reste, la pétition étudiante contre la loi
des trois ans était aussi conçue comme un
contre-feu à l'enquête d'Agathon. « Il faut se
presser, écrivait encore Michel Alexandre à Gus-

---

1. Nous retrouverons un clivage identique en plusieurs occasions parmi les professeurs.
2. *Cf.* Jean-François Sirinelli, « L'Action française : main basse
sur le Quartier latin », *l'Histoire*, décembre 1982, et chapitre VIII de
Génération intellectuelle, *op. cit.*

tave Monod, une protestation mesurée et digne
pourrait (dit-on de tous côtés) effacer dans
l'esprit des radicaux hésitants l'effet de ce tapage
de petits jeunes gens riches. »

Mais les pétitions de 1913 ne permettent pas
seulement de mieux connaître la morphologie du
milieu étudiant à cette date. Elles nous éclairent
également sur la mise en scène qu'est aussi, le plus
souvent, une pétition. Charles Péguy, très hostile à
ces textes de 1913, insistera d'ailleurs sur cet
aspect. Dans la livraison du 27 avril 1913 des
Cahiers de la Quinzaine, il évoque cette « action
soudaine, à la fois éclatante et sournoise, contre le
service de trois ans ». Selon lui, les universitaires
signataires ont ainsi procédé :

> Ils y mirent tout un appareil qui disait :
> Attention, nous sommes un corps et nous
> agissons en corps. Nous sommes le gardien
> des intérêts intellectuels et le conservatoire
> de la pensée française. C'est à ce titre et avec
> cette solennité que nous entrons tous en jeu,
> que nous nous engageons en corps contre la
> loi de trois ans. Ainsi ils retournent contre
> l'État, contre la République, contre la France,
> l'autorité même et le temporel qu'ils tiennent
> de la République, de la France, de l'État. C'est
> toujours exactement ce même double jeu. Ce
> sont toujours des anarchistes de gouverne-
> ment. Ils sont contre l'État, ils s'insurgent en
> corps contre l'État... ils créent l'anarchie,
> mais pour cela ils mettent des drôles d'habil-
> lements, des habillements d'État, des toges,
> des toques, des simarres, des déguisements,

des mascarades, et sur l'épaule des machins
en poil de lapin que je ne sais même pas le
nom [1].

Par-delà le ton polémique, retenons que le dispositif déployé par une pétition est souvent, c'est
vrai, conçu pour présenter le groupe des signataires comme « le gardien des intérêts intellectuels
et le conservatoire de la pensée française ». Et rele-
vons aussi une sensibilité qui affleure ici, qui court
ensuite tout au long du siècle et qui ne montrera
guère de sympathie envers les « chers professeurs ».

Ni d'enthousiasme, d'une façon générale, pour
l'arme des pétitions. Dès cette époque, en effet, il
faut poser cette question, déjà évoquée : ne sont-ce
pas les clercs de gauche plus que leurs homologues
de droite qui utilisent surtout cette arme ? Inversement, ces derniers ne se montrent-ils pas plus indi-
vidualistes ? Sans poser cela en postulat, on peut
tout au moins faire l'observation suivante, en anti-
cipant, il est vrai, sur les chapitres qui suivent :
non seulement la droite intellectuelle se pliera
moins souvent à la discipline des comités et des
associations, mais même pour l'acte de pétition,
pourtant apparemment moins contraignant, il lui
faudra des causes jugées par elle essentielles pour
sauter le pas. Cette réticence doit être notée

1. Charles Péguy, « L'argent suite », *in Œuvres en prose 1909-
1914*, Gallimard, « Bibliothèque de la Pléiade », 1961, p. 1210.
Autre formulation : « La Sorbonne, dans cette manifestation
contre le service de trois ans, a voulu se présenter aux peuples
comme le *corps pensant* [en italiques dans le texte], comme le
réceptacle et comme le tabernacle du travail et de la pensée. Elle a
voulu se présenter comme le coffret et comme le temple. »

d'emblée. Sur la loi des trois ans, par exemple, les modes d'intervention des deux camps sont bien de nature différente. La passe d'armes qui opposa alors, par exemple, le philosophe Alain et Georges Bernanos est significative. Alain manifeste son hostilité à la loi dans *la Dépêche de Rouen* mais s'inscrit surtout dans une démarche collective en signant une pétition. Georges Bernanos, au contraire, reste à un créneau individualiste, dans un article de *l'Avant-Garde de Normandie*, et choisit le parti de l'invective : « C'est ta silhouette infirme et l'ombre de tes deux oreilles d'âne qui s'étendront, le soir de la défaite, sur nos champs sacrés couverts de morts ! Tu auras pointé le canon Krupp droit au cœur de la patrie. »

Il serait pourtant sans fondement de dégager à partir d'observations ponctuelles une pathologie de l'intellectuel dans tous ses états, plus collectif à gauche et pratiquant l'attaque en cohortes, plus individualiste à droite et prisant davantage le duel. Mais l'une des approches fécondes du milieu intellectuel est, nous l'avons dit, l'étude des *sociabilités*, et, dans cette perspective, il y a là une piste à explorer, à la confluence de l'étude du comportement des clercs et de celle de la représentation qu'ils ont de leur rôle et de leurs formes de participation au débat civique.

D'autres raisons pourraient, il est vrai, également expliquer que les clercs nationalistes ne furent guère pétitionnaires au moment de la loi des trois ans. À cette occasion, en effet, ces clercs étaient *de facto* aux côtés du pouvoir politique. Or il est une autre constante, qu'il faut aussi relever dès maintenant : les manifestes et pétitions de clercs, presque par essence, sont d'interpellation ou de dénonciation, et sont donc bien rarement rédigés en soutien aux pouvoirs publics.

ÉCHOS EXTÉRIEURS

Se mettent ainsi en place à la charnière des deux siècles certains des traits qui caractériseront par la suite ces interpellations et dénonciations lancées par les clercs. Celles-ci porteront parfois sur des causes ou des combats extérieurs au territoire national. Cette tradition d'ouverture sur l'étranger n'est certes pas une nouveauté à cette date. Mais elle va alors teinter certaines de ces interventions collectives, et là encore ce sera une constante des pétitions du siècle que la prégnance des problèmes extérieurs dans les débats intérieurs.

Certes, l'observation dépasse le seul milieu intellectuel. C'est aussi une constante de la vie politique française tout au long de notre siècle que de répercuter en un écho franco-français des ébranlements ou des affrontements extérieurs. Mais si la cléricature devient, par moments, une véritable caisse de résonance de tels échos extérieurs, c'est précisément que cette constante vint se greffer sur un terreau qui prédisposait à une telle mise au diapason. La pensée, à cette date et depuis longtemps déjà, ignore les frontières. Sans même remonter aux universités médiévales, l'« Europe galante » du xviiie siècle se doublait d'une Europe pensante. La tradition a perduré tout au long du siècle suivant, et, comme l'a écrit Jacques Julliard, « il existe bel et bien au début du [XXe] siècle une *Europe intellec-tuelle* [1] ».

Ce dernier, il est vrai, songe surtout en écrivant cela aux revues socialistes dont la vocation et la ferveur internationalistes leur font, presque par essence, ignorer les douanes de l'esprit. Mais d'autres milieux intellectuels se comportent également à cette époque en contrebandiers de la culture. Le groupe de la *Nouvelle Revue française*, par exemple, porte avant 1914 un intérêt réel aux lettres allemandes et britanniques – par le biais de Félix Bertaux et Valery Larbaud –, et prend expli-citement le contre-pied du nationalisme culturel défendu par l'Action française. À la même date, *le Mercure de France*, fondé en 1890, prête une atten-tion encore plus soutenue aux littératures étran-gères [2]. La souplesse de fabrication des revues, artisanale par rapport à l'industrie de l'édition, explique probablement que celles-ci aient été au cœur des circuits culturels transnationaux. Mais ces circuits dépassent largement le cadre de telles revues. Il est un ouvrage à cet égard significatif : *les Extravagants*, premier roman de Paul Morand, écrit en 1910-1911 et dont le manuscrit fut retrou-vé aux États-Unis en 1977. Les héros de ce roman, écrira Paul Morand, constituaient « la seule géné-ration vraiment cosmopolite apparue en France depuis les Encyclopédistes [3] ». Et, malgré les

---

1. Jacques Julliard, « Le monde des revues au début du siècle. Introduction », *Cahiers Georges Sorel*, 5, 1987, p. 9.
2. Auguste Anglès, « L'accueil des littératures étrangères dans la NRF, 1909-1914 », Édith Silve, « Rachilde et Alfred Vallette et la fondation du *Mercure de France* », *la Revue des revues*, 2, 1986.
3. Cité par Vincent Giroud dans la présentation des *Extra-vagants*, Gallimard, 1986, p. 16.

exclusives lancées par les maurrassiens ou les barrésiens, il faut noter que ce cosmopolitisme touche aussi bien la droite intellectuelle que la gauche.

Une telle ouverture sur le monde a bien sûr des retombées politiques, sensibles notamment dans le domaine des pétitions. Ainsi, lorsque Maxime Gorki fut arrêté en Russie, en raison de sa participation au mouvement de 1905, et incarcéré à la forteresse Saint-Pierre-et-Saint-Paul, la Société des amis du peuple russe et des peuples annexés, que présidait Anatole France et dont faisaient partie, entre autres, les historiens Langlois et Seignobos, publia un manifeste :

> À tous les hommes libres. Le grand écrivain Maxime Gorki va comparaître, à huis clos, devant une juridiction d'exception, sous l'inculpation de complot contre la sûreté de l'État. Son crime, c'est d'avoir voulu s'interposer, quand il en était temps encore, entre des fusils chargés et des poitrines d'ouvriers sans défense. Le gouvernement du tsar veut qu'il expie son crime... Il est impossible que la conscience du monde laisse s'accomplir, sans s'émouvoir, ce forfait légal... Il faut que tous les hommes dignes du nom d'hommes défendent, en la personne de Gorki, ces droits sacrés [1].

Gorki fut libéré au bout d'un mois.

1. Henri Troyat, *Gorki*, Flammarion, 1986, p. 120.

*

La période qui précède 1914 apparaît bien, on le voit, comme un lever de rideau. Sur le devant de la scène va se jouer la pièce pleine « de bruit et de fureur » qu'est l'histoire d'une large partie du xxᵉ siècle français. Et le chœur des clercs va rythmer cette histoire, l'amplifiant par moments, se contentant de la mimer en d'autres périodes. Les pétitions, constituant une partie du registre de ce chœur, fournissent à l'historien un des livrets – car il en est plusieurs, sur divers tons – de cette histoire française du siècle.

CHAPITRE II

GUERRE
ET LENDEMAINS DE GUERRE

En 1914, pourtant, le rideau retombe. Non que la pièce s'arrête. Elle gagne, au contraire, en intensité. Mais le fait est là, indéniable : l'activité pétitionnaire cesse pendant la durée de la guerre. Et si les intellectuels donnent de la voix, c'est par d'autres canaux. L'histoire des pétitions devient pour quatre années une histoire en creux.

Mais ce creux est en lui-même objet d'étude : pourquoi, alors même qu'il y eut intervention des clercs, y eut-il dans le même temps silence dans les rangs des pétitionnaires ? La question est d'autant plus justifiée que, dès la fin des hostilités, les intellectuels se lancèrent dans une grande bataille de manifestes.

LES HÉRAUTS ET LES HÉROS

L'intervention des clercs durant le premier conflit mondial est avérée. Et si l'on met le plus souvent en avant le rôle des écrivains, l'Université elle aussi se retrouva en état de mobilisation.

Que les candidats à l'École navale soient invités

à méditer sur « la tradition héroïque » en 1916 et sur « le sentiment national » l'année suivante, que les apprentis saint-cyriens soient conviés en 1918 à écrire une « lettre d'un jeune Français à un soldat américain pour lui expliquer l'état actuel de la France », il n'y avait rien là, somme toute, que de très logique. Mais les candidats à « Agro » étaient eux aussi intellectuellement mobilisés : « l'idée de patrie » en 1915, « la guerre doit-elle être faite d'une façon humaine ou d'une façon barbare ? » en 1916, « comment doit-on juger un peuple qui fait de la science l'arme de la barbarie ? » en 1917, « la science n'a pas de patrie, mais le savant en a une » en 1918 [1]. Et les lycéens un peu plus jeunes se voyaient appelés à disserter, au baccalauréat, sur le célèbre sonnet de du Bellay sur la « France, mère des arts, des armes et des lois »...

Nul doute que ce climat patriotique ait produit, sur le moment, ses effets. Les plus jeunes feront, quatre années durant, la guerre dans leurs copies. Ainsi, le jeune Jean Cavaillès, martyr d'une autre guerre, concluait en 1917 une rédaction sur le blé en ces termes : « Ô blés, le sang de tant de héros a fécondé le sol ; à la liqueur dorée du soleil se joint celle pourpre des hommes... Par votre abondance, nourrissez la France entière et surtout ceux de ses enfants qui luttent pour vous garder. Que vos épis infusent dans leurs cœurs une ardeur toujours plus grande, afin de hâter la victoire et de chasser plus vite l'envahisseur [2]. » Certes, le père de Jean Cavaillès était militaire, mais après 1914 la plupart

1. *Sujets de compositions proposés aux concours d'admission aux écoles (1905-1918)*, Bibliothèque nationale, 1922, 8 p.
2. Gabrielle Ferrières, *Jean Cavaillès, philosophe et combattant, 1903-1944*, PUF, 1950, p. 12.

des écoliers, des lycéens et des collégiens étaient devenus *de facto* des fils de militaires.

Le cas des étudiants est statistiquement différent, les plus nombreux se retrouvant au front. C'est donc moins dans leurs cours, devant des étudiants, que dans leurs prises de position publiques et dans leurs écrits que les universitaires se battirent sur l'« autre front [1] ». Dès le 8 août 1914, Henri Bergson avait ouvert une séance de l'Académie des sciences morales et politiques en ces termes : « [Notre académie] accomplit un simple devoir scientifique en signalant dans la brutalité et le cynisme de l'Allemagne, dans son mépris de toute justice et de toute vérité, une régression à l'état sauvage. » On le voit, la science française était immédiatement montée en ligne. Les universitaires tinrent en effet leur partition dans le concert patriotique. Un exemple, parmi d'autres : le Comité d'études et de documents sur la guerre, présidé par Ernest Lavisse et dont le secrétaire était Émile Durkheim. Ce dernier, en 1915, dans *l'Allemagne au-dessus de tout,* médite sur la « mentalité allemande », tandis qu'Ernest Lavisse explique dans *la Revue de Paris* du 1er avril 1915 que « la guerre a mis aux prises deux conceptions différentes de Dieu et de l'humanité ».

Plus encore que celle des universitaires, l'attitude des écrivains « patriotes » fut longuement commentée et critiquée, notamment par la génération suivante, tout au long de l'entre-deux-guerres. Ainsi, l'ancien combattant Jean Guéhenno résu-

---

1. L'expression est empruntée à un *Cahier du Mouvement Social,* Les Éditions ouvrières, 1977 (études coordonnées et rassemblées par Patrick Fridenson).

mait en 1934 une opinion couramment répandue, dans son *Journal d'un homme de 40 ans* : « La république des lettres, dans son ensemble, était devenue une profitable entreprise de pompes funèbres. » Et, de fait, la « république des lettres » se battit sur l'« autre front ». Les habits verts de l'Académie française, par exemple, se fondirent rapidement dans le concert garance puis bleu horizon. Ainsi la baïonnette, « tellement nationale et française », piqua-t-elle l'imagination de l'écrivain Henri Lavedan, qui notait dans *l'Intransigeant* du 15 décembre 1914 : « [Quand] nous gâchons gravement la blancheur du papier, quel est presque toujours l'objet choisi qu'entreprend de figurer notre dessin naïf ? Une baïonnette... Elle est jeune, elle est belle, elle est ivre, elle est folle, et calme cependant, jamais irrésolue, ni distraite, ni égarée. » Il faut garder en tête cette citation et quelques autres. L'historien, assurément, sortirait de son rôle en se bornant à les nouer en gerbe, isolées de leur contexte, et à les soumettre à l'hilarité générale : les effets d'amphithéâtre ou de... livre, on le sait, constituent le plus souvent autant d'anachronismes. Mais ces citations sont celles qui demeurèrent, car inlassablement rappelées par les milieux pacifistes dans l'entre-deux-guerres.

Il y eut peu, en revanche, de pétitions. Ainsi, un recensement, fait par le ministère de l'Intérieur, des « manifestes et tracts pacifistes » de 1915 à 1918 [1] ne livre pas de textes divers lestés de signatures, et, globalement, la période de la guerre, de

1. Archives nationales, F7 13375.

fait, ne fut pas pétitionnaire [1]. Et cela pour des raisons dont l'énumération, pour être banale, n'en est
pas moins éclairante pour notre sujet. La première
de ces raisons, malgré les apparences, n'est pas
celle qui est déterminante. Assurément, la force de
frappe d'une pétition réside dans la diffusion de
son texte et dans la publicité donnée à son message. De ce fait, toute situation d'état d'exception
ne laisse passer que des textes jugés favorables.
Une telle donnée sera bien sûr décisive durant la
Seconde Guerre mondiale. Mais, pour le précédent
conflit, on objectera que le pouvoir politique
n'aurait fait aucune opposition à une floraison de
pétitions appelant à l'effort de guerre, position qui
était celle de la plus grande partie des intellectuels.
Il faut donc chercher ailleurs.

La cause essentielle semble en fait résider précisément dans ce quasi-consensus. Un rapport de
police sur « le pacifisme chez les intellectuels »
évoque quelques enseignants, en nombre « si peu
considérable » que l'auteur du rapport en affiche
une évidente sérénité. Et il n'y avait pas non plus,
aux yeux de la police, de danger venu d'*Au-dessus
de la mêlée* : l'« action » de Romain Rolland ne
« s'exerçait pas sur les masses populaires [2] ». Or la

---

1. Il y eut toutefois quelques exceptions relevant du genre pétitionnaire ou du manifeste. Dans une lettre envoyée à *Europe* en
1927, l'historien Albert Mathiez signalait : « Frappé des méfaits de
la mesure qui interdisait au pays la connaissance des faits les plus
graves et ne tolérait que l'éloge des chefs les plus incapables, *le
Figaro* prit l'initiative en 1916 d'une protestation qui fut signée par
de nombreux représentants de la pensée française » (*Europe*,
15 mai 1927, p. 58). Faute de plus amples précisions, il n'était pas
aisé, sauf à pratiquer un dépouillement exhaustif du *Figaro*, de
localiser ce texte.

2. Archives nationales, F7 13372.

pétition est une arme de débat, que la paix civique
– fût-ce au cœur d'une guerre mondiale – relègue
au magasin des accessoires. D'autant que – et c'est
une autre cause de l'atonie pétitionnaire – la pétition est, presque par essence, l'énonciation d'une
différence ou la dénonciation d'une situation jugée
intolérable beaucoup plus que la proclamation
d'un accord ou l'attribution d'un satisfecit. Et
même si l'on s'en tient aux – rares – opposants à la
guerre, leurs aspirations étaient difficiles à formuler. Alors que les partisans de l'effort de défense
nationale avaient un but à proposer, la victoire, et
donc des arguments à fourbir, eux-mêmes, mis à
part la possibilité d'une paix blanche, ne pouvaient
qu'être les peintres, horrifiés, des malheurs de la
guerre. Véritable tonneau des Danaïdes, cette
dénonciation d'une guerre de quatre ans se prêtait
mal aux condamnations de type ponctuel que sont
souvent les pétitions.

Ce silence des pétitionnaires introduisait donc
une rupture avec la période précédente : durant le
premier conflit mondial, la grande faille qui cou-
rait au sein de la cléricature se trouva momentanément comblée. L'union sacrée gomma – au moins
en apparence – les différences de sensibilité idéologique, même si ce ralliement à la défense nationale procédait, en fait, d'analyses différentes. Et
cette mobilisation intellectuelle toucha le plus
grand nombre, ne laissant subsister que quelques
foyers pacifistes. Contrairement à l'image qu'en
donneront par la suite certains pamphlets, l'attitude de la cléricature française entre 1914 et 1918
est en effet difficilement réductible au dilemme
union sacrée ou envol « au-dessus de la mêlée »,

cette dernière attitude n'ayant guère eu de réalité statistique. La gauche intellectuelle, globalement, se mobilisa au nom de « la guerre pour le droit ». Hormis quelques instituteurs syndicalistes, certains membres de la Ligue des droits de l'homme, ou des militants de groupuscules comme la Société d'études documentaires et critiques sur la guerre, rares furent en effet ceux qui restèrent des pacifistes intégraux et proclamés. Victor Basch, l'un des vice-présidents de la Ligue des droits de l'homme à cette date, dans le rapport qu'il rédigea en 1915 et que la Ligue approuva à une très large majorité, concluait : « Quoi qu'il nous en coûte, nous sommes obligés de souhaiter qu'on aille jusqu'au bout... Il faut que soient brisés l'impérialisme et le militarisme prussien, avant qu'il nous soit permis de parler de paix, avant qu'il nous soit permis de songer à la paix... cette guerre est la lutte des peuples libres ou désireux de se libérer contre le militarisme, contre l'impérialisme... c'est ainsi que cette guerre atroce peut devenir une guerre sainte [1]. »

Attitude proche de celle d'un Félicien Challaye, figure de proue du pacifisme dans l'entre-deux-guerres. Durant la première de ces deux guerres, le sergent Félicien Challaye milite au Comité de propagande socialiste pour la défense nationale. Ce comité avait été fondé au printemps 1916 par Hubert Bourgin et Léon Rosenthal, et, comme son nom l'indique, il s'intégrait dans la perspective du maintien des socialistes dans l'union sacrée et se proposait « de développer et d'employer à la

---

1. *La Guerre de 1914 et le droit*, Ligue des droits de l'homme et du citoyen, 1915, pp. 105, 108 et 109.

défense nationale toutes les forces morales et intellectuelles que renferme le socialisme [1] ». Pour ce faire, l'une des conférences de Félicien Challaye s'assignait pour tâche de « porter au plus haut point l'ardeur et l'enthousiasme des combattants ».

Ainsi, presque tout l'arc-en-ciel du milieu intellectuel était représenté, avec, comme élément différentiel, plus ou moins de « nationalisme » dans les attendus de la proclamation du devoir de défense nationale. L'éventail, de ce fait, était bien plus large que celui d'une pétition classique.

D'autant qu'à cet ensemble de facteurs de consensus s'ajoutèrent aussi probablement des éléments psychologiques. Car, au bout du compte, l'attitude des clercs fut bien plus tourmentée que ne la présentèrent par la suite les pamphlets pacifistes. C'est Paul Desjardins qui écrivit en 1927 : « Nous étions le chœur des vieillards, dont l'office est de compatir et, à l'occasion, de diagnostiquer, d'arbitrer [2]. » Phrase significative, qui laisse percevoir, en filigrane, qu'il y eut bien une part de mauvaise conscience dans l'attitude des « vieillards ». Au moment où leurs élèves ou leurs lecteurs, parfois aussi leurs enfants, tom-

1. « Notre but », page de garde de *la Signification morale de la guerre actuelle* (*conférence faite au cours d'instruction complémentaire pour les sous-officiers du 109ᵉ régiment territorial d'infanterie par le sergent Félicien Challaye*), Librairie de l'Humanité, 1916. Sur les intellectuels français socialistes et leurs attitudes durant le premier conflit mondial, et notamment sur les milieux pacifistes, on pourra se reporter à l'étude de Christophe Prochasson, aux chapitres VII et suivants de sa thèse (*Place et rôle des intellectuels dans le mouvement socialiste français [1900-1920]*, thèse, Paris I, 1989, 2 vol. dact.).

2. *Annuaire* de l'École normale supérieure, 1927, p. 39.

baient par rangs entiers, certains estimèrent avoir un devoir patriotique à remplir et s'en acquittèrent par des effets de plume et des exhortations. Attitude somme toute classique, et que l'union sacrée rendait psychologiquement possible, même à gauche.

Par-delà les procès intentés après la guerre, il serait donc injuste de ramener l'attitude globale des intellectuels de l'arrière dans leurs exhortations aux soldats des tranchées à une formule ironique du type : les hérauts de l'« autre front » et les héros des premières lignes. Le constat, on l'a vu, est plus simple : dans le milieu intellectuel également, c'est l'union sacrée qui domina, union entendue non seulement au sens d'un accord des principales forces politiques, mais aussi d'une convergence d'analyse de la plus grande partie de la communauté nationale. Les Français avaient la conviction qu'il était nécessaire de faire face aux entreprises jugées injustifiées des empires centraux. Et les dirigeants de la gauche française partageaient pour la plupart cette conviction.

LA GUERRE D'INDÉPENDANCE

Si la France a tenu quatre années durant, c'est sans doute, en définitive, parce qu'« il y eut presque consensus : qu'il s'agisse des instituteurs, sauf une minorité très limitée, qu'il s'agisse des Églises, qu'il s'agisse des écrivains, tous allaient dans le même sens, celui de la nécessité de la défense nationale » : de là « un encadrement moral et psychologique solide [1] » dans lequel les clercs ont tenu leur rôle. Le consensus des Français fut un ciment, et non seulement ces clercs ne l'écaillèrent pas, mais ils contribuèrent au contraire à le rendre plus « armé », aux deux sens du terme.

Il reste pourtant, et ce n'est pas contradictoire, que si seuls quelques intellectuels ont exprimé à haute voix l'horreur du carnage, la secousse et l'hémorragie que constitua au bout du compte la Grande Guerre pour la société française furent d'une telle ampleur qu'un pacifisme venu du tréfonds d'une nation saignée à blanc s'imposa au cours de la décennie suivante, là encore comme sentiment consensuel. Si le « pas ça ! » des pacifistes avait rencontré peu d'écho tant que le conflit dura, au moins publiquement, leur message vint s'amalgamer au « plus jamais ça ! » général qui dès lors prévalut, et, du coup, la perception rétrospective du rôle des intellectuels au cours du conflit s'en trouva profondément et durablement altérée.

Mais pour l'heure, en ces mois qui suivent l'armistice, ces intellectuels se trouvent confrontés à une interrogation plus prosaïque : doivent-ils démobiliser ? Oui, répond en juillet 1919 Jacques Rivière, qui, dans le premier numéro de *la Nouvelle Revue française* depuis l'été 1914, appelle à « la détente de l'obligation civique dans l'ordre de la pensée ». Il ne sera guère entendu : les clercs

---

1. Jean-Jacques Becker, *les Français dans la Grande Guerre*, Laffont, 1980, p. 304. Sur le thème du consensus, l'étude la plus complète et la plus récente est celle de Jean-Jacques Becker, *la France en guerre (1914-1918)*, Bruxelles, Complexe, 1988.

français vont, en cet après-guerre, s'investir immédiatement dans d'autres combats.

L'offensive vint de la gauche. Dès le mois de mars 1918, en effet, Romain Rolland, dont les positions politiques s'étaient progressivement radicalisées depuis *Au-dessus de la mêlée* au début de la guerre, avait rédigé « Pour l'Internationale de l'esprit ». Et Henri Barbusse, de son côté, appelait en mai 1919 à la formation du groupe « Clarté », ou « Internationale de la pensée [1] ». Mais le texte qui allait déclencher une guerre des manifestes est légèrement postérieur. Il est daté du jeudi 26 juin 1919. Ce jour-là, en première page, sous le titre « Un appel. Fière déclaration d'intellectuels », *l'Humanité* publie un texte adressé par « notre ami Romain Rolland » :

> Travailleurs de l'Esprit, compagnons dispersés à travers le monde, séparés depuis cinq ans par les armées, la censure et la haine des nations en guerre, nous vous adressons, à cette heure où les barrières tombent et les frontières se rouvrent, un appel pour reformer notre union fraternelle – mais une union nouvelle, plus solide et plus sûre que celle qui existait avant.
>
> La guerre a jeté le désarroi dans nos rangs. La plupart des intellectuels ont mis leur

1. On se reportera sur ce point, comme, plus largement, sur l'intelligentsia de gauche de l'entre-deux-guerres, aux travaux de Nicole Racine, qui constituent autant de précieuses mises au point. *Cf.* notamment « Bataille autour d'*intellectuel(s)* dans les manifestes et contre-manifestes de 1918 à 1939 », dans *Intellectuel(s) des années trente. Entre le rêve et l'action*, sous la direction de Danielle Bonnaud-Lamotte et Jean-Luc Rispail, Éditions du CNRS, 1989, pp. 223-238.

science, leur art, leur raison au service des
gouvernements. Nous ne voulons accuser personne, adresser aucun reproche. Nous savons
la faiblesse des âmes individuelles et la force
élémentaire des grands courants collectifs :
ceux-ci ont balayé celles-là, en un instant,
car rien n'avait été prévu afin d'y résister.
Que l'expérience au moins nous serve pour
l'avenir !

Et d'abord, constatons les désastres auxquels a conduit l'abdication presque totale de
l'intelligence du monde et son asservissement
volontaire aux forces déchaînées. Les penseurs, les artistes ont ajouté au fléau qui ronge
l'Europe dans sa chair et dans son esprit une
somme incalculable de haine empoisonnée :
ils ont cherché dans l'arsenal de leur savoir, de
leur mémoire, de leur imagination des raisons
anciennes et nouvelles, des raisons historiques, scientifiques, logiques, poétiques de
haïr ; ils ont travaillé à détruire la compréhen-
sion et l'amour entre les hommes. Et ce faisant, ils ont enlaidi, avili, abaissé, dégradé la
pensée, dont ils étaient les représentants. Ils
en ont fait l'instrument des passions et (sans le
savoir, peut-être) des intérêts égoïstes d'un
clan politique ou social, d'un État, d'une
patrie ou d'une classe. Et à présent, de cette
mêlée sauvage, d'où toutes les nations aux
prises, victorieuses ou vaincues, sortent meur-
tries, appauvries, et, dans le fond de leur cœur
– bien qu'elles ne se l'avouent pas – honteuses
et humiliées de leur crise de folie, la pensée
compromise dans leurs luttes sort, avec elles,
déchue.

Debout ! Dégageons l'Esprit de ces compromissions, de ces alliances humiliantes, de ces servitudes cachées ! L'Esprit n'est le serviteur de rien. C'est nous qui sommes les serviteurs de l'Esprit. Nous n'avons pas d'autre maître. Nous sommes faits pour porter, pour défendre sa lumière, pour rallier autour d'elle tous les hommes égarés. Notre rôle, notre devoir est de maintenir un point fixe, de montrer l'étoile polaire, au milieu du tourbillon des passions, dans la nuit. Parmi ces passions d'orgueil et de destruction mutuelle, nous ne faisons pas un choix ; nous les rejetons toutes. Nous honorons la seule vérité, libre, sans frontières, sans limites, sans préjugés de races ou de castes. Certes, nous ne nous désintéressons pas de l'Humanité. Pour elle, nous travaillons, mais pour elle tout entière. Nous ne connaissons pas les peuples. Nous connaissons le Peuple – unique, universel. Le Peuple qui souffre, qui lutte, qui tombe et se relève, et qui avance toujours sur le rude chemin trempé de sa sueur et de son sang – le Peuple de tous les hommes, tous également nos frères. Et c'est afin qu'ils prennent, comme nous, conscience de cette fraternité que nous élevons au-dessus de leurs combats aveugles l'Arche d'Alliance – l'Esprit libre, un et multiple, éternel.

Ce texte, connu sous le titre « Déclaration d'indépendance de l'esprit », fut signé par des écrivains étrangers et français. Parmi ces derniers, on relevait notamment, dans la première livraison de signatures, les noms d'Henri Barbusse, Jean-

Richard Bloch, Alphonse de Châteaubriant, Georges Duhamel, Pierre Jean Jouve, Marcel Martinet, Romain Rolland, Jules Romains, Charles Vildrac et Léon Werth [1]. L'appel s'adressait aux « travailleurs de l'Esprit » et puisait une partie de son argumentation dans cette accusation : « La plupart des intellectuels ont mis leur science, leur art, leur raison au service des gouvernements. » Il y aurait eu, de ce fait, « abdication presque totale de l'intelligence ».

Cette « déclaration d'indépendance » entraîna ce que l'on pourrait appeler une double « guerre d'indépendance » au sein du milieu intellectuel. Chacun des deux camps en présence entendait en effet libérer la cléricature d'un carcan supposé : le patriotisme d'un côté, et de l'autre, on va le voir, le « bolchevisme ». Dès cette date, donc, le débat se charge d'une forte teneur idéologique. L'anticommunisme notamment va teinter rapidement la vision du monde de nombre d'intellectuels de droite.

Le Figaro du samedi 19 juillet 1919 publie en page 5, dans son supplément littéraire, « Pour un parti de l'intelligence ». Le « chapeau » qui précède ce manifeste est sans ambiguïté : « Certains intellectuels ont récemment publié un manifeste où ils reprochèrent à leurs confrères d'avoir " avili, abaissé, dégradé la pensée " en la mettant au service de la patrie et de sa juste cause. Les signataires de l'appel que nous publions aujourd'hui eussent

---

1. Et, parmi les étrangers, entre autres, Benedetto Croce, Albert Einstein, Heinrich Mann, Bertrand Russell et Stefan Zweig. Sur la genèse de ce texte, cf. R. Rolland, *Journal des années de guerre 1914-1919*, Albin Michel, 1952, pp. 1765, 1769-1771, 1790 sqq, 1815 sqq.

laissé de tels propos sans réponse, comme ils laissent leurs auteurs s'exiler eux-mêmes, si leur action ne semblait susceptible d'agir comme un mauvais ferment et de menacer l'intelligence et la société. Ils pensent, en effet, que l'opinion publique, troublée par ces folies, a besoin d'être guidée et protégée, et ils estiment que c'est le rôle d'écrivains vraiment conscients du péril et qui entendent servir. Contre le bolchevisme de la pensée, contre le parti de l'ignorance, *ils entendent organiser une défense intellectuelle*. Et c'est dans ce dessein qu'ils ont signé l'affirmation collective que voici » :

La victoire apporte à notre génération des possibilités magnifiques. C'est à ceux qui survivent qu'il appartient de les réaliser, en *pensant* cette victoire où ne doit pas s'achever leur effort. Pour ne pas se détruire, il faut que les volontés s'accordent. Une doctrine intellectuelle peut seule les unir, en leur proposant un but identique et des directions transmissibles.

Une œuvre immense de reconstruction s'impose à l'univers bouleversé. Citoyens d'une nation ou citoyen du monde, il nous faut des principes identiques qui nous rendent aptes à l'action la plus particulière comme à l'action la plus universelle. Où les trouver, sinon dans les lois de la pensée qui sont la condition même de notre progrès individuel et du progrès de l'espèce ?

C'est à un apostolat intellectuel que nous voulons nous consacrer, en tant que Français d'abord, mais aussi en tant qu'hommes, en tant que gardiens de la civilisation. Le salut public et la sauvegarde de la vérité sont les points de vue qui nous guident : ils sont assez largement humains pour intéresser tous les peuples. Si nous mettons au premier plan la préoccupation des besoins de la France et la reconstitution nationale, si nous voulons avant tout servir et accepter nos obligations citoyennes, si nous prétendons organiser la défense de l'intelligence française, c'est que nous avons en vue l'avenir spirituel de la civilisation tout entière. Nous croyons – et le monde croit avec nous – qu'il est dans la destination de notre race de défendre les intérêts spirituels de l'humanité. La France victorieuse veut reprendre sa place souveraine dans l'ordre de l'esprit, qui est le seul ordre par lequel s'exerce une domination légitime.

Mais une telle hégémonie a pour condition nécessaire de s'appuyer sur une patrie bien assise. Pour agir, il faut *être*. Aussi entendons-nous nous rallier de toute notre raison et de tout notre cœur aux doctrines qui protègent et maintiennent l'existence de la France, aux idées conservatrices de sa substance immortelle. *L'intelligence nationale au service de l'intérêt national*, tel est notre premier principe.

Des écrivains qui veulent travailler à la réfection de l'esprit public et des lettres humaines, estimant qu'il n'est pas de société solide sans organisation intellectuelle, ne pouvaient éluder le problème politique ; et l'on peut dire qu'ils n'ont été déterminés dans leur choix que par une adhésion sincère de l'intelligence à la vérité. En adoptant les solides axiomes de salut public posés par l'empirisme organisateur, c'est tout ensemble un acte de raison qu'ils accomplissent et une expérience dont ils témoignent. L'analyse et l'observation qu'ils pratiquent par état ont suffi à leur découvrir l'infirmité de ces doctrines démocratiques que « la nature même juge et condamne chaque jour par l'échec qu'elle leur inflige ». Enfin, plus que d'autres, ils sont sensibles à la nécessité d'un ordre social qui est la condition même de l'existence et de la durée des lettres et des arts. En élisant des doctrines politiques dont le développement est accordé avec les leçons de la vie même, ils ne font que se subordonner aux conceptions de l'intelligence qui préside à la conduite publique comme à l'ordre du monde. Le nationalisme qu'elles leur imposent est une règle raisonnable et humaine, et française par surcroît.

S'ils entendent, en effet, organiser une défense française, en reprenant les disciplines de notre pensée, de notre expérience et de notre goût, c'est à l'intelligence qu'ils demandent d'être l'inspiratrice des lettres nationales, car ils pensent que les directions intellectuelles que la France suivra seront d'une importance capitale pour le rôle qu'elle jouera dans le monde. Or l'intelligence est ce qui fait la ressemblance humaine. Cette *internationale de la pensée* que veulent accaparer les bolchevistes de la littérature, quel esprit est plus apte à l'établir que cet esprit classique qui est proprement « l'essence des doctrines de toute la

haute humanité » ? Plus que ces humanitaires, nous avons le regard tourné sur le genre
humain. Mais n'est-ce pas en se nationalisant
qu'une littérature prend une signification plus
universelle, un intérêt plus humainement
général ? On l'a dit avec justesse : « C'est une
profonde erreur de croire que l'on travaille à la
culture européenne avec des œuvres dénatio-
nalisées. L'œuvre la plus digne d'occuper la
culture européenne est d'abord celle qui
représente le plus spécialement son pays d'origine. »

Aussi bien, en posant le principe de l'intérêt
national, en travaillant d'abord à la restauration de l'esprit et de l'État français, c'est à
l'Europe et à tout ce qui subsiste d'humanité
dans le monde que va notre sollicitude.
L'humanité française en est la garantie souveraine.

Réfection de l'esprit public en France par les
voies royales de l'intelligence et des méthodes
classiques, fédération intellectuelle de l'Europe
et du monde sous l'égide de la France victo-
rieuse, gardienne de toute civilisation, tel est
notre double dessein qui procède d'une unité
supérieure. En nous imposant une surveil-
lance permanente de la grandeur et de l'intégrité de notre patrie, c'est le souci des intérêts
de l'*espèce* qui nous meut, et voilà ce que nous
nous attacherons à rendre manifeste par la
doctrine et par les *œuvres*.

Si nous sentons la nécessité d'une pensée
philosophique, morale, politique qui organise
nos expériences, si nous prétendons opposer

au désordre libéral et anarchique, au soulèvement de l'instinct, une méthode intellectuelle
qui hiérarchise et qui classe, si, en un mot,
nous savons *ce que nous voulons et ce que nous
ne voulons pas*, nous n'entendons point
demeurer des doctrinaires et des critiques.
Les méthodes, où nous nous sommes fixés,
consistent à *comprendre* et engagent à *agir* ;
elles sont essentiellement *créatrices*. Mais il
existe une pensée qui arrête la pensée, un art
qui est la fin de l'art, une politique qui détruit
la politique, ce sont les seuls que nous soyons
décidés à proscrire.

A cette heure d'indicible confusion où l'avenir de la civilisation est en jeu, notre salut est
d'ordre spirituel. En nous groupant contre
toutes les puissances antagonistes de l'esprit,
nous réaliserons notre victoire. Le genre
humain en bénéficiera avec nous.

Cette supériorité intellectuelle, que nous
voulons éclatante, est non moins mise en péril
par les tendances matérialistes de ces théori-
ciens qui ne voient la rénovation de la France
qu'industrielle ou commerciale. Dans cette
grande réforme sociale qu'on nous prépare,
c'est un attentat contre la culture qui
s'apprête. Et l'on voit des intellectuels qui ont
découvert l'ozone et la houille blanche déser-
ter soudain leur devoir d'état. Cette réforme
économique et matérielle, nous la voulons
comme eux, mais nous ne la voulons pas au
détriment de l'esprit. Rien ne se fera contre
lui, car rien ne pourra se faire sans lui. Point
de relèvement matériel sans relèvement intel-

lectuel. Ici, comme ailleurs, c'est l'intelligence qui prime tout. Nul doute que la force des choses ne détermine des changements sociaux utiles et nécessaires ; mais c'est toujours à la pensée qu'appartient le gouvernement des choses.

En outre, dans la mesure même où il menace la culture, le modernisme industriel méconnaît la réalité morale. Il prétend refaire une société sans se soucier de l'*homme* : il fait dépendre son bonheur du seul renouvellement de la vie matérielle et n'a aucun souci de sa personne. Là où nous jugeons que la simple action politique demeure insuffisante, ces gens pratiques croient pouvoir se passer d'une philosophie générale. Pour nous, réforme sociale et réforme morale sont indissolublement liées. Croyants, nous jugeons que l'Église est la seule puissance morale légitime et qu'il n'appartient qu'à elle de former les mœurs ; incroyants, mais préoccupés du sort de la civilisation, l'alliance catholique nous apparaît indispensable.

Enfin plus que jamais l'élite intellectuelle a le sens de sa responsabilité sociale. La vision plus profonde, plus réelle de la souffrance nous a restitué le sentiment de notre propre devoir envers ce peuple que nous sommes chargés d'éclairer : elle nous a rendu sensible l'idée des réparations immenses à accomplir demain, de cette « créance muette et résignée des classes démunies, incultes, et qui ont tout donné ». Notre rôle est, d'abord, de les défendre contre la nouvelle tyrannie de la richesse,

en dénonçant la ruée furieuse d'une plouto-
cratie qui se pose comme le parti de l'ignorance organisée.

Ce serait, par ailleurs, singulièrement utiliser notre victoire que de prétendre, sous prétexte d'organisation, nous ramener au point
de l'Allemagne vaincue, où tout était sacrifié
aux entreprises de la vie pratique.

La nation française a dans son passé des
principes d'organisation incomparable. Ceux
d'entre nous qui professent la religion catholique sentent quelle étrange force elle ajoute à
cette première disposition. Elle implique, en
effet, « l'unité de la foi, c'est-à-dire l'unité de la
pensée dans les matières essentielles, l'unité
de l'obéissance à une loi explicite et fondamentale qui devrait être l'âme de tous les
codes humains bien conçus ; l'unanime soumission enfin qui l'attache à une hiérarchie
qu'elle considère comme sacrée ». Et à cette
œuvre de reconstruction intellectuelle qui
nous fait nous unir, on ne s'étonnera pas que
nous associions la pensée catholique. Une des
missions les plus évidentes de l'Église, au
cours des siècles, a été de protéger l'intelligence contre ses propres errements, d'empêcher l'esprit humain de se détruire lui-même,
le doute de s'attaquer à la raison, gardant ainsi
à l'homme le droit et le prestige de la pensée.

Nous avons défendu, dans cette guerre, la
cause de l'*esprit*. C'est pour que cette grandeur
ne disparaisse pas que des hommes se sont
fait tuer. Il nous faut continuer ce service en
renouvelant la vie intellectuelle de la France.

Cela est nécessaire quand on songe à la haute mission humaine, à la grande élection spirituelle qui dominent toute son histoire, à cette destination qui est la sienne et dont la victoire nous restitue le sentiment profond.

Le parti de l'intelligence, c'est celui que nous prétendons servir pour l'opposer à ce bolchevisme qui, dès l'abord, s'attaque à l'esprit et à la culture, afin de mieux détruire la société, nation, famille, individu.

Nous n'en attendons rien de moins que la reconstitution nationale et le relèvement du genre humain.

Paul Bourget, de l'Académie française, Louis Bertrand, André Beaunier, Camille Bellaigue, Jacques Bainville, Binet-Valmer, Gabriel Boissy, Charles Briand, Pierre Champion, J. des Cognets, H. Charasson, Maurice Denis, Georges Desvallières, G. Deherme, Lucien Dubech, Charles Derennes, Fagus, Joachim Gasquet, Georges Grappe, Henri Ghéon, Jacques des Gachons, Charles Grolleau, Daniel Halévy, Pierre Hepp, Francis Jammes, Edmond Jaloux, René Johannet, Pierre Lalo, Charles Le Goffic, Louis Le Cardonnel, Henri Longnon, René Lote, Pierre de Lescure, Charles Maurras, Camille Mauclair, Henri Massis, Jacques Maritain, Eugène Marsan, André Marius, René de Marans, Charles Moulié, X. de Magallon, Émile Massard, Jean Nesmy, Edmond Pilon, Jean Psichari, Marcel Provence, Antoine Redier, Firmin Roz, René Salomé, Louis Sonolet, Jean-Louis Vaudoyer, Robert Vallery-Radot, Georges Valois.

Ce texte avait été rédigé par Henri Massis [1], à une date où ce dernier s'était détaché peu à peu de l'attraction barrésienne pour le maurrassisme, dont la marque sur ce texte est nette. Parmi les 54 intellectuels signataires, on comptait d'ailleurs Charles Maurras et Jacques Bainville. Et cette marque maurrassienne est révélatrice. Peut-on, pour autant, approuver rétrospectivement l'analyse formulée en décembre 1919 par Jacques Rivière dans *la Nouvelle Revue française* : « Le Parti de l'intelligence, à peu de chose près, c'est, camouflée pour la circonstance, l'éternelle *Action française* » ? Certes, Henri Massis, l'auteur du manifeste, termine à l'époque une mue intellectuelle et politique : après desquamation de l'influence barrésienne, il peut être considéré à cette date comme un maurrassien. De surcroît, comme avant 1914, l'attrait alors exercé par l'Action française sur les intellectuels est indéniable. On aurait tort, en effet, d'assimiler le mouvement de Charles Maurras à une secte. Assurément, l'histoire de ce mouvement est, à l'origine, comme l'a écrit l'historien américain Eugen Weber dans un livre devenu classique [2], celle d'un « petit groupe d'intellectuels », et, à ce titre, le discours maurrassien est bien, initialement, un discours de secte. Mais le microclimat intellectuel s'est vite transformé en zone de hautes pressions idéologiques essentielles dans la circulation des idées politiques. C'est, du reste, une question délicate à résoudre que celle-ci : comment le monarchisme

1. Il est du reste repris notamment dans Henri Massis, *l'Honneur de servir*, Plon, 1937, pp. 177-182.
2. Eugen Weber, *l'Action française*, trad. française, 1964, rééd., Fayard, 1985.

maurrassien est-il devenu, au cours du premier XXe siècle, une pièce importante de la... République des lettres ? C'est qu'il disposait, en fait, d'atouts et de relais.

Atout, par exemple, que le fait de proposer à des intellectuels un système idéologique apparemment cohérent et une structure d'accueil. Que cherche souvent, en effet, un clerc en souscrivant à une idéologie et en adhérant à un groupe, sinon un principe d'intelligibilité du monde et une identité par intégration et reconnaissance réciproque – en d'autres termes, des certitudes en même temps que des amitiés ou des connivences. Or l'Action française fut à la fois un lieu d'encadrement idéologique et une structure de sociabilité.

Quant aux relais qui ont permis l'acculturation de ces idées maurrassiennes dans la France de la IIIe République, leur inventaire et leur analyse nous entraîneraient loin des pétitions. Bornons-nous ici à constater que ces relais furent nombreux, actifs, et souvent à forte densité intellectuelle. Le milieu lycéen et étudiant notamment fut imprégné dès avant la guerre. Or, par essence, ce milieu constituait une pépinière de futurs clercs. Et l'imprimé joua aussi son rôle : à la fois le journal – le quotidien *l'Action française* en l'occurrence – et le livre. Il existe en effet à cette date une école historique d'Action française – surnommée joliment l' « école capétienne » –, vulgarisée, par exemple, par la collection des « Grandes études historiques » de la Librairie Arthème Fayard, à l'audience fournie et régulière.

Des relais, donc, mais aussi des citadelles. On connaît cette boutade, attribuée à Paul Bourget, selon laquelle les quatre principaux bastions européens contre la révolution étaient la Chambre des lords, la papauté, le grand état-major prussien et... l'Académie française. Une telle réputation contre-révolutionnaire était assurément excessive pour cette dernière, et Charles Maurras connaîtra bien des déboires avant d'être élu en juin 1938 Quai de Conti. Il reste que l'académie la plus prestigieuse de l'Institut de France était souvent perçue non seulement comme un bastion du conservatisme, mais aussi comme une place forte du maurrassisme ; cela rajoutait encore au prestige de ce mouvement, car il y eut sans doute, chez bien des lecteurs de *l'Action française*, cette conviction profondément ancrée que les idées de Charles Maurras étaient non seulement historiquement justes, mais encore socialement respectables puisque cautionnées – pensaient-ils – par de vénérables institutions pérennes. À bien y regarder, il y avait là une réelle force de pénétration dans le débat intellectuel, qui a, du reste, fait rêver, depuis, des générations d'intellectuels d'extrême droite : comment parvenir, en dépit d'une puissance électorale quasi inexistante, à investir en force le domaine du « métapolitique », celui de la culture politique et des idéologies ? En 1932, Albert Thibaudet soulignera à juste titre, dans *les Idées politiques de la France*, ce contraste entre une Action française ne « pouvant faire élire ni un sénateur ni un député » mais jouissant d'une forte « influence intellectuelle ».

D'autant que cette influence dépassait les seuls maurrassiens de stricte obédience. Si pour ceux-ci le cadre idéologique était facteur d'adhésion, l'Action française s'est de surcroît, en sortant précisément de ce cadre, et notamment de sa trame monarchiste, agrégée à d'autres nébuleuses idéologiques au sein desquelles elle apparaissait comme source et garantie de tradition et d'ordre social établi, et qu'elle teintait en retour de certains aspects de son argumentaire.

Pour cette raison même, le manifeste « Pour un parti de l'intelligence » est parfois assimilé à la seule Action française. Or il dépasse largement, par ses signataires comme par sa signification, cette mouvance maurrassienne. Ainsi, Maurice Barrès décline la proposition de se joindre à l'initiative – « Je reste au-dehors » –, mais précise : « Je vous applaudis [1]. » Bien plus, d'autres écrivains ne sont pas restés « au-dehors », qui n'étaient pourtant pas forcément proches de l'Action française. La liste des 54 signataires, en effet, était certes monochrome en ce sens qu'elle provenait de la droite et de l'extrême droite intellectuelles et prenait explicitement le contre-pied des positions affichées à cette date par l'autre versant de l'intelligentsia, mais c'était en fait un camaïeu, où l'historien peut identifier rétrospectivement des tons différents de cette droite et de cette extrême droite. Même si beaucoup de signataires ne sont pas passés à la postérité, les noms de Paul Bourget, Louis Bertrand, Henri Ghéon, Daniel Halévy et Jacques Maritain montrent l'étendue de la palette.

S'il était nécessaire de démêler ainsi l'apport maurrassien et les strates d'une autre origine,

---

1. Cité par Michel Toda, *Henri Massis. Un témoin de la droite intellectuelle*, La Table ronde, 1987, p. 186.

l'essentiel reste la fonction assignée par son rédacteur et par ses signataires à ce manifeste, et, partant, sa signification historique. « Pour un parti de l'intelligence » est, avant tout, une réponse explicite au texte qui accusait les écrivains français « d'avoir " avili, abaissé, dégradé la pensée " » en la mettant au service de la patrie et de sa juste cause ». Le combat contre « l'internationale de la pensée » est lui aussi explicitement proclamé, et il se fera par et pour la nation : « L'intelligence nationale au service de l'intérêt national, tel est notre premier principe. » Il faut donc organiser « la défense de l'intelligence française », c'est-à-dire, en fait, « de la civilisation tout entière ».

Et il y a bien volonté de regroupement autour de ces thèmes. Sans pour autant fonder un « parti » des intellectuels. Henri Massis s'en est, par la suite, expliqué : « Ce qui ne veut pas dire que nous voulions faire de l'intelligence un *parti* – comme si les deux mots pouvaient se joindre et comme si le premier ne faisait pas injure au second ! Il s'agissait de *prendre parti* pour *l'intelligence* [1]. »

Une cible est désignée et un danger clairement évoqué : « Le parti de l'intelligence, c'est celui que nous prétendons servir pour l'opposer à ce bolchevisme qui, dès l'abord, s'attaque à l'esprit et à la culture, afin de mieux détruire la société, nation, famille, individu. » Or, écrit Massis, les intellectuels de gauche n'ont pas le monopole du peuple : « Plus que jamais l'élite intellectuelle a le sens de sa responsabilité sociale. La vision plus profonde, plus réelle de la souffrance nous a restitué le senti

---

1. Henri Massis, *Maurras et notre temps*, Paris-Genève, La Palatine, 1951, p. 132.

ment de notre propre devoir envers ce peuple que nous sommes chargés d'éclairer. » Le mot peuple, on le voit, ne revêt pas la même acception sous les plumes de Romain Rolland et d'Henri Massis. Mais son usage par ce dernier n'est pas fortuit : nul doute que la phrase du manifeste de *l'Humanité* – « Nous ne connaissons pas les peuples, nous connaissons le Peuple » – l'avait profondément choqué, et qu'il y a là, probablement, exprimée en quelques mots, l'une des principales césures entre intellectuels de gauche et intellectuels de droite au seuil des années 1920. Or, dans les deux camps, en ce début de décennie, certains pensent que l'heure est à l'engagement. Le manifeste du *Figaro*, du reste, le précise : « Des écrivains qui veulent travailler à la réfection de l'esprit public et des lettres humaines ne peuvent éluder le problème politique. »

UNE NOUVELLE LIGNE DE PARTAGE
DES EAUX ?

Cette bataille des manifestes nous éclaire bien, somme toute, sur le contexte intellectuel de l'immédiat après-guerre, placé tout à la fois, et sans que cela soit contradictoire, sous le signe de la continuité et du changement. Continuité, globalement, que la réapparition, une fois disparus les effets de l'union sacrée, d'un paysage intellectuel ordonné autour de deux môles antagonistes. Mais changement, dans le même temps, car ce relief bipolaire a été « rajeuni » par la secousse tectonique de la guerre. Cette secousse est particulièrement sensible dans le texte de Romain Rolland. Quant à celui d'Henri Massis, il montre, déjà, la force de l'anticommunisme parmi les intellectuels de droite et d'extrême droite.

Et ce rajeunissement du modelé va dessiner peu à peu une nouvelle ligne de partage des eaux. À droite et à l'extrême droite, des thèmes comme la défense de la civilisation et de l'Occident sont désormais durablement installés au cœur de la vision du monde de nombre d'intellectuels français. La question de « la sauvegarde de la civilisation », notamment, est essentielle. Le premier numéro de *la Revue universelle*, dont le directeur est Jacques Bainville et le rédacteur en chef Henri Massis, proclame en avril 1920, dans une présentation intitulée « Notre programme » : « De nombreux écrivains français ont signé l'an dernier un programme. Ce programme, que toute la presse a reproduit et commenté, est capable de rallier l'élite de notre pays. Le moment est venu de réaliser l'idée qui avait rallié les signataires de ce manifeste, en donnant aux écrivains de la renaissance intellectuelle et nationale les moyens d'en mettre en œuvre les principes. Ce moyen, une revue générale peut seule le fournir. Un organe nouveau est indispensable pour rassembler les forces de l'intelligence contre les puissances de dissolution, d'ignorance et d'argent qui menacent la raison et l'ordre de l'univers. Cet organe fédérera les éléments intellectuels qui, sur tous les points du globe, sont attachés à la sauvegarde de la civilisation [1]. » Il s'agit, faut-il le

---

1. *La Revue universelle*, tome I, n° 1, 1er avril 1920, pp. 1-2. À noter, dans le même numéro, un article signé... Georges Dumézil (pp. 124-127).

préciser, de la civilisation occidentale. La
« défense de l'Occident » est un thème cher à Henri
Massis, qui publiera en 1927 un livre sous ce titre.
Et la présence de ce thème dans le débat entre intellectuels au seuil de l'après-guerre appelle au moins
deux remarques. D'une part, un tel thème va courir
tout au long de l'entre-deux-guerres. Nous aurons
l'occasion de le retrouver, notamment, au moment
de la guerre du Rif et, dix ans plus tard, au cœur des
débats autour de la guerre d'Éthiopie. Après le col-
lapsus de la droite intellectuelle au lendemain de
l'Occupation, il réapparaîtra au moment de la
guerre d'Algérie.

D'autre part, on le voit, le nationalisme des intellectuels, centré avant 1914 sur l'État-nation
France, va prendre souvent après 1918 une nouvelle dimension, en se dilatant aux dimensions de
l'« Occident ». Évolution somme toute logique à
partir du moment où l'ennemi n'est plus seulement
l'Allemagne mais aussi le « bolchevisme », à vocation internationaliste. La première livraison de *la
Revue universelle* proclamait aussi : « L'Internationale de la Révolution s'organise : elle a des
journaux, des revues qui répandent sa doctrine et
soutiennent sa cause. Rien de méthodique n'a été
essayé jusqu'ici pour mettre cette propagande en
échec. L'attaque étant internationale, la défense
doit également s'étendre aux nations [1]. »

Ces phrases sont ambivalentes. Le danger
« internationaliste » a fait que l'ouverture procla-

---

1. Pour replacer cette lutte contre le « bolchevisme » dans le
contexte plus large de l'anticommunisme naissant, on se reportera
à la première partie (1917-1921) de l'étude de Serge Berstein et
Jean-Jacques Becker, *Histoire de l'anticommunisme en France*,
tome I, Olivier Orban, 1987.

mée à l' « Occident » comme valeur et ligne de front tout à la fois s'accompagna souvent, en fait, à droite, d'une rétraction aux limites de la seule France : le cosmopolitisme d'avant 1914, cette sorte d'éducation européenne dans laquelle baignaient nombre de clercs français – y compris à droite, malgré les mises en garde maurrassiennes –, semble s'étioler et même devenir suspect. Jusqu'aux personnages de romans qui vont alors subir peu à peu le contrecoup de cette évolution. Avant comme après la Seconde Guerre mondiale, l'intellectuel itinérant devient souvent dans la littérature un agent de subversion : ainsi certains personnages des romans d'André Malraux, ou le Jacques Thibault du cycle romanesque de Roger Martin du Gard, ou encore, bien plus tard, le héros brossé par Jorge Semprun pour *La guerre est finie* d'Alain Resnais. Ce sont donc des auteurs de gauche qui entérineront l'évolution. Après 1918, l'internationalisme de la pensée prôné à gauche entraîne donc à droite un raidissement induisant un repli hexagonal beaucoup plus sensible qu'au temps de la droite « nationaliste » d'avant 1914.

Le succès rencontré par le texte d'Henri Massis et sa portée dans une mouvance large sont également révélateurs d'un autre aspect du paysage intellectuel du premier après-guerre : il existe à cette date une intelligentsia de droite et d'extrême droite composée d'imposantes cohortes et qui, dans sa diversité, se retrouve sur des thèmes communs. Ou, plus précisément, et tel est l'enseignement majeur de cette pétition, cette intelligentsia puise à un fonds commun que teintent des thèmes venus de ses extrêmes. C'est là une constante de l'histoire des droites intellectuelles de l'entre-deux-guerres que cette coloration de l'argumentaire par la périphérie plus que par le centre.

Il faut cependant ajouter, en partant précisément de ce constat de la puissance de la cléricature de droite, que l'on fausserait assurément la perspective en présentant, pour des raisons de clarté d'exposition, les deux manifestes comme reflétant des forces sous-jacentes équivalentes. Ils représentent, en fait, des versants dissymétriques. Car il est un autre point que « Pour un parti de l'intelligence » fait bien apparaître : les rapports de forces au sein du milieu intellectuel ne doivent pas être jaugés à l'aune de l'après-1945, où la droite intellectuelle connaîtra, pour des raisons sur lesquelles nous reviendrons, un phénomène d'arasement, ne laissant momentanément subsister que des buttes-témoins. Il n'en est rien au moment du premier après-guerre. Cette droite intellectuelle est ferme sur ses bases, largement étoffée, irriguée par des courants multiples, et, de ce fait, elle rivalise en poids avec les clercs de gauche. De quel côté penche, au bout du compte, la balance ? Le fait même que l'on doive poser la question indique bien que l'on ne se trouve pas à cette date dans une situation d'hégémonie de l'un des deux camps comme après la Libération. Bien plus, s'il y a déséquilibre, c'est sans doute alors au détriment de la gauche intellectuelle. Certes, les traditionnelles capacités de celle-ci à mobiliser et son aptitude à puiser ainsi dans ses réserves, notamment par le biais de pétitions, font que ce déséquilibre n'est pas toujours directement perceptible. En termes de force de frappe des deux camps, il y a bien pourtant un *gap* en défaveur de la gauche. Un observateur aussi clairvoyant qu'Albert Thibaudet ne notait-il pas encore en 1932 dans *les Idées politiques de la France* : « Les lettres, la presse, les académies, les salons, Paris en somme, vont à droite, par un mouvement d'ensemble, par une poussée intérieure comme celle qui oblige les groupes politiques à se déclarer et à se classer à gauche. S'il n'y a plus de députés dits officiellement de droite, si le mot a disparu du vocabulaire parlementaire (ce qui ne signifie pas, évidemment, que la chose ait disparu de l'hémicycle !), la classification des écrivains en écrivains de droite et écrivains de gauche est courante depuis l'affaire Dreyfus. Et, dans l'état actuel des lettres et du journalisme, le *dextrisme* de façade y est presque aussi normal, ou va presque autant de soi, que le *sinistrisme* verbal au Parlement » ?

L'observation peut être débattue, surtout au seuil des années 1930, qui vont voir le développement d'une intelligentsia de gauche rivalisant avec celle de droite. On retiendra toutefois, sous bénéfice d'inventaire, qu'une décennie plus tôt le milieu intellectuel pense et penche probablement majoritairement à droite.

D'autant que les initiatives d'après guerre de Romain Rolland ou d'Henri Barbusse et les textes collectifs qui en découlent ne représentent, en fait, qu'une frange de l'intelligentsia, y compris de celle de gauche. Sur ce versant, la majorité des clercs est plutôt alors dans les mouvances socialiste ou radicale, et dans la lignée des dreyfusards d'avant 1914. La « République des professeurs » victorieuse en 1924 s'incarnera du reste à travers des intellectuels entrés en politique, comme Édouard Herriot et Paul Painlevé, et personnifiant une gauche républicaine, radicale ou socialiste [1]. Là se trouvent, encore à cette date, les clercs de gauche les plus nombreux. Les communistes constituent au milieu de la décennie une avant-garde certes turbulente et qui sait donner de la voix, mais encore peu étoffée. La « lueur » née à l'est n'est pour l'instant, statistiquement, qu'un scintillement en milieu intellectuel, et il faudra encore des années pour qu'elle devienne un foyer de rayonnement et d'attraction. Mais, dans le même temps, sans que cela soit contradictoire, le bolchevisme est déjà reconnu par la droite intellectuelle comme l'ennemi à abattre.

Situation, somme toute, classique en histoire : en ce début des années 1920, la continuité semble l'emporter, mais des forces de changement sont à l'œuvre. Les intellectuels des deux camps ont tôt fait de les percevoir et d'anticiper. De ce fait, leurs pétitions et manifestes, textes de mobilisation et de combat, sont parfois un bon reflet de ces anticipations.

L'étude de cette bataille des manifestes au seuil de l'après-guerre permet, de surcroît, d'observer une autre caractéristique de ces textes collectifs. On saisit en effet quel peut être leur rôle d'épicentres de débats qui, à une date donnée, secouent le milieu intellectuel. Et si ces textes ne sont, en tant que tels, qu'autant de secousses vouées par

1. *Cf.* Serge Berstein, *Édouard Herriot ou la République en personne*, Presses de la Fondation nationale des sciences politiques (désormais PFNSP dans les notes qui suivent), 1985.

essence à l'éphémère, les ondes qu'elles font naître débouchent parfois sur des structures plus durables. Ainsi, le manifeste « Pour un parti de l'intelligence » apparaît bien comme la matrice de *la Revue universelle*, publiée à partir d'avril 1920 et dont le rédacteur en chef, on l'a vu, sera Henri Massis. Ce dernier, du reste, parlera par la suite, dans *Maurras et notre temps*, à propos de ce manifeste, de « programme [pour] la future *Revue universelle* ». Quant au texte de Romain Rolland, des revues comme *Clarté* – dont le premier numéro paraît – en octobre 1919, sous la forme d'abord d'un bulletin provisoire, ou *Europe* s'inscrivent dans sa postérité ou, pour le moins, dans sa logique.

Et si certaines ondes de choc font ainsi naître de nouvelles revues, elles en déstabilisent – momentanément ou durablement – d'autres. *La Nouvelle Revue française*, par exemple, ressentit les contrecoups de la secousse de 1919. Dans le numéro du 1er septembre 1919, son directeur, Jacques Rivière, consacre sept pages au « parti de l'intelligence » et y formule un commentaire peu favorable – quoique courtois – du texte de Massis. Mais dans une note de trois pages publiée dans le numéro suivant, Jean Schlumberger se prononce pour ce texte et précise : « Si j'étais catholique, j'aurais signé le manifeste du parti de l'intelligence », tandis que, dans le numéro de novembre, c'est Henri Ghéon, signataire du manifeste, qui fait part aux lecteurs de la revue de ses « réflexions sur le rôle actuel de l'intelligence française ».

*

L'observation des manifestes de 1919 ne permet pas seulement de mieux préciser les rapports de forces intellectuels droite-gauche au seuil de l'entre-deux-guerres. On remarquera aussi, et le point est là encore essentiel, que les écrivains sont, dans les deux camps, en première ligne. Inversement, les universitaires ne sont guère représentés à cette date. Certes, il ne convient pas de conclure à un poids qui, dans le cas de ces derniers, aurait été jusque-là minime : au moment de l'affaire Dreyfus comme à celui du débat sur la loi de trois ans, nous avons relevé leur rôle notable. De surcroît, il faut prendre en considération leur devoir de réserve, qui ne permet pas exactement de comparer l'intervention des deux catégories de clercs. Mais, sans conteste, le déséquilibre demeure patent à cette date. Les décennies qui suivent constitueront, à cet égard, une phase durant laquelle le poids respectif des écrivains et des universitaires va peu à peu s'inverser.

CHAPITRE III

PÉTITIONS
AU CŒUR DES ANNÉES FOLLES

Pour l'heure, au cœur des « Années folles », ce sont les écrivains qui demeurent sur le devant de la scène. Ils vont notamment défendre en 1924 l'un des leurs, André Malraux, condamné à la prison en Indochine pour « soustraction de bas-reliefs ». Et c'est encore l'Empire qui, l'année suivante, les verra intervenir et s'opposer par voie – et voix ! – de pétitions au moment de la guerre du Rif. Des professeurs, il est vrai, les avaient rejoints entre-temps. Et l'évolution s'amplifiant, plus équilibrés seront, de ce point de vue, les textes collectifs qui seront signés dans la deuxième partie de la décennie.

PÉTITIONS ET MYSTIFICATIONS

Au cœur des années 1920, en tout cas, pétitions et manifestes vont devenir une pratique courante. À tel point du reste que cette pratique sera parfois raillée, à travers, par exemple, deux mystifications montées à la fin de la décennie. La première fut la constitution du « Comité de défense poldève ». Ce

comité est célèbre. Un journaliste de *l'Action française*, Alain Mellet, envoya en mars 1929 à des parlementaires radicaux et socialistes deux lettres en
faveur des « 100 000 infortunés Poldèves, esclaves
modernes, habitant sous le joug de quelques
dizaines de grands propriétaires terriens », sollici-
tant une « protestation » en vue de constituer un
« dossier pour la troisième sous-commission de la
Commission du droit des minorités de la Société
des nations ». Si quatre réponses seulement parvinrent après la première lettre, les adhésions
affluèrent après la seconde circulaire. Les mis-
sives étaient pourtant signées des transparents
« Lyneczi Stantoff et Lamidaeff » ! Et c'est justement *l'Action française* qui, le 13 avril 1929, mettait fin à la mystification en commençant la publication des réponses des parlementaires.

À ce niveau, la supercherie devient assurément
une arme politique, qui fut notamment utilisée par
l'Action française et *Je suis partout* dans l'entre-
deux-guerres [1]. Et ce n'est pas une coïncidence si le
Comité de défense poldève connut un prolongement à l'École normale supérieure, à l'instigation
de quelques normaliens proches des mêmes
milieux politiques. Ce sont en effet Robert Brasillach et ses camarades qui vont faire d'un élève
étranger de l'École, l'Albanais Peppo, le héros
involontaire d'une suite donnée à la farce des

---

1. *Cf.* le récit de ces mystifications dans le livre de Pierre-
Antoine Cousteau, ancien journaliste de *Je suis partout, Mines de
rien ou les grandes mystifications du demi-siècle*, préface de Lucien
Rebatet, illustrations de Ralph Soupault, Paris, Éditions Ethéel,
1955, pp. 45-72. Sur le « Comité de défense poldève », outre le livre
de Cousteau, *Cf.* Jacques Franju, *le Grand Canular*, Seghers, 1963,
pp. 120-127.

Poldèves. Les normaliens maurrassiens avaient connu le jeune homme à Louis-le-Grand en 1927-1928. Déjà à cette époque, ils avaient réussi à le persuader pendant vingt-quatre heures qu'il venait d'être condamné à mort dans son pays [1]. L'année suivante, Pierre Peppo était admis à l'École comme élève étranger. Et quand, au printemps 1929, *l'Action française* publia les documents relatifs aux Poldèves, Thierry Maulnier et Robert Brasillach les découpèrent et en constituèrent un dossier qu'ils remirent à l'Albanais en lui conseillant de consacrer une conférence à la question des Poldèves, amis de toujours des Albanais. Et ils parvinrent à dissiper l'hésitation légitime de Pierre Peppo. Robert Brasillach a narré ainsi l'épisode dans *Notre avant-guerre* :

> Nous donnâmes rendez-vous à Peppo dans un café de Montparnasse pour *lui montrer des Poldèves*. Thierry Maulnier et moi l'accompagnions. Les deux complices s'y trouvaient saluant à l'allemande, à angle droit. L'un d'eux était muet, ignorant le français. L'autre le parlait avec une difficulté extrême. Il tendit le bras vers moi en disant avec gravité : « France généreuse. » Peppo regardait de tous ses yeux ces voisins de frontière. Au bout de cinq minutes, la porte s'ouvrit et Georges Blond, grave, une serviette sous le bras, apparut. Il se présenta comme secrétaire de Paul-Boncour, et affirma que son patron attachait une importance particulière à la conférence de Peppo.

1. Robert Brasillach, *Notre avant-guerre*, Plon, 1941, p. 20, note 1.

[Celui-ci] ne pouvait plus douter. On lui apporta même l'hymne poldève – qui était une marche militaire, le *Salut au 85ᵉ*, je crois bien. On loua une salle. Tous ceux d'entre nous qui avaient échangé des vœux au 1ᵉʳ janvier avec leurs professeurs envoyèrent à Peppo les cartes qu'ils avaient reçues, agrémentées de remarques flatteuses : le recteur, le directeur de l'École, toute la Sorbonne, assuraient l'Albanais de leur sympathie et promettaient de venir à sa conférence. Elle eut lieu, au milieu d'un chahut indescriptible, pendant que le pauvre garçon jurait ses grands dieux qu'il avait vu, de ses yeux vu, des Poldèves, et qu'on n'a rien à opposer à un témoin oculaire.

Sans trop solliciter ce récit, on peut constater que, par-delà le « canular » – remarquablement agencé –, perce l'hostilité du groupe maurrassien de l'École normale supérieure à l'égard du personnel politique républicain, des principes wilsoniens sur lesquels a été remodelée l'Europe centrale une décennie plus tôt et de l'esprit de la SDN, à laquelle étaient destinées les protestations des honorables parlementaires abusés par Alain Mellet ; sans compter, en filigrane, une antipathie pour les « métèques ».

L'affaire des Poldèves aura décidément marqué les normaliens. Dix ans plus tard exactement, c'est un ancien élève de l'École normale supérieure qui écrira : « Les paysans français n'ont aucune envie de " mourir pour les Poldèves ". » Le normalien s'appelait Marcel Déat, et la phrase figurait dans l'article « Mourir pour Dantzig ? » qu'il publia le jeudi 4 mai 1939 dans *l'Œuvre* [1].

L'AFFAIRE MALRAUX

Mais il nous faut revenir aux années 1920 et aux véritables pétitions. Les aventures indochinoises d'André Malraux suscitèrent alors l'une de ces pétitions. L'épisode qui enclencha l'affaire est connu. Ruinés par de hasardeuses spéculations boursières, le jeune homme et son épouse arrivent à Saigon en novembre 1923. Leur renflouement est ainsi programmé : « Eh bien, nous allons dans quelque petit temple du Cambodge, nous enlevons quelques statues, nous les vendons en Amérique, ce qui nous permettra de vivre ensuite tranquilles pendant deux ou trois ans [2]. » En fait, la cible finalement choisie, le site de Banteay-Srei, n'était pas si « petite ». L'inventaire de ce site, découvert en 1914, décrit un ensemble de quatre temples « remarquables comme architecture et conservation », et un article publié par un archéologue en 1919 a signalé « la finesse extraordinaire comme l'intérêt de la sculpture ». Une partie de cette sculpture est mise en caisse par le couple parvenu

1. Marcel Déat, « Mourir pour Dantzig? », *l'Œuvre*, jeudi 4 mai 1939, pp. 1 et 4, citation p. 4.
2. Clara Malraux, *Nos vingt ans*, Grasset, 1966, p. 112. Sur l'« aventure indochinoise » d'André Malraux – dont l'épisode de 1923-1924 ne fut que la première facette, avant le combat mené en 1925-1926 dans l'*Indochine* puis l'*Indochine enchaînée* –, *cf.* Walter G. Langlois, *André Malraux, l'aventure indochinoise*, Mercure de France, 1967, et Jean Lacouture, *André Malraux, une vie dans le siècle*, Le Seuil, 1973.

à destination. Mais la tentative de quitter aussitôt l'Indochine, peut-être vers les États-Unis, tourne court. André Malraux et son épouse sont interceptés à Phnom Penh le 24 décembre 1923, et le premier se trouve inculpé de « soustraction de bas-reliefs ». Le verdict sera rendu le 21 juillet suivant : trois ans de prison.

Clara, ayant bénéficié d'un non-lieu, était rentrée en France entre-temps. Elle suscita alors avec l'aide de Marcel Arland une pétition réunissant de brillantes signatures. Son époux, il est vrai, avait déjà tissé des amitiés et noué des connivences dans le milieu intellectuel parisien. Directeur littéraire, à dix-neuf ans, des Éditions du Sagittaire et responsable de volumes de luxe, il s'était lié avec des graveurs et des peintres. Lui-même avait publié en avril 1921, dans la collection qu'il dirigeait, son premier livre, *Lunes en papier*, illustré par Fernand Léger. En ce début des années 1920, il a commencé à collaborer à *Action*, revue accueillante qui publie aussi bien Max Jacob, Cocteau, Radiguet, Cendrars que les futurs surréalistes Tzara, Aragon et Éluard. Un article sur Gide publié en mars 1922 dans *Action* avait attiré l'attention du maître. Et en juillet 1922, André Malraux avait publié son premier article, demandé par Jean Paulhan, dans *la Nouvelle Revue française*. Ce qui ne l'empêchait pas d'être fasciné à l'époque par Maurice Barrès et de considérer Charles Maurras comme « une des grandes forces intellectuelles d'aujourd'hui » : c'est en ces termes qu'il l'avait présenté dans la préface qu'il avait donnée à la maurrassienne *Mademoiselle Monk*.

De là l'éclectisme des signataires de la pétition

publiée par *les Nouvelles littéraires* le 6 septembre 1924, en première page [1] :

Pour André Malraux

Les soussignés, émus de la condamnation qui frappe André Malraux, ont confiance dans les égards que la justice a coutume de témoigner à tous ceux qui contribuent à augmenter le patrimoine intellectuel de notre pays. Ils tiennent à se porter garants de l'intelligence et de la réelle valeur littéraire de cette personnalité, dont la jeunesse et l'œuvre déjà réalisée permettent de très grands espoirs. Ils déploreraient vivement la perte résultant de l'application d'une sanction qui empêcherait André Malraux d'accomplir ce que tous étaient en droit d'attendre de lui.

Edmond Jaloux, André Gide, François Mauriac, Pierre Mac Orlan, Jean Paulhan, André Maurois, Jacques Rivière, Max Jacob, François Le Grix, Maurice Martin du Gard, Charles du Bos, Gaston Gallimard, R. Gallimard, Philippe Soupault, Florent Fels, Louis Aragon, Pierre de Lanux, Guy de Pourtalès, Pascal Pia, André Houlaire, André Desson, André Breton, Marcel Arland.

Ce sont les hommes de *la Nouvelle Revue française* qui constituent l'ossature de la liste. À une réunion d'écrivains à Pontigny, notamment, Marcel Arland a pu rassembler quelques signatures importantes qui lestent la pétition. Mais les jeunes

1. Sans pour autant, il est vrai, que la place consacrée à la pétition ait été très importante : le bas de la deuxième colonne.

poètes rencontrés à *Action* ont été eux aussi sensibles à l'appel. Et ce qui frappe, au bout du compte, c'est bien l'amalgame, parmi les signataires, de clercs « installés » – certes, sans être encore, pour la plupart, au faîte de leur carrière, mais constituant déjà des valeurs reconnues – et de membres des avant-gardes turbulentes.

L'épisode fut important pour André Malraux et demeure significatif pour l'historien. Pour le principal intéressé, la pétition contribua probablement, en effet, à la cassation en appel. Le jugement de la cour de Saigon, rendu le 28 octobre 1924, ramenait la peine à un an de prison avec sursis. « Considérant que les deux inculpés [André Malraux et son ami Louis Chevasson] sont très jeunes, que les renseignements fournis sur eux ne sont pas mauvais », indiquait un passage de l'arrêt, montrant bien indirectement que la pétition ne fut peut-être pas inutile. Toujours est-il que, le 1er novembre suivant, André Malraux s'embarquait pour la France. Et le texte publié en sa faveur lui avait entre-temps conféré, semble-t-il, une notoriété monnayable : au jeune homme de vingt-trois ans, revenu en France à la fin de 1924, Bernard Grasset offrit un contrat pour trois livres ainsi que trois mille francs d'avance.

Mais l'initiative de Clara Malraux est également, rétrospectivement, utile pour l'historien. D'une part, apparaissent clairement en filigrane les mécanismes de la pétition : les démarches d'une épouse ayant elle-même des accointances dans le milieu intellectuel – les deux jeunes gens se sont rencontrés à un dîner réunissant les collaborateurs d'*Action* –, puis certaines structures de sociabilité de ce milieu qui prennent le relais. D'autre part, à travers les arguments mis en avant – « l'intelligence et la réelle valeur littéraire de cette personnalité dont la jeunesse et l'œuvre réalisée permettent les plus grands espoirs » –, se profile l'exemple presque chimiquement pur d'une pétition endogène au milieu intellectuel, et à usage purement interne : protéger l'un des siens. Cette pétition présente, pour toutes ces raisons, un concentré des traits que l'on rencontrera, dispersés, dans d'autres textes collectifs conçus dans des contextes très différents : ainsi, le thème de la jeunesse et de l'œuvre encore à venir pour Robert Brasillach, ou bien, comme pour Régis Debray emprisonné en Bolivie, la solidarité d'une cléricature où s'agrègent, le temps d'une pétition, notables et avant-gardes.

RETOMBÉES FRANCO-FRANÇAISES DE LA GUERRE DU RIF

Ce type d'agrégation n'est jamais complet : la pétition en faveur d'André Malraux réunissait seulement quelques rameaux des avant-gardes et une petite part des notables. Il est surtout éphémère. Et le milieu des années 1920 ne déroge pas à la règle. François Mauriac et Louis Aragon, par exemple, un an après l'apposition de leur signature en soutien d'André Malraux, se retrouvent dans les deux camps opposés que dessine la guerre du Rif.

Car, trente ans avant les premières pétitions de la guerre d'Algérie, les intellectuels français s'étaient déjà opposés une première fois en 1925 à

propos de l'Afrique du Nord. Le point de départ de
ce rififi entre clercs est bien connu : Henri Barbusse rédigea à cette date une déclaration hostile
à la guerre du Rif, intitulée « Aux travailleurs
intellectuels. Oui ou non, condamnez-vous la
guerre ? », qui parut dans *l'Humanité* du 2 juillet
1925 sous la manchette « Les travailleurs intellectuels aux côtés du prolétariat contre la guerre du
Maroc » :

> Les tragiques événements du Maroc met-
> tent en demeure les écrivains, les « travail-
> leurs intellectuels », tous ceux qui par quelque
> point ou à quelque degré exercent une
> influence sur l'opinion et jouent par là un rôle
> public, de juger ce qui se passe en ce moment
> en Afrique ; de dire si oui ou non ils sont
> d'accord avec des iniquités politiques dont la
> trame est trop visible ; si oui ou non il leur
> suffit d'émettre, contre la sanglante réalité,
> quelques béats regrets humanitaires. Les faits
> sont là.
>
> Contre la guerre du Maroc, cette nouvelle
> grande guerre qui se déploie et s'allonge sept
> ans après le massacre de dix-sept cent mille
> Français et de dix millions d'hommes dans le
> monde, nous sommes quelques-uns qui éle-
> vons hautement notre protestation.
>
> Nous avons trop médité l'expérience de
> l'histoire, et surtout l'histoire des guerres colo-
> niales, pour ne pas dénoncer l'origine impé-
> rialiste, ainsi que les conséquences inter-
> nationales probables de cette guerre.
>
> Nous nous déclarons résolument opposés

aux pratiques d'une diplomatie secrète qui semblent rencontrer un renouveau de faveur après avoir été solennellement répudiés et qui risquent de nous lier demain dans la poursuite d'une aventure ruineuse, stérile et toute pleine de nouveaux conflits éventuels.

Nous estimons qu'il n'y a plus à se réfugier dans les sophismes par lesquels ceux qui capitulent devant les pouvoirs consacrés s'acquittent trop facilement avec leur conscience : « Ce n'est plus le moment d'intervenir puisque l'action militaire est engagée... L'honneur de la France, etc. »

En effet, nous avons été mis en présence du fait accompli, mais ce n'est pas une raison pour accepter la grossière intimidation de ce procédé usuel des gouvernements. En effet, l'honneur de la France est engagé, mais d'une façon beaucoup plus large et profonde que vous ne voulez le croire, et dans un autre sens que celui que vous voulez croire.

Émus et révoltés par les atrocités commises de part et d'autre sur le front de l'Ouergha nous constatons qu'elles sont inhérentes à toutes les guerres, et que c'est la guerre qu'il faut déshonorer.

Nous protestons contre le nouveau régime de censure établi depuis le commencement des hostilités dans l'intention de cacher des vérités que le pays a besoin de connaître.

Nous proclamons une fois de plus le droit des peuples, de tous les peuples, à quelque race qu'ils appartiennent, à disposer d'eux-mêmes.

Nous mettons ces clairs principes au-dessus des traités de spoliation imposés par la violence aux peuples faibles, et nous considérons que le fait que ces traités ont été promulgués il y a longtemps ne leur ôte rien de leur iniquité. Il ne peut pas y avoir de droit acquis contre la volonté des opprimés. On ne saurait invoquer aucune nécessité qui prime celle de la justice.

Nous faisons appel par-dessus les disputes passionnées des partis politiques :

A la volonté pacifique d'une opinion que toute une presse opulente s'occupe beaucoup plus à trahir qu'à éclairer.

Au gouvernement de la République pour qu'il arrête immédiatement l'effusion du sang au Maroc par la négociation des clauses d'un juste armistice.

A la Société des nations pour qu'elle justifie son existence par une intervention urgente en faveur de la Paix.

Henri Barbusse.

*Rédaction de « Clarté » : *Georges Altman. – Georges Aucouturier. – Léon Bazalgette. – Jean Bernier. – Édouard Berth. – J.-R. Bloch. – Henri Bru. – Victor Crastre. – Marcel Eugène. – C. Fégy. – Marcel Fourrier. – C. Freinet. – G.-P. Friedmann. – Paul Guitard. – Alix Guillain. – Henri Hisquin. – René Maublanc. – Jean Montrevel. – Léon Moussinac. – Serge. – Vaillant-Couturier. – Victor Serge.

*Groupe surréaliste : *Maxime Alexandre. – Louis Aragon. – Antonin Artaud. – J.-A. Boif-

fard. – André Breton. – René Crevel. – Robert
Desnos. – Paul Éluard. – Francis Gérard. –
Michel Leiris. – Mathias Lubeck. – Georges
Malkine. – André Masson. – Max Morise. –
Marcel Noll. – Benjamin Péret. – Philippe Sou-
pault. – Roland Tual. – Roger Vitrac.

Groupe Philosophies : Norbert Gutermann.
– Henri Lefebvre. – Pierre Morhange. –
Georges Politzer.

Georges Adrian. – René Arcos. – Autant. –
Marcel Batillat. – Charles Bellan. – Camille
Belliard. – Prof. Cazamian. – Michel Corday. –
Champeaux. – Géo-Charles. – Georges Chen-
nevière. – Albert Crémieux. – René Davenay. –
Donce-Brisy. – Desanges. – Georges Duhamel.
– Gustave Dupin. – Florent Fels. – Léon Fra-
pié. – André Germain. – L. de Gonzague-Frick.
– Albert Gleizes. – Claude Gignoux. – Louis
Guétant. – Pierre Hamp. – Han Ryner. – Ch.-
H. Hirsch. – Henri Jeanson. – Joseph Jolinon.
– Francis Jourdain. – Frantz Jourdain. –
Mme Lara. – Bernard Lecache. – Jean Lurçat.
– Victor Margueritte. – Marcel Martinet. – Luc
Meriga. – Marcel Millet. – Mathias Morhardt.
– Henri Mirabel. – Pierre Paraf. – Georges
Pioch. – Henry Poulaille. – Professeur A. Pre-
nant. – Gabriel Reuillard. – Jacques Robert-
france. – Romain Rolland. – Charles Rochat. –
Jean Rostand. – Jules Rivet. – Jacques Sadoul.
– Marcel Say. – Séverine. – Pierre Scize. – Paul
Signac. – Henry Torrès. – Charles Vildrac. –
Léon Werth. – Vlaminck. – Maurice Wullens,
etc.

Ce texte a souvent été évoqué par la suite, car il scelle la convergence des animateurs de *Clarté*[1], du groupe surréaliste et des membres de « Philosophies ». Son importance est probablement surévaluée, en raison notamment de l'intérêt porté par les chercheurs aux premiers pas politiques du groupe surréaliste. Il reste qu'il entraîna la rédaction d'une contre-pétition qui, pour n'être point passée comme sa concurrente à la postérité, rassembla une liste impressionnante de signatures. *Le Figaro* du mardi 7 juillet 1925 publia en première page, sur deux colonnes et sous le titre « Les intellectuels aux côtés de la Patrie », une « adresse aux troupes françaises qui combattent au Maroc », réfutation explicite du manifeste précédent, dont les auteurs « ont l'audace de défigurer le devoir si haut et si généreux de progrès et d'humanité que la France s'est donné sur la terre d'Afrique » :

Une protestation « contre la guerre du Maroc » a été communiquée ces derniers jours à la presse par un groupement d'ailleurs fort restreint. Ceux qui ont pris l'initiative de ce manifeste – où ils osent affirmer que nous menons contre Abd el-Krim « une guerre inspirée par l'impérialisme » – se sont décerné à eux-mêmes ce titre : « Les travailleurs intellectuels », comme s'ils étaient qualifiés pour parler au nom de la pensée française.

Les soussignés, en dehors et au-dessus de toute considération politique, s'élèvent avec

---

1. Il est, du reste, inséré aussi dans le numéro 76 de *Clarté* (15 juillet 1925), entre les pages 284 et 285. Ce sont la typographie et la liste des signataires de *Clarté* qui sont ici reproduites.

fermeté et indignation contre une pareille prétention. Si quelques intellectuels, ou qui s'estiment tels, se sont rangés du côté de la révolution, l'immense majorité des savants et
écrivains demeure, elle, du côté de la Patrie.
Ceux-là qui n'ont pas cru nécessaire d'élever la
voix en faveur des milliers d'hommes qui formaient, en Russie, l'élite de l'intelligence et
qui, depuis six années, ont été torturés et exécutés en masse par les bourreaux du bolchevisme ; ceux-là qui n'ont pas protesté ni contre
les assassinats de Marseille, ni contre ceux de
la rue Damrémont, ont l'audace, aujourd'hui,
de défigurer le devoir si haut et si généreux de
progrès et d'humanité que la France s'est
donné sur la terre d'Afrique. Comment oublie-
rions-nous que notre influence a fait cesser,
au Maroc, la guerre continuelle entre tribus et
a permis qu'une ère de calme et de travail suc-
cédât à l'ère de la haine et de la violence ? Un
aventurier commandant à une armée de pil-
lards a donné le signal de l'agression et essayé,
depuis quelques semaines, de détruire cette
entreprise civilisatrice, si digne de notre
nation. N'est-ce pas une grande pitié qu'il ait
pu se trouver des Français, si peu nombreux
soient-ils, pour défendre l'œuvre du brigan-
dage contre l'œuvre de paix, et pour donner
prétexte, en Allemagne et ailleurs, à une propagande antifrançaise accrue de mensonges
et de calomnies ?

Il serait intolérable que les soldats qui,
chaque jour, exposent leur vie sur le front
de l'Ouergha, pussent supposer que leur

héroïsme et leur dévouement sont méconnus chez nous, si ce n'est par quelques esprits criminels ou égarés. Aussi les soussignés tiennent-ils à honneur et à devoir d'adresser aux troupes, soit indigènes, soit métropolitaines, qui combattent au Maroc, pour le Droit, la Civilisation et la Paix, l'hommage de leur reconnaissance et de leur admiration.

Suivaient 175 noms par ordre alphabétique : des membres de l'Institut et de l'Académie de médecine, du conseil de l'ordre des avocats, le recteur de l'académie de Paris, le doyen de la faculté de droit, l'administrateur du Collège de France. Les corps intellectuels constitués étaient donc très largement représentés [1], d'autant que la liste s'allonge encore les 8, 10 et 12 juillet (plus de 200 nouvelles signatures viennent s'ajouter au – fort – noyau initial) et que les forces spirituelles viennent rejoindre les forces intellectuelles : le pasteur Charles Vernes, « président honoraire du Consistoire des Églises réformées de France », et le baron Édouard de Rothschild, « président du Consistoire central des israélites de France », figurent dans la troisième livraison de signatures. Tout comme, dans un autre domaine, François Veuillot, « président du Syndicat des journalistes français ».

Il y a là assurément un motif de satisfaction pour le maréchal Lyautey, qui expédie une dépêche de Rabat, publiée dans *le Figaro* du 9 juillet : « Je

---

1. Avec, il est vrai, des aspects différentiels : au sein des universitaires, les professeurs de médecine et de droit étaient davantage représentés que ceux de lettres ou de sciences.

salue la patriotique initiative du *Figaro*, au nom de ceux qui combattent et travaillent ici pour la France. Je vous prie de vous faire ici l'interprète de leur profonde gratitude auprès de ceux qui ont répondu à votre appel. » Les destinataires de cette dépêche sont, répétons-le, nombreux et connus. De grands savants sont au rendez-vous – le duc de Broglie, Édouard Branly –, des écrivains célèbres – Henry Bernstein, Henri de Régnier, Pierre Benoit – ou qui le deviendront – François Mauriac, André Maurois –, des universitaires renommés – Maurice Croiset, Gustave Lanson, Charles Diehl. D'anciennes ou futures figures de proue du monde politique signent au titre du barreau : Raymond Poincaré, que la victoire du Cartel a relégué momentanément au second plan, ou Paul Reynaud [1].

Certes, le centre de gravité politique de cette pétition est nettement situé à droite, et une partie des signataires comme de la thématique se retrouveront dans la pétition publiée dix ans plus tard, en octobre 1935, au moment de la guerre d'Éthiopie. Le « Manifeste d'intellectuels français pour la défense de l'Occident » recueillera lui aussi les signatures de nombreux académiciens français – 12, dès le 4 octobre 1935, sur les 64 premiers noms publiés – et mettra en avant la défense de la « civilisation » : « Intellectuels, qui devons protéger la culture avec d'autant plus de vigilance que nous profitons davantage de ses bienfaits, nous ne

---

1. On comptait également parmi les signataires, entre autres, Jacques Bainville, Forain, Paul Géraldy, Fernand Gregh, Abel Hermant, Émile Henriot, Henri Massis, Mgr Baudrillart, Paul Valéry, Daniel Halévy, Francisque Gay, Léon-Paul Fargue.

pouvons laisser la civilisation choisir contre elle-même. »

Cela étant, on le verra, la teneur et le ton du manifeste de 1935 seront beaucoup plus durs, dénonçant le « prétexte de protéger en Afrique l'indépendance d'un amalgame de tribus incultes » et « un faux universalisme juridique qui met sur le pied d'égalité le supérieur et l'inférieur, le civilisé et le barbare ». Le contraste montre précisément que le texte de 1925 puise aussi à d'autres sources. Assurément, ce texte est globalement « de droite ». On aurait tort pourtant d'en conclure que la gauche française est à l'époque à l'unisson des gammes « clartéistes ». Le thème de la France civilisatrice et émancipatrice transcende les appartenances politiques et traversera les décennies suivantes.

La présence, par exemple, de Paul Desjardins parmi les signataires montre que certains anciens dreyfusards ou, pour d'autres moins âgés, de souche dreyfusarde pouvaient se reconnaître dans ce texte, même si sont rares ceux qui le signèrent, et, inversement, la réticence et la perplexité de certains d'entre eux à l'égard de la campagne menée contre la guerre du Rif est révélatrice. *Clarté*, qui avait organisé une enquête sur cette guerre, en publie les résultats dans son numéro 76 du 15 juillet 1925. Victor Basch, dans une réponse également publiée sous forme de lettre ouverte à Henri Barbusse dans *l'Ère nouvelle* du 7 juillet 1925, proclame son « horreur de la guerre », mais ne s'estime pas « suffisamment informé » : Abd el-Krim est peut-être un « aventurier » » ; de surcroît, la colonisation a entraîné pour la plupart des peuples colonisés un « excédent d'avantages », et l'abandon des colonies se ferait au profit « d'autres nations européennes, dont les procédés coloniaux ne vaudraient peut-être pas les nôtres ». Théodore Ruyssen répond quant à lui : « En ce qui concerne le Maroc, personne ne peut nier que l'occupation en ait été relativement facile et pacifique ; nul ne peut davantage nier que nous y ayons apporté la sécurité, là où les pilleries mutuelles étaient constantes. Nous y avons ouvert des écoles et des dispensaires, créé des marchés, tracé des routes et des voies ferrées ; de sorte que si je me demande de quel côté est la civilisation, je ne puis la trouver dans le camp d'Abd el-Krim, avec ses avions détraqués et ses machines à écrire sans dactylos. » Charles Gide donne aussi une réponse très balancée et n'exprime pas une émotion particulière face à l'intervention de l'armée française. Roger Martin du Gard repousse toute assimilation avec l'époque de l'« Affaire » ; d'autant que « condamner *a priori* toute entreprise coloniale [c'est] intenter procès à l'histoire universelle et à tout ce qu'on est convenu d'appeler civilisation ».

Certes, la comparaison terme à terme entre 1925 et 1955, entre la phase d'apogée de l'Empire et celle du début de son démembrement, est forcément artificielle : trente ans plus tard exactement, devenu entre-temps prix Nobel de littérature, Roger Martin du Gard signera le texte fondateur du Comité d'action contre la poursuite de la guerre en Afrique du Nord ; tout comme un autre prix Nobel de littérature, François Mauriac, qui avait répondu à *Clarté* en 1925 : « Cette guerre du Maroc sert admirablement les desseins de Moscou... Ne nous demandez pas de jeter notre huile sur votre feu. » Il nous faut pourtant, dès le seuil de cette étude, remarquer que le clivage droite-gauche n'est ici qu'en partie éclairant et que son usage sans précaution débouche sur des analyses réductrices. De même, si la distinction entre une postérité dreyfusarde et une autre antidreyfusarde est, par certains aspects, opératoire [1], il faudra pourtant poser cette question apparemment incongrue : n'est-ce pas aussi au nom d'une certaine forme de postérité dreyfusarde que se produiront quelques-uns des engagements en faveur de l'Algérie... française ? Formulée de façon aussi lapidaire, la question paraîtra, de prime abord, peu convaincante, pour le moins paradoxale, et, peut-être, provocatrice. Se trouve pourtant là, probablement, nous y reviendrons, l'une des clés de l'attitude d'un Albert Bayet ou d'un Paul Rivet au moment du conflit algérien.

Soulignons enfin que les visions du monde et leurs formulations dans le débat civique sont à forte rétention idéologique. Dans ce contexte, et malgré l'accélération de l'histoire entraînée par le second conflit mondial, la guerre froide et les débuts de la décolonisation, trente années constituent une mince pellicule de temps. Les tenants de

---

1. *Cf.* la mise en parallèle, nuancée, entre l'affaire Dreyfus et la guerre d'Algérie dans l'article de Michel Winock, « Les affaires Dreyfus », *Vingtième siècle. Revue d'histoire*, 5, janvier-mars 1985, numéro spécial sur « les guerres franco-françaises », pp. 19-37 ; *cf.* également les « trois tempéraments idéologiques et politiques majeurs : les dreyfusards, les bolcheviks et les tiers-mondistes » distingués par Pierre Vidal-Naquet parmi « les opposants les plus radicaux à la guerre » (« Une fidélité têtue. La résistance française à la guerre d'Algérie », *Vingtième siècle. Revue d'histoire*, 10, avril-juin 1986, pp. 3-18).

l'Algérie française utiliseront encore une large part de l'argumentaire qui apparaissait dans la première bataille des pétitions de 1925.

DÉBATS SUR LA SÉCURITÉ

On remarquera aussi que dans le manifeste du 7 juillet 1925 le mot intellectuel, à droite, n'est plus réfuté ou connoté négativement. Un verrou a donc sauté à cette date, et le mot a désormais droit de cité au sein de l'ensemble de la cléricature. La turbulence historique des années 1930 va entraîner, on le verra, un rôle croissant de cet intellectuel passé d'une appellation contrôlée – péjorative à droite, laudative à gauche – à une étiquette largement accepté.

Mais, au seuil de cette décennie, et avant même la montée des périls, les clercs, à l'image de la société française, se montrent partagés sur la façon d'assurer la sécurité du territoire. À nouveau, du reste, on observe une bataille des manifestes qui rend bien compte des arguments échangés de part et d'autre.

Notre temps, l'hebdomadaire de Jean Luchaire, publie le 18 janvier 1931 un « Manifeste contre les excès du nationalisme, pour l'Europe et pour l'entente franco-allemande », signé par 186 intellectuels [1] :

À l'heure où l'Europe doit s'organiser ou périr et ne peut s'organiser que dans la pacification des esprits et l'oubli des ressentiments,

---

1. *Notre temps*, 18 janvier 1931, colonnes 81 à 84.

les intellectuels français soussignés s'élèvent
avec vigueur, en quelque pays qu'elles se pro-
duisent, contre les rumeurs de guerre entrete-
nues par des fauteurs de désordre intéressés,
aveugles ou criminels.

Ils n'entendent pas rester indifférents
devant de telles campagnes et, quelle que soit
la suite des événements, ils prétendent lutter
par tous les moyens en leur pouvoir contre le
retour d'une catastrophe où s'abîmerait la
civilisation.

Ils n'ignorent pas tout ce qui menace la paix
en d'autres pays et ils comptent que les intellectuels étrangers sauront mener contre les
excès de leurs nationalismes l'action qu'eux-
mêmes sont résolus à soutenir contre ceux du
nationalisme français.

Ils affirment que le vrai visage de la France
n'est pas de haine et de guerre, mais de justice
et de paix, et protestent contre les excitations
chauvines qui tendent à le défigurer.

Ils ne mettent pas leur orgueil dans une
politique de prestige ruineuse et périmée, la
véritable mission d'un grand peuple ne devant
plus être déterminée par la politique des
armes, mais par celle de la raison.

Ils déclarent que si l'on veut la paix il faut la
vouloir sans hésitation ni ambiguïté, que chacun doit prendre sur ce point ses responsabilités totales et qu'une guerre où l'attitude de la
France aurait sa part de fautes mettrait cruellement leur cœur de Français en contradiction
avec leur conscience d'hommes. Aussi sou-
haitent-ils, pour l'avenir et l'honneur de leur

pays, que l'Europe se fasse avec lui et non pas contre lui et que, pour y parvenir, l'on sache rompre franchement avec la politique de force qui commande partout les rapports des peuples depuis plus d'un siècle. Il importe donc que ce pays riche d'un passé généreux ose proclamer que la nouvelle Europe et l'entente franco-allemande, qui en est la clef de voûte, ne pourront naître que d'accords librement consentis par des peuples apaisés.

Parmi les signataires, on relevait notamment les noms de Marcel Achard, Alexandre Arnoux, Georges Auric, Claude Aveline, Jacques de Baroncelli, Julien Benda, Emmanuel Berl, Jean-Richard Bloch, Pierre Bost, Pierre Brossolette, Jacques Chardonne, G. Charensol, Jean Cocteau, Daniel-Rops, Roland Dorgelès, Joseph Delteil, Pierre Drieu La Rochelle, Raoul Dufy, Charles Dullin, Alfred Fabre-Luce, Ramon Fernandez, Jean Guéhenno, Jean Giono, Marcel Gromaire, Arthur Honegger, Henri Jeanson, Bertrand de Jouvenel, Jacques de Lacretelle, Jean Luchaire, Gabriel Marcel, Louis Martin-Chauffier, Roger Martin du Gard, Paul Morand, Marcel Pagnol, Jean Paulhan, Jean Prévost, Jules Romains, Armand Salacrou, Jean Schlumberger, Charles Vildrac et Maurice de Vlaminck.

Dès le 21 janvier suivant, Gaëtan Sanvoisin médite en première page du *Figaro* « autour d'un manifeste » et avertit : « Toute une entreprise de dissociation cérébrale est à l'œuvre. » Mais la réponse la plus explicite à la profession de foi des 186 consista avant tout en un contre-manifeste. Le

25 janvier, en effet, *la Revue française* publia un
« Manifeste des jeunes intellectuels " mobilisables " contre la démission de la France », réunissant 202 noms [1] :

> Un manifeste, qu'on annonçait hier encore
> comme celui des « *jeunes intellectuels français
> contre l'esprit de guerre et les excès du nationa-
> lisme* », vient de paraître. Nous nous étonnons
> de le voir signé presque uniquement par des
> hommes de plus de trente ans. Il y a, en effet,
> quelque abus à déléguer M. Benda à la repré-
> sentation des « jeunes intellectuels français ».
> Si l'événement d'une agression devait nous
> surprendre demain, ce n'est pas lui qu'on en-
> verrait râler dans les boues de Lorraine, mais
> bien nous. L'expérience qui devait démontrer
> à tous le « pacifisme » des générations nou-
> velles nous a appris seulement que l'on pouvait
> compter en France 180 professionnels de la
> pensée pour obéir aux directives d'un minis-
> tère. En tant que jeunes hommes nous tenons
> d'abord à récuser leur témoignage.
>   Désirant la paix, plus que quiconque, nous
> estimons qu'elle ne saurait consister en des
> reniements successifs, et des ajustements pré-
> caires d'intérêts économiques, qui, par la
> seule attention qu'on leur accorde, finiront
> par s'opposer à un tel point qu'ils amèneront
> de nouveaux conflits. Nous ne pouvons accep-
> ter que, sous prétexte d'accomplir une œuvre
> de justice par la révision des traités, on nous
> invite à un état d'esprit qui amènerait presque

1. *La Revue française*, 4, 25 janvier 1931, pp. 75-76.

immédiatement un nouveau partage de la Pologne et des atteintes réitérées à notre frontière rhénane. L'ordre international qu'on nous propose : soumission continue du plus faible au plus fort, serait une déchéance suffisante pour justifier notre refus, quand même il n'entraînerait pas les massacres futurs auxquels nous sommes promis les premiers.

En propageant, par ce manifeste, des idées qui ne sont qu'amoindrissements de la juste fierté française, ce n'est pas seulement à nos vies et à nos corps que ces « intellectuels » risquent de porter atteinte, mais à la seule nation qui puisse, entre l'impérialisme économique des États-Unis et l'impérialisme marxiste de Moscou, défendre et garder en l'Europe une notion de l'homme et un humanisme intégral sur quoi nous vivons depuis dix siècles.

Si l'événement, que nous ferons tout pour empêcher, devait venir – et les récentes élections allemandes nous donnent tout lieu de le craindre –, nous ne voulons pas qu'alors on puisse l'imputer à la légèreté ou à la lâcheté d'une jeunesse à laquelle répugnent les démissions. Nous tenons à ce que chacun puisse, en un tel moment, prendre ses responsabilités. Ainsi M. Briand, ministre des Affaires étrangères et promoteur de toutes les abdications françaises, ne relèvera plus ce jour-là que du verdict de la justice compétente.

La riposte était donc venue des jeunes intellectuels de droite, en âge d'être mobilisés. Parmi les signataires, on relevait les noms de Maurice Bardèche, Georges Blond, Robert Brasillach, Jean de Fabrègues, Jean Massis, Marcel et Pierre Péguy, Thierry Maulnier [1].

Enfin, *la Croix* du jeudi 9 avril 1931 vint s'interposer avec, en première page, un texte proclamant en titre « Les catholiques veulent la paix » :

> Douze ans après la fin de la guerre, qui devait être la dernière, l'inquiétude renaît dans les esprits, des rumeurs alarmistes se répandent, on ose envisager de nouvelles conflagrations. Cependant les *efforts d'organisation internationale* s'intensifient, et peu à peu les rapports entre peuples se consolident. S'il n'y a jamais eu autant de craintes de guerre, il n'y a jamais eu non plus autant d'espoirs de Paix.
>
> Cette *aube d'espérance, nous, Catholiques, nous la saluons de tout notre cœur*, heureux d'affirmer ainsi nos convictions basées sur la doctrine chrétienne que les Papes n'ont cessé de nous rappeler.
>
> Dès *1894*, Léon XIII dénonçait *la multiplication menaçante des armements*.
>
> En pleine guerre, Benoît XV – le 1er août 1917, avant le président Wilson – préconisait la *réduction simultanée et réciproque des armements* et demandait *qu'à la force matérielle des armes fût substituée la force spirituelle du Droit*.

1. L'organe de la Ligue d'action universitaire républicaine et socialiste (LAURS), *l'Université républicaine*, rassembla pour sa part plus de 500 signataires soutenant le texte de *Notre temps*. Parmi eux, le jeune Georges Pompidou.

En 1922, Pie XI rappelait aux nations que la meilleure garantie de tranquillité ne réside pas *dans une force de baïonnettes, mais dans la confiance mutuelle et l'amitié.*

Le même Pie XI stigmatisait – allocution de Noël 1930 – de *monstrueusement homicide la nation qui nourrirait aujourd'hui des pensées belliqueuses.*

Les Catholiques ne sauraient penser autrement que leur Chef.

Leur patriotisme chrétien leur commande, en effet, le respect de toutes les patries et l'amour de tous les hommes dans une *charité* qui, selon le mot de saint Paul, ne connaît pas de frontière. Et dans *les institutions internationales* que certains regardent encore comme une innovation hardie et peut-être chimérique, *ils voient la réalisation moderne d'une vieille idée chrétienne.*

Nous considérons donc que la Société des Nations, que les Traités d'arbitrage, que la Cour de Justice internationale de La Haye, que le pacte Kellogg enfin, malgré leurs lacunes, constituent de précieux instruments de pacification.

Et nous saluons comme une nouvelle promesse de paix la Conférence Générale pour la réduction des armements qui doit se réunir à Genève en 1932.

Notre patriotisme vigilant professe d'ailleurs que *le problème du désarmement doit être constamment lié à ceux de la sécurité et de l'arbitrage.*

Nous croyons en outre qu'*à l'effort d'organi-*

*sation de la paix doit correspondre un déve-
loppement de l'esprit de paix dans l'opinion
publique de tous les pays.* Il importe donc que
par-dessus les frontières les peuples appren-
nent à se connaître mutuellement et grâce à
des explications loyales et franches arrivent à
comprendre leurs points de vue respectifs et
finalement à les concilier.

Bien que dispersés dans différentes patries
qu'ils servent de tout cœur, *les Catholiques forment une grande famille obéissant au Père
commun et plus que quiconque ils peuvent
et doivent travailler à l'Œuvre de Paix.* NOUS
SOMMES FERMEMENT RÉSOLUS À NOUS Y CONSA-
CRER.

La Croix mentionnait les institutions signataires : Association catholique de la jeunesse française, secrétariat général de la Jeunesse étudiante
chrétienne, Jeunesse ouvrière chrétienne, Volontaires du pape, Centre intellectuel international
féminin, Confédération française des travailleurs
chrétiens, l'Action populaire, la Vie intellectuelle,
la Commission générale des semaines sociales de
France, Ligue des catholiques français pour la justice et la paix internationale, Ligue catholique des
femmes françaises, Ligue patriotique des Françaises, Union féminine civique et sociale, Union
des secrétariats sociaux.

Au bas de ce texte – pourtant volontairement
équilibré – du 9 avril, il faut remarquer une
absence, au demeurant significative : celle de la
Fédération nationale catholique, nettement orien-
tée à droite. Son chef, le général de Castelnau,

avait du reste justifié cette absence dans une
« circulaire confidentielle » : « L'attitude de la
FNC dans cette affaire a été déterminée par
notre répugnance à mettre notre signature au
bas d'un texte qui m'est apparu tout de suite
comme hâtivement préparé, ne disant pas suffisamment que les catholiques français entendent
trouver au-delà des frontières un état d'esprit
égal au leur [1]. »

Mais laissons de côté ce troisième texte, surtout
révélateur, par sa teneur et par les réactions qu'il
suscita, des différences de sensibilité entre catholiques sur les problèmes extérieurs [2]. Ces différences iront en augmentant et nous y reviendrons. Cette bataille de manifestes montre bien
surtout, plus largement, que les arguments des
partisans de la fermeté et ceux des responsables
politiques ou intellectuels qui se montrent attachés à la sécurité collective sont restés inchangés
tout au long des années 1920 et au seuil de la
décennie suivante. Même si des travaux historiques récents – ainsi, les recherches de Jacques
Bariéty – ont bien montré que les politiques extérieures incarnées par Raymond Poincaré et Aristide Briand étaient moins éloignées qu'on ne l'a

1. Circulaire extraite des archives de la FNC et citée par Jean-
Claude Delbreil, *les Catholiques français et les tentatives de rapprochement franco-allemand (1920-1933)*, Metz, S.M.E.I., 1972,
p. 176.
2. *Cf.* René Rémond, avec la collaboration d'Aline Coutrot, *les
Catholiques dans la France des années 30*, 1960, rééd. Éditions
Cana, 1979 ; sur le contexte de la « déclaration » du 9 avril 1931,
cf. également Jean-Marie Mayeur, « Les catholiques français et la
paix du début du xxe siècle à la veille de la Deuxième Guerre mondiale », *in les Internationales et le problème de la guerre au xxe siècle*,
École française de Rome, 1977, pp. 151-164.

alors dit ou perçu, les deux hommes ont incarné aux yeux de nombre de leurs contemporains deux conceptions différentes de la sécurité française. Et pour rendre compte de ces deux conceptions, le clivage droite-gauche reste encore, en 1931, largement opératoire.

Certes, à droite, nous l'avons vu, dès le manifeste de 1919 l'anticommunisme devient un élément important de l'analyse politique et un moteur des prises de position et engagements des clercs de ce bord. Cet anticommunisme n'a pas pour autant entraîné une atténuation concomitante de la méfiance envers l'Allemagne. Inversement, à gauche, la reviviscence de l'agitation nationale-socialiste en cette année 1931 ne modifie pas l'attachement à une politique d'apaisement et la foi en l'arbitrage et en la sécurité collective. Ce n'est que peu à peu – et très lentement – que le clivage va se brouiller, quand la bise historique sera venue. Et, là encore, l'étude des pétitions se révélera instructive.

LE BAIN PACIFISTE

Mais on comprendrait mal ces années 1930 et la lenteur, notamment, de certains retours sur soi si l'on ne prenait auparavant la mesure du pacifisme qui, depuis 1919, a largement imbibé le corps civique. Les pétitions permettent, en effet, de prendre la mesure de ce pacifisme dans lequel a baigné la France. Car si certains historiens ont parlé pour la même période d'imprégnation fasciste, la métaphore ainsi filée conduit alors à parler de bain pacifiste.

Les intellectuels, on l'a vu, avaient payé leur écot à la défense nationale entre 1914 et 1918. Certes, cet écot avait sa logique civique et historique : pour la génération dreyfusarde, il s'agissait avant tout de la lutte des démocraties contre les régimes autoritaires ; et pour les intellectuels « nationalistes », le combat de l'arrière s'inscrivait dans le droit-fil de leurs engagements d'avant guerre. Mais, du même coup, en raison même de son ampleur, cette contribution active à l'effort de guerre a eu des conséquences essentielles dans l'histoire des intellectuels français, notamment à gauche. Y sera désormais nichée, et ce dès les années 1920, une double mauvaise conscience [1]. D'une part, une telle contribution apparaîtra après coup à certains comme une complicité dans le grand massacre des peuples européens : d'où un pacifisme revivifié par la grande épreuve et, de là, quand viendra le temps des périls, une incapacité à penser la guerre. D'autre part, cette mauvaise conscience qui taraudera beaucoup d'intellectuels leur inoculera parfois une méfiance instinctive à l'encontre des « pouvoirs » : là encore, une telle analyse ne les prédisposera guère, quand viendra le temps des dictatures, à penser le totalitarisme.

Il y a probablement, dans cette double mauvaise conscience, une forme de *mea culpa* du milieu

1. J'ai déjà eu l'occasion d'aborder ce thème de la double mauvaise conscience dans ma contribution au colloque sur « Les sociétés européennes et la guerre de 1914-1918 » (Nanterre, décembre 1988), dont les actes sont à paraître sous la direction de Jean-Jacques Becker et Stéphane Audoin-Rouzeau (Éditions de l'université de Paris X – Nanterre). J'y développais aussi l'analyse sur « les hérauts et les héros » du début du chapitre II.

intellectuel après l'hécatombe de la Première Guerre mondiale. Il fallait désormais exorciser le mauvais souvenir. Ainsi, sept semaines après l'arrivée d'Adolf Hitler à la chancellerie, Michel Alexandre écrira dans les *Libres Propos* : « Voici douze ans qu'en ces *Libres Propos* Hitler est annoncé comme la conséquence, tôt ou tard inévitable, du traité de Versailles et de la politique de victoire... La réaction allemande... est bien, pour les trois quarts, notre œuvre. » Et, en novembre 1934, Jean Giono écrit dans *Europe* : « J'aurais dû lutter contre elle [*i.e.* la guerre] pendant le temps où elle me tenait mais à ce moment-là, j'étais un jeune homme affolé par les poètes de l'état bourgeois [1]. »

« Les poètes de l'état bourgeois », sans majuscule : non seulement la démocratie parlementaire se retrouvait au banc des accusés, mais, de surcroît, les intellectuels « patriotes » étaient mis par leurs pairs au ban de l'histoire noble des clercs. Cette histoire puisait sa source dans la geste dreyfusarde, et la période 1914-1918 apparaissait comme une phase de déviance. Bien plus, ces « patriotes » deviendront même des boucs émissaires, rendus responsables du grand massacre.

L'attitude de Georges Demartial est, à cet égard, révélatrice. Ses attaques se firent dans deux directions. D'une part, dès l'époque de la guerre, il participe à la création de la Société d'études documentaires et critiques sur la guerre, et, dans ses interventions, il met en doute la version officielle

---

1. Michel Alexandre, « Pour comprendre l'Allemagne », *Libres Propos*, 25 mars 1933, pp. 137-138 ; Jean Giono, « Je ne peux pas oublier », *Europe*, 15 novembre 1934, p. 379.

française sur les causes du déclenchement du conflit [1]. Puis, à partir de 1918, il se consacre à l'étude approfondie de ces causes. Plusieurs articles font connaître ses thèses, reprises et étayées dans l'*Évangile du Quai d'Orsay* en 1926. Mais, entre-temps, en 1922, dans *la Guerre de 1914. Comment on mobilisa les consciences*, il avait mené une autre offensive, attaquant les intellectuels, souvent universitaires, qui avaient propagé la théorie de la guerre du droit, tels Ernest Lavisse ou Henri Hauser.

À y regarder de plus près, il y a dans ces attaques de l'après-guerre contre les intellectuels « patriotes » des traits communs, à front renversé, avec le second après-guerre. De même qu'en 1944-1945 les intellectuels collaborationnistes seront, textes imprimés à l'appui, plus faciles à poursuivre que les tenants de la collaboration économique ou même que certains responsables politiques ou de la haute fonction publique, de même, après la Première Guerre mondiale, les intellectuels « patriotes » seront vite dénoncés par les milieux pacifistes, citations en bandoulière. Avant même que ces milieux concentrent ensuite leurs attaques sur le personnel politique ou diplomatique, par exemple sur les responsabilités éventuelles de Raymond Poincaré, Maurice Barrès est au cœur de la cible. L'offensive contre lui avait du reste commencé durant le conflit. *Le Canard enchaîné* procéda en 1917 à l'élection du « grand chef de la tribu des bourreurs de crâne ». Résultats dans le

---

1. Par exemple à la réunion du 17 avril 1916 (Arch. Nat. F7 13372). Sur Georges Demartial, *cf.* notamment Jean-François Sirinelli, *Génération intellectuelle, op. cit.*, pp. 444-453.

numéro du 20 juin : Gustave Hervé arrivait en tête, suivi par Maurice Barrès. Et à l'automne 1920, *Clarté*, évoquant les prises de position de ce dernier sur le sens du sacrifice, le traite d' « imbécile froid et tortionnaire », tandis que Paul Déroulède se voyait étiqueté « vieil académicien sanglant [1] ». La revue anticipe déjà sur son oraison funèbre de « Barrès, fossoyeur et faussaire » dans son numéro du 1er janvier 1924, quelques semaines après la mort de l'académicien français.

Entre-temps, le 13 mai 1921, les dadaïstes lui avaient intenté un procès pour « attentat à la sûreté de l'esprit », à la salle des Sociétés savantes. Et treize ans plus tard, Jean Guéhenno, dans son *Journal d'un homme de 40 ans*, répercute et amplifie une idée devenue peu à peu, au cours de la décennie, banale à gauche : « Jamais Maurice Barrès n'avait connu une telle alacrité. Parmi tant de croque-morts, il se trouvait promu au rang de maître de cérémonies. »

L'hostilité à Barrès, contemporaine ou rétrospective, puisait donc à des sources diverses. Mais l'argumentaire ainsi constitué, malgré son hétérogénéité, connaîtra un accueil favorable dans certains secteurs, et notamment chez les jeunes clercs. Dans le cas de ces derniers, l'effet de la guerre, non vécue directement, fut donc de réverbération. Comme l'écrira Jean Luchaire en 1929, « une âme se forgea à la clarté des feux du combat [2] », et elle sera trempée par la littérature pacifiste des deux décennies qui suivirent. Aux

---

1. *Clarté*, 38 et 40, 23 octobre et 6 novembre 1920.
2. Jean Luchaire, *Une génération réaliste*, Valois, 1929, p. 9.

yeux de ces jeunes clercs, non seulement les autorités politiques étaient discréditées par la guerre,
mais les autorités morales en sortaient également
dévalorisées. De ce fait, la Première Guerre mondiale apparut vite à nombre d'intellectuels, et
notamment parmi les jeunes, comme un cas de
figure à ranger dans la rubrique des « combats
douteux [1] ».

De ce fait, cette génération – ou plus précisément certains de ses membres –, en condamnant
sans appel les aînés « patriotes », s'exposait à de
douloureux et parfois tardifs retours sur soi. Ainsi,
en 1928, au moment où les jeunes normaliens
contemporains de Sartre contestaient la prépara-
tion militaire pour devenir officier, Albert Bayet
tenta de les faire revenir à une position – selon lui –
plus raisonnable, en évoquant dans *l'Œuvre* du
27 novembre 1928 l'affaire Dreyfus : « Cet état
d'esprit, nous l'avons connu... Bien souvent les
intellectuels d'alors ont refusé d'accepter le plus
modeste galon... Et pourtant nous avons eu tort.
La preuve en est que ceux d'entre nous qui étaient
volontairement restés simples soldats ont, pendant la guerre, accepté presque tous les grades
qu'ils avaient refusés. » L'aîné, en fait, ne fut guère
écouté et passablement brocardé. Et pourtant,
après une autre guerre, Jean-Paul Sartre, auteur
de féroces « canulars » antimilitaristes dans les
années 1920, écrivait à son tour, en évoquant Merleau-Ponty :

> Je ne sais s'il a regretté, en 39, au contact de
> ceux que leurs chefs appellent curieusement

---

1. Raymond Aron, *Commentaire*, 22, été 1983, p. 260.

des hommes, la condition de simple soldat.
Mais, quand je vis mes officiers, ces incapables, je regrettai, moi, mon anarchisme
d'avant guerre : puisqu'il fallait se battre, nous
avions eu le tort de laisser le commandement
aux mains de ces imbéciles vaniteux [1].

L'historien, s'il n'a pas, bien sûr, à arbitrer le
contentieux entre les « patriotes » et ceux qui s'en
firent, le plus souvent par la suite, les procureurs,
doit prendre la mesure d'un tel contentieux.
D'autant que ses implications furent considé-
rables.

Au nom du « plus jamais ça » se développa, par
exemple, une hostilité à l'égard des « pouvoirs ».
Hostilité qui ne prédisposait pas à une réflexion
approfondie sur les différents régimes politiques
en une époque qu'Élie Halévy qualifia d' « ère des
dictatures ». Et un tel décalage ne concerna pas
seulement les pacifistes extrêmes ou des penseurs
comme Alain. Ainsi, le thème de la « mauvaise »
Allemagne deviendra tabou, parce que entaché par
la littérature de guerre de la période 1914-1918. Du
coup, la difficulté à penser le nazisme en sera
encore accrue. Au blocage induit par une analyse
sans trop de nuances de la nocivité des « pouvoirs » s'ajoutera cet interdit tacite : toute analyse
alarmiste de ce qui se déroulera outre-Rhin sera
forcément considérée comme outrancière. Si l'on
ajoute qu'une méfiance instinctive envers tout ce
qui, sous une forme ou sous une autre, rappelait le
« bourrage de crâne », loin d'être un remède

1. Jean-Paul Sartre, « Merleau-Ponty vivant », *les Temps modernes*, octobre 1961, pp. 304-376, citation p. 304, note 1.

contre l'aveuglement, entraînera au contraire, par ses excès, une forme de cécité, on mesure l'amplitude du choc en retour contre toute nouvelle tentative de mobilisation intellectuelle autour du thème de la défense du pays. Et, sur des registres parfois différents et avec des formulations qui pourront varier, ces blocages transcenderont les générations et seront perceptibles aussi bien chez les jeunes disciples d'Alain [1] qu'au Comité de vigilance des intellectuels antifascistes – à cet égard, amalgame de rameaux de générations pacifistes.

D'autant qu'à ce premier blocage induit par la mauvaise conscience s'en ajouta, et plus largement diffusé, un second : l'horreur quasi viscérale de la guerre. Un exemple est particulièrement significatif, à la charnière des deux décennies. Le 22 janvier 1931 a lieu la réception de Philippe Pétain à l'Académie française. *Le Temps* du vendredi 23 janvier reproduit son discours et la « Réponse de M. Paul Valéry ». Ce dernier, après avoir évoqué la carrière militaire du maréchal et scruté « le ciel », qui « treize ans après, est fort loin d'être pur », s'était interrogé : « Mais comment, sans avoir perdu l'esprit, peut-on songer encore à la guerre ? », avant de conclure : « Ne dirait-on pas que l'humanité... se comporte comme un essaim d'absurdes et misérables insectes invinciblement attirés vers la flamme ? » Léon Blum, entre autres, donna un large écho à ce discours. Dans *le Populaire* du dimanche suivant, il en cita de « larges extraits », insista sur « l'admirable péroraison », tandis que Philippe Pétain y était présenté « entre tous les

1. Jean-François Sirinelli, *Génération intellectuelle, op. cit.*, chapitres XIII et XVII.

grands chefs de la guerre, [comme] celui dont la modestie, la gravité, le scrupule réfléchi et sensible imposent la sympathie ». Et *le Canard enchaîné* du 28 janvier parla également du discours en termes favorables. Après avoir, il est vrai, raillé la cérémonie et noté que la première partie de ce discours consistait en « ordinaires banalités d'un discours académique », Pierre Scize écrivait : « Paul Valéry, pour finir, prononça la plus sévère, la plus directe, la plus massive condamnation de la guerre, qu'on ait pu lire en ces dix dernières années. » Épisode révélateur, à bien y regarder, d'un chassé-croisé du milieu intellectuel : le vainqueur de Verdun, après avoir été encensé par les intellectuels « patriotes » – l'académicien Jean Richepin avait proclamé dans *le Petit Journal*, durant l'été 1916 : « Et la porte de ce paradis sur terre s'appellera Verdun » –, inspirait la « sympathie » des clercs pacifistes.

L'élément nouveau, au sein de cette partie de la cléricature, n'était certes pas la conscience de l'horreur de la guerre, qui est de bon sens, mais le fait que ce rejet viscéral s'ancrait désormais au cœur de certaines consciences intellectuelles jusqu'à constituer un noyau dur autour duquel tout le reste s'ordonnait.

Et ce mélange de passion pacifiste et de méfiance envers les « pouvoirs » – auquel s'ajoutait, chez Alain et chez Valéry par exemple, un mépris pour l'histoire, considérée comme une alchimie dangereuse – débouchait donc sur une réflexion passablement déconnectée du réel, progressivement marqué au fil de la décennie des années 1930 par la multiplication des régimes autoritaires et la montée des périls.

Cette déconnexion et ces blocages, l'une et les autres induits par cette représentation devenue négative des clercs « patriotes », auront, du reste, d'étranges conséquences. Qu'on songe, par exemple, au cas Giraudoux dans le cadre de ses fonctions de commissaire général à l'Information à partir du 29 juillet 1939. Ces fonctions n'ont jamais trouvé grâce aux yeux des clercs, ni sur le moment ni rétrospectivement. Ce qui, à tout prendre, est singulier. Car, remise en perspective, il s'agissait bel et bien d'une confrontation Giraudoux-Goebbels, ou qui, du moins, aurait pu être ressentie comme telle. Et devenir, de ce fait, emblématique malgré l'échec. Pourquoi donc, dans ces conditions, y eut-il ce discrédit de ce qui fut une forme d'engagement d'un intellectuel contre le nazisme ? D'autant que d'autres clercs respectables et respectés furent associés à l'entreprise : entre autres, René Cassin, à l'époque professeur à la faculté de droit de Paris, Julien Cain, Paul Hazard et Louis Massignon.

Certes, bien des éléments ont contribué à entacher cette entreprise sur le moment et surtout rétrospectivement. Les allocutions du commissaire général, si elles ne tombent pas dans certaines outrances de *Pleins pouvoirs*, manquent d'aise et de souffle : le style giralducien s'est alourdi, comme empâté par une fonction non souhaitée [1]. De surcroît, l'efficacité de Jean Giraudoux dans le cadre de ses fonctions ne semble pas, c'est le moins qu'on puisse dire, avoir fait l'unanimité.

---

1. Jean Giraudoux, *Messages du Continental. Allocutions radiodiffusées du commissaire général à l'Information (1939-1940)*, Grasset, Cahiers Jean Giraudoux, 1987.

« Il n'exerçait pas l'autorité qui s'imposait »,
notera René Cassin, dans des pages pourtant globalement bienveillantes, tandis que Suzanne
Bidault, qui y fut nommée en août 1939, parle, en
évoquant la fonction confiée à Jean Giraudoux, du
choix « absurde » d'un homme qui, de surcroît,
« n'avait aucun sens de l'autorité ». Conséquence :
« Goebbels pouvait dormir tranquille [1]. » Si l'on
ajoute que Goebbels, au moins dans un premier
temps, fut victorieux et que généralement la
défaite condamne par priorité ceux qui ont été les
porte-voix des exhortations à la victoire et des propos cocardiers et rassurants, le passif, assurément,
est lourd.

Mais, répétons-le, le discrédit – ou, au moins, la
réticence – vint parfois avant même l'échec. Et ce
discrédit retentit un peu comme un écho de la
campagne, en 1927, contre la « loi Paul-Boncour », qui, elle-même, était largement un effet de
réverbération de la condamnation rétrospective,
dans certains milieux, du patriotisme intellectuel
entre 1914 et 1918. Cette « loi Paul-Boncour » sur
« l'organisation générale de la nation pour le
temps de guerre » avait été présentée à la Chambre
le 3 mars 1927, soutenue par le rapporteur socialiste Paul-Boncour. Elle avait été votée quatre
jours plus tard, par 500 voix contre 31. Or, dès le
20 mars suivant, le pacifiste Michel Alexandre protesta dans les *Libres Propos*, suivi par le philosophe
Alain, dans le numéro d'*Europe* du 15 avril 1927.
Et nous retrouvons ici les pétitions. Le même

---

1. René Cassin, *les Hommes partis de rien*, Plon, 1975, p. 23 ;
Suzanne Bidault, *Souvenirs*, Ouest-France, 1987, pp. 22-23.

numéro d'*Europe* publia, en effet, la pétition suivante :

Nous avons pris connaissance des deux derniers paragraphes de l'article IV de la « Loi sur l'organisation générale de la nation pour le temps de guerre » votée le 7 mars dernier par la Chambre des députés par 500 voix contre 31, et ainsi formulés :

– article IV : La mobilisation des armées de terre et de mer, acte principal de la mobilisation nationale, est préparée respectivement par le ministre de la Guerre et par le ministère de la Marine et exécutée par leurs soins.

La mobilisation nationale comporte en outre :

. . . .

4° Dans l'ordre intellectuel, une orientation des ressources du pays dans le sens des intérêts de la défense nationale.

5° Enfin, toutes les mesures nécessaires pour garantir le moral du pays.

Ce texte nous semble abroger pour la première fois en temps de guerre toute indépendance intellectuelle et toute liberté d'opinion, supprimer le simple droit de penser. Nous estimons qu'il constitue l'atteinte la plus grave qui ait jamais été portée à la liberté de conscience, qu'il serait d'ailleurs en désaccord avec l'idée d'une nation armée qui suppose le libre assentiment des citoyens. Nous devons en conséquence nous élever de toutes nos forces contre cette inadmissible et irréalisable ingérence de la loi dans un domaine qui lui échappe.

Suivait une liste de 160 noms, notamment ceux d'Alain, Charles Andler, Henri Barbusse, Emmanuel Berl, Jean-Richard Bloch, Félicien Challaye, André Chamson, Jean Cocteau, Georges Demartial, Georges Duhamel, Jean Guéhenno, Louis Guilloux, Paul Langevin, Pierre Mac Orlan, Victor Margueritte, Marcel Martinet, Jean Prévost, Romain Rolland, Séverine et Charles Vildrac [1].

Les attendus de cette dénonciation étaient encore plus significatifs que la pétition elle-même. Dans cette livraison d'*Europe* du 15 avril, Alain condamnait l' « idée folle », et dans le numéro suivant, le 15 mai, d'autres clercs justifiaient leur hostilité à la loi. Charles Vildrac, par exemple, affirmait : « Les propagandistes et les bourreurs de crâne les plus actifs, sinon les plus convaincus, les mouchards et les diffamateurs les plus attachés à leur besogne, les hommes enfin les plus efficacement consacrés à l'aveuglement du pays furent recrutés parmi les intellectuels. » Henri Barbusse, de son côté, avançait un sombre pronostic : « Il n'est pas douteux que pour qui sait lire il y a là une menace et l'indication très claire qu'en cas de mobilisation nous verrions se renouveler toutes les turpitudes et toutes les iniquités officielles qui ont sévi en 1914 en vue de sauvegarder la " défense nationale " et le " moral du pays ". » Et Romain Rolland de prêter serment :

---

1. Cette pétition fut également publiée dans la livraison des *Libres Propos* du 20 avril 1927. Le numéro d'*Europe* du 15 mai 1927 publia une « deuxième liste de signataires », avec notamment les noms d'Albert Mathiez, Jules Romains, Jean Rostand et Jules Supervielle.

Le monstrueux projet de loi militaire, audacieusement camouflé par le verbiage bellipaciste de quelques socialistes, et voté par escamotage à la Chambre française, le 7 mars dernier, prétend réaliser ce qu'aucune dictature impériale ou fasciste n'a osé encore accomplir en Europe : l'asservissement d'un peuple entier, du berceau à la tombe. À cette loi de tyrannie, je jure, par avance, de n'obéir jamais.

Aux 160 noms publiés par *Europe* et les *Libres Propos* s'ajoutait une liste autonome de 54 élèves de l'École normale supérieure, dont les deux « petits camarades » Jean-Paul Sartre et Raymond Aron. Cette liste est symbolique de la prégnance du sentiment pacifiste à cette date parmi les jeunes clercs, mais aussi des évolutions ultérieures et des retours sur soi qui marqueront ensuite nombre d'entre eux : parmi ces 54 normaliens condamnant, « dans l'ordre intellectuel, une orientation des ressources du pays dans le sens des intérêts de la défense nationale », on comptera, au cours du conflit suivant, au moins deux intellectuels fusillés pour faits de résistance (Cavaillès et Lautman), un déporté (Baillou), un « londonien » (Aron), un « maquisard » (Canguilhem), des résistants universitaires (Metz, Marrou) et un commissaire de la République à la Libération (Bertaux).

Attardons-nous, du reste, sur ce site de la rue d'Ulm. Deux autres épisodes, plus tardifs, sont, en effet, eux aussi significatifs. En février 1933, les *Libres Propos* applaudiront le geste de l'Oxford Union, association des étudiants d'Oxford, qui avait fait, par 287 voix contre 151, le serment suivant : « *This House will in no circumstances fight for King and Country.* » Et rue d'Ulm, il se trouva quelques normaliens pour formuler la même promesse. Un entrefilet de *l'Écho de Paris* du 2 mai 1934 signale, de fait, le « geste inconsidéré d'une poignée d'élèves de l'École normale supérieure [qui] ont choisi cette date du 1er mai pour rééditer hier matin, et devant le monument aux morts de l'École, le serment d'exécrable reniement des étudiants d'Oxford ». Surtout, un an plus tard, une autre initiative revêtit à l'École normale supérieure un aspect beaucoup plus massif. *L'Œuvre* du 17 mars 1935 signale dans un entrefilet de quatrième page intitulé « Contre les deux ans » que 90 élèves de la rue d'Ulm, 45 cloutiers et 67 sévriennes « ont voté une protestation contre l'augmentation de la durée du service militaire ». À regarder de plus près ce numéro de *l'Œuvre* du 17 mars 1935, cette pétition devient particulièrement symbolique. Le titre de première page du même numéro annonce en effet : « L'Allemagne rétablit officiellement le service militaire obligatoire. La nouvelle armée du Reich comprendra douze corps d'armée et trente-six divisions. C'est la dénonciation définitive d'une des clauses capitales du traité de Versailles. » L'Europe entrait dans une phase de turbulence historique, mais les signataires de la pétition de *l'Œuvre* n'en prendront conscience que peu à peu, souvent tardivement, et parfois trop tard.

CHAPITRE IV

LE TEMPS DES MANIFESTES

Le monde, entre-temps, avait changé. Déjà, en 1932, Albert Thibaudet observait : « La dictature est devenue l'état normal de l'Europe et de l'Asie : on y entre en sortant du pont de Kehl, on y demeure jusqu'au Pacifique [1]. » Ce qui restait encore prémonitoire à cette date allait dès l'année suivante, après l'arrivée d'Adolf Hitler à la chancellerie, correspondre à une réalité historique. Et, dans le domaine des relations internationales, l'horizon allait rapidement s'obscurcir. Si l'on ajoute une bipolarisation de la vie politique française et, plus largement, une situation intérieure de crise multiforme, les occasions d'engagement des clercs français vont se multiplier.

De fait, les années 1930 constituent une phase de marée montante dans l'histoire de ces clercs. Leur mobilisation se fera plus dense, et leurs débats auront plus d'écho : d'une certaine façon, cette période est pour eux le temps des mani-

---

1. Albert Thibaudet, *les Idées politiques de la France*, Stock,

festes [1]. Leurs textes se font, en effet, plus nombreux et jalonnent l'histoire de la décennie.

UN MILIEU EN EXTENSION

Mais l'image d'une marée montante tient aussi à leur nombre accru. Au moment où ce milieu intellectuel va, semble-t-il, s'engager plus massivement que par le passé, son poids dans la société française est, de surcroît, en train de devenir plus grand. Ce poids reste cependant difficile à évaluer, en raison de l'élasticité des unités de mesure. Se fondant sur une acception large du mot intellectuel et analysant les résultats du recensement de 1936, Claude Willard a proposé le chiffre d' « environ 450 000 intellectuels [2] » au moment du Front populaire, soit 2,2 % de la population active. Sans se lancer ici dans des débats taxinomiques, observons qu'il est peut-être excessif de retenir tous les membres de l'enseignement public (186 000), en une époque où les deux tiers d'entre eux étaient des enseignants du primaire tandis que ceux du supérieur dépassaient tout juste le millier. Mais, par-delà le débat de chiffres et donc de nomenclature, une réalité demeure : le milieu intellectuel s'est étoffé en quelques décennies, et notamment depuis l'époque de l'affaire

1. Yves-Marie Hilaire utilise du reste l'expression pour les clercs catholiques dans l'*Histoire religieuse de la France contemporaine*, tome III, *1930-1988*, sous la direction de Gérard Cholvy et Yves-Marie Hilaire, Toulouse, Privat, 1988, p. 38.
2. Claude Willard, « Les intellectuels français et le Front populaire », *Cahiers de l'Institut Maurice Thorez*, octobre 1966-mars 1967, numéro spécial 3-4, 2e année, pp. 115-124, plus précisément p. 116.

Dreyfus où il comptait, on l'a vu, entre 10 000 et 30 000 membres.

Inversement, pourtant, il convient de ne pas commettre d'erreur de perspective et de ne pas exagérer l'ampleur de ce milieu intellectuel en extension. Même en retenant l'hypothèse haute, celui-ci ne représente alors au maximum que 2,2 % des actifs. Si l'on ajoute qu'une partie – en tout cas parmi les 186 000 enseignants – est constituée de femmes, les clercs, entendus ainsi au sens large, ne pèsent guère en tant que masse électorale, notamment au regard du poids que prendront peu à peu les nouvelles couches diplômées sous la V⁰ République. Et, de même, sur le plan parlementaire, il serait excessif de faire du Front populaire une « République des professeurs ». Tout comme le Cartel des gauches douze ans plus tôt – pour lequel Albert Thibaudet forgea pourtant la formule –, la majorité politique sortie des urnes d'avril-mai 1936 n'est que modérément enseignante : 22 instituteurs et 43 professeurs – donc un pourcentage dépassant à peine 10 % des députés – pour 119 avocats. On est loin des 34,1 % d'enseignants de l'Assemblée nationale de 1981, ou même des 17 % de celle de 1946.

Le poids démographique et le rôle politique direct des intellectuels sont donc bien différents de ce qu'une vision rétrospective trop rapide a parfois suggéré. Et il en va de même de leur répartition idéologique. Certes, les intellectuels de gauche modèle 1936 ont joué sans aucun doute leur partition au moment du Front populaire. Mais, par-delà les reconstitutions épiques brossées par les uns – les clercs, levain et gardiens du Rassemblement populaire – ou les condamnations définitives portées par les autres – les illusions lyriques, et la danse sur le volcan, insensible aux nuées venues d'outre-Rhin –, il est nécessaire, à des fins de meilleure intelligence historique, de replacer en perspective le récit de ces très riches heures de la mémoire de gauche. Car il y aurait erreur grave à placer l'ensemble de cette intelligentsia sous le signe de la seule gauche. Même si l'histoire a surtout retenu les intellectuels présents sur les tréteaux du Rassemblement populaire, une partie notable – dans les deux sens du terme – du milieu intellectuel penche encore à droite à cette date. Et l'étude des pétitions est précieuse pour opérer cette remise en perspective.

LA « GRANDE PEUR » DE 1934

Dans l'histoire de ces pétitions, l'époque du pré-Front populaire occupe une place à part. Deux textes, en effet, sont parfois présentés comme deux des initiatives fondatrices du Rassemblement populaire. On passerait donc, si tel était le cas, de textes-*incantations*, dénonçant ou commentant l'histoire en train de se faire, à des textes-*incitations*, qui font l'histoire. En fait, c'est plutôt de deux textes-*incarnations* qu'il s'agit, symbolisant pour la postérité des événements dont ils ne furent que des éléments constitutifs parmi d'autres.

Le premier de ces textes est l'appel des intellectuels « à la lutte », diffusé initialement sous forme de tract puis publié dans *le Populaire* du dimanche 11 février 1934 :

APPEL A LA LUTTE

Avec une violence et une rapidité inouïes, les événements de ces jours derniers nous mettent brutalement en présence du danger fasciste immédiat.

HIER

Émeutes fascistes

Défection du gouvernement républicain

Prétentions ouvertes de *tous* les éléments de droite à la constitution d'un gouvernement antidémocratique et préfasciste.

AUJOURD'HUI

Gouvernement d'union sacrée

Répression sanglante des manifestations ouvrières

DEMAIN

Rappel du préfet de coup d'État

Dissolution des Chambres

Il n'y a pas un instant à perdre. L'unité d'action de la classe ouvrière n'est pas encore réalisée. Il faut qu'elle le soit sur-le-champ. Nous faisons appel à tous les travailleurs organisés ou non décidés à barrer la route au fascisme.

Nous avons tous présente à l'esprit la terrible expérience de nos camarades d'Allemagne. Elle doit servir de leçon [1].

---

1. *Op. cit.*, p. 2. Le tract, tel qu'il est publié dans *Tracts surréalistes et déclarations collectives*, 1, *1922-1939*, présenté et commenté par José Pierre, Le Terrain vague, 1980, pp. 262-263, compte un paragraphe supplémentaire.

André Breton a revendiqué la paternité de ce texte [1], et souvent l'historiographie a entériné cette version. Au cœur même de la nuit du 6 au 7 février, à son « instigation », des intellectuels se réunissent et rédigent leur appel, qui rassemble en soixante-douze heures environ 90 signatures. *Le Populaire* indiquera quelques-unes de ces signatures : entre autres, Alain, Jean-Richard Bloch, Félicien Challaye, André Malraux et Jean Guéhenno. Une telle initiative, si elle est avérée, aurait sa logique. Les surréalistes « doublent », en réagissant plus rapidement, l'Association des écrivains et artistes révolutionnaires (AEAR), proche du Parti communiste, sur le terrain de l'antifascisme. L'unité d'action est, en outre, conseillée au moment où le Parti communiste et ses organisations satellites ne veulent pas encore en entendre parler, tout au moins sous cette forme. *L'Humanité* du 7 février appelle, en première page, à de « vastes manifestations de front unique » et parle, certes, d' « unité d'action ». Mais dans le même temps, le journal communiste dénonce les socialistes qui sont parmi les « vrais responsables » de la situation. En revanche, les surréalistes se retrouvent sur la même longueur d'onde que les trotskystes de la Ligue communiste, qui diffusent après le 6 février un texte de même teneur appelant à « l'alliance ouvrière de toutes les organisations ouvrières (partis, syndicats) pour entraîner tous les travailleurs [2] ».

1. André Breton, *Entretiens 1913-1952 avec André Parinaud*, Gallimard, 1952, p. 174.
2. Cité par Gérard Rosenthal, *Avocat de Trotsky*, Robert Laffont, 1975, p. 140.

Encore faut-il noter que cette origine surréaliste de l' « appel à la lutte » – parfois aussi mentionné comme l' « appel de l'unité ouvrière » – est nuancée par Maurice Nadeau [1]. De toute façon, et par-delà ce problème de la piste surréaliste, trois traits de cet appel apparaissent plus essentiels. D'une part, il y a là incontestablement une initiative prise en dehors de l'AEAR, et ce n'est assurément pas une coïncidence si cet appel a été publié par *le Populaire*, journal socialiste. Du reste, la liste des noms de signataires relevés par ce quotidien est significative : hormis quelques compagnons de route, ce sont des clercs de la gauche non communiste qui ont signé ce texte. D'autre part, il semble bien que pour ces signataires l'appui à la pétition du 10 février 1934, loin d'être un acte de routine, ait été vécu comme une action qui engageait. Ainsi, Julien Benda, qui avait pourtant stigmatisé sept ans plus tôt, dans *la Trahison des clercs*, l'engagement de l'intellectuel dans le combat politique quotidien, saute le pas et, à cette occasion, signe une pétition [2]. Il éprouvera, du reste, le besoin de s'en justifier quelque temps plus tard :

> Ayant récemment signé un manifeste dit « de gauche », j'ai été accusé de manquer à cette éternité que j'exige du clerc. Je réponds que j'ai signé ce manifeste parce qu'il me sem-

---

1. Maurice Nadeau, *Histoire du surréalisme*, Le Seuil, 1945, p. 222 : « Ils sont loin d'en être les seuls signataires (il semble d'ailleurs que l'initiative ait été prise à côté d'eux). »
2. Son nom figurait déjà, il est vrai, parmi les signataires du « Manifeste contre les excès du nationalisme, pour l'Europe et pour l'entente franco-allemande », publié, on l'a vu, par *Notre temps* le 18 janvier 1931.

blait défendre des principes éternels. Invité par la suite à signer pour des actes de politique temporelle et concrète, j'ai refusé. Je tiens que je suis dans mon rôle de clerc en défendant une mystique, non en faisant de la politique. Zola était dans son rôle de clerc en rappelant le monde au respect de la justice... On me dit : vous ne deviez pas signer, même pour une mystique de gauche. Vous ne devez être ni de droite ni de gauche. Je réponds que la mystique de gauche est recevable pour le clerc [1].

Le propos est significatif : pour Julien Benda, il y avait à cette date nécessité d'une mobilisation de cas d'urgence – renouant avec le combat dreyfusard [2] –, pour lequel l'intellectuel trahirait au contraire en ne s'engageant pas.

« L'appel à la lutte », on le voit, est probablement un jalon significatif de l'histoire des intellectuels de l'entre-deux-guerres. A-t-il pour autant l'importance historique qu'on lui prête ? La question est importante. Il semble bien – et c'est le troisième trait essentiel de ce texte – que l'appel

1. J. Benda, « L'écrivain et le politique », *la Nouvelle Revue française*, janvier 1935, pp. 170-171.
2. Combat dreyfusard mâtiné, il est vrai, d'une conception un peu particulière de la lutte entre « principes ». En juillet 1937, Julien Benda écrit, en effet, un bref texte dans *la Nouvelle Revue française* : « Il y a quelques jours, un comité m'a demandé ma signature pour protester, au nom de l'humanité, contre les massacres d'antifascistes espagnols. Je l'ai refusée. Je l'ai refusée parce que si, l'an prochain, les fascistes sont vaincus et tous massacrés, j'applaudirai des deux mains. Je ne suis pas pour la religion de la vie humaine, je suis pour l'extermination d'un principe, lequel s'incarne dans des vies humaines. Je ne suis pas humanitaire, je suis métaphysicien. Juste le contraire » (« Refus de signature », *loc. cit.*, p. 177). Dont acte.

ait bénéficié rétrospectivement d'un phénomène
d'amplification. Certes, il atteste, par sa rapidité de
rédaction, l'amplitude du choc du 6 février en
milieu intellectuel. Il annonce aussi, déjà, l'importance que va prendre l'antifascisme en son sein.
Mais cet effet d'anticipation ne doit pas abuser.
D'une part, ce texte était en fait un entrefilet en
page 2 du *Populaire* du 11 février, parmi bien
d'autres déclarations, celle par exemple de l'Union
des syndicats de techniciens et d'employés de
l'industrie. Il y a là assurément, consciemment
ou inconsciemment, une reconstruction de la
mémoire intellectuelle qui établit une continuité
des initiatives des clercs – en fait dispersées – et qui
dresse un arbre généalogique du Front populaire
dans lequel la sève aurait été introduite par ces
clercs.

D'autant que, d'autre part, le texte de février
1934 n'est pas précisément placé, on l'a vu, sous le
signe de l'union entre tous les rameaux de l'intelligentsia de gauche. De ce point de vue, probablement plus significatif historiquement parce que
délibérément unitaire est le manifeste « Aux travailleurs », rendu public trois semaines plus tard,
le 5 mars 1934 :

Aux travailleurs [1]

Unis, par-dessus toute divergence, devant le
spectacle des émeutes fascistes de Paris et de
la résistance populaire qui seule leur a fait

1. Pour ce texte, *cf.* par exemple *Libres Propos*, 3, 8ᵉ année, nouvelle série, 25 mars 1934, p. 141, et *Commune*, mars-avril 1934,
p. 859.

face, nous venons déclarer à tous les travailleurs, nos camarades, notre résolution de lutter avec eux pour sauver contre une dictature fasciste ce que le peuple a conquis de droits et libertés publiques. Nous sommes prêts à tout sacrifier pour empêcher que la France ne soit soumise à un régime d'oppression et de misère belliqueuses.

Nous flétrissons l'ignoble corruption qu'ont étalée les scandales récents.

Nous lutterons contre la corruption ; nous lutterons aussi contre l'imposture.

Nous ne laisserons pas invoquer la vertu par les corrompus et les corrupteurs. La colère que soulèvent les scandales de l'argent, nous ne la laisserons pas détourner par les banques, les trusts, les marchands de canons, contre la République – contre la vraie République qui est le peuple travaillant, souffrant, pensant et agissant pour son émancipation.

Nous ne laisserons pas l'oligarchie financière exploiter comme en Allemagne le mécontentement des foules gênées ou ruinées par elle.

Camarades, sous couleur de révolution nationale on nous prépare un nouveau Moyen Âge. Nous, nous n'avons pas à conserver le monde présent, nous avons à le transformer, à délivrer l'État de la tutelle du grand capital – en liaison intime avec les travailleurs.

Notre premier acte sera de former un comité de vigilance qui se tiendra à la disposition des organisations ouvrières.

Que ceux qui souscrivent à nos idées se fassent connaître.

Le bureau provisoire :

Alain,   Paul Langevin,   Paul Rivet,
             Professeur   *Professeur*
        au Collège de France   au Muséum.

« Aux travailleurs » est le texte fondateur du Comité d'action antifasciste et de vigilance, qui deviendra bientôt le Comité de vigilance des intellectuels antifascistes (CVIA). Dès le début du mois de mai suivant, il aura été cosigné par 2 300 « savants, médecins, ingénieurs, avocats, écrivains, artistes, professeurs d'enseignement supérieur et secondaire, instituteurs, étudiants de tous les degrés, intellectuels de toutes catégories [1] » – noyau central et couronnes extérieures du milieu intellectuel, donc –, et, à la fin de l'année 1934, le CVIA revendiquait, indique son périodique *Vigilance*, « environ » 6 000 membres.

L'histoire de ce CVIA est maintenant bien connue, grâce notamment aux travaux de Nicole Racine. L'initiative en revint à un auditeur de la Cour des comptes, François Walter, qui, astreint au devoir de réserve, intervint à cette époque sous le nom de Pierre Gérôme, et au Syndicat national des instituteurs, par ses dirigeants André Delmas et Georges Lapierre. Il y eut accord entre eux pour proposer au socialiste Paul Rivet, professeur au Muséum, au radicalisant Alain, ancien professeur

1. Ainsi sont présentés à plusieurs reprises par l'organe du futur CVIA, *Vigilance*, les signataires du manifeste « Aux travailleurs ». Pour le nombre de 2 300 adhésions à la date du 8 mai, *cf. Vigilance*, 2, 18 mai 1934, p. 3.

de philosophie dans la khâgne du lycée Henri-IV, et au compagnon de route du Parti communiste Paul Langevin, professeur au Collège de France, de prendre la tête du rassemblement en train de naître : à travers eux, les principales sensibilités de la gauche française étaient représentées. La séance constitutive se tint dès le 17 février 1934. Et « Aux travailleurs » fut publié, paraphé par les trois hommes.

Certes, le profil des trois parrains fait rétrospectivement du CVIA le prototype en même temps que le moteur du Rassemblement populaire, qui ne prit forme que quelques mois plus tard. Mais, dans la réalité, les choses furent singulièrement plus complexes, et les communistes et leurs compagnons se rallièrent avec, probablement, des arrière-pensées [1] : si *Commune* – organe de l'AEAR – publie « Aux travailleurs » dans son numéro de mars-avril 1934, le manifeste est assorti, dans un article qui ouvre ce numéro, d'un commentaire mi-figue, mi-raisin.

À nouveau, donc, il faut relativiser l'image rétrospective : prototype peut-être, mais aux côtés d'autres initiatives unitaires qui sont prises en cette fin d'hiver 1934 ; moteur sans doute pas, plutôt rouage d'un engrenage plus vaste. On aurait

1. La baisse d'influence du mouvement Amsterdam-Pleyel a sans doute été l'un des facteurs expliquant le ralliement des communistes au CVIA (sur ce mouvement Amsterdam-Pleyel, *cf*. notamment l'article de Jocelyne Prézeau, « Le mouvement Amsterdam-Pleyel (1932-1934). Un champ d'essai du Front unique », *Cahiers d'histoire de l'Institut de recherches marxistes*, 18, 1984, pp. 85-100, et, plus largement, les recherches d'Yves Santamaria, par exemple dans *Communisme*, 18-19, 1988, où l'auteur évoque l' « impuissance » du mouvement en 1934).

tort toutefois, dans cette remise en perspective, de ramener « Aux travailleurs » au même rang que l' « Appel à la lutte » du mois précédent. Le texte du 5 mars tranche par l'ampleur de ses listes de signataires – ou, plus précisément, de ses listes d'adhérents au Comité, car de la pétition on est passé, en fait, à l'organisation – et reflète bien, au bout du compte, la place tenue par les intellectuels de gauche au moment du Front populaire. La première vague de signataires-adhérents, avant la marée des milliers de signatures venues des couronnes extérieures de la cléricature de gauche, est significative. On y relève notamment les noms de Victor Basch, Albert Bayet, Julien Benda, Jean-Richard Bloch, André Breton, Jean Cassou, Félicien Challaye, Jean Cornec, René Crevel, Eugène Dabit, André Delmas, Paul Desjardins, Léon Émery, Léon-Paul Fargue, Lucien Febvre, Ramon Fernandez, André Gide, Jean Guéhenno, Lucien Lévy-Bruhl, Paul Mantoux, Marcel Martinet, René Maublanc, Marcel Mauss, Jean Perrin, Marcel Prenant, Romain Rolland, Andrée Viollis et Ludovic Zoretti.

Si l'on y ajoute les sans-grade du milieu intellectuel, qui formèrent le gros des troupes du CVIA et dont les noms se multiplièrent sur les listes d'adhésion successives, on observe bien là, sans conteste, un phénomène de mobilisation. Si l'historiographie française a bien démontré, depuis, que le danger fasciste en France était bien moindre que les contemporains ne l'avaient cru [1], elle souligne aussi à juste titre que tout aussi

---

1. *Cf.* sur cette question la récente mise au point de Pierre Milza dans *Fascisme français. Passé et présent*, Flammarion, 1987.

importante fut cette perception contemporaine :
dans la mesure où l'on pensait qu'il y avait danger
fasciste, l'antifascisme fut tout à la fois un moteur
– le mot ici convient, assurément – essentiel de la
vie politique et de l'engagement des clercs de
gauche de ces années-là, et, dans un premier
temps, un ciment leur conférant une certaine
cohésion d'action.

Dans *À gauche de la barricade*, « chronique syndicale relative aux événements qui se sont déroulés
de 1934 à 1939 » publiée après la guerre, André
Delmas, qui fut alors secrétaire général du Syndicat national des instituteurs, évoque « la grande
peur des républicains de 1934 [1] ». L'historien peut
faire sienne une telle formule, pour deux raisons
au moins. D'une part, on vient de le voir, le danger
fasciste présumé fut un levain de mouvements
politiques et sociaux déterminants pour l'histoire
française des années 1930 et, plus largement
encore, pour l'histoire de la gauche française.
D'autre part, la conviction de l'existence d'un danger fasciste intérieur se diffusa peu à peu dans le
corps civique et imprégna dès lors les débats de la
communauté nationale. L'une des tâches de l'historien n'est-elle pas, dans ces conditions, de tenter
de reconstituer les ondes concentriques de la propagation de cette conviction et du sentiment antifasciste subséquent ? Dans des contextes historiques et culturels certes différents, et à condition
de ne pas pousser le parallèle trop loin, l'entreprise
n'est pas sans rappeler les travaux de Georges

1. André Delmas, *À gauche de la barricade*, Éditions de l'Hexagone, 1950, p. 9.

Lefebvre sur la « grande peur » de l'été 1789. Et, entre autres paramètres, l'étude des pétitions, qui furent parmi les vecteurs de cette « grande peur » de 1934 – et des années suivantes –, est, à cet égard, précieuse.

Pour en revenir aux seuls clercs, on observera que ceux-ci ont été des rouages du mécanisme de formation du Rassemblement populaire puis des hérauts de sa marche vers la victoire et, dans un second temps, de ses réalisations, et qu'ils furent donc largement présents sur le devant de la scène. S'il faut se garder, on l'a dit, des reconstitutions épiques qui font de ces clercs le seul levain et les uniques gardiens du Front populaire, nous sommes bien là en face de très riches heures de l'intelligentsia française de gauche. Et qui sont, du reste, devenues un point de référence, et parfois de... nostalgie : « Où en sont les Gide, les Malraux, les Alain, les Langevin d'aujourd'hui ? » interrogeait en juillet 1983 Max Gallo, alors porte-parole du gouvernement de Pierre Mauroy. La question fut le prélude à un débat estival dans *le Monde* sur le « silence » présumé des intellectuels de gauche.

Ce souvenir, répercuté par la mémoire collective nationale, d'une osmose entre une partie de la société intellectuelle et le gouvernement de Léon Blum a été encore renforcé par le fait que la politique culturelle menée par le Front populaire a contribué à nimber l'histoire de la gauche intellectuelle de cette époque d'une auréole particulière. Là encore, l'historien aurait sans doute à faire le tri entre la réalité et ce qui procède de l'illusion lyrique puis de la mise en scène de la mémoire.

Deux faits demeurent pourtant. D'une part, l'osmose fut ressentie comme réelle par de nombreux intellectuels : ainsi un Jacques Soustelle, évoquant, dans *Vendredi* du 26 juin 1936, le « vaste mouvement culturel » en cours. D'autre part, leur soutien au pouvoir politique ne participe pas d'un mythe forgé après coup : sans aucun doute, les intellectuels de gauche ont joué leur partition à l'époque du Front populaire.

À condition toutefois d'apporter deux correctifs, déjà mentionnés. Compte tenu de la minceur démographique du milieu intellectuel à cette date, les longues listes du CVIA ne doivent pas faire illusion. Électoralement, les clercs ne pèsent pas grand-chose. Inversement, il est vrai, cette minceur rend, en proportion, plus imposantes encore ces listes. Mais ce dernier constat ne doit pas masquer cette autre réalité statistique : les intellectuels de droite sont alors au moins aussi nombreux et peuvent eux aussi se compter sur des pétitions.

LA GUERRE D'ÉTHIOPIE DES INTELLECTUELS

C'est ainsi, par exemple, que l'une des pétitions les plus mobilisatrices de l'entre-deux-guerres fut celle qui réunit à l'automne 1935, un an et demi après les grandes manœuvres du CVIA, un millier de clercs hostiles à des sanctions contre l'Italie au moment du déclenchement de la guerre d'Éthiopie. « On veut lancer les peuples européens contre Rome », déploraient ces signataires du manifeste

« pour la défense de l'Occident » rédigé par Henri Massis [1] :

> A l'heure où l'on menace l'Italie de sanctions propres à déchaîner une guerre sans précédent, nous, intellectuels français, tenons à déclarer, devant l'opinion tout entière, que nous ne voulons ni de ces sanctions ni de cette guerre.
>
> Ce refus ne nous est pas seulement dicté par notre gratitude à l'endroit d'une nation qui a contribué à la défense de notre sol envahi : c'est notre vocation qui nous l'impose.
>
> Lorsque les actes des hommes, à qui le destin des nations est confié, risquent de mettre en péril l'avenir de la civilisation, ceux qui consacrent leurs travaux aux choses de l'intelligence se doivent de faire entendre avec vigueur la réclamation de l'esprit.
>
> On veut lancer les peuples européens contre Rome.
>
> On n'hésite pas à traiter l'Italie en coupable, à la désigner au monde comme l'ennemi commun – sous prétexte de protéger en Afrique l'indépendance d'un amalgame de tribus incultes, qu'ainsi l'on encourage à appeler les grands États en champ clos.
>
> Par l'offense d'une coalition monstrueuse, les justes intérêts de la communauté occidentale seraient blessés, toute la civilisation serait

1. *Le Temps*, vendredi 4 octobre 1935, p. 2, avec les 64 premiers signataires. Dans le numéro suivant, ce texte devient « le manifeste des intellectuels pour la paix en Europe et la défense de l'Occident ». Sur la paternité de ce texte, *cf.* notamment Michel Toda, *Henri Massis, op. cit.*, p. 301.

mise en posture de vaincue. L'envisager est déjà le signe d'un mal mental, où se trahit une véritable démission de l'esprit civilisateur.

L'intelligence – là où elle n'a pas encore abdiqué son autorité – se refuse à être la complice d'une telle catastrophe. Aussi les soussignés croient-ils devoir s'élever contre tant de causes de mort, propres à ruiner définitivement la partie la plus précieuse de notre univers, et qui ne menacent pas seulement la vie, les biens matériels et spirituels de milliers d'individus, mais la notion même de l'*homme*, la légitimité de ses avoirs et de ses titres – toutes choses que l'Occident a tenues jusqu'ici pour supérieures et auxquelles il a dû sa grandeur historique avec ses vertus créatrices.

Sur cette notion où l'Occident incarne ses idéaux, ses honneurs, son humanité, de grands peuples, comme l'Angleterre, comme la France, se fondent pour justifier une œuvre colonisatrice qui reste une des plus hautes, des plus fécondes expressions de leur vitalité. Et n'est-ce pas leur propre mission coloniale que ces grandes puissances devraient dès l'abord abdiquer, si elles voulaient, sans imposture, défendre à Rome de poursuivre en des régions africaines, où elle s'est acquis depuis longtemps d'incontestables droits, l'accomplissement de desseins qu'elle a loyalement formulés et préparés à découvert ?

Aussi ne voit-on pas sans stupeur un peuple, dont l'empire colonial occupe un cinquième du globe, s'opposer aux justifiables entreprises de la jeune Italie et faire inconsidérément sienne la dangereuse fiction de l'égalité absolue de toutes les nations – ce qui lui vaut, en l'occurrence, l'appui de toutes les forces révolutionnaires qui se réclament de la même idéologie pour combattre le régime intérieur de l'Italie et livrer du même coup l'Europe aux bouleversements désirés.

C'est à cette alliance désastreuse que Genève prête les redoutables alibis d'un faux universalisme juridique qui met sur le pied d'égalité le supérieur et l'inférieur, le civilisé et le barbare. Les résultats de cette fureur d'égaliser qui confond tout et tous, nous les avons sous les yeux ; car c'est en son nom que se formulent des sanctions qui, pour mettre obstacle à la conquête civilisatrice d'un des pays les plus arriérés du monde (où le christianisme même est resté sans action), n'hésiteraient pas à déchaîner une guerre universelle, à coaliser toutes les anarchies, tous les désordres, contre une nation où se sont affirmées, relevées, organisées, fortifiées, depuis quinze ans, quelques-unes des vertus essentielles de la haute humanité.

Ce conflit fratricide qui mettrait la sécurité de notre monde à la merci de quelques tribus sauvages, mobilisées pour d'obscurs intérêts, ce conflit ne serait pas seulement un crime contre la paix, mais un attentat irrémissible contre la civilisation d'Occident, c'est-à-dire contre le seul avenir valable qui, aujourd'hui comme hier, soit ouvert au genre humain. Intellectuels, qui devons protéger la culture avec d'autant plus de vigilance que nous profitons davantage de ses bienfaits, nous ne pouvons laisser la civilisation choisir contre elle-même. Pour empêcher un tel suicide, nous en appelons à toutes les forces de l'esprit.

Ce texte fut rédigé et les signatures rassemblées dans un contexte précis et avec un objectif avoué. Henri Massis s'en expliqua quinze jours plus tard lors d'un débat sur l'Éthiopie : il s'agissait avant tout « de faire connaître au chef du gouvernement l'opinion des élites et lui donner un nouvel argument pour résister aux partisans des sanctions. Et c'est pourquoi le texte fut remis au *Temps* et au *Journal des débats* le jeudi 3 octobre... Il fallait, en effet, qu'il pût paraître le soir même, c'est-à-dire à la veille du Conseil des ministres où M. Laval devait définir l'attitude de la France dans le conflit italo-éthiopien ».

De fait, les « élites », à droite, s'étaient mobilisées. L'Académie française, notamment, était montée en ligne avec 16 des siens, dont 12 parmi les 64 de la première vague. L'ensemble était imposant. À côté de ces académiciens – entre autres, Mgr Baudrillart, André Bellessort, Abel Bonnard, Henry Bordeaux, Claude Farrère, Abel Hermant, Louis Madelin et Henri de Régnier –, on relevait, par exemple, les noms de Marcel Aymé, Henri Béraud, Robert Brasillach, Fernand de Brinon, Paul Chack, Alphonse de Châteaubriant, Léon Daudet, Pierre Drieu La Rochelle, Bernard Faÿ, Jean de Fabrègues, Pierre Gaxotte, Henri Ghéon, le duc de Lévis-Mirepoix, Pierre Mac Orlan, Gabriel Marcel, Maurice Martin du Gard, Thierry Maulnier, Charles Maurras, Jean-Pierre Maxence,

Henri de Monfreid, André Rousseaux. On observera d'abord la présence sur la liste de trois futurs
fusillés de la Libération – Brasillach, Brinon,
Chack – et de futurs « épurés » en nombre. Sans
adhérer forcément aux analyses de l'historien Zeev
Sternhell – pour lequel bien des dérives ultérieures
étaient programmées dès ce cœur des années
1930 [1] – et sans postuler que les engagements de
cette époque induisent automatiquement les attitudes adoptées durant l'Occupation, force est de
constater que des continuités s'établiront souvent
à partir de ces engagements du milieu des années
1930.

On remarquera aussi que la liste est composite [2].
Mais, si on laisse de côté quelques personnalités
peu marquées politiquement et dont la motivation
déterminante a probablement été le pacifisme,
cette liste penche incontestablement à droite, de
l'Action française à la droite modérée. Et pour ces
signataires d'extrême droite ou de droite, le thème
de la paix a sans doute été également essentiel. Ce
manifeste, du reste, peut être considéré comme un
jalon significatif dans la réapparition, près de sept
décennies après l' « année terrible » 1870-1871,
d'un néo-pacifisme de droite. Et l'évolution a été
très rapide : quatre ans plus tôt, certains des plus
jeunes signataires du texte de 1935 avaient signé le
« Manifeste des jeunes intellectuels mobilisables
contre la démission de la France » publié par

---

1. Zeev Sternhell, *Ni droite ni gauche. L'idéologie fasciste en
France*, Le Seuil, 1983.
2. Avec, à nouveau, pour les enseignants, le clivage entre juristes
et médecins, bien représentés parmi les signataires, et littéraires et
scientifiques, peu ou pas présents.

la Revue française, par exemple Brasillach, Fabrègues, Maxence et Maulnier.

Ce néo-pacifisme droitier est, du reste, relevé par des pacifistes de l'autre camp. Jean Giono, par exemple, dans un article de *Vendredi*, détourne malicieusement ce pacifisme de notables : « J'aime énormément le manifeste des intellectuels français. Je me dis : " Voilà enfin que l'Académie française sert à quelque chose. "... Je ne crois pas que ces vieillards dont j'ai cité les noms aient jamais eu le courage d'accomplir un acte illégal, même quand ils étaient jeunes. Ce qu'ils déclarent, signent et conseillent est donc parfaitement légal et de tout repos. Ça me fait plaisir. J'étais décidé à refuser toute guerre, même en risquant d'être fusillé. Mais j'aime mieux ne rien risquer. D'ailleurs, si ce manifeste auquel ont collaboré les académies et les puissances établies n'était pas approuvé par le gouvernement, j'imagine qu'on aurait déjà foutu ces messieurs à la porte, puis en prison. Il n'en est rien. Donc, mes amis, à la prochaine mobilisation, n'importe laquelle, soyons sans crainte : exhibons aux gendarmes le manifeste officiel, répondons que nous ne nous battons pas contre nos amis, que " c'est notre vocation qui nous l'impose ", que " nous ne pouvons laisser la civilisation choisir contre elle-même ", que " pour empêcher un tel suicide, nous en appelons à toutes les forces de l'esprit " [1]. »

Ce néo-pacifisme n'est donc pas une reconstruction opérée *a posteriori* par l'historien, et son

---

1. Jean Giono, « Orion-Fleur-de-Carotte. D'un manifeste officiel qu'il faut placer soigneusement dans nos livrets militaires », *Vendredi*, 13 décembre 1935, p. 3.

importance, aussi bien sur le moment comme moteur de certains engagements que rétrospectivement comme élément d'explication de chasséscroisés singuliers, est indéniable. Parfois, en ce mitan des années 1930, le nationalisme, qui était jusque-là au cœur de la vision des relations internationales de la plupart des signataires du manifeste du *Temps*, cède la place à d'autres préoccupations. L'anticommunisme et la défense de l' « Occident » conduiront en effet certains à une indulgence – voire, parfois, à une attirance – envers les dictatures fascistes et à la recherche d'une politique extérieure française pour le moins sans hostilité à leur égard. Ainsi, Pierre Villette, chroniqueur politique de *Je suis partout* sous le pseudonyme de Dorsay, écrivait déjà quelques jours avant l'attaque italienne en Éthiopie : « La Paix est à droite, la Guerre est à gauche », et concluait : « Les partis dits " de droite " auront-ils éternellement la sottise de laisser monopoliser par les partis dits " de gauche " l'idée et la volonté de paix [1] ? »

Le manifeste de 1935 permet de constater, de surcroît, que, comme leurs adversaires de gauche, ses signataires se réclamaient d'un devoir de « vigilance » censé leur dicter leur attitude. Le mot apparaît explicitement dans les attendus de cet appel « à toutes les forces de l'esprit ». Mais, mus par le même impératif de vigilance devant la ques-

1. Dorsay, « La paix sur le plan électoral », *Je suis partout*, samedi 28 septembre 1935, p. 1. Cela étant, si ce néo-pacifisme de droite est une réalité historique indéniable, il y aurait erreur de perspective ou intention polémique à en exagérer l'ampleur, en 1935 comme par la suite : le « plutôt Hitler que Blum », souvent cité, n'est pas représentatif des dispositions d'esprit de la plus grande partie de cette droite.

tion éthiopienne, les « forces de l'esprit » se mobilisèrent aussi à gauche. Dans *l'Œuvre* du 5 octobre parut une réponse de « nombreux écrivains et artistes français [1] » :

> Au jour du bombardement d'Adoua, au jour où l'on commence à compter les morts de la première bataille, plusieurs centaines de personnes, parmi lesquelles un certain nombre d'intellectuels qui se trouvaient réunis à la Maison de la Culture, ont pris incidemment connaissance du manifeste intitulé « Pour la défense de l'Occident », que *le Temps* publie dans son numéro daté du 4 octobre 1935, avec les signatures de 64 intellectuels français. Ce manifeste abuse étrangement de l'amitié du peuple français pour le peuple italien, ainsi que de la *notion d'Occident* et de celle d' « intelligence » ; il essaie de détourner, au profit de la guerre sous sa forme la plus odieuse, la guerre d'agression, l'amour de notre peuple pour la paix.
>
> Les soussignés conçoivent d'une façon tout autre la véritable amitié qui unit les peuples de France et d'Italie et le rôle qui revient à l'intelligence française dans la conjoncture présente. Ils s'étonnent aussi de trouver sous des plumes françaises l'affirmation de l'inégalité en droit des races humaines, idée si contraire à notre tradition, et si injurieuse en elle-même

1. « " Les " 64 " intellectuels groupés autour de M. Henri Massis ne représentent pas le sentiment des masses [...] ni celui de tous les intellectuels ", déclarent de nombreux écrivains et artistes français », *l'Œuvre*, samedi 5 octobre 1935, p. 2.

pour un si grand nombre de membres de notre communauté.

Ils déplorent que ce soit à l'heure même où la SDN justifie son existence aux yeux de tous les hommes de bonne foi, que 64 intellectuels de notre pays lancent contre l'institution de Genève une attaque où l'impertinence le dispute à la légèreté. Ils sont persuadés que ces 64 intellectuels sont fort éloignés de la véritable opinion et du sentiment des masses populaires : celles-ci, malgré l'action d'une certaine presse dont les mobiles n'apparaissent pas comme purement désintéressés, savent certainement discerner la véritable mission des peuples d'Occident et se refuseront à méconnaître, comme on les y invite, l'attitude généreuse du peuple et des intellectuels d'Angleterre. Ils considèrent comme le devoir du gouvernement français de se joindre aux efforts de tous les gouvernements qui luttent pour la paix et pour le respect de la loi internationale.

Ils souhaitent ici que les véritables représentants de l'intelligence française aux yeux de la France et du monde fassent sans retard entendre leur voix.

Pour les signataires, *l'Œuvre* précisait [1] :

Jules Romains, Luc Durtain, Adrienne Monnier, Aragon, Léon Moussinac, Paul Poiret,

---

1. Dans *l'Œuvre* du 12 octobre 1935, d'autres signatures seront signalées, dont celles de Victor Margueritte, Louis Jouvet, Emmanuel Berl, Henri Jeanson et René Maublanc.

Hussel (député de l'Isère), Frans Masereel, Paul Castiaux, Jean Effel, René Bloch, Georges Friedmann, Paul-Émile Bécat, Marcel Villard, Grandjean, Gérard Servèze et 209 signatures.

Le texte précédent leur ayant été communiqué, les écrivains, artistes et intellectuels dont les noms suivent ont tenu à se solidariser avec lui :

André Gide, Romain Rolland, Jean Cassou, Claude Aveline, André Chamson, Amédée Ozenfant, Jean Guéhenno, André Ullmann, Jacques Kayser, Louis Martin-Chauffier, René Lalou, Pierre Gérôme, Alain, Perrin, Langevin, Paul Rivet, Fournier, Wurmser, Georges Boris, Robert Lange, Pierre de Lanux, Gabriel Delâtre, Charles Vildrac, Jean Prévost, Marcelle Auclair, Jean Carlu...

Et les 8 500 membres du Comité de vigilance des intellectuels antifascistes.

André Malraux, Louis Guilloux, Paul Nizan, Pierre Unik, Paul Vaillant-Couturier, Emmanuel Bove, Emmanuel Mounier, Jacques Madaule, Marc Bernard, Roger Breuil, Denis de Rougemont, Robert Honnert, Jules Rivet, Léopold Chauveau, Jean Schlumberger, Louis Terrenoire, André Beucler, Louis Cheronnet, Georges Pillement, Benjamin Cremieux, André Cuisenier, Lévy-Bruhl, Hadamard, M. Alexandre, Jean Richard-Bloch, Pierre Brossolette, Madeleine Le Verrier, Elie Faure...

L'examen de cette contre-pétition et de la liste de ses signataires confirme la prégnance de l'anti-

fascisme chez les intellectuels de gauche [1]. C'est
sous ce drapeau, en effet, qu'ils mènent une
contre-offensive immédiate [2]. Et ce caractère
immédiat de la riposte démontre bien, de surcroît,
les vertus – et le tempérament ? – associatives de la
gauche : nul doute que l'existence du CVIA – mentionné explicitement parmi les signataires – ait
facilité la collecte en quelques heures de signatures
nombreuses et notoires, et qu'Henri Massis ait dû
au contraire consacrer beaucoup d'énergie, quelques jours plus tôt, à la mise sur pied des listes
publiées par *le Temps* : celles-ci se situaient à la
confluence de plusieurs réseaux de sociabilité sans
réelles structures fédératives entre eux.

Mais, même si les mobilisations se firent à des
vitesses et selon des processus différents dans les
deux camps, le fait essentiel demeure bien que
cette bataille des manifestes fait apparaître deux
camps bien tranchés et aux arguments bien affû-

---

1. Cet antifascisme d'imprégnation et de mobilisation s'accompagne parfois, de surcroît, d'analyses dont la prescience frappe
rétrospectivement. Ainsi, le germaniste Edmond Vermeil, partici-
pant à un débat sur l'Éthiopie à l'Union pour la Vérité (*cf.* note 1,
p. 159), observe : « On a parlé non seulement de la juste compensa-
tion aux inégalités de traitement que l'Italie a subies lors du traité
de paix, mais encore de son besoin d'expansion, de sa surpopula-
tion, etc. Or, je viens de dépouiller les textes essentiels de l'idéologie
allemande depuis la guerre. [...] On justifie ainsi un nouvel impérialisme, dont les revendications s'orientent vers l'est européen, et à
l'idée d'une justice entre classes se substitue celle d'une justice entre
nations. La façon dont l'Allemagne, après l'Italie, comprend la justice entre nations pourra nous mener loin » (*op. cit.*, pp. 153-154).
2. Dont Jules Romains fut, semble-t-il, sinon le stratège, en tout
cas la pièce maîtresse du dispositif : c'est lui, en effet, qui rédigea
le manifeste, « avec l'avis de Louis Aragon et de Luc Durtain, vers
minuit, dans un petit café de la rue des Martyrs » le soir même de
la publication du texte du *Temps* (*cf.* Jules Romains, *Sept mystères
du destin de l'Europe*, Éditions de la Maison française, « Voix de
France », 1940, p. 297).

tés. À nouveau, comme à plusieurs reprises déjà au cours des décennies précédentes, la bipolarisation était poussée à l'extrême dans les débats entre clercs. Et les invectives ne se lançaient plus seulement par organes de presse interposés. Il y eut, par exemple, une réunion tumultueuse de l'Union pour la Vérité, l'association de Paul Desjardins. Robert Brasillach, quelques années plus tard dans *Notre avant-guerre*, en décrivait ainsi l' « atmosphère d'orage » :

> Dans la salle minuscule de la rue Visconti, se pressaient, debout et sans siège, deux cents personnes. On y discuta des manifestes dans une atmosphère d'orage. Je m'ennuyais tout seul au fond de la pièce, le jour où j'y vins, et pour me distraire j'interrompis M. Bouglé qui vantait la SDN. « Il s'agit de la guerre, monsieur Bouglé, lui criai-je. Voulez-vous oui ou non faire la guerre pour le Négus ? » Et M. Bouglé de déplorer, avec un accent légèrement faubourien : « Ces jeun' gens n'ont pas d'idéal, pas d' principes ! » On me regardait de travers, puis on se lança dans la bagarre. Il y avait Henri Massis, et Guéhenno et Benda. Les chaises faillirent voler [1].

1. *Op. cit.*, Plon, 1941, pp. 167-168. En fait, ce sont deux réunions qui se tinrent à l'Union pour la Vérité, les 19 et 26 octobre 1935, autour du thème « La guerre d'Éthiopie et la conscience française ». Des signataires des deux manifestes étaient présents, et le *Bulletin* de l'Union pour la Vérité daté de décembre 1935-janvier 1936 reproduit une partie des débats et précise que les séances ont été « pénibles, orageuses » et ont « parfois dégénéré en altercations personnelles » (*loc. cit.*, p. 104). Lors de son intervention du 19 octobre, Henri Massis indique que son manifeste a réuni à cette date « plus d'un millier de signatures » (*ibid.*, p. 41).

La bataille des manifestes s'intégrait donc, en fait, dans une guerre des épithètes et des slogans. Ainsi la radicale *République* ne voyait-elle dans les signataires du *Temps* qu'un « agglomérat de vieux académiciens et de " salonards " autour des tartarins de la rue Boccador [1] ». L'Action française, qui était visée par le dernier qualificatif, n'était pas en reste, bien au contraire, dans cette escalade du verbe. Charles Maurras, quelques jours plus tôt, écrivait dans son journal en première page et sous le titre « Assassins » : « Nous *savons* qu'il a couru de main en main à travers les Chambres un Manifeste d'intellectuels ou de prétendus " intellectuels franco-anglais " contre l'expédition mussolinienne en Éthiopie. Nous *savons* que cette impudente offensive morale contre un peuple ami a reçu les signatures de près de 140 membres du Parlement français. Et nous *savons* les noms des signataires. » Suivait alors une liste de noms, désignés à la vindicte des « bons Français » : « Nous prions les bons Français qui nous suivent de prendre note des 140 noms *d'assassins de la Paix, d'assassins de la France* que nous publions ci-dessus. J'engage nos amis à découper ce dénombrement précieux et à le loger au coin le plus sûr de leur portefeuille... le jour où grêleront les fascicules de mobilisation... ce jour-là, il sera juste qu'ils expient... Assassins ! Assassins ! ... il faut que votre sang soit versé le premier [2]. »

Et la nature de cette expiation était dépourvue d'ambiguïté. Trois jours plus tard, dans *l'Action*

1. Nicolas Lerouge, « Propos ingénus », *la République*, 5 octobre 1935, p. 1.
2. *L'Action française*, dimanche 22 septembre 1935.

française du 25 septembre, Charles Maurras répétait : « Il faut en effet que les noms des fauteurs de massacres puissent être facilement rappelés à la mémoire de tous les Français, afin que justice en soit faite dès le premier jour de la mobilisation. » Et de préciser pour les lecteurs distraits :

> Il n'importe pas moins que, dans chaque circonscription, chaque électeur soit en état de dire à n'importe lequel des Cent Quarante :
> – Tu es un ennemi de la paix, tu es un buveur de sang ; ton ambition, ta cupidité, ta sottise te rendront *complice de la catastrophe*. Si donc la guerre éclate, il faut qu'elle commence par la plus légitime des guerres : une guerre de toi à moi. Tu a [*sic*] consenti à la mort des autres. Meurs à ton tour, qui est le premier ! En réponse à l'acte abominable, l'action doit suivre, instantanée.

Jean Giono conservait le texte du *Temps* dans son livret militaire, le lecteur de Charles Maurras logeait dans son portefeuille la liste de parlementaires ayant signé une pétition rédigée par de « prétendus » intellectuels. Les manifestes étaient donc au cœur du débat. Jusqu'à la caricature politique qui leur faisait écho. Ainsi, le 8 novembre 1935, le premier numéro de *Vendredi*, hebdomadaire favorable au Front populaire « fondé sur l'initiative d'écrivains et de journalistes et dirigé par eux », comme le proclame un éditorial d'André Chamson, consacre son dessin de première page au « Manifeste des 64 ». La Mort, bardée de canons et de lance-flammes, encadrée d'avions, tue et broie des populations désarmées tandis qu'est citée cette phrase du manifeste : « Toutes choses que l'Occident a tenues jusqu'ici pour supérieures et auxquelles il a dû sa grandeur historique avec ses vertus créatrices. »

UNE NOUVELLE AFFAIRE DREYFUS ?

La faille entre les deux camps était devenue telle à cette date qu'un observateur contemporain pourra la comparer à celle qu'entraîna la secousse tectonique de l'affaire Dreyfus : « Ici, comme au temps de l'affaire Dreyfus, nous assistons au conflit de deux esprits, de deux conceptions de la justice, de la vie politique et du devenir de l'humanité [1]. » Une telle vision récurrente est toutefois à nuancer, pour le moins. Certes, à cette date, la culture politique et le système de valeurs et de représentations des deux camps puisent encore largement, malgré l'écoulement des décennies, dans les luttes de la fin du siècle précédent. Mais, dans le même temps, la crise des années 1930 et l'apparition de régimes politiques d'un type nouveau ne pouvaient qu'écorner des visions du monde déjà ébranlées par le premier conflit mondial, ou, plus précisément, se fondre avec elles. Car ces dernières ne constituaient plus des viatiques

---

1. Yves Simon, *la Campagne d'Éthiopie et la pensée politique française*, Desclée de Brouwer, 1936, pp. 9-10. On retrouve Yves Simon, « docteur en philosophie », parmi les signataires de l'appel « Pour l'honneur » publié par *l'Aube* du samedi 21 novembre 1936, qui, après le suicide de Roger Salengro, évoquait « l'écrasante responsabilité encourue par ceux qui osent parler sans preuves contre l'honneur d'un homme ».

suffisants pour affronter la turbulence politique de cette décennie.

À gauche, les chemins de l'engagement passeront désormais autant par les combats de l'antifascisme que par la défense des valeurs du dreyfusisme, même si celle-ci colorait encore ceux-là. De façon symétrique, à droite, la méditation sur la décadence et, surtout, l'anticommunisme deviendront des moteurs de l'action plus puissants que les procès intentés à « la Gueuse » ou l'exaltation de la nation. Même si c'est en conservant parfois la phraséologie des grands affrontements idéologiques de la fin du XIXe siècle qu'antifascistes et anticommunistes s'opposeront, l'essentiel est donc ailleurs, dans ce fait déterminant et, somme toute, nouveau : l'heure, en ce milieu de décennie, est aux intellectuels, sommés de fournir le nouvel argumentaire des luttes civiques, et devenus, de ce fait, des maîtres à penser. À la fois hérauts de cette sorte de guerre civile mimée que furent les années 1930 [1] et idéologues de deux camps en quête d'identité idéologique, les intellectuels sont alors en même temps sur le devant de la scène – sur les tréteaux et dans les cortèges – et dans la coulisse. Et c'est de là, sans doute, que provint l'importance de leur rôle, aussi bien sur le moment que dans la mémoire collective.

On saisit mieux, à cet égard, l'importance de ces années 1930 dans l'histoire des intellectuels français. À la charnière des deux décennies s'était développé le mouvement des « non-conformistes », qui

1. *Cf.* Serge Berstein, « L'affrontement simulé des années 1930 », *Vingtième siècle. Revue d'histoire*, 5, janvier-mars 1985, pp. 39-53.

s'inscrivait largement en réaction contre l'ordre intellectuel établi, de droite comme de gauche. Mais cette sédition contre la « sclérose en place [1] » échoua. Non pas tant que les courants intellectuels dominants se soient renforcés à la faveur de la crise des années 1930. Bien au contraire, car c'est une grande partie des points de repère du combat intellectuel qui achevèrent de vaciller alors, du fait de la crise. En 1924, au moment de la victoire du Cartel des gauches, c'est la génération qui eut vingt ans au moment de l'affaire Dreyfus qui avait triomphé, dans ses rameaux socialistes et radicaux. Et à droite, on l'a vu, l'Action française occupait à la même date une position de force. Mais l'onde de choc de la guerre, l'échec du Cartel et, en 1926, la condamnation pontificale de l'Action française avaient créé une dépression idéologique, que les « non-conformistes » entendaient combler.

La bipolarisation retrouvée sonna le glas de cette tentative de remblayage idéologique. Mais, répétons-le, cette bipolarisation ne signifiait pas le retour à la situation idéologique antérieure. L'antifascisme et l'anticommunisme restructurent le débat et lui donnent de nouvelles teintes. Assurément, les clercs sont peut-être moins en recherche de nouvelles voies que quelques années plus tôt, mais leur mobilisation se fait plus dense et, à leur créneau, ils jouent, on l'a vu, un rôle croissant.

Les partis politiques, du reste, n'hésiteront pas à les placer en première ligne et à leur conférer selon les moments le rôle de troupes d'assaut ou la fonc-

1. Henri Dubief, *le Déclin de la IIIᵉ République*, Le Seuil, 1976, p. 64.

tion de bannière. Deux exemples, parmi d'autres. À gauche, *l'Humanité* du 1er novembre 1936 publie un rapport de Paul Vaillant-Couturier sur les problèmes culturels. Un diagnostic : « La société malade appelle en consultation des médecins », et un corps médical explicitement désigné : « Il faut que l'intelligence dresse son réquisitoire complet et qu'elle motive ses arrêts. Nous proposons la convocation des États généraux de l'intelligence française. » Et d'énumérer les clercs « que nous voyons marcher à côté de nous » : André Gide, Romain Rolland, Malraux, Jules Romains, Benda, Vildrac, Aragon, Jouvet, Dullin, Jean Renoir, Le Corbusier, Léger, Lurçat, Langevin, Prenant, Wallon, entre autres. On note l'éclectisme – voulu – de la liste et le mélange – probablement médité – des positions respectives par rapport au PCF, depuis le noyau central des intellectuels encartés jusqu'aux couronnes extérieures des antifascistes en passant par les cercles intermédiaires des compagnons de route.

À droite, *l'Émancipation nationale* du 4 mars 1938, quelques jours avant le deuxième congrès du Parti populaire français de Jacques Doriot, publie sur toute sa dernière page un long article de Paul Guitard consacré à la « force grandissante » que ce congrès doit révéler « à la France étonnée ». Et de souligner « l'adhésion des élites », avec notamment ce fait qu' « à l'appel de Jacques Doriot, homme du peuple, tout ce que la France compte de mieux dans le domaine de l'intelligence a répondu ». Là encore, des noms sont cités pour étayer l'affirmation : des « savants » comme Alexis Carrel et des « hommes de lettres » comme, entre autres, Drieu La Rochelle, Alfred Fabre-Luce, Georges Suarez, Ramon Fernandez, Jean Fontenoy, Paul Chack, Marcel Jouhandeau.

Cela étant, la comparaison avec l'affaire Dreyfus n'est pas à rejeter pour autant. D'abord parce que, on l'a dit, le vocabulaire d'affrontement emprunte parfois encore à celui du modèle 1789 révisé 1898. Ensuite parce que si les enjeux ont changé, les clivages ont rejoué en partie [1]. Enfin parce que, comme au moment de l' « Affaire », les positions sont bien tranchées.

Mais, sans doute plus encore qu'en 1898, les débats entre intellectuels des années 1930 délimitent les camps en même temps qu'ils fournissent l'argumentaire. Le débat sur l'Éthiopie est, à cet égard, un exemple presque chimiquement pur. Et un « Manifeste pour la Justice et la Paix », publié par *l'Aube* du 18 octobre puis par *la Vie catholique* datée du lendemain et par *Esprit* du mois de novembre, ne doit pas faire illusion [2]. Certes, ce manifeste tentait de se placer dans le no man's land entre les deux textes du début octobre. Sa teneur le tirait pourtant davantage vers la réponse des intellectuels antifascistes ; au reste, certains des signataires de cette réponse paraphèrent deux semaines plus tard le « Manifeste pour la Justice et la Paix ». Plus qu'un texte de troisième voie, ce manifeste illustrait, en fait, des reclassements parmi les intellectuels catholiques que la guerre d'Espagne mettra au grand jour.

---

1. Michel Winock, « Les affaires Dreyfus », *réf. cit.*
2. Reproduit notamment dans René Rémond, *les Catholiques dans la France des années 30, op. cit.*, pp. 96-98.

« LE MOMENT EST VENU DE DÉGAINER SON ÂME [1] ! »

Quelques mois plus tard, cette guerre allait surtout confirmer le rôle de héraut joué par les clercs et l'importance en leur sein du clivage antifascisme-anticommunisme. À nouveau, en cette occasion, les listes de pétitionnaires s'allongèrent. Et si celles-ci fournissent un condensé des grands débats d'intellectuels en ces années où le ciel, peu à peu, se faisait plus sombre, elles montrent aussi que ce ciel assombri va, sinon recomposer, en tout cas compliquer le paysage globalement bipolaire.

Deux grandes pétitions sont, à cet égard, éclairantes. Et d'abord, chronologiquement, celle de gauche, publiée dans le numéro de décembre 1936 de *Commune* et intitulée « Déclaration des intellectuels républicains au sujet des événements d'Espagne » :

> Les soussignés, profondément émus, quelles que soient leurs opinions politiques, sociales ou confessionnelles, par le spectacle du drame espagnol qui remet en question les principes les plus fondamentaux de la morale internationale ;
>
> Conscients du péril que le succès de la rébellion fasciste en Espagne ferait courir à notre pays ;

---

1. Paul Claudel, à propos de la guerre d'Espagne, dans *Occident. Le bi-mensuel franco-espagnol*, 4, 10 décembre 1937, p. 4.

Constatant le désarroi général, l'incertitude des esprits, le caractère tendancieux des informations et le secret des chancelleries,

Constatant d'autre part la magnifique résistance des républicains espagnols qui défendent devant Madrid leur liberté et la nôtre contre l'attaque du fascisme international,

Estiment qu'il est de leur devoir d'adresser cet appel à l'opinion française et à la conscience universelle.

Le gouvernement de notre pays, désireux de prouver son attachement à la paix, a proposé à l'Europe, dans l'espoir d'empêcher sa division en deux camps hostiles, la politique dite de « non-intervention ».

Cette initiative s'est traduite le 8 août par la décision d'arrêter en France tout envoi d'armes à destination de l'Espagne (décision que certains d'entre nous n'ont pas vu prendre sans inquiétude), mais elle n'a pas rencontré une adhésion rapide et sincère de la part d'autres gouvernements.

Il a fallu attendre le 28 août (et la prise de Badajoz qui livrait aux rebelles la frontière portugaise et ses possibilités indéfinies de ravitaillement) pour que le pacte fût enfin accepté et encore avec des réserves inadmissibles de la part de certains États.

Même après le 28 août l'armement des rebelles a continué d'être assuré par une aide efficace qui n'a même pas cherché à se dissimuler.

Les violations de l'accord dit de « non-intervention » sont prouvées :

1° Par les révélations précises du délégué espagnol à la SDN (révélations que le secrétariat de l'Institution de Genève n'a pas eu le courage de publier et que la plus grande partie de la presse française a systématiquement ignorées) ;

2° Par les informations qu'a recueillies impartialement la Commission d'enquête anglaise (du 24 septembre au 1er octobre) ;

3° Par les dépositions concordantes de hautes personnalités neutres au-dessus de tout soupçon ;

4° Par l'évidente *supériorité actuelle* des rebelles en avions et en tanks, par exemple, qui ne peut trouver d'explication que dans les violations continuelles du pacte à leur bénéfice ; supériorité écrasante qui, malgré le sacrifice d'un peuple héroïque aux mains nues, a transformé totalement la situation militaire.

Ainsi la non-intervention s'est traduite en réalité par une intervention très effective en faveur des seuls rebelles.

Ces faits indubitables, portés aujourd'hui à la connaissance de l'opinion européenne, viennent d'amener le Parti ouvrier belge, le Labour Party, le Parti libéral anglais, l'URSS, les Internationales syndicale et socialiste à réclamer la reprise des relations commerciales avec le gouvernement espagnol,

Les soussignés estiment nécessaire d'avertir l'opinion française de ce puissant retournement de la conscience universelle et du devoir qui incombe à notre démocratie.

Se référant à la déclaration d'Yvon Delbos :
« La neutralité ne doit pas être une duperie »,

Estimant en effet qu'on ne peut plus espérer, après deux mois de violations répétées, de faire appliquer le pacte dans l'avenir,

Font confiance au gouvernement français pour que, fidèle à ses engagements internationaux et à ses propres déclarations, il prenne acte de la rupture du pacte et rétablisse en conséquence les relations commerciales avec un gouvernement ami, décision qui, en faisant prévaloir le Droit, ne peut qu'affermir la Paix.

La disposition typographique des noms qui suivaient ce texte était significative. Les signataires étaient regroupés en deux rubriques, et « les professeurs » y précédaient « les écrivains ». Dans la première, en effet, 41 noms d'universitaires étaient alignés, auxquels s'ajoutaient « 200 signatures de professeurs agrégés recueillies jusqu'à ce jour ». Puis venaient « les écrivains », rubrique curieusement fourre-tout où voisinaient les gens de plume, le barreau, la scène, mais aussi peintres et architectes – en tout 94 noms. Ces deux listes n'étaient que la partie émergée d'un ensemble de signatures qui, précisait *Commune*, « dépasse 1 400, parmi lesquelles de nombreuses signatures d'instituteurs, médecins, ingénieurs, etc. ». Il faut, en fait, s'arrêter plus longuement sur cette liste et en citer les 135 noms :

PREMIERS SIGNATAIRES

LES PROFESSEURS :

Victor Basch, professeur honoraire à la Sorbonne ; Albert Bayet, professeur à l'École des Hautes Études ; Jules Bloch, professeur à l'École des Langues Orientales ; Louis Cazamian, professeur à la Sorbonne ; Marcel Cohen, professeur à l'École des Hautes Études ; Georges Fournier, docteur ès sciences ; J. Hadamard, membre de l'Institut, professeur au Collège de France ; Frédéric Joliot-Curie, prix Nobel ; Paul Langevin, membre de l'Institut, professeur au Collège de France ; Jeanne Lévy, professeur agrégée à la Faculté de Médecine ; Marouzeau, professeur à la Sorbonne ; Urbain Mengin, professeur honoraire à la Faculté des Lettres de Grenoble ; I. Meyerson, professeur à l'École des Hautes Études ; Henri Mineur, astronome à l'Observatoire de Paris ; André Mirambel, professeur à l'École des Hautes Études ; Francis Perrin, maître de conférences à la Sorbonne : Pommier, chargé de cours à la Sorbonne ; Marcel Prenant, professeur à la Faculté des Sciences ; Louis Robert, professeur à l'École des Hautes Études ; A. Vaillant, professeur à l'École des Hautes Études ; Ed. Vermeil, professeur à la Sorbonne ; Henri Wallon, professeur au Collège de France.

P. Biquard, docteur ès sciences ; Adler, J. Baby, H. Faure, Mlle Brunel, J. Bruhat, Marthe et Étienne Bougouin, Husson, Labérenne, Luce Langevin, Jacques Madaule, René

Maublanc, Mérat, Marthe Faure, G. Politzer, Mlle Robert, Mlle Schulhof, agrégés de l'Université ; Louis Parrot, professeur à la Casa Velasquez ; et plus de 200 signatures de professeurs agrégés recueillies jusqu'à ce jour.

LES ÉCRIVAINS :

Romain Rolland, André Gide, Paul Allard, P. Abraham, Aragon, René Arcos, Gabriel Audisio, Claude Aveline, Julien Benda, Jean-Richard Bloch, P. Bochot, R. Blech, Georges Besson, Jean Cassou, André Chamson, Crommelynck, J. Chabannes, Luc Durtain, R. Dior, Lise Deharme, Elie Faure, Georgette Guegen-Dreyfus, A. Hamon, H.-R Lenormand, René Lalou, H. Lefebvre, L. Martin-Chauffier, Léon Moussinac, Matei-Roussou, P. Nizan, Pillement, A. Ribard, Tristan Rémy, G. Sadoul, Simone Téry, Elsa Triolet, Edith Thomas, Tristan Tzara, Pierre Unik, Andrée Viollis, Henriette Valet, Charles Vildrac, P. Vaillant-Couturier, André Wurmser, Claude Morgan, Léon Ruth.

E. Brenier, ancien sénateur, président de la Ligue française de l'Enseignement ; Emile Kahn, agrégé de l'Université ; Guy Menant, ancien député ; A. Goldschild ; Gaston Martin, agrégé de l'Université ; Marc Sangnier, directeur de *l'Éveil des peuples* ; Zyromski.

Mes Ceccaldi, J. de Moro-Giafferi, Vienney, Marcel Willard, Ferruci, etc.

Drs Lebovici, E. Mariage, Dreyfus, Du Bouchet, Flapan, Valensi, etc.

G. Auric, compositeur ; Armand Bour, acteur ; Cantrelle, musicien ; Marcel Carné, metteur en scène ; Désormières, chef d'orchestre ; Durey, compositeur ; Etcheverry, de l'Opéra ; Tony Grégory, danseur ; Itkine, metteur en scène ; Marie Kalf, actrice ; Ch. Koechlin, compositeur ; Harry Krimer, acteur ; Locatelli, violoniste ; Roger Maxime, acteur ; H. Radiguer, professeur au Conservatoire ; H. Sauveplane, compositeur.

L. Bazor, graveur ; P. Chareau, architecte ; Cabrol, dessinateur ; Dubosc, dessinateur ; Jean-Paul Dreyfus, secrétaire général de l'UTIF, Goerg, peintre ; Gromaire, peintre ; Jeanneret, architecte ; Francis Jourdain, architecte ; Lipchitz, sculpteur ; Le Corbusier, urbaniste ; Marc Mussier, peintre ; Ch. Perriand, architecte, Pignon, peintre ; Mme Signac, peintre.

Si cette liste a été ainsi reproduite, dans sa disposition originelle et sa titulature, c'est qu'elle est doublement révélatrice. Dans le rapport des forces entre catégories de clercs, il apparaît bien, tout d'abord, et ce n'est pas là le seul indice, que « les professeurs » se retrouvent désormais au premier rang au sein du milieu intellectuel, et en première ligne au moment des batailles frontales. 1919 semble loin, où les écrivains étaient les rédacteurs de la « déclaration d'indépendance de l'esprit » ou composaient les troupes du « parti de l'intelligence ».

Deuxième enseignement : si la teneur du texte et sa tonalité montrent bien la prégnance de l'antifascisme et son rôle de moteur de l'action des clercs de gauche, cet antifascisme a toutefois perdu à cette date le rôle de ciment qui avait été le sien au cours des années précédentes. Car plus qu'une manifestation de force fondée sur un dispositif unitaire et une mobilisation en bon ordre, ce texte est aussi à usage interne. Son dernier paragraphe s'adresse, du reste, au gouvernement du Front populaire. Et il faut y voir notamment le contrecoup de la rupture intervenue quelques mois plus tôt au sein du Comité de vigilance des intellectuels antifascistes. La tendance incarnée par Paul Langevin, qui quitta les organes de direction de ce Comité en juillet 1936, est largement représentée dans la pétition.

Par-delà les probables initiatives du Parti communiste en toile de fond de cette pétition, qui introduisent un élément conjoncturel, apparaissent à cette époque les premières fêlures structurelles au sein de l'antifascisme. Si la « Déclaration des intellectuels républicains au sujet des événements d'Espagne » est donc un condensé des grandes luttes de cette époque, c'est certes parce qu'elle est restée à juste titre comme le symbole de l'attachement à l'Espagne républicaine de nombre de clercs. L'historien retiendra toutefois que, de part et d'autre de la grande faille droite-gauche, le môle de gauche, parcouru par des divergences d'appréciation sur les problèmes extérieurs, est en train de redevenir une structure fissurée. L'antifascisme ne recouvre plus une identité d'analyse et donc de comportement [1].

---

1. D'autant qu'à l'automne 1937, les poursuites contre les trotskistes et les anarchistes dans l'Espagne républicaine entraînent une pétition de Gide, Duhamel, Mauriac, Rivet et Martin du Gard.

L'autre môle présente, du reste, le même aspect ambivalent : en apparence, une large mobilisation mue par l'anticommunisme, mais aussi, derrière l'unité de façade, une droite intellectuelle moins uniforme qu'il n'y paraît. Une pétition est là encore éclairante. On oppose souvent, en effet, à la « Déclaration des intellectuels républicains » le « Manifeste aux intellectuels espagnols » publié un an plus tard dans le numéro 4 du 10 décembre 1937 d'*Occident*, « bi-mensuel franco-espagnol [1] » :

> Beaucoup d'intellectuels français désirent que l'occasion leur soit fournie d'exprimer à leurs confrères espagnols, si éprouvés par les événements actuels, leur chaleureuse sympathie.
>
> Tous ceux qui admirent la glorieuse Espagne, tous ceux qui se rendent compte de la magnifique contribution que, par son art, sa littérature, sa science, sa spiritualité, sa passion de la découverte, elle a apportée à la civilisation, tous ceux qui déplorent l'affreux cataclysme où les valeurs précieuses que sa mission a toujours été de représenter menacent d'être englouties, tous ceux qui désirent la fin des divisions actuelles et le rétablissement d'un ordre fondé sur la morale et sur le respect des notions de liberté, d'autorité et de propriété, se joindront à nous. Le passé de l'Espagne est d'une telle valeur pour le monde entier qu'il n'est pas possible d'envisager pour

---

1. *Occident. Le bi-mensuel franco-espagnol, loc. cit.*

elle un avenir d'où soient absents le respect et l'inspiration d'une tradition auguste.

Nous nous plaçons au-dessus de toute politique. Nous croyons qu'il n'y a pas de Français ni d'Espagnols dignes de ce nom qui ne soient d'accord sur les principes suivants : la fraternité des classes et non leur haine réciproque, la liberté des personnes, la justice sociale, l'indépendance vis-à-vis de tout parti et de toute secte dont le siège est à l'étranger, la garantie absolue du territoire national, continental, colonial ou insulaire, la défense contre toute immixtion extérieure, sous prétexte d'idéologie, dans les affaires du pays.

L'Espagne, par la pensée de ses grands juristes, a fondé le droit international moderne sur le respect des droits de la personne humaine ; la France a déclaré autrefois les Droits de l'Homme ; il appartient à l'Espagne d'affirmer avec la même énergie les droits de la Nation.

En ces heures douloureuses, nous, Français, ne saurions oublier tous les liens de race, de tradition et de culture qui nous attachent à notre sœur latine. Nous ne saurions oublier que bien des fois dans le passé, spécialement au moment de la guerre de l'Indépendance américaine, les Espagnols et les Français ont combattu pour la même cause et sous les mêmes drapeaux. Et, pendant la Grande Guerre des Nations, des volontaires sont venus par milliers, de l'autre côté des Pyrénées, lutter avec nous.

En conséquence, nous ne pouvons faire

autrement que de souhaiter le triomphe, en Espagne, de ce qui représente actuellement la civilisation contre la barbarie, l'ordre et la justice contre la violence, la tradition contre la destruction, les garanties de la personne contre l'arbitraire.

Nous saluons donc les hommes qui, dans une heure d'effroyable adversité, représentent si dignement l'intelligence et la culture de leur pays. Nous leur tendons la main et nous affirmons notre solidarité avec eux. Nous nous opposons à toutes les divisions qu'une idéologie néfaste voudrait créer entre nous. Notre but est de montrer aux peuples et aux gouvernements que la vraie France et la vraie Espagne sont et restent unies.

La genèse de ce texte est connue. En juillet 1937 s'était tenu à Valence, à Madrid, à Barcelone et, pour finir, à Paris, un « Congrès pour la défense de la culture » qui avait manifesté à la face du monde le soutien de nombre de grands intellectuels étrangers à leurs homologues espagnols du camp républicain. En réaction [1], le manifeste publié en décembre entendait proclamer une solidarité identique envers les écrivains nationalistes.

À y regarder de plus près, toutefois, les clercs signataires ne sont pas très nombreux. Quarante-deux noms seulement s'alignent de part et d'autre du manifeste, photographies à l'appui, et tous ne sont pas des intellectuels. Parmi ces derniers, on note la présence d'Henri Béraud, Louis Bertrand,

---

1. David Wingeate Pike, *les Français et la guerre d'Espagne. 1936-1939*, PUF, 1975, p. 243, note 37.

Abel Bonnard, Henry Bordeaux, Paul Claudel [1], Léon Daudet, Pierre Drieu La Rochelle, Bernard Faÿ, Ramon Fernandez, Georges Goyau, Abel Hermant, Francis Jammes, Louis Madelin et Henri Massis. Apparemment, les différentes composantes du manifeste sur l'Éthiopie se retrouvaient ici : une droite conservatrice, un rameau maurrassien – l'une et l'autre représentés par quelques signatures prestigieuses et éventuellement académiques – et, à travers Pierre Drieu La Rochelle, une frange attirée à cette date par le fascisme. Mais ces grandes composantes étaient singulièrement « dégraissées » par rapport à 1935 et chaque signature représentait plus elle-même qu'un groupe ou une mouvance.

Certes, l'anticommunisme semble encore le facteur déterminant, mâtiné d'une défense de l'« Occident ». Ainsi, l'un des signataires, Paul Claudel, évoquera l'année suivante, dans un article du *Figaro* du 29 juillet 1938 intitulé « La solidarité d'Occident », la crainte éprouvée « que se crée à nos portes, dans son ignominie sans nom, dans son épouvantable férocité, une nouvelle Russie bolcheviste ». De ce fait, « c'est ce danger dont la croisade de Franco a délivré la France et l'Europe ». Et Charles Maurras entonna maintes

---

1. Paul Claudel, en revanche, ne s'était pas mobilisé au moment de la guerre d'Éthiopie. Tout au contraire, il avait, à l'automne 1935, reproché dans une lettre à Mgr Baudrillart d'avoir signé « l'odieux *Manifeste des intellectuels* » : « Il est impossible, s'indignait-il, que la haute autorité morale et intellectuelle que vous êtes, responsable de la formation morale de l'élite du clergé, encourage de son approbation l'abominable agression à laquelle, sous l'impulsion d'un tyran, l'Italie se livre à l'égard d'un peuple chrétien » (Gérald Antoine, *Paul Claudel, ou l'Enfer du génie*, Laffont, 1988, p. 287).

fois durant le conflit la même antienne : c'est bien grâce à Franco que ne s'est pas installée « une jolie petite république soviétique au revers des Pyrénées [1] ». Mais cet anticommunisme ne suffit plus à constituer d'amples listes de pétitionnaires. Non que la cause franquiste n'ait pas été favorablement soutenue par une large partie de la cléricature de droite. Mais au sein de celle-ci également apparaissent des fissures, encore élargies par le trouble d'un certain nombre d'intellectuels catholiques. Les cas de François Mauriac et de Georges Bernanos sont bien connus. Le premier, de son propre aveu, formulé dans un article ultérieur de juin 1938, réagit d'abord en « homme de droite ». Mais, ajoute-t-il, « ce qui fixa notre attitude, ce fut la prétention des généraux espagnols de mener une guerre sainte, une croisade, d'être les soldats du Christ ». La conséquence en fut « cet épouvantable malheur que pour des millions d'Espagnols, christianisme et fascisme désormais se confondent et qu'ils ne pourront plus haïr l'un sans haïr l'autre [2] ». Quant à Georges Bernanos, qui vécut à Majorque d'octobre 1934 à mars 1937, il passa, on le sait, d'une position favorable à Franco à la condamnation d'une cause qu'il jugea bientôt dénaturée, condamnation entérinée par la publication des *Grands cimetières sous la lune* en 1938.

Cette évolution d'un certain nombre de catholiques classés à droite est confirmée par le fait que ce ne furent pas les seuls catholiques de gauche – même si ceux-ci y étaient très largement majori-

---

1. Cité par Michel Toda, *op. cit.*, p. 309.
2. François Mauriac, « À propos des massacres d'Espagne. Mise au point », *le Figaro*, jeudi 30 juin 1938, pp. 1 et 3.

taires – qui signèrent, après Guernica, un manifeste pour la défense du peuple basque :

POUR LE PEUPLE BASQUE

La guerre civile espagnole vient de prendre au Pays basque un caractère particulièrement atroce.

Hier, c'était le bombardement aérien de Durango.

Aujourd'hui, par le même procédé, c'est la destruction presque complète de Guernica, ville sans défense et sanctuaire des traditions basques.

Des centaines de non-combattants, de femmes et d'enfants ont péri à Durango, à Guernica et ailleurs.

Bilbao, où se trouvent de très nombreux réfugiés, est menacé de subir le même sort.

Quelque opinion que l'on ait sur la qualité des partis qui s'affrontent en Espagne, il est hors de conteste que le peuple basque est un peuple catholique, que le culte public n'a jamais été interrompu au Pays basque.

Dans ces conditions, c'est aux catholiques, sans distinction de parti, qu'il appartient d'élever la voix les premiers pour que soit épargné au monde le massacre impitoyable d'un peuple chrétien. Rien ne justifie, rien n'excuse des bombardements de villes ouvertes, comme celui de Guernica.

Nous adressons un appel angoissé à tous les hommes de cœur, dans tous les pays, pour que cesse immédiatement le massacre de non-combattants.

Ont signé :
François Mauriac, de l'Académie française ;
André Bellivier, Charles du Bos, Stanislas
Fumet, Francisque Gay, Georges Bidault,
Hélène Iswolski, Georges Hoog, Olivier
Lacombe, Maurice Lacroix, Jacques Madaule,
Gabriel Marcel, Jacques Maritain, Emmanuel
Mounier, Jean de Pange, Domenico Russo,
Boris de Schloezer, Pierre van der Meer de
Walcheren, Maurice Merleau-Ponty, Martin
Moré, Claude Bourdet, Claude Leblond, Paul
Vignaux, un groupe de 28 élèves de l'École
normale supérieure.

De l'étranger, ont adhéré :
Elie Beaussart, Luigi Sturzo, V.-M. Crawford
et le groupe anglais « People and Freedom ».

LES NOUVELLES SIGNATURES
SERONT RECUEILLIES PAR
M. Paul Vignaux,
14, rue Quatrefages, Paris (5e) [1].

---

1. *L'Aube*, 8 mai 1937, p. 1 (*cf.* aussi *la Croix* datée du même jour, p. 2).

CHAPITRE V

AU SEUIL DES ANNÉES NOIRES

Peu après l'Anschluss, le quotidien communiste *Ce soir* publia, le dimanche 20 mars 1938, en première page et à gauche du titre, le texte suivant :

> Devant la menace qui pèse sur notre pays et sur l'avenir de la culture française, les écrivains soussignés, regrettant que l'union des Français ne soit pas un fait accompli, décident de faire taire tout esprit de querelle et d'offrir à la nation l'exemple de leur fraternité.

Cet appel à l'union nationale était signé par treize écrivains : Aragon, Georges Bernanos, André Chamson, Colette, Lucien Descaves, Louis Gillet, Jean Guéhenno, André Malraux, Jacques Maritain, François Mauriac, Henry de Montherlant, Jules Romains et Jean Schlumberger. Le spectre politique, on le voit, avait été voulu large à dessein, et, même s'il convient de faire la part de ces intentions délibérément œcuméniques, son existence même montre bien que le clivage droite-gauche est en partie brouillé à cette date sur les problèmes de la guerre et de la paix [1].

Le courant pacifiste alluma immédiatement un contre-feu. *La Flèche* et les *Feuilles libres de la Quinzaine* publièrent un « Refus de penser en chœur », réponse explicite à l'appel des 13 :

> En présence de certain enrôlement anti-cipé, les écrivains soussignés estiment que leur devoir actuel envers la culture et envers la France est plus que jamais de rester eux-mêmes, de ne pas consentir à penser en chœur, et, pour commencer, de ne pas accré-diter à la légère la rumeur d'un danger exté-rieur imminent – rumeur qui peut bien servir une manœuvre de haute politique, mais qui, dans l'état présent de l'Europe, constitue un attentat au bon sens, à la dignité et à l'intérêt profond du pays.
>
> L'exemple qu'ils voudraient donner est au contraire celui d'une liberté obstinément lucide. L'exemple qu'ils refusent de suivre, c'est celui d'une fraternité dans l'acquiesce-ment et dans la propagande. D'une telle rési-gnation, les souvenirs de 1914 et l'expérience des États totalitaires suffisent à faire prévoir le développement mécanique [2].

1. *Le Temps* daté du même jour publie, du reste, l'appel sous le titre « Pour l'union nationale ». Sans enthousiasme (« on nous communique la note suivante »), il est vrai, et dans un entrefilet de page 3.

2. *La Flèche*, vendredi 25 mars 1938, p. 2, et *Feuilles libres de la Quinzaine*, 54, 25 mars 1938, p. 91.

Parmi les signataires figuraient notamment Alain, André Breton, Félicien Challaye, Georges Demartial, Jean Giono, Victor Margueritte et Marcel Martinet. Et le même numéro des *Feuilles libres de la Quinzaine* publiait un autre texte en bas duquel on retrouvait parfois les mêmes noms – Bénézé, Demartial, Martinet –, ainsi que des gens qui leur étaient proches : Jeanne et Michel Alexandre, Léon Émery, Madeleine Vernet et Simone Weil. Ce texte constituait un soutien explicite à la politique britannique d'*appeasement* au moment de la crise autrichienne :

> ... Nous, antifascistes de toutes nuances politiques, nous regrettons profondément que les gouvernements de Rassemblement populaire n'aient eu, quant à cette fonction primordiale de négocier avec l'adversaire fasciste, que des velléités. Nous regrettons profondément qu'ils aient laissé l'initiative réelle, dont dépend peut-être tout l'avenir humain, à un gouvernement conservateur, comme le gouvernement anglais d'aujourd'hui – et nous ne méconnaissons aucune des suspicions qu'on peut nourrir contre lui. Néanmoins, persuadés que le moment est venu de choisir entre paix et guerre, nous saluons avec sympathie l'entreprise de M. Neville Chamberlain.
>
> Par quel tragique malentendu les hommes d'État anglais qui tentent enfin cette politique neuve ont-ils actuellement contre eux une grande partie de « l'opinion » antifasciste ? Parce que ces hommes sont des tenants du capitalisme ? Comme si Jaurès n'avait pas

reconnu qu'à bien des moments les intérêts capitalistes et la cause de la paix peuvent se trouver provisoirement liés !

Il faut le dire, si déplaisant que cela paraisse : la politique de M. Chamberlain – pour autant qu'elle s'efforcera d'aboutir à un arrêt de la mortelle course aux armements – est actuellement la seule qui, par une négociation effective, tente enfin une pacification de l'Europe.

Nous réclamons du gouvernement français qu'il se joigne résolument à cette action, et qu'une fois réalisée ainsi une première détente internationale, il oriente la négociation, conformément à la volonté populaire, vers un juste règlement d'ensemble des conflits européens et coloniaux, condition et point de départ d'un désarmement progressif et contrôlé.

MUNICH

On était loin, en fait, d'une « première détente internationale », et le danger, au contraire, allait se faire pressant dès l'automne, avec la crise tchèque. Curieusement, si cette crise entraîna dans la presse des prises de position contradictoires, les pétitions spécifiques d'intellectuels furent rares. À tel point, du reste, qu'il y a là une manière de hiatus dans l'histoire des clercs. Le plus souvent, on l'a vu, la houle intérieure ou extérieure avait entraîné des vagues de pétitions de leur part. En septembre-octobre 1938, au con-

traire, il n'y en eut guère qu'une écume. Il faut
d'ailleurs se reporter à de petites revues pour y
localiser ce type d'initiative. Encore le terme de
pétition est-il, *stricto sensu*, impropre la plupart
du temps. Citons, tout de même, à l'initiative
d'un « Comité national du Centre syndical
d'action contre la guerre », le texte « Arrière les
canons [1] ! » :

Arrière les canons !

Une fois de plus, nous sommes au bord de la
guerre.

*Certes, il n'y a nulle raison de s'affoler. La
paix peut être préservée.* Mais il faut que les travailleurs l'exigent.

*Toute la presse – et même, hélas ! la presse
ouvrière – s'emploie à nous persuader que, dans
la crise présente, les démocraties ont fait et font
encore l'impossible, que Hitler prendrait donc
sur lui l'entière responsabilité de la catastrophe
et que s'il continuait sa pression sur la Tchécoslovaquie, il n'y aurait plus qu'à accepter l'union
sacrée et la guerre générale pour sauver les libertés du monde.*

Nous nous dressons contre ce mensonge et
cette folie.

La guerre ne sauverait pas la Tchécoslovaquie puisque le peuple tchécoslovaque serait
le premier à être broyé – elle ne sauverait pas
nos libertés qui disparaîtraient le jour même

---

1. Publié notamment dans *la Révolution prolétarienne*,
14e année, no 278, 10 septembre 1938, p. 9, et *Feuilles libres de la
Quinzaine*, 63, 19 septembre 1938, p. 230. Sur le Centre syndical
d'action contre la guerre, *cf. infra*, p. 195.

où serait signé le décret de mobilisation, elle n'abattrait pas le fascisme que la misère, la violence et la frénésie nationaliste étendraient à toute l'Europe.

Mais elle sortirait d'abord, comme toujours, d'une vaste tromperie. On nous dit que des millions d'hommes doivent mourir s'il le faut pour défendre l'indépendance des Tchèques, tandis que des millions d'Allemands croiront alors mourir pour libérer leurs frères de race. Toutes ces victimes auront été également abusées. S'il ne s'agissait que des droits respectifs des Tchèques et des Allemands des Sudètes, le problème serait résolu depuis longtemps. La vérité est que pour les gouvernements français et russe au moins l'État tchécoslovaque est une position stratégique et économique à conserver et à utiliser le cas échéant contre l'Allemagne ; *pour Hitler, elle est une menace à détruire et une barrière à faire sauter. La seule question très grave est celle de la place de la Tchécoslovaquie dans les systèmes d'alliances constitués en Europe.*

La classe ouvrière n'a pas à prendre parti dans ces intrigues diplomatiques, semblables à celles qu'elle a toujours dénoncées comme criminelles. Moins que jamais, elle peut considérer comme sa guerre celle qui résulterait de telles pratiques.

Est-il vrai d'ailleurs que l'unique coupable serait Hitler ? Nous condamnons de la manière la plus véhémente les horreurs du régime nazi et les brutalités périlleuses d'un impérialisme funeste exalté par lui. Mais nous n'en saurions

conclure que nos gouvernements sont inno-
cents, ni qu'ils font ce qu'une sincère volonté de
paix devrait leur suggérer. Nous avons dit sans
cesse qu'il n'y aurait pas de sécurité réelle tant
que les traités de violence et d'iniquité de 1919
n'auraient pas été révisés, tant qu'un règlement
généreux et complet des difficultés nées de la
dernière guerre n'aurait pas été proposé et tenté.
Aujourd'hui encore la question tchécoslovaque,
la question espagnole ne peuvent être réglées
que si on les rattache au problème général d'un
statut européen équitable et acceptable pour
tous. Nous accusons ceux qui disent parler au
nom des démocraties de n'avoir jamais su
offrir la paix qu'en paroles et d'avoir voilé de
formules pompeuses leur égoïsme conserva-
teur et nationaliste. *Nous disons qu'en restant
ou en retombant toujours dans les vieilles
ornières, ils nous ont conduits au bord du
gouffre. Nous affirmons que si le pire arrivait,
ils seraient eux aussi comptables du sang et des
ruines, et qu'aucune solidarité ne saurait nous
unir à eux. Nous pensons enfin que c'est à tous
ceux qui veulent vivre de leur imposer les
gestes de salut, de leur interdire la décision
fatale.*

Car il n'est pas trop tard. *Alors même que
l'Allemagne multiplierait ses exigences, il est
faux de dire que tout serait perdu.* En 1914, la
guerre eût pu être évitée *si l'on avait négocié
avec moins de folle hâte, avec plus de courageuse sagesse. Sous prétexte de protéger la Ser-
bie, qui ne fut réellement attaquée que le
12 août, les nations se jetèrent dans l'abîme dès*

la fin de juillet. *Quelques jours de sang-froid, et le sort du monde était peut-être changé ! Il reste bien des moyens de discuter, bien des transactions à envisager, dont surtout la* neutralisation politique de la Tchécoslovaquie, *qui serait sa meilleure garantie et qui presque sûrement enlèverait au conflit toute acuité. Pour que nos gouvernants fassent montre d'une inlassable volonté d'entente, il faut que le chemin de la guerre leur soit fermé par notre refus. À nous de le signifier de toutes nos forces.* Le prolétariat français n'acceptera pas de se sacrifier – *et d'ailleurs en vain* – pour les intérêts de l'industrie lourde et les calculs des chancelleries, *ni parce que ses chefs ajouteraient à leurs fautes anciennes celle de le pousser dans une guerre qu'ils n'auraient pas su conjurer.*

Travailleurs des villes et des campagnes, exprimez énergiquement votre volonté de ne plus servir de chair à canon pour les batailles internationales du profit capitaliste et le prestige des impérialismes quels qu'ils soient.

Le Comité national du Centre syndical d'action contre la guerre.

Autre initiative dans une revue, celle des *Nouveaux Cahiers*, qui, le 15 septembre, devant l'aggravation de la crise, envoient à leurs lecteurs leurs « conclusions communes », articulées autour de deux principes généraux : « 1° éviter les gestes d'intimidation et de prestige qui, dans l'histoire, ont toujours compromis l'issue des négociations et causé des guerres ; 2° élargir le débat tchécoslovaque, devenu un élément d'une rivalité de forces, et s'efforcer de substituer à cette rivalité un statut pacifique européen, équitable et acceptable par tous [1]. » Et dans le numéro suivant, d'octobre, la revue signale avoir reçu « l'accord » de nombreuses personnalités, parmi lesquelles Alain, Michel Alexandre, Pierre Bost, Jacques Copeau, Pierre Dominique, Léon Émery, Jean Giono, Jules Isaac, Gabriel Marcel, Jacques Maritain, François Mauriac, Gustave Monod, Jean Schlumberger, Boris Souvarine, Simone Weil, et aussi Jacques Barnaud, Paul Baudoin, André Detœuf et Jean Jardin ainsi que Joseph Caillaux et André Philip. Cette liste peut-elle être assimilée à une pétition ? Les objections possibles sont, en fait, réversibles. Certes, il s'agit plutôt de l'énumération de la centaine de « lettres ou messages » ayant adressé une « approbation ardente et l'encouragement le plus pressant à mener une action dans le sens que nous avions défini ». Mais l'argument peut s'inverser : cette solidarité à un texte-manifeste procède incontestablement de la même démarche que l'apposition d'une signature en bas d'une pétition et peut donc être analysée comme telle. D'autant qu'une deuxième objection possible est également réfutable : assurément, il ne s'agit pas du soutien des seuls intellectuels, mais, d'une part, « hommes de lettres, journalistes » et « enseignement » représentent déjà 46 des 127 noms cités, et, d'autre part, les autres catégories signalées ont une morphologie qui ne nous éloigne guère de la

1. Principes résumés dans le numéro suivant des *Nouveaux Cahiers* (2ᵉ année, 32, 1ᵉʳ-15 octobre 1938, p. 16).

mouvance intellectuelle : « fonctionnaires et ingénieurs » – le rapprochement au sein de la même rubrique est en soi une indication –, « industrie, commerce » – en fait, quelques inspecteurs des finances et consorts –, « médecins » et trois « parlementaires ». Au reste, les *Nouveaux Cahiers* sont précisément une revue où se mêlent clercs de stricte définition et ce qui ne s'appelle pas encore une « technostructure », à forte teneur intellectuelle.

Somme toute, cette gerbe de signatures, proche d'une pétition, est d'autant plus précieuse qu'elle fut réunie quand l'orage grondait. La lettre des *Nouveaux Cahiers* fut, en effet, adressée aux lecteurs le 15 septembre. Les réponses de soutien étant publiées dans un numéro daté du 1er-15 octobre et dont plusieurs indices montrent qu'il est bouclé au tout début de ce mois d'octobre, ces lettres de ton et de teneur pacifistes ont été envoyées à la revue au plus profond de la crise et peuvent être considérées comme révélatrices de réactions à chaud. Elles sont, de ce fait, très significatives.

D'autant que « la politique de force », « condamnée » par le texte des *Nouveaux Cahiers*, n'a trouvé, indiquent les rédacteurs de la revue, que « quelques défenseurs ». Ainsi Pierre Laroque, qui affirme : « La preuve est faite que l'on obtient tout par l'intimidation et que l'on ne saurait mettre un frein à des revendications sans cesse croissantes que par une affirmation de force, qu'en répondant à l'intimidation par l'intimidation... Il faut être fort. Pour éviter la guerre, il faut ne pas avoir peur de la faire. La France aura la guerre, parce qu'elle

en a peur, et elle l'aura après s'être déshonorée. »
Compte tenu du profil de la revue, lue notamment
par de jeunes hauts fonctionnaires, l'auteur de ces
lignes est probablement le futur fondateur de la
Sécurité sociale, né en 1907 et à l'époque auditeur
au Conseil d'État.

Par-delà ces textes issus de petites revues,
l'essentiel reste pourtant une relative atonie pétitionnaire des clercs français. Les causes en sont
multiples. On ne peut toutefois guère évoquer le
désarroi des consciences et la division des esprits,
car c'est précisément dans de telles situations que
l'engagement sous la bannière d'une pétition res-
soude et rassure, en créant des connivences et en
proclamant des certitudes collectivement assumées. Il est probable, en revanche, que le « brouillage » droite-gauche, déjà apparu avant la crise
tchèque mais qui s'amplifia au début de l'automne
1938 à l'occasion de cette crise, en ébranlant certaines structures de sociabilité, ait grippé les
mécanismes classiques de mobilisation des intellectuels. Le microcosme d'*Esprit*, par exemple, se
scinde à l'occasion des accords de Munich. La
livraison du 1er novembre 1938 de cette revue
publie une lettre, signée par Maurice Patronnier
de Gandillac et par trois autres collaborateurs,
approuvant ces accords. Dans le numéro précédent, Emmanuel Mounier avait pris, au contraire, des positions antimunichoises et parlait de
« déshonneur [1] ».

---

1. Globalement, il apparaît toutefois que, au sein de la revue,
« la majorité avait été antimunichoise » (Michel Winock, *Histoire
politique de la revue « Esprit », 1930-1950*, Le Seuil, 1975, p. 179).

Ce grippage de certains rouages de la société intellectuelle n'est pourtant pas la cause principale de l'atonie constatée. Il faut en effet invoquer deux autres facteurs. D'une part, une pétition, le plus souvent, est de dénonciation plus que d'approbation d'une décision de l'autorité politique. Or nous avons déjà constaté la prégnance en milieu intellectuel du sentiment pacifiste, qui se retrouvait donc en phase avec l'attitude du gouvernement Daladier. Une réaction contre Munich s'organisera, nous le verrons, mais il lui faudra plusieurs semaines pour donner de la voix. À l'image d'un Léon Blum au sein de la SFIO, nombre d'intellectuels, partagés entre le « soulagement » et la prescience que celui-ci était « lâche » puisque fait de recul, seraient probablement restés sur leur quant-à-soi devant une pétition condamnant Munich.

D'autre part – et là réside probablement la raison essentielle de la non-spécificité des clercs au moment de la crise tchèque –, en raison même de l'ampleur du pacifisme, il y eut bien une pétition, mais qui dépassa la mouvance des intellectuels. Certes, ceux-ci la signèrent en nombre, mais ils n'en furent ni les initiateurs ni le principal groupe signataire.

Cette pétition est bien connue. À l'initiative d'André Delmas, secrétaire général du Syndicat national des instituteurs, et d'Henri Giroux, secrétaire général du Syndicat national des agents des PTT, elle est diffusée à partir du 26 septembre 1938 :

Nous ne voulons pas la guerre

En ces heures graves, certains d'exprimer le sentiment de l'immense majorité de la population française, nous proclamons notre volonté de règlement pacifique de la crise internationale actuelle.

Alors qu'un accord était considéré comme possible il y a quelques jours seulement et que la question de principe était tranchée, comment pourrait-on admettre que, pour des questions de procédure, d'amour-propre ou de prestige, des hommes d'État mettent brusquement fin à une négociation poursuivie depuis des semaines et plongent l'Europe entière dans la plus épouvantable des guerres ?

Nous demandons au gouvernement français de persévérer dans la voie des négociations sans se laisser décourager par les difficultés renaissantes.

Nous lui demandons de traduire dans ces négociations l'ardente volonté de paix du peuple de France qui a laissé tant de victimes sur les champs de bataille de l'Europe.

Nous demandons que le message de raison du président Roosevelt soit entendu : « Il faut que la paix soit faite avant la guerre plutôt qu'après la guerre. La force n'apporte aucune solution pour l'avenir, ni pour le bien de l'humanité [1]. »

---

1. *L'Œuvre*, mardi 27 septembre 1938, p. 2. À noter également un texte surréaliste daté du 27 septembre 1938 et intitulé « Ni de votre guerre ni de votre paix » (*cf. Tracts surréalistes et déclarations collectives, op. cit.*, p. 340).

Le 28 septembre, une délégation conduite par Delmas et Giroux déposa la pétition à la présidence du Conseil, paraphée, signale *l'Œuvre* du lendemain, par « environ 10 000 signatures ». Et ce nombre s'étoffa rapidement jusqu'à atteindre 150 000 signatures [1]. De ce point de vue, ce texte n'est pas sans rappeler certaines pétitions du Mouvement de la paix après 1948, où des intellectuels pouvaient être parmi les initiateurs mais se retrouvaient noyés dans la masse des listes de signataires. Parmi les trois premières listes publiées par *l'Œuvre* les 27, 28 et 29 septembre, ces clercs occupent, en effet, une place honorable mais non massive. On relève notamment les noms d'Alain, Georges Albertini, Michel Alexandre, Félicien Challaye, Édouard Dolléans, Léon Émery, René Gérin, Jean Giono, Jean Guéhenno, Georges Lefranc, Lucien Lévy-Bruhl, Marcel Mauss, Gustave Monod et Ludovic Zoretti. On retrouve fort logiquement nombre de membres du CVIA parmi ces intellectuels signataires de la pétition [2]. Ces membres s'étaient en effet agrégés, entre autres, à

1. D'après André Delmas, *À gauche de la barricade*, Éditions de l'Hexagone, 1950, p. 150, et *Mémoires d'un instituteur syndicaliste*, Éditions Albatros, 1979, p. 352. C'est André Delmas qui avait rédigé la pétition (*ibid.*, pp. 139 et 350).
2. Au cœur de la crise, le CVIA « adjure les hommes qui tiennent entre leurs mains le sort du pays de se souvenir qu'un délai de quelques jours, peut-être de quelques heures, aurait pu, en juillet 1914, épargner au monde la catastrophe ». « Sans préjuger de l'avenir, il leur demande, avant de prendre aucune mesure qui, comme la mobilisation générale, ont toujours été irréparables, d'épuiser tous les procédés par lesquels le conflit peut encore être résolu sans acculer l'Europe au suicide.... » (communiqué publié notamment par les *Feuilles libres de la Quinzaine*, 63, 19 septembre 1938, p. 227).

ceux du Centre syndical d'action contre la guerre (CSACG), fondé après l'Anschluss, au sein d'un Centre de liaison contre la guerre constitué au cœur de la crise de Munich [1].

Quelques intellectuels avaient parallèlement choisi, dans l'urgence, l'arme du télégramme. À la fin de la première décade du mois de septembre, Romain Rolland, Paul Langevin et Francis Jourdain envoient à Chamberlain et à Daladier un télégramme publié en première page de *l'Humanité* du 11 septembre :

> Sommes convaincus nous faire l'interprète tous défenseurs de la paix dangereusement menacée en demandant aux gouvernements français et anglais obtenir immédiatement accord puissances démocratiques pour empêcher par union étroite et mesures énergiques attentat perpétré par Hitler contre indépendance et intégrité Tchécoslovaquie et par conséquent contre paix européenne.

C'est Alain [2], « furieux [3] » et, semble-t-il, choqué par la prise de position de Romain Rolland – elle lui apparaissait comme une volte-face par rapport

---

1. Sur ces intellectuels français en 1938-1939, *cf.* notamment David Bidussa, « Gli intellettuali e la pace », *in Vichy 1940-1944*, sous la direction de Denis Peschanski, Paris, Éditions du CNRS-Milan, Feltrinelli, 1986, pp. 69-92.

2. *Cf.* le témoignage du cosignataire Jean Giono dans « Précisions », *Feuilles libres de la Quinzaine*, 67, 15 novembre 1938, p. 290.

3. *Cf.* André Sernin, *Alain. Un sage dans la cité*, Laffont, 1985, p. 390.

à 1914 [1] –, qui rédigea un autre télégramme adressé aux mêmes destinataires – ainsi qu'au ministre des Affaires étrangères – par lui-même, Giono et Victor Margueritte :

> Contrairement affirmation télégramme Langevin – Romain Rolland sommes assurés immense majorité peuple français, consciente monstruosité guerre européenne, compte sur union étroite gouvernements anglais et français, non pour entrer dans cercle infernal mécanismes militaires, mais pour résister tout entraînement et pour sauver la paix par tout arrangement équitable, puis par une grande initiative en vue nouveau statut européen aboutissant à neutralité Tchécoslovaquie [2].

UN REFLUX PACIFISTE ?

On aurait tort toutefois, aussi bien pour l'opinion publique que pour les intellectuels, de s'en tenir à une analyse univoque de l'attitude et des sentiments des Français au moment des accords

1. Après Munich, Romain Rolland écrira : « Les concessions dépassent dans l'accord des quatre à Munich ce que les démocraties avaient le devoir de ne pas sacrifier » ; et le 5 octobre, dans une lettre, il parle de « Sedan diplomatique » (Marcelle Kempf, *Romain Rolland et l'Allemagne*, Nouvelles Éditions Debresse, 1962, pp. 267-268). Étonnante convergence avec un Henri de Kérillis, qui dans *l'Époque*, journal qu'il dirige avec André Pironneau et dont Raymond Cartier est le rédacteur en chef, avait utilisé, pour son éditorial du 30 septembre 1938, cette expression : « Sedan diplomatique » – expression, semble-t-il, utilisée à la même date par les journaux allemands : « Un Sedan qui décide non pas d'une province française, mais du sort de l'Europe. »
2. *L'Œuvre*, lundi 12 septembre 1938, p. 2.

de Munich. Certes, Munich reste le symbole et le reflet d'un pacifisme profondément ancré et devenu, de ce fait, presque structurel à cette date. Et la confluence, au milieu de la décennie, du courant pacifiste de gauche – sans les communistes, à cette date et depuis plusieurs années partisans de la « fermeté » face à Hitler – et d'un néo-pacifisme de droite – dont la pétition sur l'Éthiopie en 1935 était déjà, nous l'avons vu, un signe annonciateur – avait renforcé cet ancrage. Cela étant, et sans qu'il y ait contradiction entre les deux observations, des recherches récentes et concordantes tendent à prouver que la montée en puissance de ce pacifisme était peut-être déjà en train de se tasser. Bien plus, il semble qu'après octobre 1938 on assiste à « un redressement moral de l'opinion française » qui débouche sur « un pacifisme marginalisé et surmonté [1] ».

L'ampleur de ce reflux appelle probablement débat, mais sa réalité apparaît indéniable. Au reste, les sondages réalisés par l'IFOP au moment de Munich sont révélateurs : 57 % des personnes interrogées « approuvent » les accords de Munich, mais 37 % adoptent une analyse inverse. Bien plus, 70 % des sondés estiment que la France et l'Angleterre ne doivent plus céder une nouvelle fois aux exigences hitlériennes [2].

1. Maurice Vaïsse, « Le pacifisme français dans les années trente », *Relations internationales*, 53, printemps 1988, pp. 37-52.
2. Charles-Robert Ageron, « L'opinion publique française pendant les crises internationales de septembre 1938 à juillet 1939 », *Cahiers de l'Institut d'histoire de la presse et de l'opinion*, 3, Tours, 1974-1975, pp. 203-223 ; Christel Peyrefitte, « Les premiers sondages d'opinion », *in Édouard Daladier, chef de gouvernement*, sous la direction de René Rémond et Janine Bourdin, PFNSP, 1977.

Dans le milieu intellectuel également, il y eut une évolution qui allait dans le même sens. Deux épisodes, dans lesquels des pétitions jouèrent un rôle, doivent être évoqués. Le premier est bien connu. Il nous projette chronologiquement en avant, un an après Munich : il s'agit du tract « Paix immédiate » diffusé au mois de septembre 1939, dix jours après la déclaration de guerre [1] :

Paix immédiate !

Malgré tout l'effort des pacifistes sincères, le sang coule. Déjà presque toute l'Europe est dans la guerre. Le monde entier va sombrer dans le sang des hommes.

Tous le savent, tous le sentent.

La tristesse infinie des mobilisés eux-mêmes et la douleur pathétique de leurs proches en sont la preuve.

Pas de fleurs aux fusils, pas de chants héroïques, pas de bravos au départ des militaires. Et l'on nous assure qu'il en est ainsi chez tous les belligérants. La guerre est donc condamnée, dès le premier jour, par la plupart des participants de l'avant et de l'arrière.

Alors, faisons vite la paix.

N'attendons pas qu'elle nous soit offerte par les fauteurs de guerre.

Le prix de la paix ne sera jamais aussi rui-

1. Reproduit, par exemple, dans Louis Lecoin, *le Cours d'une vie*, édité par l'auteur, 1965, p. 170.

neux que le prix de la guerre. Car on ne construit rien avec la mort ; on peut tout espérer avec la vie.

Que les armées, laissant la parole à la raison, déposent donc les armes !

Que le cœur humain trouve son compte dans une fin très rapide de la guerre.

Réclamons la paix ! Exigeons la paix !

Alain, Victor Margueritte, Marcel Déat, Germaine Decaris, Félicien Challaye, Vigne, Georges Dumoulin, Georges Pioch, Lucien Jacques, Thyde Monnier, Giroux, Lecoin, Charlotte Bonnin, Yvonne et Roger Hagnauer, Vives, Marie Lenglois, Robert Tourly, René Gerin, Maurice Wullens, Henry Poulaille, Marceau Pivert, Zoretti, Georges Yvetot, Jeanne et Michel Alexandre, Robert Louzon, Hélène Laguerre, Émery, Henri Jeanson, Jean Giono.

La notoriété rétrospective de ce texte ne doit pas conduire à en exagérer l'audience et la portée sur le moment. Au reste, son auteur, l'anarchiste Louis Lecoin, éprouva, semble-t-il, quelques difficultés à réunir des signatures suffisamment nombreuses et significatives, et cette collecte se fit de surcroît dans des conditions mal éclaircies. Il semble bien, en fait, que nombre de signataires aient été mis devant le fait accompli. Marcel Déat, par exemple, écrira plus tard, dans des Mémoires rédigés après la guerre, qu'il avait approuvé le contenu d'un texte qu'on lui avait fait lire, sans s'engager davantage. Or, quelques jours plus tard, quand ce texte parut sous forme de tract, sa signa-

ture y était apposée [1]. D'autres signataires furent
engagés par des proches, sans être consultés :
ainsi, c'est Hélène Laguerre qui signa pour Giono,
quand Lecoin vint au camp du Contadour, dans
les Basses-Alpes, que l'écrivain venait de quitter.
D'autres, enfin, furent apparemment mobilisés
d'office. Ce fut, semble-t-il, le cas de Michel et
Jeanne Alexandre. Du propre aveu de Louis
Lecoin, dans *De prison en prison*, publié en 1947,
le couple se retrouva signataire sans avoir été
pressenti. Quant à Alain, il donna son accord à
l'auteur du tract, venu le voir au Pouldu, après
lecture d'un texte qui n'était peut-être pas le texte
définitif [2]. Celui-ci fut tiré à 100 000 exemplaires
et diffusé dans 15 000 enveloppes [3]. Louis Lecoin
fut arrêté le 29 septembre, et une instruction judiciaire fut engagée. Sur les trente et un signataires,
seuls neuf, dont Félicien Challaye, Henry Poulaille et, bien sûr, Louis Lecoin, restèrent finalement inculpés [4].

Dans l'exégèse de « Paix immédiate », il convient d'éviter les erreurs de perspective. D'une
part, par-delà les polémiques avec Louis Lecoin
que firent naître les poursuites qui menacèrent les

1. Marcel Déat, *le Massacre des possibles*, dact., volume III,
p. 191. L'affaire, selon Déat, « avait été manigancée par l'entourage
de Daladier ». Les Mémoires de Marcel Déat ont été écrits dans sa
retraite italienne, après 1945. La première partie, *le Massacre des
possibles*, comprend trois volumes dactylographiés déposés à la
Bibliothèque nationale au département des manuscrits. Ces
Mémoires ont été édités en 1989 (*Mémoires politiques*, introduction et notes de Laurent Theis, Denoël).

2. André Sernin, *op. cit.*, pp. 404 *sqq.*

3. Louis Lecoin, *De prison en prison*, Antony, édité par l'auteur,
1947, pp. 199 *sqq.*

4. *Cf.* Guy Rossi-Landi, *la Drôle de guerre*, Armand Colin, 1971,
pp. 117-118.

signataires du tract, la plupart de ces derniers ne firent apparemment pas preuve d'un grand enthousiasme au moment de signer. D'autre part, ces signatures frappent par leur caractère étique. Enfin, même s'il faut tenir compte – nous y reviendrons – des conditions particulières, puisque la France est en guerre, force est de constater que ces signataires ne représentaient qu'eux-mêmes. Certes, deux groupes apparaissent en filigrane : des syndicalistes et des intellectuels. Mais, même dans ces secteurs, ne subsistaient à cette date que des proches du pacifisme. On remarquera notamment, parmi les intellectuels, le noyau alinien – le philosophe Alain et le couple Alexandre –, deux figures de proue du combat pacifiste de l'entre-deux-guerres, Félicien Challaye et René Gérin, et deux écrivains connus pour leur participation à ce même combat, Victor Margueritte et Jean Giono, ceux précisément qui avaient, avec Alain, adressé un télégramme à Édouard Daladier l'année précédente, au plus fort de la crise de Munich.

Ce pacifisme militant, répétons-le, ne paraît subsister qu'à l'état de poches en cette fin d'été 1939. Certes, il y eut à la même époque d'autres textes pacifistes. Ainsi, André Delmas, soutenu par Paul Faure et après être allé consulter Henri de Man à Bruxelles, rédigea le dimanche 27 août un manifeste adressé aux « travailleurs d'Europe [1] ». Mais de tels textes ne doivent pas abuser. Tout d'abord, on ne peut parler d'effet de groupe, ces

---

1. André Delmas, *À gauche de la barricade, op. cit.*, p. 205, et *Mémoires d'un instituteur syndicaliste, op. cit.*, p. 391.

quelques textes étant issus à chaque fois de milieux très proches : ces milieux, se superposant largement, ne représentent en définitive qu'une surface limitée. Ensuite, nous l'avons dit, l'opinion publique a évolué depuis Munich, et, « en septembre 1939, le pacifisme n'est plus représenté que par d'infimes minorités [1] ». Certaines pétitions pacifistes des années 1930, et même encore à l'époque de Munich, étaient au diapason d'une communauté civique qui penchait en partie dans le même sens. Un an plus tard, ce pacifisme – non pas entendu comme l'aspiration à la paix, qui reste forte, mais comme la priorité donnée à la paix dans l'appréciation des crises qui se succèdent – est devenu un pacifisme résiduel, sans assise large. La politique favorable à la fermeté semble désormais largement l'emporter, et notamment depuis le non-respect par Hitler des accords de Munich en mars 1939, au moment du démantèlement de la Tchécoslovaquie.

Existe-t-il, du reste, symbole plus spectaculaire de cette retombée du pacifisme que la lettre adressée le 3 septembre 1939 par Romain Rolland à Édouard Daladier l'assurant de « son entier dévouement à la cause des démocraties, de la France et du monde aujourd'hui en danger [2] » ? Il en coûta probablement beaucoup à l'auteur d'*Au-dessus de la mêlée* et à l'homme qui, on l'a vu, en 1927, considérait la loi Paul-Boncour « sur l'organisation générale de la nation pour le temps de guerre » comme une « loi de la tyrannie » à

1. Maurice Vaïsse, art. cit., p. 50.
2. Marcelle Kempf, *op. cit.*, p. 273.

laquelle il prêtait serment, « par avance, de n'obéir jamais [1] » !

INTELLECTUELS ANTIMUNICHOIS

Si la décrue pacifiste semble incontestable entre Munich et l'été 1939, une autre pétition publiée pendant ce même été permet, par l'étude de sa genèse, de remonter en amont et de retrouver, durant l'hiver qui précéda, les mécanismes du tarissement, tout au moins pour le milieu intellectuel.

L'Œuvre du mercredi 30 août 1939 et *le Temps* daté du jeudi 31 août 1939 publient, respectivement en première page et en page 3, le texte suivant [2] :

Les intellectuels français, qui ont tous ardemment réclamé contre la menace hitlé-

[1]. Déjà l'année précédente, au moment de la crise tchèque, Romain Rolland s'était rallié apparemment au principe de la fermeté face à Hitler : tel était en tout cas, nous l'avons vu, le sens de son télégramme adressé à Chamberlain et à Daladier. Mais – et il s'agit probablement là du reflet d'un trouble profond – le même homme avait signé à la fin du mois de septembre 1938 l'appel « Nous ne voulons pas la guerre » suscité par Henri Giroux et André Delmas. Ce dernier confirme le fait dans ses deux livres de souvenirs *(op. cit.)*, et *l'Œuvre* du 1er octobre 1938 avait pu titrer sur cette signature de Romain Rolland. D'où ce commentaire acerbe de Jean Giono quelques semaines plus tard : Romain Rolland « au minimum ment une fois » (« Précisions », *loc. cit.*, p. 291).

[2]. Sous les titres respectifs de « Un appel de l'union des intellectuels français » et de « Manifeste des intellectuels français ». Ce texte a aussi été publié dans *la Lumière* du 1er septembre 1939, p. 3, avec l'indication d'une date – 29 août 1939 – et avec une signature supplémentaire, celle de Jean Perrin.

rienne la constitution du Front de la Paix et
le pacte d'entente franco-anglo-soviétique,
réprouvant toute duplicité dans les relations
internationales, expriment leur stupéfaction
devant la volte-face qui a rapproché les dirigeants de l'URSS des dirigeants nazis, à
l'heure même où ceux-ci menacent, en même
temps que la Pologne, l'indépendance de tous
les peuples libres ;

Ils restent fidèles à l'idée que le seul moyen
de sauver cette indépendance est d'unir tous
les peuples qui, quel que soit leur régime intérieur, sont résolus à faire front contre l'agression et à fonder la paix sur le Droit ;

Ils invitent tous les républicains français à
s'unir pour la défense résolue de la France et
de la liberté du monde ;

Sûrs du patriotisme profond des masses
ouvrières, ils demandent à ceux que la volte-
face soviétique a le plus profondément déçus
et meurtris de placer au-dessus de tout
l'amour du Pays, de la Liberté et de la Grande
Paix des Peuples qui est la paix dans la justice ;

Ils envoient leur salut fraternel à tous ceux
qui dans le monde sont prêts à lutter contre
l'esprit de violence pour la défense de l'idéal
humain, et ils remercient le président Roosevelt de s'être fait, une fois de plus, à une heure
grave, l'interprète éloquent de la conscience
du monde.

Ils expriment l'ardent espoir qu'au dernier
moment la raison prévaudra et la paix sera
sauvée.

POUR L'UNION
DES INTELLECTUELS FRANÇAIS :

Mme Irène Joliot-Curie, Paul Langevin, Victor Basch, Aimé Cotton, Frédéric Joliot, Henri Laugier, Albert Bayet, Georges Fournier, Étienne Bougouin.

Qu'était cette Union des intellectuels français ? Il faut, pour en retracer la genèse, revenir en arrière, durant l'hiver 1938-1939. L'attitude des intellectuels munichois avait entraîné, en réaction, fin 1938, la création d'une Union des intellectuels français pour la justice, la liberté et la paix. L'un de ses tracts expliquait que l'UDIF « se propose de grouper tous les intellectuels qui sont résolus à défendre l'indépendance de la France et nos libertés ». Il est possible que la proximité du Parti communiste de quelques-uns des membres de cette Union, à une date où ce parti a adopté une position résolument antimunichoise, ait joué un rôle, et que, notamment, se soient retrouvés dans cette Union les anciens de la partie communiste ou communisante du CVIA. De surcroît, certains des membres de l'UDIF ont peut-être joué, consciemment ou à leur insu, le rôle de « sous-marins » du Parti communiste [1]. La plupart venaient pourtant d'autres horizons. Avec, du reste, une palette très large dans les teintes de la gauche et un spectre étendu des générations, depuis Lucien Febvre, né en 1878, professeur au Collège de France depuis

1. Pour reprendre l'expression générique utilisée par Renaud de Jouvenel, *Confidences d'un ancien sous-marin du PCF*, Julliard, 1980.

1933, jusqu'au jeune agrégé de philosophie Jacques Soustelle, né en 1912, sous-directeur au musée de l'Homme, à l'époque venu de l'extrême gauche. Le cas Lucien Febvre est, du reste, significatif. Beaucoup plus que l'autre fondateur de l'école des Annales, Marc Bloch, il semble avoir été imprégné par le pacifisme de l'entre-deux-guerres. Déjà, dans sa leçon d'ouverture du cours d'histoire moderne de l'université de Strasbourg, le 4 décembre 1919, il évoquait avec émotion l' « effroyable catastrophe », la « tragédie sans précédent dans l'histoire », la « guerre abominable [1] » qui venait d'avoir lieu. Cette prégnance pacifiste, restée longtemps vivace, ne l'empêcha pas, quand le ciel devint plus sombre, de venir rejoindre les partisans de la fermeté, et, après sa création, de s'agréger à l'Union des intellectuels français et d'y côtoyer des antifascistes aussi différents que Victor Basch, Albert Bayet et Paul Langevin.

Cette Union a donc quelque consistance et dépasse la seule mouvance et la seule analyse du PCF. Jacques Soustelle, qui en fut l'un des secrétaires généraux, définira en mai 1939 la lutte contre le « munichisme » comme une réaction de tous ceux qui ont voulu s'opposer « à la vague de lâcheté et de sottise qui a déferlé sur la France ». Simple réflexe de caste de quelques clercs éclairés ? « Rien de pareil ne nous inspirait, précisera Jacques Soustelle. Intellectuels de profession, nous cherchions instinctivement à regrouper

---

1. Lucien Febvre, « L'histoire dans les ruines », *Revue de synthèse historique*, t. XXX, 1, n° 88, février 1920.

autour de nous, dans les milieux que nous fréquentions journellement, tous ceux qui demeuraient attachés à la justice internationale, à la liberté intérieure et extérieure du pays, à une paix autre que celle des camps de concentration [1]. » Ces déclarations de Jacques Soustelle avaient été faites au mensuel *les Volontaires*, sous un titre significatif « L'Union des intellectuels français salue *les Volontaires* ». Significatif car ce mensuel s'était placé au même créneau. Il avait en effet été créé en décembre 1938 par Philippe Lamour, Léon Pierre-Quint et Renaud de Jouvenel pour lutter contre l'esprit de Munich [2]. Georges Friedmann et Jacques Soustelle, notamment, y écriront.

La réaction contre le « munichisme » à partir de la fin 1938 dépassait donc assurément la mouvance des seuls intellectuels communistes, même si ceux-ci se comportèrent incontestablement comme des voltigeurs de pointe dans ce combat en faveur de la fermeté. La pétition de la fin août 1939 administre d'ailleurs, d'une certaine façon, la preuve par l'absurde de cette dimension dépassant le seul Parti communiste : le fait que celui-ci, tiraillé entre ses positions antérieures et les nouvelles orientations soviétiques, abandonne le front de la fermeté n'empêche pas une organisation qu'il avait – pour le moins – soutenue d'appeler à « la défense résolue de la France », après la « stupéfac-

1. *Les Volontaires*, 6, mai 1939 (cité, tout comme le tract de l'UDIF, par Nicole Racine, « Bataille autour d'*intellectuel(s)* dans les manifestes et contre-manifestes de 1918 à 1939 », *op. cit.*).
2. Renaud de Jouvenel, *op. cit.*, p. 25 ; Philippe Lamour, *le Cadran solaire*, Laffont, 1980, p. 170 (Philippe Lamour inclut Jacques Soustelle parmi les fondateurs).

tion » causée par le pacte germano-soviétique [1]. Et nous avons vu aussi l'attitude de Romain Rolland.

À ce titre, du reste, ce texte de l'Union des intellectuels français éclaire aussi un autre aspect essentiel de l'histoire des clercs : le problème de leurs rapports avec le communisme. Là encore, il faut se défier des déformations rétrospectives et rappeler que le choc du pacte germano-soviétique en milieu intellectuel a été par la suite estompé par l' « effet Stalingrad ». Bien plus, cet « effet » a fait écran, et, sauf analyse en profondeur, masque aux chercheurs la strate 1939-1940. Or cette strate est fondamentale. Car si la participation de l'Union soviétique à la guerre contre le Reich et l'active résistance intérieure du Parti communiste français ont gommé chez nombre d'intellectuels le souvenir du pacte d'août 1939, et si, *a fortiori*, un tel souvenir n'a pu toucher une génération intellectuelle plus jeune, née entre 1920 et 1930 et qui s'éveille à la politique dans la Résistance ou durant les années d'après guerre, il restera ancré à jamais chez d'autres clercs et il est probablement à l'origine d'évolutions décisives. Le cas de Jacques Soustelle est, à cet égard, significatif. Au moment de la déclaration de guerre, celui-ci se trouve au Mexique. Nul doute, sinon, qu'il aurait signé le texte de l'Union des intellectuels français, dont il fut le secrétaire général. Quelques mois après cet été d'entrée en guerre, début janvier 1940, répondant à une lettre de Georges Friedmann, il lui écrit notamment, à propos de l'Union soviétique : « En

1. L'argument, il est vrai, est réversible. Car l'alignement sur les positions de Moscou et de la IIIe Internationale ne s'est pas encore fait à cette date.

ce qui me concerne, depuis des années déjà, je n'avais pas d'espoir dans ce régime même, mais je comptais encore sur lui et sur ses forces pour venir à notre aide dans la guerre qui approchait. Je me disais que l'oppression trop visible et tout ce que l'on sentait grouiller là-bas de laid et de répugnant seraient peut-être justifiés devant l'Histoire si, en fin de compte, c'étaient des moyens inévitables en vue d'une fin que nous puissions approuver... Dorénavant, quand un régime, quel que soit son drapeau, instituera la Tchéka ou la Gestapo, les camps de concentration, la suppression des opposants, la propagande toute-puissante pour broyer les cerveaux, l'écrasement de tout par l'État, le parti unique, le défilé tenant lieu de discussions et de réflexion, nous saurons que c'est le signe et qu'il faut dire : non... Alors, je préfère la " démocratie bourgeoise "... si seulement on pouvait lui insuffler un peu de dignité et d'énergie, un peu de sens humain [1]. »

Encore ne s'agit-il pas, dans le cas de Jacques Soustelle, d'un compagnon de route. Le jeune ethnologue avait d'abord évolué dans les milieux de l'extrême gauche, collaborant par exemple à *Spartacus* [2]. Mais parmi les signataires se trouve aussi Paul Langevin. Et si ce physicien de renom n'adhéra au Parti communiste qu'à la Libération, il est, pour sa part, et depuis des années, l'archétype du compagnon de route. Sa signature au bas d'un texte qui condamne sans ambiguïté « la volte-face soviétique » atteste l'ampleur du trouble

1. Extraits d'une lettre reproduite par Georges Friedmann dans son *Journal de guerre 1939-1940*, Gallimard, 1987, pp. 128-131.
2. *Cf. Spartacus*, 1, décembre 1934, p. 7.

entraîné par le pacte germano-soviétique chez nombre d'intellectuels communistes.

Certes, quelques-uns des signataires du texte du 29 août se retrouveront à nouveau dans les rangs ou sur les flancs d'un Parti communiste à leurs yeux purifié par le tribut du sang payé dans les rangs de la Résistance et par les sacrifices du peuple soviétique. Mais cette réactivation ultérieure ne doit pas dissimuler l'essentiel : le compagnonnage de route des années 1930, qui puisait le plus souvent à la source de l'antifascisme, a été profondément ébranlé par le pacte germano-soviétique. Le cas Nizan n'est donc pas isolé. Si les registres – compagnonnage de route des uns, militantisme du dernier cité – ne sont pas les mêmes, on voit que la mouvance intellectuelle communiste et communisante a été profondément touchée par le pacte. Mais la fracture, il est vrai, sera réduite par les années de guerre.

*

Il faut, pour finir, revenir au pacifisme. Si les pétitions pacifistes de l'été 1939 ne sont guère représentatives d'un fort courant dont elles constitueraient la partie émergée, cette dernière observation ne doit pas conduire pour autant à minimiser le pacifisme français des années précédentes et, plus largement, de l'entre-deux-guerres. Certes, les textes pacifistes de 1939 sont atypiques, mais ceux des deux décennies qui précèdent étaient au diapason d'une France saignée à blanc entre 1914 et 1918. Cette hémorragie, présente dans le paysage par ses innombrables monuments aux morts et dans la pyramide des âges par les échancrures des « classes creuses », a sans aucun doute marqué les consciences et conditionné les comportements. Le pays, instinctivement, par un réflexe venu du tréfonds de ses structures démographiques, refusait, en fait, un nouveau carnage.

D'où ces questions : certes, il y eut incontestablement sursaut en 1939, et, de ce fait, la tendance lourde – le *trend* pacifiste – s'est infléchie ; s'est-elle pour autant réellement inversée ? Et, dans les mois qui suivirent, la « drôle de guerre » n'a-t-elle pas procédé de la même inclination collective ? Il est vrai que la majorité du pays s'est ressaisie dans un sens favorable à la défense nationale, mais la suite n'a-t-elle pas montré que plus que ressaisissement, il y eut alors résignation ? Autant de questions délicates, et qui sont, à juste titre, actuellement débattues par les historiens. Le mot résignation, à cet égard, mérite plus ample examen, car il permet de replacer ces questions dans une perspective comparative, par rapport à l'entrée en guerre en 1914. Sur ce précédent, on dispose en effet de la précieuse mise au point que constitue la thèse de Jean-Jacques Becker [1]. Ce dernier a reconstitué, notamment, une chronologie fine des premières journées d'août 1914 : il n'y eut pas enthousiasme mais seulement *résignation* au moment de l'ordre de mobilisation ; mais cette *résignation* se doubla d'une *résolution* au moment du départ des mobilisés.

En 1939 également, y eut-il résolution ? Auquel

1. *1914 : Comment les Français sont entrés dans la guerre*, PFNSP, 1977.

cas le mot ressaisissement aurait sa raison d'être. Le point, assurément, ne peut être tranché ici. En septembre 1939, le préfet de Lyon observait « quelque chose d'intermédiaire entre la résolution et la résignation [1] ». Cette observation médiane correspond probablement à l'état d'esprit du plus grand nombre, sans pour autant nous renseigner sur le degré de résolution. Et c'est sur cet aspect que des recherches, comme celles de Pierre Laborie [2] sur l'opinion publique à la fin des années 1930 et durant la Seconde Guerre mondiale, devraient permettre de progresser. Car là est précisément le débat, pour lequel les pétitions sont, pour une fois, sans secours. Hypothèse haute : « À la différence d'août 1914, l'entrée en guerre de septembre 1939 trouva des Français amers et résignés, néanmoins résolus à " en finir " [3]. » Hypothèse basse : le pays accepte la déclaration de guerre, mais cela n'implique pas pour autant, à ses yeux, l'ouverture de véritables hostilités. Le pacifisme de l'entre-deux-guerres n'a probablement pas disparu, en profondeur, avec le relatif consensus sur la politique de fermeté. Et la « drôle de guerre », dans cette perspective, correspondrait à une aspiration collective : la fermeté, oui, mais sans la guerre, la véritable, celle que des affrontements d'envergure à la frontière franco-allemande rendraient irréversible. Quelle que soit l'hypothèse

1. Cité par Jean-Pierre Azéma, « 1939-1940. L'année terrible », III, *le Monde*, 20 juillet 1989, p. 2.
2. *Cf.* Pierre Laborie, *Résistants, Vichyssois et autres*, Éditions du CNRS, 1980, et, pour une mise en perspective chronologique plus large de ces phénomènes d'opinion, du même auteur, *l'Opinion publique et les représentations de la crise d'identité nationale 1936-1944*, 2 vol. dact., 330 p., Toulouse, 1988, à paraître.
3. Philippe Burrin, *la Dérive fasciste*, Le Seuil, 1986, p. 313.

retenue, la guerre qui éclate en septembre 1939 est une guerre subie plus que souhaitée. Et le fait pèsera lourd non seulement en ces mois de « drôle de guerre », à l'heure où le destin hésite, mais également au cours des années qui suivront, y compris chez nombre d'intellectuels.

CHAPITRE VI

UN LUSTRE
DE SILENCE PÉTITIONNAIRE

Les années de la Seconde Guerre mondiale, et notamment le lustre qui sépare l'été de 1939 de celui de 1944, constituent une période atypique dans l'histoire des pétitions. Dès 1939, les conditions mêmes d'expression de l'intellectuel, et notamment de l'expression collective, sont modifiées. Et elles sont bouleversées à partir de juin 1940 : la censure de l'occupant et celle du gouvernement de Vichy exercent un contrôle préalable. Les opposants sont donc contraints à l'anonymat ou réduits au pseudonyme, alors qu'en temps ordinaire c'est précisément son nom – en d'autres termes, sa notoriété ou sa qualité d' « expert » – que le clerc pétitionnaire met au service de la cause qu'il défend. Ajoutons que le support même des manifestes est, en raison des restrictions de papier, réduit à l'ombre de lui-même : en 1942, par exemple, les éditeurs ont pu disposer de 500 tonnes mensuelles de papier, soit 15 % de ce qu'ils avaient en 1938 [1]. À la confluence de toutes ces contraintes, on peut

---

1. *Cf.* Denis Peschanski, « Une politique de la censure ? » dans « Politiques et pratiques culturelles dans la France de Vichy », sous la direction de Jean-Pierre Rioux, *Cahiers de l'IHTP*, 8, juin 1988.

donc parler d'une spécificité historique de la situation faite alors aux intellectuels.

L'INTELLECTUEL AUX ARMÉES

Avant même l'occupation allemande de la zone Nord et l'instauration du régime de Vichy, l'ouverture des hostilités au début du mois de septembre 1939 avait commencé à modifier leurs possibilités d'expression. La France, désormais en guerre, mobilise aussi ses forces intellectuelles, ou, pour le moins, entend les canaliser. Nous avons déjà mentionné le cas du commissariat à l'Information, créé quelques semaines avant la déclaration de guerre et dirigé par Jean Giraudoux. Et, dans le contexte de guerre déclarée, la censure veille déjà. L'hebdomadaire *Je suis partout* – qui proclame bien haut son « but de guerre » : la « paix française » – en fera l'expérience à ses dépens. L'avant-veille de la déclaration de guerre, sa une pouvait encore proclamer : « À bas la guerre ! Vive la France ! » En revanche, huit mois plus tard, en mai 1940, Georges Mandel, ministre de l'Intérieur, ordonne des perquisitions au siège du journal et au domicile de ses rédacteurs. Deux de ces derniers – Charles Lesca et Alain Laubreaux – sont arrêtés début juin, emprisonnés à la Santé et déférés à la justice militaire : une information a été lancée contre eux, en application notamment des articles 75 et 87 du Code pénal sur les atteintes à la sûreté intérieure et extérieure de l'État [1]. La presse

1. *Cf.* Pierre-Marie Dioudonnat, *Je suis partout 1930-1944*, La Table ronde, 1973, p. 325.

étant ainsi contrôlée, il ne restait aux déclarations collectives d'intellectuels en faveur de la paix qu'un autre canal : le tract. C'est la démarche adoptée, on l'a vu, par Louis Lecoin pour « Paix immédiate ».

De toute façon, beaucoup de ces intellectuels sont, à partir de septembre 1939 et durant toute la « drôle de guerre », mobilisés et dispersés dans les unités du dispositif militaire français. Les exemples abondent. Ainsi cette brève « chronique » intitulée « L'intellectuel aux armées » et publiée dans le numéro d'*Esprit* de février 1940 par le « sergent Lacroix ». Ce texte du philosophe Jean Lacroix nous éclaire sur les dispositions d'esprit d'un homme presque quadragénaire – il est né en 1900 – qui a quitté sa chaire de la khâgne de Lyon pour « la vie militaire ». Les « livres lui manquent », et « une certaine méfiance se manifeste à son égard ». Mais, en même temps, « l'intellectuel a pour la première fois l'impression de se dépouiller de tout ce qu'il y a de factice en lui ». Le bilan reste pourtant mitigé en raison de la « rumination mentale », du « sentiment de son inutilité », et, surtout, parce que « les éléments d'information lui manquent [1] ».

Autre philosophe aux armées : Georges Friedmann. Comme le souligne Edgar Morin dans sa préface au *Journal de guerre* de ce dernier, au moment de la « drôle de guerre » il est minuit dans le siècle et midi dans la vie du philosophe : trente-sept ans derrière, trente-sept ans à venir. Par-delà ce rôle de bissectrice, l'hiver 1939-1940 est surtout

1. *Esprit-le Voltigeur*, 89, février 1940, pp. 291-294.

pour cet intellectuel l'occasion de remettre à l'heure les pendules de son engagement politique. Compagnon de route du Parti communiste de 1930 à 1936, il met à profit ces longs mois de mobilisation passés dans un hôpital de campagne pour méditer sur ce qui le « tourmente : l'attitude de l'URSS ». Son *Journal* constitue, de ce fait, un matériau précieux sur « l'état d'esprit d'un intellectuel qui se détache de l'Union soviétique », et le document brut – « livre écrit avant tout pour moi. Mais sincérité totale » – d'un douloureux retour sur soi. Avec, chevillée au corps, cette certitude : « Il faut abattre l'hitlérisme [1]. »

De la même façon, d'autres intellectuels ont ainsi mis à profit, si l'on peut dire, cette rupture de la vie quotidienne. Sur des registres, il est vrai, variables. Il y aurait, du reste, une typologie à ébaucher de l'intellectuel déraciné, soit par la mobilisation – et la semi-servitude la vie de garnison –, soit par la captivité [2] : l'éventail irait de ces carnets d'égotisme que nombre d'intellectuels bloqués sur la ligne Maginot rédigèrent alors – ainsi les *Carnets de la drôle de guerre* de Jean-Paul Sartre – jusqu'à des livres de comptes intellectuels et moraux que tinrent d'autres clercs : même rédigés un peu après la drôle de guerre, les fortes méditations de Marc Bloch dans l'*Étrange Défaite* participent de ce genre.

1. Georges Friedmann, *op. cit.*, pp. 31, 41, 102 et 253.
2. *Le Journal et les lettres de prison* du résistant Boris Vildé en fournissent un exemple poignant, car la mort était au bout du chemin (Boris Vildé, *op. cit.*, présentation de François Bédarida et Dominique Veillon, notes de François Bédarida, *Cahiers de l'IHTP*, 7, février 1988).

À tout prendre, il y aurait aussi une pathologie de l'intellectuel mobilisé ou captif à étudier. Les *Mémoires imparfaites (sic)* de Pierre Naville livrent ainsi des extraits d'un carnet de captivité qui, outre... le manque de tabac, évoquent le besoin et le souci d'une hygiène intellectuelle : « peu de minutes pour lire, pour écrire », « difficulté de trouver le temps pour écrire [1] ». Ces bribes volées au temps suspendu des garnisons, des prisons et des camps de prisonniers, propice aux bilans et aux remises en cause, ont laissé à l'historien des textes de valeur et de teneur inégales mais souvent précieux. Elles témoignent notamment du fait que ni leurs dispositions d'esprit ni leurs conditions de vie n'étaient alors favorables à des prises de position collectives, à supposer même que le contexte politique ait autorisé de telles prises de position.

« DANS LES TÉNÈBRES DE L'ERGASTULE »

En juin 1940, la chape de l'Occupation tombait sur la France, pour quatre longues années. Les conditions d'expression des intellectuels, on l'a vu, allaient s'en trouver profondément bouleversées. Ce qui ne signifie pas que ces intellectuels aient alors cessé d'intéresser ou, inversement, d'inquiéter. Tout au contraire, les camps en présence s'emploient à mobiliser les clercs supposés amis

---

1. Pierre Naville, *Mémoires imparfaites. Le temps des guerres*, Paris, La Découverte, 1987, pp. 47 et 124.

ou à neutraliser ceux considérés comme suspects. Au sein de la France libre, par exemple, René Cassin lance sur les ondes de la BBC un « appel aux intellectuels français » (7 juin 1941). À ces clercs qui étouffent « dans les ténèbres de l'ergastule », le professeur de droit passé à Londres adresse un message clair : « Vous incarnez une liberté indestructible, celle du jugement ; vous avez l'esprit qui démasque les mensonges les plus perfides, tempère les espoirs prématurés et fortifie les certitudes raisonnées [1]. »

La presse collaborationniste se montra à plusieurs reprises irritée par les exhortations londoniennes – puis algéroises – aux clercs. Significatif est, par exemple, cet article dans le numéro de *Je suis partout* du 10 mars 1944, dénonçant en première page « l'Académie de la dissidence » : « Le mercenaire de Gaulle – écrivait Lucien Rebatet –, dans un laïus récent et claironnant, s'est vanté d'avoir avec lui la quasi-totalité de " l'intelligence française "... Il serait facile, sans doute, de répondre à de Gaulle par un document analogue, et qui aurait, lui aussi, son poids. » Et de citer Drieu La Rochelle, Céline, Henry de Montherlant (qui, « s'il ne milite pas, n'a point caché son opinion depuis l'été quarante »), Henri Béraud, Abel Bonnard, Alphonse de Châteaubriant, Jacques Chardonne, qui « ont pris parti ». Rebatet ajoutait : « L'admirable et délicieux Marcel Aymé, le charmant Pierre Mac Orlan, Jean Anouilh, La Varende, André Thérive, Marcel Jouhandeau, s'ils

---

1. Le texte complet de cet appel est reproduit dans l'ouvrage de René Cassin, *les Hommes partis de rien*, Plon, 1975, pp. 485-486.

" ne font pas de politique ", ne répugnent pourtant point à publier leurs œuvres dans des journaux où on en fait beaucoup, et de la plus énergiquement antigaulliste ». Et d'attaquer inversement, entre autres, André Maurois, André Malraux, Louis Aragon, Jules Romains et Paul Claudel.

L'occupant, il est vrai, n'avait pas attendu de telles exhortations pour s'activer à réduire au silence des clercs suspects ou honnis. Dès l'automne 1940 avait circulé une première « liste Otto » : les autorités allemandes – d'où le nom de la liste, dérivé de celui de l'ambassadeur allemand Otto Abetz – et les éditeurs français diffusèrent une liste des « ouvrages retirés de la vente par les éditeurs ou interdits par les autorités allemandes » ; il s'agissait, était-il précisé, de livres « qui, par leur esprit mensonger et tendancieux, ont systématiquement empoisonné l'opinion publique française ; sont visées en particulier les publications de réfugiés politiques ou d'écrivains juifs qui, trahissant l'hospitalité que la France leur avait accordée, ont sans scrupules poussé à la guerre, dont ils espéraient tirer profit pour leurs buts égoïstes ». Les tablettes de cette forme d'ostracisme s'allongeront au fil des années. Cette autocensure, acceptée par l'immense majorité des éditeurs, introduisait, on le voit, des listes d'intellectuels d'un autre type que celles paraphant les manifestes et pétitions : les listes de bannis, pour tout ou partie de leur œuvre. Des ouvrages de Léon Blum et de Julien Benda, d'André Malraux et de Louis Aragon, de Paul Nizan et d'André Gide, se retrouvèrent ainsi sur ces listes, pour s'en tenir ici à des auteurs français. Et aussi Jacques Maritain, Saint-Exupéry,

Joseph Kessel et Henri Bosco. Les listes étant, du reste, bien plus longues.

Sur ce versant, on l'aura compris, le silence pétitionnaire était non seulement dans la logique des choses, mais, de surcroît, en sortir aurait été, pour les intéressés, impensable. Le constat est donc amer, mais sans surprise pour l'historien : pour ce qui concerne l'histoire des pétitions, c'est vers l'autre versant que ce dernier doit reporter son attention. En posant notamment cette question : les intellectuels bien en cour auprès de l'occupant et ayant, de ce fait, le droit à l'expression publique eurent-ils recours aux pétitions et manifestes ?

Un texte, au moins, doit être ici mentionné. Le 9 mars 1942, *le Petit Parisien* publie un « Manifeste des intellectuels français contre les crimes britanniques [1] » :

> Le sauvage attentat britannique de la nuit du 3 au 4 mars a révolté la conscience du monde civilisé.
>
> Les avions anglais ont lancé, dans beaucoup de cas, leurs torpilles sur des quartiers populaires, éloignés de tout objectif militaire.
>
> Des bombes sont tombées dans des localités où jamais un établissement n'a travaillé pour l'industrie de guerre.
>
> L'ennemi n'a rien respecté.
>
> Il a pris pour cible des habitations ouvrières, des villas, une école maternelle, un

1. *Le Petit Parisien*, lundi 9 mars 1942, p. 3 ; *cf.* aussi *l'Émancipation nationale* du 14 mars 1942, pp. 6-7.

hôpital et la manufacture de Sèvres, tuant des malades, un grand nombre de femmes et d'enfants, alliant le crime de meurtre aux actes de vandalisme caractérisés.

Ainsi se trouve marquée la volonté systématique de l'Angleterre de frapper, par la terreur, un peuple désarmé, qui, dans l'honneur et le travail, s'applique à refaire la France.

Notre peuple, uni autour du Maréchal, prenant enfin conscience de ses erreurs, commence à se mettre au travail afin de rendre à notre patrie la place qu'elle a perdue pour s'être laissé entraîner dans une guerre folle, voulue par l'Angleterre.

C'est le moment choisi par cette même Angleterre pour nous atteindre lâchement, férocement, comme elle le fit à Mers el-Kébir, à Dakar, en Syrie.

Après un tel forfait, on a peine à imaginer que Sa Majesté le roi d'Angleterre ait cru devoir présenter ses compliments de condoléances aux familles de ceux qui sont morts sous les torpilles britanniques.

Cet humour macabre ajoute encore à l'horreur d'un acte qui n'a pas de nom.

L'ennemi, qui n'a pas osé bombarder Berlin depuis le mois d'octobre 1941, a eu l'audace d'affirmer qu'il reviendrait accomplir son horrible besogne.

Par un procédé véritablement sadique, l'Angleterre qui n'a point bombardé le Reich quand elle était notre alliée ; l'Angleterre qui n'a point bombardé l'armée allemande quand il était utile pour nous qu'elle le fît, veut

aujourd'hui détruire la France qu'elle a aban-
donnée en pleine bataille.

En réalité, se sentant perdu, le gouvernement criminel qui mène la Grande-Bretagne à
la débâcle ne veut pas que la France puisse se
relever.

En terrorisant nos populations, en essayant
de paralyser nos centres économiques, elle
veut briser toute renaissance française, elle
veut susciter, dans notre pays, sur l'ordre de
son allié Staline, des troubles, une anarchie
économique et morale, et, si cela est possible,
une révolution sanglante.

Voilà son plan.

Notre devoir était de le dénoncer.

Au-dessus de toutes nos petites querelles
politiques, il nous faut comprendre aujour-
d'hui le danger qui nous menace si un grand
nombre de Français s'obstinent à penser que
l'Angleterre peut et veut secourir la France.

L'Angleterre n'a qu'un intérêt, un seul : c'est
que la France n'existe pratiquement plus.

Si la France et l'Allemagne s'entendent,
L'ANGLETERRE EST PERDUE. Elle le sait.

Si la France et l'Allemagne s'entendent, LA
FRANCE EST SAUVÉE. Comprenez-le.

FRANÇAIS !

Nous vous demandons solennellement de
penser moins à vous-mêmes, à votre orgueil,
qu'à ceux qui viendront après vous, qu'à vos
enfants qui devront souffrir de vos erreurs.

Il s'agit maintenant d'une mobilisation
générale des volontés françaises contre un
immense danger commun. La force de l'évé-

nement prouve que l'Angleterre veut entraîner la France dans la ruine, comme elle l'a entraînée dans la guerre.

Comprenez donc qu'entre une usine, une ville, un pays occupé, mais qui renaissent, et une usine, une ville, un pays rasé, mais qui meurent, il y a une différence.

Les soussignés, savants, écrivains, professeurs, journalistes, se sont réunis pour flétrir le nouveau crime des assassins du lord-maire de Cork, des tortionnaires de Gandhi, des responsables de l'arrestation des Canadiens français à Québec et Montréal, coupables de s'insurger contre les crimes anglais.

La Grande-Bretagne, qui a toujours affiché le plus profond mépris pour les populations coloniales qu'elle avait conquises, demeure fidèle à sa conception que les Nègres commencent à Calais. Le pays des millionnaires et des chômeurs ne craint pas de distribuer, à coups de bombes, les chômeurs et les cadavres. Le pays qui a tenté de voler à notre grand Branly son invention géniale, qui, vraiment, n'a jamais rien appris ni rien oublié, s'est permis une impertinence criminelle.

Si vous voulez comprendre l'esprit anglais, lisez les Anglais, *Jude l'obscur* de Thomas Hardy, Bernard Shaw, Butler, Wilde, et tous ceux qui ont, au péril de leur vie, ayant leurs livres brûlés, condamnés à la déportation, défendu la vérité. Ce sont les Anglais qui répondront pour les Anglais.

Parmi les signataires, on relevait notamment les noms d'Abel Bonnard, Ramon Fernandez, Jean Ajalbert, Henri Béraud, Georges Blond, Robert Brasillach, Horace de Carbuccia, Louis-Ferdinand Céline, Paul Chack, Alphonse de Châteaubriant, Maurice Donnay, Drieu La Rochelle, Philippe Henriot, Abel Hermant, Claude Jeantet, Alain Laubreaux, Charles Lesca, Jean Luchaire, le professeur Montandon, Maurice-Ivan Sicard, Georges Suarez et Jean de La Varende.

Ce texte est publié quelques jours après le bombardement des usines Renault à Boulogne-Billancourt, dans la nuit du 3 au 4 mars. La presse collaborationniste avait réagi rapidement et vivement : ainsi le journal *l'Œuvre* titrait-il le 5 mars : « On fait la guerre qu'on peut ! L'aviation anglaise massacre les civils de la banlieue parisienne ». Et le gouvernement de Vichy avait ordonné une journée de deuil national. Le 7 mars, une cérémonie avait eu lieu place de la Concorde. Mais plus que son contexte, ce qui frappe avant tout dans cette pétition, c'est sa facture, très classique. Notamment, les signataires, comme en d'autres époques, entendent agir en tant qu'« intellectuels ». De façon explicite, c'est leur collaboration même qu'ils justifient par l'image qu'ils se font de leur mission de clerc.

LES FANTÔMES DE SIGMARINGEN

On retrouve, du reste, cette même auto-représentation dans un texte rédigé à Sigmaringen au mois de novembre 1944 [1] et intitulé « Manifeste des intellectuels français en Allemagne ». Ces intellectuels – notamment Paul Rives, Lucien Rebatet, Henry Jamet et Marcel Déat – avaient tenu, juste après la Toussaint 1944, trois journées de « réunions d'études » au terme desquelles ils avaient décidé la création d'un « Comité de défense de l'esprit français », puis adopté le texte suivant, proposé par ce comité et publié dans *la France* [2] :

> Les intellectuels français réunis au siège de la Commission gouvernementale représentant le pouvoir français légal, après plusieurs journées d'études consacrées à l'examen de la situation présente de leur pays, ont décidé d'adresser à tous les Français l'appel suivant :

1. Entre-temps, le 5 juillet 1944, quelques jours après la mort de Philippe Henriot, une « déclaration commune sur la situation politique » avait été rédigée par des ultras du collaborationnisme et réclamait des « actes essentiels », notamment des « sanctions sévères allant jusqu'à la peine capitale à l'égard de tous ceux dont l'action encourage la guerre civile ou compromet la position européenne de la France ». Ce manifeste associait des politiques (Bichelonne, Bonnard, Brinon, Déat, Doriot, entre autres) et des intellectuels de la presse collaborationniste (notamment Alphonse de Châteaubriant, Drieu La Rochelle, Lucien Rebatet et Georges Suarez). On trouvera le texte complet de cette « déclaration », ainsi que la relation de sa genèse, dans les Mémoires de Victor Barthélemy, secrétaire général du PPF et qui fut l'un des signataires du texte (*Du communisme au fascisme*, Albin Michel, 1978, pp. 403-408).
2. *La France*, 11, mardi 7 novembre 1944, p. 1 (le journal n'indique pas la liste des signataires, en fait probablement peu nombreux, ni celle des participants aux réunions d'études; mais le compte rendu de ces réunions dans le même numéro de *la France* ne conduit pas à conclure à une assistance étoffée). Henry Rousso avait déjà publié ce manifeste en 1980 dans *Un château en Allemagne* (Ramsay, rééd. Complexe, Bruxelles, 1984).

1. Nous constatons avec douleur qu'à l'heure actuelle en France des milliers d'écrivains, de savants, de journalistes, de professeurs et instituteurs, d'artistes, d'étudiants, de membres de toutes les professions libérales sont poursuivis, emprisonnés, condamnés, exécutés pour leurs idées, que leurs biens sont saisis, leurs livres interdits et mis au pilon.

2. Nous constatons que ces mesures sont réclamées ou prises au nom de la liberté par des hommes qui au cours des quatre dernières années ont pu, librement à Paris et dans le reste de la France, jouir des droits qu'ils refusent aujourd'hui à d'autres.

3. Nous constatons que l'importance des listes de proscriptions et la qualité des noms qui y figurent démontrent à elles seules que la majorité de l'intelligence française dont nous saluons les martyrs est dans le camp de l'Europe nouvelle.

4. Nous constatons également que les auteurs de ces persécutions n'ont apporté avec eux aucune idée neuve, mais que, pour préparer l'avenir de la France, ils n'ont songé qu'au rappel d'hommes et à la restauration de systèmes dont la faillite a été définitivement démontrée et reconnue pour finalement aboutir au bolchevisme.

5. Ce sombre spectacle confirme notre foi dans la nécessité d'une Europe socialiste où la France puisse trouver enfin l'épanouissement d'une tradition qui eut, à travers l'histoire, sans cesse pour objet de conjuguer le respect de la personne et la puissance de l'État.

En affirmant notre volonté d'entreprendre dès maintenant, en union avec toutes les forces françaises qui travaillent et combattent en Allemagne, la construction d'une telle communauté européenne, nous avons la certitude d'être fidèles au patriotisme véritable, en Français placés résolument dans le camp des défenseurs de cette civilisation occidentale à laquelle notre pays apporta de si magnifiques contributions.

Nous adressons donc à tous les Français un appel solennel pour qu'ils gardent, malgré les souffrances de la Patrie, la conviction intacte que la gigantesque bataille livrée par l'Allemagne est l'enfantement d'un continent où l'harmonieux développement des génies nationaux assurera la justice et la paix.

Sigmaringen, 4 novembre 1944.

Sans même évoquer ici le martyrologe des clercs persécutés pour des raisons raciales ou politiques, observons que les rédacteurs de *la France* semblent oublier qu'il y eut pendant l'Occupation une « proscription » intellectuelle, dont rendent compte les listes évoquées plus haut. Surtout, le tourniquet de l'Histoire avait tourné depuis l'été 1944, et ces intellectuels, partis dans les fourgons de l'occupant, étaient déjà morts politiquement. Et ces spectres hantant un Elseneur du Bade-Wurtemberg et évoquant la « gigantesque bataille livrée par l'Allemagne » sont déconnectés de la réalité. En fait, pour les intellectuels de France, en ce dernier automne de guerre, l'après-guerre est déjà commencé.

CHAPITRE VII

L'APRÈS-GUERRE
DES INTELLECTUELS

L'empreinte de la guerre allait rester longtemps profonde au sein du milieu intellectuel, et son écho retentira dans de nombreux débats. Les pétitions et manifestes sont, là encore, tout à la fois une caisse de résonance répercutant cet écho et, de ce fait, une plaque sensible fixant cette empreinte.

L'ÉPURATION [1]

À la Libération, ce furent d'abord des listes d'une tout autre nature que les pétitions qui fleurirent. L'établissement de ces listes fut précédé, il est vrai, par un manifeste. En page 1 des *Lettres françaises* du 9 septembre 1944 – premier numéro « au grand jour de la liberté » –, un « Manifeste des écrivains français », paraphé par plus de soixante intellectuels, demandait « le juste châtiment des impos-

1. Sur l'épuration des intellectuels, on se reportera notamment à l'étude de Pierre Assouline, *l'Épuration des intellectuels*, Complexe, Bruxelles, 1985. Pour les milieux cinématographiques, par exemple, *cf.* les chapitres XI et XII de la thèse de Jean-Pierre Bertin-Maghit, *le Cinéma sous l'Occupation*, Orban, 1989.

teurs et des traîtres ». Parmi les signataires, on relevait notamment les noms d'Aragon, Benda, Camus, Cassou, Duhamel, Éluard, Guéhenno, Leiris, Malraux, Martin du Gard, Mauriac, Paulhan, Queneau, Sartre et Valéry :

Le Comité national des écrivains fut la seule organisation représentative et agissante des écrivains français qui, de toutes générations, de toutes écoles et de tous partis, sont venus à lui, résolus à oublier tout ce qui pouvait les diviser, et à s'unir devant le péril mortel qui menaçait leur patrie et la civilisation.

C'est grâce à lui que, dans les ténèbres de l'occupation, nous avons pu libérer nos consciences et proclamer cette liberté de l'esprit sans laquelle toute vérité est bafouée, toute création impossible.

Paris est délivré ! Les Alliés, parmi lesquels combattent au premier rang les F.F.I., s'avancent et triomphent, soutenus par l'élan de la nation tout entière.

Demeurons unis dans la victoire et la liberté comme nous le fûmes dans la douleur et l'oppression.

Demeurons unis pour la résurrection de la France et le juste châtiment des imposteurs et des traîtres.

Notre voix doit s'élever et notre mission s'affirmer dans le monde qui va naître. Dans la confrontation féconde des idées, jurons qu'elle retentira toujours, cette voix, aussi résolue et unanime que pendant l'épreuve.

Georges Duhamel, François Mauriac, Paul

Valéry, de l'Académie française ; Georges Adam, Alexandre Arnoux, Gabriel Audisio, Gaston Baissette, Pierre Bénard, Jean-Jacques Bernard, Jean Blanzat, René Blech, Pierre Bost, Janine Bouissounouse, R.P. Bruckberger, Albert Camus, Henry Charpentier, Jacques Debû-Bridel, Mme Desvignes, Colette Duval, Paul Éluard, André Frénaud, Roger Giron, René Groos, Jean Guéhenno, Hélène Gosset, Harlot, Georges Hugnet, Michel Leiris, Jean Lescure, Pierre de Lescure, Pierre Leyris, René Maran, Gabriel Marcel, Loys Masson, R.P. Medieu, Raymond Millet, Henri Mondor, Claude Morgan, Georges Oudard, Louis Parrot, Jean Paulhan, Raymond Queneau, Claude Roy, Jean-Paul Sartre, Lucien Scheler, Pierre Seghers, Andrée Sikorska, Jean Tardieu, Edith Thomas, Jean Vaudal, Vercors, Charles Vildrac, M. Boissais et le groupement de zone Sud qui comprend, entre autres, Louis Aragon, Julien Benda, Jean Cassou, Jean Prévost, Gabriel Chevallier, Henri Malherbe, André Malraux, Roger Martin du Gard, Léon Moussinac, André Rousseaux, Georges Sadoul, Andrée Viollis.

Le même journal publia une semaine plus tard une liste d'auteurs avec lesquels les membres du Comité national des écrivains (CNE) n'entendaient avoir aucun contact professionnel, fût-il indirect [1] :

1. *Les Lettres françaises*, 16 septembre 1944, p. 5, et *le Figaro*, 19 septembre 1944, p. 2.

Les membres du Comité national des écrivains se sont engagés, nous l'avons dit dans notre dernier numéro, à refuser toute collaboration aux journaux, revues, recueils, collections, etc., qui publieraient un texte signé par un écrivain dont l'attitude ou les écrits pendant l'occupation ont apporté une aide morale ou matérielle à l'oppresseur.

La commission désignée par le Comité national a établi la liste suivante des écrivains visés par cette mesure : Jean Ajalbert, Paul Allard, Robert Brasillach, Barjavel, Benoist-Méchin, Pierre Béarn, Abel Bonnard, Georges Blond, Pierre Benoit, Henry Bordeaux, René Benjamin, Henri Béraud, Jacques Boulenger, colonel Alerme, Georges Champeaux, Léon Emery, Guy Crouzet.

L.-F. Céline, A. de Châteaubriant, Jacques Chardonne, Camille Mauclair, Georges Claude, Lucien Combelle, André Castillot, Paul Chack, Félicien Challaye, André Chaumet, Henri Coston, Drieu La Rochelle, Jacques Dyssord, Pierre Dominique, Paul Demasy, André Demaison, Marcel Espiau, André Fraigneau, Paul Fort, Bernard Fay, Robert Francis, Alfred Fabre-Luce, Fayolle-Lefort, Jean Giono, Marcel Jouhandeau, Bernard Grasset, Sacha Guitry, René Gontier, Abel Hermant, Jean de La Hire, J. Jacoby, René Lasne, Jean Lasserre, Jacques de Lesdain, Jean Lousteau, Georges de La Fouchardière, Alain Laubreaux, Jean Luchaire, La Varende, J.-H. Lefebvre, Francis Delaisi, Marcel Belin, Émile Bocquillon.

Charles Maurras, Henry de Montherlant, Paul Morand, Georges Montandon, Xavier de Magallon, Morgin de Kéan, Jean-Pierre Maxence, Anne Montjoux, Pierre Mouton, Fernand Monsacré, Jean Marquès-Rivière, Jean Mariat, colonel Massol, Armand Petit-jean, Edmond Pilon, Georges Pelorson, Henri Poulain, Pierre Pascal, J.-M. Rochard, Lucien Rebatet, Jean-Michel Renaitour, Raymond Recouly, Jules Rivet, J. Renaldi, André Thérive, Louis Thomas, Maurice Vlaminck, Vanderpyl, Charles Vilain, Henri Valentino, Jean Xydias, René de Narbonne, A. de Puységur, Jean Thomasson.

Cette liste s'était singulièrement allongée en quelques jours. Le lundi 4 septembre, en effet, le Comité national des écrivains avait tenu une « séance plénière » durant laquelle une motion avait été rédigée, attirant « l'attention du gouvernement sur le péril qu'il y aurait à laisser impunie la complicité qui fut celle d'un certain nombre d'écrivains durant l'Occupation » [1] :

Le Comité national demande que des mesures soient prises contre :

1° Les membres du groupe « Collaboration » et les écrivains ayant appartenu à des partis politiques ou à des formations paramilitaires d'inspiration allemande ;

2° Les écrivains qui ont accepté de se rendre

---

1. « Aux quatre vents », *le Figaro*, 9 septembre 1944, p. 3; *cf.* aussi *les Lettres françaises*, 7 octobre 1944, p. 1.

aux divers congrès tenus en Allemagne depuis juin 1940 ;

3° Tous ceux qui ont reçu directement ou indirectement pour prix de leurs services de l'argent ennemi ;

4° Ceux qui ont aidé, encouragé et soutenu par leurs écrits, par leurs actes ou par leur influence la propagande et l'oppression hitlériennes.

Le Comité national des écrivains apportera son concours entier au gouvernement pour la mise en œuvre des mesures demandées.

La motion avait été votée à l'unanimité, mais, précisera *le Figaro* du 9 septembre, une voix s'était « élevée au sein des juges », invoquant pour l'écrivain « le droit à l'erreur » : Jean Paulhan enfonçait dès cette date un coin dans l'unanimité apparente du CNE. Une fois les principes de culpabilité établis, la même réunion plénière avait dressé une première liste de douze noms : ceux de Brasillach, Céline, A. de Châteaubriant, Chardonne, Drieu La Rochelle, Giono, Jouhandeau, Maurras, Montherlant, Morand, Petitjean et Thérive.

Entre cette première réunion et les suivantes, la liste, on le voit, s'était beaucoup étoffée. Et du terrain judiciaire – demande explicite de sanctions au « gouvernement » –, le CNE était passé au plan « professionnel », pratiquant une épuration interne à la profession. Au reste, en publiant à la fin d'octobre une nouvelle liste, « annulant » la précédente « après examen des cas douteux », le Comité établissait une distinction entre ce document, qui « ne tend qu'à préciser l'attitude personnelle des membres du CNE », et l'action de la justice appelée à faire « toute la lumière possible sur le degré de culpabilité des " collaborateurs " ». Car sur la liste « figurent des écrivains très diversement et, par suite, inégalement responsables du malheur de notre pays » :

Marc Augier, Jean Ajalbert, Charles Albert, Michel Alerme, Philippe Amignet, Pierre Andreu, Paul Allard, Jean d'Agraives.

Marcel Belin, R. Bellanger, Pierre Benoit, Robert Brasillach, Jacques Benoist-Méchin, Émile Bocquillon, Abel Bonnard, Robert de Beauplan, Georges Blond, René Benjamin, Gabriel Boissy, Lucien Bourguès, Marcel Braibant, Henri Béraud, Marcel Berger, Jean Boissel, Jacques Boulenger.

André Castelot, L.-F. Céline, Georges Champeaux, Paul Chack, docteur Alexis Carrel, Guy Crouzet, Éd. Caraguel, Félicien Challaye, Maurice Chapelan, Alphonse de Châteaubriant, Jacques Chardonne, André Chaumet, Georges Claude, Henri Coston, P.-A. Cousteau, Lucien Combelle, Pierre Costantini, Pierre Cousteau, Pierre Drieu La Rochelle, Édouard Dujardin, Jacques Dyssord, Fernand Divoire, Pierre Dominique, Francis Delaisi, Paul Demasy, Jean Drault, André Demaison, Pierre d'Espezel.

Léon Emery, Marcel Espiau.

Alfred Fabre-Luce, Bernard Fay, André Fraigneau, Camille Fégy, P. Fleurines, Fayolle-Lefort, Jean Fontenoy, Ernest Fornairon, Pierre Frondaie, Robert Francis.

Claude Grander, Jean Giono, Bernard Grasset, Sacha Guitry, Urbain Gohier, Guillin de Nogent, Georges Granjean, Hector Ghilini, José Germain, André Germain.

Jean Héritier, Abel Hermant, Jean de La Hire, Pierre Humbourg.

Edmond Jaloux, J. Jacoby, Claude Jamet, Claude Jeantet, Marcel Jouhandeau, René Jolivet.

H. Labroue, Georges de La Fouchardière, Noël B. de La Mort, abbé Lambert, Roger de Lafforest, René Lasne, Maurice Laporte, Jean-Charles Legrand, Louis Léon-Martin, Jean Lasserre, Alain Laubreaux, Jacques de Lesdain, Louis-Charles Lecoc, Paul Lombard, Paul Lesord, H.-R. Lenormand.

Xavier de Magallon, colonel Massol, J.-P. Maxence, Camille Mauclair, Jean Marquès-Rivière, Charles Maurras, Georges Montandon, Henry de Montherlant, Henri Massis, Morgin de Kéan, Maurice Martin du Gard, Anatole de Monzie, Pierre Mouton, Michel Moyne, Jean-Alexis Néret.

D'Ornano, Georges Oltramare.

Lucien Pemjean, Pierre Pascal, Georges Pelorson, Jean Peron, Armand Petitjean, Léon de Poncins, Henri Poulain, A. de Puységur.

Jean Regneville, Jacques Roujon, Lucien Rebatet, Raymond Recouly, Jean-Michel Renaitour, Jules Rivet, Étienne Rey, docteur Paul Rebierre, J.-M. Rochard, Joseph Rouault, Maurice Soucher, Alphonse Séché, Georges Suarez, Thierry Sandre, André Salmon, Édouard Schneider, Dominique Sordet.

André Thérive, Jean Turlais, Jean Troupeau-Housaie, Louis Thomas, Jean Thomassan.

Henri Valentino, Vanderpyl, Maurice de
Vlaminck, Robert Vallery-Radot, Jean
Vignaud, Jean Variot, René Vincent, Émile
Vuillermoz

Jean Xydias.

Ludovic Zoretti [1].

Il reste que l'inscription sur ces listes successives, dans le contexte de la Libération, équivalait
de facto à une interdiction de publication. Aucun
éditeur, aucun journal n'aurait alors osé mettre
indirectement en contact les clercs portés sur les
listes et les membres du CNE alors tout-puissant.
Sans solliciter les faits et sans déformer les mots,
les listes du CNE apparaissent bien, d'une certaine
façon, comme des pétitions. Elles sont, en effet,
une initiative collective – les membres du CNE – et,
de surcroît, s'adressent à des destinataires précis,
les éditeurs et les directeurs de périodiques. Bien
plus, elles constituent doublement des pétitions,
puisqu'elles fournissent d'autres listes, celles des
personnes incriminées. Elles constituent donc une
forme atypique de guerre des pétitions, le même

1. *Le Figaro*, 21 octobre 1944, p. 2 ; *les Lettres françaises*, 21 octobre 1944, pp. 1 et 5. Déjà un communiqué publié par *les Lettres
françaises* du 7 octobre établissait la distinction et rappelait que les
listes étaient celles « des écrivains dont l'attitude pendant
l'Occupation fut telle que les membres du CNE répugnent à avoir
avec eux aucun contact sur le plan professionnel ».
Entre la liste de septembre et celle d'octobre, quelques noms
avaient, on le voit, disparu : notamment ceux de Barjavel, Henry
Bordeaux, Paul Fort, La Varende et Paul Morand. Plus nombreux
étaient, il est vrai, les noms apparus entre-temps.

document indiquant les deux partis en présence. Exemple rare, donc, où les deux camps sont dessinés à l'initiative d'un seul des deux protagonistes. Ce sont les circonstances particulières de la Libération qui expliquent, bien sûr, cette spécificité. Là n'est pas, du reste, le seul intérêt de ces listes. Elles constituent aussi un révélateur du nouveau modelé du milieu intellectuel, en même temps qu'un facteur aggravant de la dissymétrie de ce modelé.

À la Libération, ce milieu des clercs français connaît, en effet, une secousse tectonique qui l'ébranle profondément et durablement : au *discrédit* de la droite politique qui caractérise cette période s'ajoute une *délégitimation* de la droite idéologique. Les mécanismes en sont complexes : amalgame de l'ensemble avec le collaborationnisme des « ultras » parisiens ou avec l'appui donné à la Révolution nationale par les clercs proches de Vichy ; plus largement, remise en cause du libéralisme économique et politique qui paraît avoir vacillé durant les années 1930 et qui semble n'avoir pu vaincre qu'avec l'aide décisive de l'Union soviétique. Le résultat, en tout cas, est patent : alors que la droite politique mettra quelques années à peine pour relever la tête (fondation du Centre national des indépendants en 1948, investiture du gouvernement Pinay en 1952), s'installe au-dessus de la droite idéologique une zone de dépression durable.

Durant les décennies qui vont suivre, la météorologie intellectuelle sera tributaire de cette zone. D'autant que l'amplification par amalgame qui dessert la droite intellectuelle joue en sens inverse pour la gauche. En cette période qui accuse les angles, certains intellectuels ou institutions de gauche vont s'installer en position dominante. La célérité avec laquelle Jean-Paul Sartre acquiert notoriété et influence est, à cet égard, significative. L'automne 1945 marque le moment où ce dernier va s'installer au premier plan et devenir le symbole de l'« existentialisme » et l'incarnation de l'engagement, dont il proclame le devoir dans une sorte d'annonce faite aux intellectuels, la « Présentation » du numéro 1 des *Temps modernes*.

Cette dernière observation montre bien que la dissymétrie est réelle : la droite intellectuelle est délégitimée et la gauche promue. Bien plus, ce ne sont pas seulement les idées qui sont ainsi taxées d'inanité ou, inversement, d'efficacité et de justesse, mais aussi les hommes, discrédités ou, au contraire, propulsés sur le devant de la scène. Et, dans cette perspective, on mesure en quoi l'épuration, révélatrice d'un nouveau rapport de forces, en aggrava encore le déséquilibre. Outre les idées, c'étaient des hommes qui se trouvaient momentanément ou définitivement hors jeu. D'autant qu'à l'épuration interne s'ajouta, dans certains cas, l'épuration proprement judiciaire.

Celle-ci fut l'occasion d'une pétition qui est restée célèbre dans la mémoire collective du milieu intellectuel français, car elle touche à un problème essentiel : la responsabilité du clerc. Cette pétition est celle qui demandait au général de Gaulle, chef du gouvernement provisoire, la grâce de Robert Brasillach, condamné à mort le 19 janvier 1945, pour intelligences avec l'ennemi. Claude Mauriac avait rédigé une première mouture de pétition. Il y introduisait notamment l'argument de l'indulgence à accorder à une « tête pensante, même si elle pense mal » :

Monsieur le Président,
Les intellectuels soussignés, appartenant tous à des titres divers à la Résistance française, unanimes pour condamner la politique néfaste de Robert Brasillach dès avant l'occupation, puis en présence même de l'ennemi, sont néanmoins d'accord pour considérer que la mise à exécution de la sentence qui vient de le frapper aurait, dans toute une partie de l'opinion publique, tant en France qu'à l'étranger, de graves répercussions.

Ils en jugent ainsi d'après leur propre réaction dont ils ont été les premiers à être étonnés mais que c'est leur devoir de vous faire connaître. C'est un fait qu'adversaires de Robert Brasillach et ne pouvant être taxés de connivence ou d'indulgence à son égard, ils se sont tous trouvés en quelque sorte solidaires de lui lorsqu'ils l'ont vu condamné à mort. C'est un fait que la pensée que cet arrêt pourrait être exécuté leur est intolérable.

Ce n'est point là complicité, ni même sentimentalité plus ou moins avouable ; ce n'est pas même refus de la justice, mais seulement désir d'une Justice d'au-delà la justice, acceptation d'un sentiment de solidarité essentielle, reconnaissance de la tragique complicité de tous les hommes doués de pensée et de cœur.

Il y a, en dehors de la politique et au-dessus

d'elle, un plan humain qui est celui auquel les meilleurs d'entre nous se réfèrent dans les circonstances graves de leur vie. Or, ayant à juger en nous-mêmes du cas de Robert Brasillach, nous reconnaissons la nécessité de passer d'un plan à l'autre, et gardons, dans ce transfert, notre bonne conscience. Tout ce que nous appelions, et fort raisonnablement, les crimes de cet homme, ne nous semble plus soudain mériter ce nom, lorsque la sanction du crime lui est proposée. Ce visage de lui-même nous apparaît qu'il a révélé dans les meilleurs de ses livres. Sous le partisan, aveuglé par la passion, trahi par elle, par elle conduit aux pires erreurs, nous retrouvons cet homme dont nous nous étonnions naguère de découvrir qu'il aimait, comme il fallait les aimer, ce que notre civilisation et notre culture françaises ont donné de meilleur. Nous reconnaissons que nous lui devons tous quelque chose. Et sans croire qu'il était permis de suivre une autre politique que celle que nous avons, à votre suite, adoptée, qui est celle de la France éternelle et au nom de laquelle Robert Brasillach a été condamné, il nous apparaît qu'en suivant celle de l'abandon, l'homme capable de l'intelligence et de la sensibilité que la part non politique de son œuvre révèle ne pouvait être véritablement vis-à-vis de lui-même (et de Dieu, ajoutent ceux d'entre nous qui ont la foi) un traître.

Après tant d'épreuves, la France déchirée, se sentant malgré elle entraînée dans l'atroce tourbillon où l'adversaire abhorré l'a jetée, se rebelle contre ce destin tragique. Elle éprouve le besoin de donner aux faits des réponses qui soient siennes et non pas de jouer plus long-temps le jeu dément que les nations ennemies ont imposé au monde avec une telle force de persuasion qu'il semble leur rester, au seuil de la défaite, la promesse de cette ultime vic-toire : la contamination du vainqueur. La France souhaite qu'il soit enfin donné au sang une autre réponse que le sang.

C'est en son nom que nous avons conscience de parler, Monsieur le Président, en vous sup-pliant d'accorder votre grâce à Robert Brasill-lach qui a accepté avec dignité et courage le verdict de cette Justice à laquelle il s'était livré. Il est terrible de faire tomber une tête pen-sante, même si elle pense mal. Car qui connaît l'avenir d'un poète ! Nous ne rejetons point la responsabilité des intellectuels qui est, nous ne l'ignorons pas, d'autant plus lourde que ceux-ci ont plus de talent. Nous l'assumons entièrement pour notre part. Nous pensons seulement, devant cet homme, notre ennemi, lié au poteau et en qui nous avons soudain la stupeur de reconnaître un frère, que les mau-vaises causes n'ont pas besoin de martyrs et que le pardon peut être quelquefois la plus décisive, en même temps que la plus sage des sanctions [1].

---

1. Claude Mauriac, *le Temps immobile, V, Aimer de Gaulle*, Gras-set, 1978, pp. 113-115 (*cf.* aussi *Un autre de Gaulle*, Hachette, 1970, pp. 81-82).

De fait, la tentation fut grande de faire porter le débat sur le talent menacé d'extinction brutale. Ce débat s'était, du reste, enclenché avant même le procès de Robert Brasillach. À la veille de l'ouverture de ce procès, Madeleine Jacob écrivait, par exemple, dans *la France au combat* : « Qu'on ne vienne pas au nom de quelque sensiblerie, d'on ne sait quel respect du génie littéraire, nous dire demain que Brasillach fait partie du patrimoine français et que l'on ne doit pas l'en retirer. » Inversement, pendant ce procès, les lettres à décharge réunies par l'avocat de Robert Brasillach, Jacques Isorni, évoquent son « incomparable culture littéraire » (Marcel Aymé), son « incontestable talent » (Paul Valéry) qui « fait honneur à la France » (Paul Claudel) [1]. Et la lettre de François Mauriac est encore plus explicite : « Ce serait une perte pour les lettres françaises si ce brillant esprit s'éteignait à jamais [2]. »

Jacques Isorni fit en définitive prévaloir un texte plus court :

> Les soussignés, se rappelant que le lieutenant Brasillach, père de Robert Brasillach, est mort pour la Patrie le 13 novembre 1914, demandent respectueusement au général de Gaulle, chef du gouvernement, de considérer avec faveur le recours en grâce que lui a

---

1. Sur les prises de position avant et pendant le procès, *cf.* notamment Anne Brassié, *Robert Brasillach*, Laffont, 1987, pp. 338-339 et 345.
2. Quelques jours plus tôt, *le Canard enchaîné* avait surnommé François Mauriac « le Saint-François des Assises » (n° 1268, 10 janvier 1945, p. 1).

adressé Robert Brasillach, condamné à mort le 19 janvier 1945.

Paul Valéry, François Mauriac, Georges Duhamel, Henry Bordeaux, Jérôme Tharaud, Louis Madelin, Paul Claudel, Émile Henriot, André Chevrillon, Prince de Broglie, duc de La Force, Georges Lecomte, Jean Tharaud, amiral Lacaze.

Duc de Broglie, Patrice de La Tour du Pin, Paul-Henri Michel.

Jean Paulhan, Jacques Copeau, Thierry Maulnier.

Monseigneur Bressolles.

Firmin Roz, Dard, Marcel Bouteron, Germain-Martin, Émile Bréhier, Pichat, Janet, Jordan, Lalande, Bardoux, Rueff, Rist, Émile Buisson.

Henri Pollès, Jean Schlumberger, Roland Dorgelès, Simone Ratel, Jean Anouilh, Jean-Louis Barrault, Claude Farrère, Jean-Jacques Bernard, Desvallières, Jean Cocteau, Jean Effel, Max Favalelli, André Billy, Wladimir d'Ormesson, Marcel Achard, Albert Camus, André Obey, Gustave Cohen, Honegger, Daniel-Rops, Vlaminck, Marcel Aymé, Colette, André Barsacq, Gabriel Marcel, André Derain, Louis Lapatie, Jean Loisy, Charles Dullin.

C'est François Mauriac qui rassembla les signatures des académiciens français [1]. Et en d'autres lieux, ce furent Thierry Maulnier, Marcel Aymé et Jean Anouilh qui s'activèrent. Le dernier cité fit

1. Claude Mauriac, *op. cit.*, p. 124.

ainsi « du porte à porte pendant huit jours » : une douzaine de visites, sept signatures obtenues, et il revint « vieux chez lui [1] ». Le sort de Robert Brasillach importait, en effet, à celui qui, bien plus tard, à Maurice Genevoix le pressant de briguer un fauteuil à l'Académie française, avait opposé une fin de non-recevoir, ajoutant : « Sauf si vous rendez la vie à Louis XVI et à Brasillach. » Les tirades sur l'épuration, on le sait, apparaîtront désormais dans plusieurs de ses pièces.

Beaucoup d'intellectuels, sollicités, s'étaient récusés. Simone de Beauvoir, par exemple, s'en est expliquée plus tard dans *la Force des choses*. « Solidaire » de Cavaillès, Politzer et Desnos, elle aurait mérité, en signant, « qu'ils [lui] crachent au visage ». Il n'y avait pas pour elle de place pour le doute : « Pas un instant, je n'hésitais, la question ne se posa même pas. » Quant à Claude Roy, il reprit la signature qu'il avait d'abord donnée : le père de sa compagne avait été déporté. De surcroît, le Parti communiste fit obstacle, semble-t-il, à la participation des siens à la pétition. En 1986, Claude Roy écrira en effet à Anne Brassié : « J'ai pourtant été saisi d'amicale compassion devant sa condamnation, et j'ai souffert que mon parti d'alors s'oppose à ce que je participe à une demande de grâce [2]. »

Albert Camus, au contraire, signa. Mais après avoir passé une nuit blanche. On aurait tort, en

---

1. *Cf.* son témoignage donné en 1964 pour la publication des œuvres complètes de Robert Brasillach, et repris dans *Robert Brasillach et la génération perdue*, Monaco, Éditions du Rocher, 1987, p. 180.
2. Anne Brassié, *op. cit.*, p. 361.

effet, de ramener les motivations de ceux qui signèrent à une manière de réflexe corporatiste. Il est certain que la plupart connurent le doute et l'hésitation. Et, de ce fait, assortirent probablement leur signature d'explications. On a ainsi récemment exhumé la lettre d'Albert Camus à Marcel Aymé, qui avait sollicité et obtenu sa signature :

J'ai toujours eu horreur de la condamnation à mort et j'ai jugé qu'en tant qu'individu du moins je ne pouvais y participer, même par abstention. C'est tout. Et c'est un scrupule dont je suppose qu'il ferait bien rire les amis de Brasillach. Ce n'est pas pour lui que je joins ma signature aux vôtres. Ce n'est pas pour l'écrivain, que je tiens pour rien. Ni pour l'individu, que je méprise de toutes mes forces. Si j'avais même été tenté de m'y intéresser, le souvenir de deux ou trois amis mutilés ou abattus par les amis de Brasillach pendant que son journal les encourageait m'en empêcherait. Vous dites qu'il entre du hasard dans les opinions politiques et je n'en sais rien. Mais je sais qu'il n'y a pas de hasard à choisir ce qui vous déshonore et ce n'est pas par hasard que ma signature va se trouver parmi les vôtres tandis que celle de Brasillach n'a jamais joué en faveur de Politzer ou de Jacques Decour [1].

1. Lettre transmise par Roger Grenier à Bernard Pivot, qui la lut à la fin de l'émission « Apostrophes » du 1er mai 1987, durant laquelle étaient notamment présentés deux ouvrages consacrés à Robert Brasillach.

Mais le lest de ces signatures d'intellectuels ne suffit pas à obtenir la grâce. Le 8 février 1945, Paul Claudel notait dans son *Journal* : « Le jeune Brasillach est fusillé malgré l'intervention qu'on m'avait demandée. Il est mort saintement [1]. » Le recours en grâce avait été rejeté le 5 février, et, le lendemain en début de matinée, l'écrivain avait été fusillé au fort de Montrouge. Trois jours plus tôt, l'une de ses dernières lettres avait été pour les intellectuels qui avaient intercédé en sa faveur :

Je remercie les intellectuels français, écrivains, artistes, musiciens, universitaires, qui ont bien voulu formuler un recours en grâce en ma faveur. Je ne veux ici en nommer aucun. Leur liste comporte les plus hauts génies de notre race, à l'égard desquels ma dette est immense. Il en est dont les travaux et l'activité sont fort éloignés des miens et qui auraient pu se montrer indifférents. Nous ne nous connaissons pas personnellement et je leur en ai d'autant plus de gratitude. Pour certains autres, il m'est arrivé, dans le passé, de me montrer particulièrement sévère et je n'ai rien fait pour mériter leur appui. Dieu m'est témoin que ce que j'ai pu dire d'eux était toujours motivé par des réactions personnelles antérieures à la guerre et que, si je les ai combattus, cela a été en toute sincérité. C'est chez ceux-là que j'ai trouvé les défenseurs les

1. Paul Claudel, *Journal*, tome II, Gallimard, « Bibliothèque de la Pléiade », 1969, p. 510.

plus ardents et ils ont ainsi montré une générosité qui est dans la plus grande et la plus belle tradition des lettres françaises.

D'autres hommes, jeunes encore, dont je suis fier d'avoir toujours salué le talent, se sont joints à eux avec une amitié et un cœur qui me touchent profondément. S'il en est qui ont cru parfois devoir oublier leur attitude amicale des temps où j'étais libre et qui ont peut-être sacrifié à ce qu'André Chénier nommait « les autels de la peur », je ne veux pas m'en souvenir. Il en est assez, et parmi les plus grands noms d'aujourd'hui et de tous les temps, pour avoir passé outre aux idées politiques et morales qui sont les leurs et pour avoir laissé parler d'abord leur cœur et leur esprit.

Ils me permettront de joindre dans ma reconnaissance à leur liste éclatante celle des innombrables jeunes gens, de toutes opinions, étudiants en particulier, qui m'ont fait signe, qui ont écrit pour moi, parce qu'ils savent que je ne les ai jamais engagés aux aventures où notre patrie aurait risqué son jeune sang et, qu'à l'heure du danger, j'ai voulu rester parmi eux.

Même si ce que j'ai pu penser, en des circonstances dramatiques pour notre pays, les a choqués, je leur affirme à tous que les erreurs que j'ai pu commettre ne proviennent à aucun degré de l'intention de nuire à ma patrie et que je n'ai jamais cessé, bien ou mal, de l'aimer. En tout cas, au-delà de toutes les divergences et de toutes les barricades, les intellectuels français ont fait à mon égard le geste qui pouvait le plus m'honorer [1].

Si la pétition établie par Me Isorni était volontairement lapidaire et passait sous silence l'argument du génie que l'on bâillonne définitivement, c'est bien sur ce dernier point que le cas Brasillach resurgira, à plusieurs reprises. Car si le thème du « droit à l'erreur », qui lui aussi alimenta les polémiques autour de l'épuration sur le moment et par la suite, n'est pas propre aux seuls clercs, ceux-ci sont en revanche les seuls qui, par essence, puissent éventuellement se parer du manteau de la création artistique et intellectuelle. L'argument, il est vrai, ne semble pas avoir alors touché l'opinion publique. Bien au contraire : leurs déclarations ou attitudes publiques durant l'Occupation placèrent les clercs en première ligne non seulement de l'épuration mais également de l'ire de leurs concitoyens. Un sondage effectué du 11 au 16 septembre 1944 indiquait que 58 % des personnes interrogées répondaient « non » à la question : « Faut-il infliger une peine au maréchal Pétain ? », contre 32 % de réponses positives ; à la même date, 56 % répondaient affirmativement à la question : « A-t-on bien fait d'arrêter Sacha Guitry ? », contre 12 % négativement. Et lorsque Henri Béraud, condamné à mort le 29 décembre 1944 – verdict approuvé par 49 % des sondés contre 30 % – voit sa peine commuée en perpétuité, 32 % se prononcent pour cette commutation et 42 % contre. Le cas Brasillach est encore plus significa-

1. Robert Brasillach, *Écrit à Fresnes*, Plon, 1967, p. 507.

tif : 52 % approuvent la condamnation à mort, contre 12 % [1].

LE « CAS NIZAN »

L'épuration, dans son volet interne, non judiciaire, avait eu pour principal résultat de priver de la faculté de signature – en bas d'articles, d'ouvrages mais aussi de textes collectifs – une large partie de la droite intellectuelle. Paraphait à cette date, avant tout, la mouvance résistante – et surtout son versant gauche –, momentanément réunie au sein du CNE et sur ses marges. Mais l'unanimité de façade ne dura pas, et les signatures résistantes allaient se redistribuer autour de pôles antagonistes.

Là encore, les pétitions fournissent des indications précieuses pour tenter d'évaluer ces flux. L'affaire Nizan, notamment, est significative. Paul Nizan, intellectuel communiste, s'était détaché de son parti à l'automne 1939, quelques semaines après la signature du pacte germano-soviétique et sa non-condamnation par le parti de Maurice Thorez. Il avait trouvé la mort, sous l'uniforme, le 23 mai 1940 en Flandre. Son apostasie lui avait valu presque immédiatement une campagne de calomnies [2] qui s'amplifia après sa mort. Dans un

1. *Bulletin d'informations de l'Institut français d'opinion publique*, 2, 16 octobre 1944, pp. 6 et 8, 11, 1ᵉʳ mars 1945, pp. 56-57, 12, 16 mars 1945, p. 70.
2. Sur les différents aspects de cette campagne, *cf.* Pascal Ory, *Nizan. Destin d'un révolté*, Ramsay, 1980, pp. 237 *sqq.*, et Annie Cohen-Solal, *Paul Nizan, communiste impossible*, Grasset, 1980, pp. 252 *sqq.*

article de Maurice Thorez au titre sans appel
– « Les traîtres au pilori » –, publié en mars 1940
dans *Die Welt*, édition allemande de l'organe de la
IIIe Internationale, et dans *The Communist International*, il était qualifié d' « agent de la police ».
Et un texte clandestin de l'Occupation parlera du
« policier Nizan ». L'offensive s'amplifiera, du
reste, encore davantage à la Libération, cette
fois-ci publiquement. En juin 1945, par exemple,
Aragon écarte les livres de Nizan d'une vente organisée par le CNE pour honorer les écrivains
« morts pour la France » et, semble-t-il, attaque
fréquemment Paul Nizan sur le registre du double
jeu. Bien plus, en 1946, Henri Lefebvre parlera, à
son propos, dans un passage de *l'Existentialisme*,
de « l'idée de trahison » qui aurait inspiré « tous
ses livres [1] ».

C'est Jean-Paul Sartre, informé par la veuve de
Paul Nizan de l'inefficacité de ses démarches pour
rétablir la vérité – lettres à Aragon et Thorez, entre-
vue avec Laurent Casanova –, qui rédigea une pétition intitulée « Le cas Nizan », parue d'abord dans
le Figaro littéraire du 29 mars 1947 puis dans
Combat du 4 avril [2] :

1. Henri Lefebvre, *l'Existentialisme*, Le Sagittaire, 1946,
pp. 17-58. Dans *la Somme et le reste* (2 tomes, La Nef de Paris Éditions, 1959), Henri Lefebvre « désavoue » son premier récit de la
vie du groupe de *Philosophies*, *l'Esprit* puis la *Revue marxiste* dans
les années 1920.
2. Ce texte sera repris notamment dans une livraison des *Temps
modernes* (tome XXIV, 1947, pp. 181 *sqq*). Le texte reproduit ici est
celui publié par *Combat*, et la liste des signataires est une synthèse
des différentes listes publiées, qui présentaient deux ou trois
légères variantes.

On nous rappelle de temps en temps que Jacques Decour, que Jean Prévost, que Vernet sont morts pour nous, et c'est fort bien. Mais sur le nom de Nizan, un des écrivains les plus doués de sa génération et qui a été tué en 40 par les Allemands, on fait le silence ; personne n'ose parler de lui, il semble qu'on veuille l'enterrer une seconde fois. Cependant, dans certains milieux politiques, on chuchote qu'il était un traître. À l'un d'entre nous, Aragon a affirmé que Nizan fournissait des renseignements au ministère de l'Intérieur sur l'activité du Parti communiste. Si vous demandez des preuves, on ne vous en fournit jamais : on vous dit que c'est de notoriété publique, que Politzer l'a dit peu de temps avant de mourir, que d'ailleurs il suffit de lire les livres de Nizan pour voir qu'il était un traître. Dans son dernier livre, *De l'existentialisme*, M. Lefebvre écrit : « Paul Nizan avait peu d'amis et nous nous demandions quel était son secret. Nous le savons aujourd'hui : tous ses livres tournent autour de l'idée de trahison » et « Il venait des milieux réactionnaires et même fascistes. Peut-être même en faisait-il encore partie puisqu'il prétendait les espionner ».

Or, à notre connaissance, les communistes ne peuvent reprocher à Nizan que d'avoir quitté le Parti communiste en 39, au moment du pacte germano-soviétique. De cela, chacun pensera selon ses principes ce qu'il veut : c'est une affaire strictement politique et il n'entre pas dans nos intentions de l'apprécier. Mais lorsqu'on l'accuse, sans donner de preuve, de mouchardage, nous ne pouvons oublier que c'est un écrivain, qu'il est mort au combat et que c'est notre devoir d'écrivains de défendre sa mémoire. Nous nous adressons donc à M. Lefebvre (et à tous ceux qui colportent, avec lui, ces accusations infamantes) et nous leur posons la question suivante : « Lorsque vous dites que Nizan est un traître, voulez-vous dire simplement qu'il a quitté le Parti communiste en 1939 ? En ce cas, dites-le clairement, chacun jugera selon ses principes. Ou voulez-vous insinuer qu'il a, bien avant la guerre, accepté pour de l'argent de renseigner le gouvernement anticommuniste sur votre parti ? En ce cas, prouvez-le. Si nous restons sans réponse ou si nous ne recevons pas les preuves demandées, nous prendrons acte de votre silence et nous publierons un deuxième communiqué confirmant l'innocence de Nizan. »

R. Aron, G. Adam ; S. de Beauvoir ; J.-L. Bost ; A. Billy ; A. Breton ; J. Benda ; P. Brisson ; P. Bost ; R. Caillois ; A. Camus ; M. Fombeure ; J. Guéhenno ; H. Jeanson ; M. Leiris ; J. Lemarchand ; J. Lescure ; R. Maheu ; F. Mauriac ; M. Merleau-Ponty ; J. Paulhan ; B. Parain ; J.-P. Sartre ; J. Schlumberger ; P. Soupault ; J. Texcier.

Plusieurs cercles de sociabilité se croisaient dans cette liste : les « archicubes », anciens élèves de l'École normale supérieure – Aron, Sartre, Maheu, Merleau-Ponty –, l'équipe des *Temps modernes*, les anciens surréalistes – Breton, Caillois, Soupault –, et aussi d'anciennes figures de proue du CNE dont les relations avec ce Comité s'étaient peu à peu dégradées : Paulhan, Mauriac, Schlumberger. Et le texte, assurément, se plaçait sur un terrain polémique avec le Parti communiste. D'où les réticences de certains intellectuels, d'accord avec la démarche mais opposés au ton d'un texte jugé par eux trop hostile à ce parti. L'attitude de Louis Martin-Chauffier est révélatrice d'un tel embarras. *Combat* du 4 avril signalait ainsi son accord « sur le fond » mais son refus de signer à cause du « ton » adopté. Le journal reproduisait un extrait de sa lettre adressé aux protestataires :

> Paul Nizan était un de mes amis. Durant la drôle de guerre, nous avons correspondu longtemps, je l'ai vu durant une de ses permissions. Je pense l'avoir assez bien connu, et jusqu'au bout, pour ne pas mettre en doute sa bonne foi ni son honneur.
>
> Je m'associe donc pleinement à votre demande, sur le fond. Mais je le fais en marge du texte que vous m'avez adressé. Mes rapports avec ceux de mes amis communistes qu'il concerne ne comportent pas que je m'adresse à eux sur ce ton...

Une telle argumentation devient importante à relever et à analyser si l'on ajoute que Louis Martin-Chauffier est alors le président du CNE. D'autant que son propre ton va se durcir au fil des semaines. Ainsi, dans *Caliban* du 15 mai 1947, il redit les raisons pour lesquelles il a refusé de signer « Le cas Nizan ». Ce manifeste, déclare-t-il, « révélait une intention provocante », et « visait à l'éclat ». Or, s'il peut arriver à Louis Martin-Chauffier d'exprimer ses « points de mésentente » avec les communistes et de « blâme[r] leurs procédés », ce ne doit pas être « en ennemi, et encore moins par un biais ». Il faut un « dialogue » qui soit « franc, loyal, et cordial ».

Le président du CNE exprime là un avis que partagent probablement nombre de ses pairs. Car, à y regarder de plus près, la mobilisation de moins d'une trentaine d'intellectuels en faveur de l'un d'entre eux touché par la calomnie – cas de figure qui, en général, entraîne de plus amples solidarités – montre que ce texte, s'il révèle une faille (appelée à s'élargir) au sein des anciens rameaux du CNE, est aussi le reflet, par son écho somme toute limité, de la position dominante alors occupée par le Parti communiste français.

Celui-ci, du reste, avait réagi dès le 4 avril, par un article de Guy Leclerc dans *l'Humanité*. Cet article, après avoir attaqué plusieurs signataires (Brice Parain, André Breton, Jean Paulhan, Henri Jeanson), reprenait ouvertement le thème du Nizan « traître » en 1939 – « Traître à son parti, il a été du même coup traître à la France » – et dont on pouvait dès lors se demander si « cette attitude ne prolongeait pas une activité antérieure ». Et de rappeler, pour finir, que « cinq années de souffrance ont suffisamment révélé quelle marchandise recouvre l'anticommunisme pour que cette manœuvre juge à la fois ceux qui la font et celui qu'elle vise à défendre ».

Les Lettres françaises du 11 avril 1947, de leur côté, publièrent une déclaration du comité directeur du CNE. Sans juger sur le fond « Le cas Nizan », cette déclaration n'en dénonçait pas moins la pétition et la « mise en cause personnelle » d'Aragon :

> Il a paru dans la presse un manifeste prétendant défendre la mémoire de Paul Nizan contre l'accusation répandue par « la rumeur publique » d'avoir fourni des renseignements au ministère de l'Intérieur.
>
> Cette protestation aurait pu paraître naturelle, si le fait de mettre nommément à l'origine de cette « rumeur » un des membres du Comité national des écrivains n'apparaissait bien plus comme une manœuvre destinée à discréditer l'un des nôtres (et par là notre Comité tout entier) que comme une défense de la mémoire de Paul Nizan.
>
> Cette sorte de mise en cause personnelle nous oblige à faire remarquer aux signataires du texte en question (d'ailleurs inégalement qualifiés pour s'insurger au nom de la morale) qu'ils se rendent de fait coupables ou complices d'une accusation malhonnête portée contre quelqu'un que l'on nomme par quelqu'un que l'on ne nomme pas.
>
> Agissant comme ils le font, les dits signataires commettent expressément ce délit même contre lequel ils prétendent vouloir s'élever.
>
> Dont acte.

A cette mise au point, Jean-Paul Sartre répondit de manière cinglante dans *les Temps modernes* [1] :

> Puisque le CNE se montre si soucieux de défendre l'honneur de ses membres, je tiens à déclarer d'abord que je suis encore membre de ce Comité et que je ne me rappelle pas qu'il m'ait défendu contre les attaques communistes dont j'ai été l'objet. En second lieu, c'est à moi que M. Aragon a fait les déclarations citées plus haut. Estime-t-il donc qu'elles étaient de telle nature que leur pure et simple reproduction puisse jeter le discrédit sur leur auteur ? Ou bien nie-t-il les avoir faites ? En ce cas, c'est sa parole contre la mienne. Qu'il le dise et chacun jugera.

Entre-temps, il est vrai, les communistes avaient été exclus du gouvernement, et la guerre froide pointait. De nouveaux reclassements s'amorçaient, quelques « progressistes » – y compris parmi les signataires de la pétition, et notamment dans la mouvance des *Temps modernes* – étant appelés à entretenir des rapports complexes avec le Parti communiste, d'autres intellectuels au contraire larguant définitivement les amarres. Sur Nizan, la pétition, en tout cas, n'entraîna pas un désarmement général, et la guerre froide raviva les ressentiments : dans *les Communistes*, deux ans après la polémique, Aragon peignit Paul Nizan sous les traits, bien peu flatteurs, du « poltron » Patrice Orfilat.

1. *Op. cit.*, p. 183.

L'EMPREINTE PERSISTANTE
DE LA GUERRE

En cette fin de décennie, il est vrai, intellectuels communistes et compagnons de route continuent à occuper des positions de force. Il nous faudra, du reste, revenir sur eux, car l'étude des pétitions se révèle précieuse à leur propos, notamment pour l'année 1956. Mais observons d'abord qu'à la même époque les séquelles de la guerre sont toujours présentes au sein de la cléricature.

En ce milieu des années 1950, la droite intellectuelle est toujours tenue en lisière. Les charges des « hussards » – Nimier, Laurent, Déon, Blondin – ne doivent pas faire illusion. Non seulement les anciens collaborationnistes restent en marge, mais demeurent également frappés de suspicion des écrivains ou des universitaires sur lesquels pèsent encore le souvenir de sympathies pour la Révolution nationale affichées dix ou quinze ans plus tôt, et, éventuellement, celui de poursuites judiciaires à la Libération. Plusieurs épisodes, dans lesquels des pétitions jouèrent parfois un rôle, en témoignent.

Premier de ces épisodes : l'élection, en novembre 1954, de Jean Guitton à la chaire d'histoire de la philosophie et de philosophie de la Sorbonne. Le philosophe, prisonnier en Allemagne durant tout le conflit et qui avait fait publier en 1943 son *Journal de captivité*, fut accusé à son retour d'engagement pétainiste. Il fut traduit devant un comité d'épuration, sanctionné en 1946 pour « intel-

ligence avec l'ennemi et aide à la propagande allemande » et rétrogradé de son poste de professeur à
la faculté des lettres de Montpellier dans l'enseignement secondaire, au lycée d'Avignon. Le
Conseil d'État, sur le rapport d'un jeune maître des
requêtes, Georges Pompidou, cassa par la suite le
jugement. Réintégré dans l'enseignement supérieur, Jean Guitton enseigna à la faculté de Dijon
de 1949 jusqu'à son élection à la Sorbonne [1]. Cette
élection suscita à la rentrée universitaire de 1955
un chahut orchestré par les étudiants communistes. Dans l'amphithéâtre Descartes, le philosophe catholique se vit prié de faire retraite « au
couvent ! », car, autre slogan, il ne fallait « pas de
collabos à la Sorbonne ».

Si l'écrivain Gilbert Cesbron condamne alors les
manifestations des « petits vieux » de la Sorbonne
qui réactivent des querelles dépassées, Claude Aveline défend au contraire les « vrais jeunes ».
D'autres lettres publiées par la presse attestent un
débat entre clercs à cette date, mais sans l'arme de
la pétition. Il faut toutefois noter que le Centre des
intellectuels catholiques publie un communiqué,
répercuté par *le Monde* des 27-28 novembre 1955 :
« Le Centre catholique des intellectuels français,
vivement ému par les manifestations organisées
contre M. Jean Guitton, professeur en Sorbonne,
régulièrement et démocratiquement élu, sans
prendre parti dans les raisons et les passions politiques soulevées de part et d'autre, a le devoir de

1. Jean Guitton, *Un siècle, une vie*, Laffont, 1988, pp. 323-329.
Cf. aussi *le Monde* des 17 et 23 novembre 1955 (et pour les textes
de Cesbron et d'Aveline, *ibid.*, les 19 et 24 novembre).

dire publiquement sa vive et respectueuse sympathie à un philosophe d'une rare qualité intellectuelle et à un homme dont l'honneur ne saurait être mis en question par une campagne d'intolérance et de calomnies diffamatoires. »

Et le 17 décembre 1955, un petit article signé S. (Hubert Beuve-Méry – « Sirius » ?) appelait, dans *le Monde*, au « respect » du choix fait par la Sorbonne.

Vingt et un ans plus tard, une autre élection faite dans la même enceinte universitaire, celle du philosophe Pierre Boutang, entraîna à nouveau débats et, cette fois, pétition. Avec, il est vrai, un écho bien assourdi. Le philosophe, né en 1916, militant de l'Action française dans l'entre-deux-guerres, avait été radié des cadres de l'enseignement à la Libération en raison de son engagement pétainiste. Réintégré dans l'enseignement secondaire en 1967, auteur en 1973 d'une thèse de doctorat sur *l'Ontologie du secret*, il est nommé à l'université de Brest puis élu à la Sorbonne en mars 1976, à la chaire d'Emmanuel Levinas. Certes, cette élection entraîna dans *le Monde* du 15 juin 1976 une pétition du « Collège de philosophie », signée entre autres par Pierre Bourdieu, Jacques Derrida, Luc Ferry, François Furet, Alain Renaut, Jean-Pierre Vernant et Pierre Vidal-Naquet, et qui déclarait notamment :

> Les faits appellent un certain nombre de remarques. On peut, en effet, se demander pour quelles raisons l'instance suprême de l'université qui, plus que toute autre, prétend assumer l'héritage de l'ancienne Sorbonne, a

arrêté son choix sur une personnalité dont la carrière et l'activité correspondent apparemment si peu aux normes universitaires. Pierre Boutang, actif militant maurrassien, engagé dès ses années de jeunesse dans des organisations royalistes, professeur de première supérieure au lycée de Clermont-Ferrand en 1940-1941, ville où il tenta de fonder un « ordre des amis du maréchal » destiné à propager les principes de la « Révolution nationale » et à « renseigner » le maréchal sur les « essais de sabotage administratifs », est beaucoup plus connu pour ses « talents » de polémiste exercés dans une certaine presse que pour son « œuvre » philosophique.

Ce n'est, en effet, un secret pour personne qu'après 1945 il fut l'un des premiers à ressusciter la presse d'extrême droite, collaborant d'abord à *Aspects de la France*, puis fondant, en 1955, son propre hebdomadaire, *la Nation française*, tandis que son œuvre philosophique se réduit à un seul ouvrage (l'*Ontologie du secret*, thèse de doctorat), si l'on excepte quelques articles et traductions. Cette thèse elle-même, soutenue en janvier 1973, se caractérise plus par le ton du pamphlet que par une analyse rigoureuse des textes et des problématiques...

Mais la mobilisation demeura limitée. *L'Humanité* du 16 juin commenta sans bienveillance la pétition et affirma, sous la plume de Michel Cardoze :

... Les communistes posent en principe absolu que personne – absolument personne, hors ceux qui emploieraient la violence contre la volonté de la majorité exprimée démocratiquement, ou contre les idées d'un individu ou d'un groupe –, personne donc, aujourd'hui comme demain, ne doit être lésé dans son exercice professionnel à cause des idées qu'il professe.

Les communistes – victimes plus que tous autres des discriminations – n'auraient pas signé le programme commun de gouvernement des partis de gauche, s'il ne proclamait et ne garantissait l'absolue liberté d'expression de chacun et le pluralisme dans tous les domaines, notamment celui de l'enseignement et de la recherche... M. Boutang a le droit d'enseigner la philosophie à la Sorbonne. Quitte à être combattu, et vivement s'il le faut [1]...

Nul doute qu'au cœur des années 1950 la réaction des clercs et de la presse de gauche aurait été différente. Au reste, l'épisode Brasillach de

---

1. Dans sa chronique hebdomadaire de *l'Unité*, François Mitterrand explique de son côté qu'il n'approuve pas la pétition : « [...] Pierre Boutang exerce son métier et, sur ce plan, le seul que j'aie ici à retenir, il le fait bien. Ses opinions, son fanatisme, le zèle inquisiteur qui l'ont souvent porté à des jugements excessifs, je ne les retourne pas contre lui. Ce n'est pas au nom de ses principes que je l'accepte, mais au nom des miens. Prière de ne pas confondre. Si je me servais de son enseignement pour le chasser de l'Université, cela démontrerait seulement que je suis devenu son disciple. Dieu m'en garde. Ma liberté ne vaut que si j'assume celle des autres. »

l'automne 1957, deux ans après l'affaire Guitton, est, à cet égard, significatif. Les débats autour de l'engagement politique et de l'exécution de cet écrivain allaient en effet resurgir en novembre 1957 lorsque fut jouée sa pièce *la Reine de Césarée*, au théâtre des Arts. La levée de boucliers fut immédiate. Dès le 9 novembre – la première devant avoir lieu le 15 –, un Comité de liaison de la Résistance demandait l'interdiction de la représentation de la pièce, et formulait, en même temps que son indignation, des menaces à peine voilées :

> En raison de la personnalité de l'auteur, condamné et exécuté pour intelligences avec l'ennemi, personne en France n'avait encore songé à une telle entreprise. Il est certain que les résistants ne peuvent rester impassibles non plus que les anciens combattants juifs et les victimes de l'antisémitisme. En conséquence, des troubles en cours et à l'issue des représentations paraissent inévitables.

Et le Mouvement contre le racisme, l'antisémitisme et pour la paix (MRAP) s'élevait aussi contre la représentation, soulignant que « rendre hommage à un hitlérien condamné à mort pour trahison constitue un défi à la Résistance et à ses martyrs ».

Et si le critique théâtral du *Monde*, Robert Kemp, au terme d'un article bienveillant mais sans enthousiasme – « C'est un élégant canular sur la *Bérénice* de Racine » –, concluait : « Tout bruit, toute bataille sont superflus autour de cet exercice de haute scolarité », le même numéro du *Monde* du 19 novembre signalait de « violentes manifestations » autour du théâtre. Tracts distribués, vitres des portes d'entrée brisées, boules puantes, bousculades, autant d'incidents qui culminent le lendemain, où le rideau est baissé dès la première réplique, à la suite des huées des manifestants. Au bout de quelques jours, le préfet de police décida que seules pourraient avoir lieu désormais des « représentations privées » de la pièce.

François Mauriac, à nouveau, se singularisa. Dans *l'Express* du 28 novembre 1957, il médita sur l' « affaire Brasillach » : « Brasillach, Drieu, c'est la race qui donne sa vie... Il y a l'autre qui sait se tapir, attendre... Si Brasillach avait su se faire oublier l'espace d'une demi-année, peut-être aujourd'hui ses amis lui offriraient-ils une belle épée académique. »

L'épée n'aurait sans doute pas été décrochée aussi aisément à cette date. En ce même automne de 1957, en effet, un fort parti d'académiciens brandirent le glaive pour empêcher Paul Morand d'obtenir cette épée, et ils réussirent dans leur entreprise. Certes, déjà en novembre 1955, Jérôme Carcopino, ancien ministre de Vichy, avait été élu à l'Académie française, mais l'œuvre de celui qui apparaissait alors en France et à l'étranger comme l'un des plus grands spécialistes de l'histoire romaine avait sans nul doute désamorcé un possible débat au moment de son élection.

Il n'en alla pas de même pour Morand. Ce dernier, ambassadeur de Vichy à Bucarest puis à Berne, était d'abord resté en Suisse après la guerre. En octobre 1957, il pose sa candidature à l'Académie française, au fauteuil laissé vacant par la mort de Claude Farrère. C'est déjà là sa troisième tentative, après deux essais en 1936 et 1941. Si dans l'entre-deux-guerres, on l'a vu, le Quai de Conti avait fourni des pelotons groupés de pétitionnaires de droite, l'épuration de 1944-1945 avait affaibli la droite académicienne. Non, du reste, que cette épuration ait frappé nombre d'académiciens. La perte des droits civiques entraîna une radiation de fait de quatre d'entre eux : Abel Bonnard, Abel Hermant, Charles Maurras et le maréchal Pétain. Et le « protecteur » de l'Académie française, le général de Gaulle, chef du gouvernement provisoire, conseilla l'élection d'écrivains résistants. Quelques occasions se présentèrent : si les fauteuils de Pétain et de Maurras ne furent pas pourvus, aux fauteuils de Bonnard et Hermant, désormais occupés par Jules Romains [1] et Étienne Gilson, s'ajoutèrent opportunément ceux de trois membres décédés, que remplacèrent le prince de Broglie, Louis Pasteur Vallery-Radot et André Siegfried.

Mais, peu à peu, la droite maréchaliste releva la tête. Il semble bien que la candidature de Paul Morand ait été poussée par Jacques de Lacretelle,

---

1. Peut-être est-ce ce nouveau contexte politique qui conduisit Jules Romains à reconsidérer son attitude antérieure, lui qui, quelques années plus tôt, évoquait « la malfaisance de cette institution dont je me suis toujours écarté avec soin » (Jules Romains, *Sept mystères du destin de l'Europe*, *op. cit.*, p. 297). Fontaine... Sur l'Académie française à la Libération, *cf.* notamment les remarques de Robert Aron, *Histoire de l'épuration*, tome III, vol. 2, Fayard, 1975, et celles de Peter Novick, *l'Épuration française 1944-1949*, Balland, 1985.

Daniel-Rops et Pierre Benoit [1]. Ce dernier, apparemment, s'était très largement engagé en faveur de Paul Morand, se déclarant prêt à démissionner si celui-ci n'était pas élu [2]. Aussitôt, une opposition à la démarche de Paul Morand se constitua, animée notamment par le gaulliste Louis Pasteur Vallery-Radot, et aussi par André François-Poncet, Wladimir d'Ormesson et François Mauriac [3]. Un texte signé par onze académiciens proclamait explicitement leur hostilité à la candidature de l'ancien ambassadeur de Vichy. Il fut lu à la séance du 24 avril 1958 et publié par *le Monde* du 2 mai suivant [4] :

> Les membres soussignés de l'Académie française désirent faire part à leurs confrères de l'émotion et du trouble que leur cause la candidature de M. Paul Morand au fauteuil de Claude Farrère.
>
> Ils ne contestent nullement les titres littéraires de ce candidat. Mais à sa personne, à son rôle pendant la dernière guerre, demeurent liés des souvenirs, des griefs, de nature à réveiller des controverses, des conflits, dont il

1. La source la mieux informée sur l'épisode de la candidature Morand est un article de la *Revue française de science politique* de septembre 1958 signé *** (en fait, André Siegfried) et intitulé « Les élections à l'Académie française. Analyse d'un scrutin significatif : l'échec de Paul Morand », *loc. cit.*, pp. 646-654.

2. François Fossier, *Au pays des immortels. L'Institut de France hier et aujourd'hui*, Mazarine, 1987, p. 119.

3. La biographe de Paul Morand, Ginette Guitard-Auviste, attribue à François Mauriac l'initiative de la pétition hostile à Paul Morand (*cf. Paul Morand*, Hachette, 1981, pp. 273 *sqq*).

4. Dès le 26 avril, *le Monde* avait fait allusion à la pétition et avait mentionné sa lecture en séance.

vaudrait mieux laisser au temps le soin d'achever l'apaisement.

Les soussignés attachent le plus grand prix au maintien de la tradition académique, selon laquelle les divergences d'opinions qui ont pu se produire avant une élection se dissipent une fois l'élection acquise et se fondent dans une atmosphère proprement confraternelle d'harmonie, de concorde et d'amitié.

Il y aurait lieu de craindre, si le candidat dont il s'agit était élu, qu'il ne devienne difficile de sauvegarder cette belle et salutaire tradition. Dans la nation elle-même et à l'étranger un dangereux préjudice serait porté au prestige de l'Académie.

En vous demandant de bien vouloir communiquer dès la prochaine séance cette lettre à l'Académie, les soussignés vous prient, Monsieur le Directeur, d'agréer l'expression de leurs sentiments confraternels.

Les onze signataires étaient André Chamson, Georges Duhamel, Maurice Garçon, Fernand Gregh, Robert d'Harcourt, Robert Kemp, François Mauriac, Wladimir d'Ormesson, Jules Romains, André Siegfried et Louis Pasteur Vallery-Radot. Nul ne saura jamais si l'initiative et la teneur exacte du texte étaient destinées à demeurer internes et si des fuites eurent lieu à l'insu des signataires ou si celles-ci furent sciemment organisées. L'un des « onze », André Siegfried, dans le récit – non signé – qu'il fit de cette crise à l'automne suivant dans la *Revue française de science politique*, n'en dit pas plus que cette phrase sibylline : « La lettre... devait en principe ne pas être communiquée à la presse, mais des fuites étaient inévitables, de sorte qu'elle ne tarda pas à être publiée dans les journaux. » Peu importe, du reste. Quel que soit le chemin suivi, ce texte collectif, une fois mis en circulation, devenait *de facto* une pétition et doit être traité comme tel par l'historien.

Il n'est, par exemple, pas indifférent de constater qu'en ce même mois de mai 1958 plusieurs académiciens français signeront un appel en faveur du retour aux affaires du général de Gaulle. Certes, leurs noms ne sont pas signalés au bas de l'appel [1] et, de surcroît, le soutien à de Gaulle dépasse alors les frontières de la seule mouvance gaulliste. Mais, inversement, malgré la crise de mai, les préventions issues de la guerre et de la Libération n'avaient pas dû disparaître dans l'autre « camp », et l'on doit admettre qu'à cette date, Quai de Conti, les clivages issus des années noires jouent, au sens géologique du terme. D'autant qu'ils restent probablement le plus souvent du domaine du non-dit, et agissent donc de façon souterraine mais active sur la surface des choses, notamment sur les élections académiques.

À ces mécanismes liés aux circonstances passées et présentes s'ajoute le rôle des hommes, difficile à démêler. Mauriac en particulier fut soupçonné de toutes les turpitudes par les partisans de Morand [2]. Mais plus que les motivations ou les arrière-pensées des uns et des autres, l'important reste

---

1. *Le Monde*, 31 mai 1958, p. 3. L'appel, est-il précisé, a été lancé « sur proposition de Jules Romains ».
2. François Mauriac a donné, après l'élection ratée de Morand, sa version de la « bataille » (« La bataille des bulletins blancs », *le Figaro littéraire*, 21 juin 1958).

que, contrairement à la tradition, le débat dépassa
le cercle des initiés. Signe que ce débat était âpre et
l'issue, pour les deux partis, incertaine. Les
« onze », on l'a vu, avaient exprimé publiquement
leur position. Le texte, officiellement document
interne, exposait, il est vrai, cette position en
termes... académiques. À titre personnel, Jules
Romains pouvait se permettre de durcir le ton
dans *l'Aurore* du 19 mai : l'entrée de l'ancien
ambassadeur de Vichy à l'Académie française
serait « la revanche de la collaboration ». Sur
l'autre versant, Jacques de Lacretelle avait tenté de
justifier le principe de l'élection de Paul Morand
par une lettre lue en séance le 8 mai. Les lecteurs
du *Monde* en prirent connaissance dans le
numéro du 13 mai. L'académicien y citait notamment des attestations d'interventions de Paul
Morand pendant l'Occupation en faveur de personnes poursuivies, et remarquait de surcroît que
la révocation de l'écrivain avait été annulée par le
Conseil d'État en 1953 car « entachée d'excès de
pouvoir ».

Les « onze » faillirent échouer dans la mise en
place de leur barrage. Trente-sept académiciens
vivants pouvant prendre part au vote et le capital
de voix de Paul Morand étant estimé par ses adversaires à dix-huit, leur pétition avait sans doute
pour objectif de consolider le parti des hostiles ou
des réservés en empêchant tout glissement : le passage d'une seule voix vers l'autre bord risquait de
tout faire basculer. L'appel était donc bien, avant
tout, un texte endogène plus qu'une prise à témoin
de l'opinion publique. Et, de fait, l'élection fut très
serrée. Le 22 mai, jour du vote, les trente-sept élec-

teurs potentiels se rendirent tous à l'Institut. Au premier tour, le score de Paul Morand fut, comme prévu, de dix-huit voix. De leur côté, les « onze » étaient devenus treize, puisque le dépouillement révéla treize bulletins blancs marqués d'une croix, signe, on le sait, d'une hostilité explicitement affichée au candidat favori. L'autre candidat, Jacques Bardoux, grand-père de Valéry Giscard d'Estaing, recueillait de son côté six voix. Le deuxième tour était donc décisif, un glissement d'une voix suffisant. Mais c'est le parti hostile qui se renforça à l'occasion de ce second tour : les bulletins blancs marqués d'une croix passèrent à quinze, Jacques Bardoux n'ayant plus que quatre voix. La cause, dès lors, était entendue, et, sans attendre les cinq tours théoriquement nécessaires pour proclamer une élection nulle, les deux camps s'entendirent pour ajourner le scrutin [1].

Paul Morand tenta à nouveau sa chance en 1959. Le général de Gaulle, revenu au pouvoir et à nouveau « protecteur » de l'Académie française, fit connaître son opposition. Invoquant « les dissensions graves », il fit savoir au secrétaire perpétuel « qu'il ne donnerait pas son approbation à l'élection de M. Paul Morand, si l'Académie s'y décidait [2] ». Cette opposition ne fut levée qu'en 1968 : Paul Morand fut élu au fauteuil de Maurice Garçon, l'un de ses onze adversaires une décennie plus tôt. Entre-temps, il est vrai, Henri Massis avait rejoint l'Académie française dès 1960. L'élection de cet ancien membre du Conseil national, qui

1. Pour le contexte de cette affaire, dans le moyen terme du souvenir de Vichy, *cf.* Henry Rousso, *le Syndrome de Vichy*, Le Seuil, 1987.
2. Ginette Guitard-Auviste, *op. cit.*, p. 282.

soutint la Révolution nationale, à ses yeux gage de rénovation et de patriotisme, et assuma toujours publiquement par la suite sa fidélité au maréchal Pétain, était significative [1]. Et en 1961, Jean Guitton, accusé à la Libération, on l'a vu, d'engagement pétainiste, entrait à son tour Quai de Conti.

L'Académie française fut encore une fois la caisse de résonance de discordes franco-françaises issues de la Seconde Guerre mondiale. En 1975, la candidature puis l'élection au fauteuil de Marcel Achard de Félicien Marceau, accusé par ses détracteurs de sympathie active avec l'occupant – à la radio belge – durant la Seconde Guerre mondiale, rallumèrent la dispute. Mais le mot caisse de résonance ne convient pas en l'occurrence, car l'éminente compagnie ne fut guère divisée, semble-t-il, et les quelques clameurs furent poussées en rase campagne. À l'intérieur de la citadelle de l'Institut, elles s'étaient tues depuis longtemps. Et la démission de Pierre Emmanuel ne fissura pas réellement l'édifice. Comme l'élection de Pierre Boutang à la Sorbonne à peu près à la même époque, le peu d'écho de la dispute montrait que, dans ces lieux tout au moins, l'empreinte de la guerre avait désormais perdu une partie de sa force.

---

1. Pétainisme qui ne conduisait pas forcément à la collaboration : ainsi, par une décision de classement en date du 10 octobre 1946, aucun acte de collaboration ne fut retenu à l'encontre d'Henri Massis.

CHAPITRE VIII

UN AUTOMNE 1956

Si les effets de la Seconde Guerre mondiale se prolongèrent ainsi longtemps après la fin du conflit, les intellectuels français, on l'a vu, étaient entrés rapidement en guerre froide. Et, dans ce contexte d'affrontement idéologique aigu, les intellectuels communistes allaient se tenir « à leur créneau » jusqu'aux ébranlements de 1956, dont les pétitions et manifestes, non seulement fournissent un bon reflet, mais dont ils constituent de surcroît des rouages : c'est en effet à travers des textes collectifs qu'apparaîtront et s'amplifieront les désaccords de compagnons de route et d'intellectuels communistes avec la ligne adoptée alors par leur parti.

L'ÂGE D'OR DES INTELLECTUELS COMMUNISTES

L'histoire de l'âge d'or des intellectuels communistes au cœur des années de guerre froide commence à être bien connue [1] et dépasse le cadre de cette étude des pétitions. Encore faut-il, pour comprendre le rôle joué par celles-ci en 1956, rappeler brièvement deux points essentiels : la force de l'attraction communiste et l'intensité de l'adhésion idéologique.

De fait, l'ébranlement de 1956 doit être en premier lieu mesuré à l'aune du rayonnement jusqu'à cette date de l'Union soviétique chez ces clercs. Et l'évaluation de ce rayonnement impose ici un point fixe avant de reprendre l'analyse des pétitions. C'est que nous sommes loin, en ce milieu des années 1950, de la société intellectuelle de l'affaire Dreyfus et même de celle de l'entre-deux-guerres.

L'Union soviétique avait vu son capital de sympathie s'effriter à l'extrême fin des années 1930, et le pacte germano-soviétique, on l'a vu, n'arrangea rien. Toutefois, au sortir de la Seconde Guerre mondiale, auréolée par l' « effet Stalingrad », elle est redevenue un pôle de référence et un modèle concurrent de celui de la démocratie libérale. Bien plus, cette rédemption de l'URSS eut un effet induit sur l'attrait exercé par le Parti communiste français, lui-même auréolé par le tribut du sang payé dans la Résistance.

Cet attrait concerna notamment une nouvelle

---

1. *Cf.* notamment les travaux de Jeannine Verdès-Leroux (entre autres, *Au service du Parti. Le Parti communiste, les intellectuels et la culture (1944-1956)*, Fayard-Minuit, 1983). Les recherches de Marc Lazar sont également précieuses : *cf.*, entre autres, « Ouvrier, histoire et littérature de parti : l'exemple du mineur », *Revue des sciences humaines*, Lille III, 1983, 2, et, pour le passage de la Libération à la guerre froide, « Le Parti communiste français et la culture », *les Cahiers de l'animation*, 1986, 57-58 ; *cf.* également « Les intellectuels communistes français des années cinquante et les prolétaires », *l'Information historique*, 1989, 3.

génération qui avait à l'époque entre vingt et trente ans et qui était souvent issue de la Résistance ou, pour les plus jeunes, impressionnée par la Résistance des aînés. Il ne faut certes pas exagérer l'ampleur du phénomène d'attraction sur le milieu intellectuel : Jeannine Verdès-Leroux, dans *Au service du Parti*, a même estimé que ces clercs communistes ne constituaient, à la Libération, pour ceux qui se trouvaient au faîte de leur carrière ou de leur notoriété, qu'un « cercle restreint ». Cela étant, la contradiction entre cette formule et l'observation d'un incontestable attrait du Parti communiste n'est qu'apparente. Sans aucun doute, les clercs de grande renommée appartenant à cette époque au Parti sont peu nombreux, et les noms de Picasso et de quelques autres ne doivent pas faire illusion et conduire à une erreur de perspective ; mais, en même temps, deux facteurs concourent à accréditer l'image d'une attraction communiste profonde et durable.

D'une part, les jeunes intellectuels – et notamment le milieu étudiant [1] – sont attirés nombreux vers le PCF. Certes, ils sont à l'époque anonymes et n'acquerront une certaine notoriété, pour quelques-uns d'entre eux, que bien plus tard, à une époque où, le plus souvent, ils ne seront plus communistes. Mais le phénomène de génération est incontestable et il a contribué à marquer le paysage intellectuel pour les décennies suivantes, les anciens communistes parvenant, avec l'âge, à des lieux de pouvoir intellectuel.

1. *Cf.*, par exemple, Jean-François Sirinelli, « Les normaliens de la rue d'Ulm après 1945 : une génération communiste ? », *Revue d'histoire moderne et contemporaine*, 4, 1986.

D'autant que, d'autre part, au « cercle restreint » dont parle Jeannine Verdès-Leroux, il faut ajouter le deuxième cercle des compagnons de route qui, sans avoir la « carte », soutiennent les positions du parti et la politique de l'Union soviétique. L'ampleur du phénomène est attestée, par exemple, par le fait que l'intellectuel français le plus célèbre de l'époque, Jean-Paul Sartre, devient compagnon de route[1] à partir de 1952, après la publication dans *les Temps modernes* de sa série d'articles sur « Les communistes et la paix ».

À DROITE : UN DÉSERT DE L'ESPRIT ?

C'est aussi en termes de comparaison que doit être évaluée l'amplitude de l'attraction du communisme sur les intellectuels. À droite, notamment, la force d'aimantation, nous l'avons vu, s'est trouvée singulièrement réduite après la Libération. On se gardera toutefois de faire de cette droite intellectuelle le désert de l'esprit que la gauche s'est parfois plu à décrire. Il faudra quelque jour tenter d'évaluer avec précision l'audience du gaullisme en milieu intellectuel au temps de la guerre froide. Une remise en perspective s'impose probablement. À condition toutefois de surmonter plusieurs obstacles, qui gênent l'historien comme ils ont sans

---

1. Encore que l'expression, employée *stricto sensu*, ne convienne peut-être pas dans le cas de Sartre. Après 1952, c'est plus un allié du Parti qu'un « compagnon » (l'un des critères d'évaluation serait sans doute à rechercher dans la perception qu'avaient de Sartre les clercs communistes de l'époque). Nous donnons en tout cas dans ce chapitre un sens extensif à l'expression « compagnon de route ».

doute contribué à l'époque à occulter, au moins en partie, la réalité d'une cléricature gaulliste.

La première difficulté tient à l'hétérogénéité de cette cléricature. Évoquant le RPF, Olivier Guichard parlera d' « une singulière mosaïque de personnes [1] ». Le mot s'applique bien également aux intellectuels qui se rapprochèrent alors du général de Gaulle. Mais – et c'est un deuxième obstacle – ceux-ci eurent à subir un double opprobre. L'absence d'une forte intelligentsia de droite à cette date et la domination de l'autre camp les plaçaient d'emblée à droite malgré qu'ils en aient. Bien plus, ils s'y retrouvaient en première ligne, et, de surcroît, cibles des intellectuels de gauche, dont la surenchère, à leur propos, les plaçait parfois même à l'extrême droite. On connaît, par exemple, l'assimilation alors ébauchée par quelques proches de Sartre entre RPF et nazisme [2].

Sur le moment et par la suite, cette position en première ligne et cette surenchère de certains adversaires ont masqué l'existence de liens étroits entre gaullisme et intellectuels, en nombre non négligeable. Un an après la fondation du RPF, André Malraux avait lancé le 5 mars 1948, salle

---

1. Olivier Guichard, *Mon général*, Grasset, 1980, p. 233.
2. *Cf.* l'incident en octobre 1947 dans l'émission radiophonique « La tribune des Temps modernes » (bien restitué et analysé par Annie Cohen-Solal dans *Sartre, op. cit.*, pp. 386-388). Sans aller aussi loin que les sartriens, la revue *Esprit* frappa fort également : dans le numéro d'octobre 1948, Albert Béguin écrivait notamment que Malraux était, « en un sens, le seul authentique fasciste français » (p. 451). Et dans *Action* (cité par Jean Lacouture, *Malraux*, Le Seuil, 1973, p. 340), Pierre Hervé écrivait que Malraux était « fasciste » ; à propos du RPF, il appelait à ne pas omettre « l'essentiel » : « Le fascisme et sa terreur, ses camps de concentration et ses tueurs. »

Pleyel, un « appel aux intellectuels »[1]. Deux mois auparavant, Louis Pasteur Vallery-Radot avait déjà présenté au comité exécutif « une série de rapports sur les comités d'intellectuels qu'il tente alors de mettre sur pied[2] ». Et, en février 1949, André Malraux fonde *Liberté de l'esprit*, que dirigera Claude Mauriac. Certes, cette revue ne dura que trois ans, mais la palette des auteurs publiés atteste que les exclusives venues de la gauche n'ont pas empêché bien des clercs, gaullistes ou non, de collaborer à l'entreprise : Jean Amrouche, Raymond Aron, Pierre de Boisdeffre, Max-Pol Fouchet, Stanislas Fumet, Roger Nimier, Gaëtan Picon, Francis Ponge, Denis de Rougemont, Léopold Sédar Senghor[3], entre autres, répondront à l'appel. Et le général de Gaulle, apparemment, sera attentif à la vie de la revue : il accorde, par exemple, une subvention de 300 000 francs le 9 mars 1950, et 100 000 francs supplémentaires le 20 avril suivant[4].

Surtout, dans les rangs mêmes du RPF, on trouve des intellectuels : Paul Claudel, Jacques Soustelle, Raymond Aron, Louis Pasteur Vallery-Radot, Maurice Clavel, Marcel Prélot, Marcel Waline. Et, bien sûr, André Malraux, dont l'itinéraire personnel, qui le fait passer du compagnonnage de route avec le Parti communiste français

1. *Cf.* le texte de cet appel en postface de l'édition de 1951 des *Conquérants*, Gallimard, pp. 189-201.

2. Jean Charlot, *le Gaullisme d'opposition. 1946-1958*, Fayard, 1983, p. 143.

3. Janine Mossuz-Lavau, *André Malraux et le gaullisme*, 1ʳᵉ éd., 1970, Armand Colin, 2ᵉ éd., PFNSP, 1982, p. 77.

4. Charles de Gaulle, *Lettres, notes et carnets, mai 1945-juin 1951*, Plon, 1984, pp. 413 (« note pour René Fillon et le capitaine Guy ») et 417.

avant la guerre au compagnonnage gaulliste à la Libération – et qui est, on le voit, à contre-courant de celui de beaucoup d'intellectuels –, est fait à la fois de continuité et de rupture. La continuité s'exprime dans son souci de défense de la « culture » contre le danger totalitaire, danger qui lui parut s'incarner dans le nazisme puis, dix ans plus tard, dans le communisme. Le facteur de rupture est sa rencontre avec le fait national, en d'autres termes avec « la France ». Dans un entretien avec Roger Stéphane daté de 1970 mais resté inédit jusqu'en 1986, Malraux déclarait en effet : « J'ai dit, il y a quelque chose comme quinze ans : " Ce qui s'est passé d'essentiel, c'est que dans la Résistance j'ai épousé la France. " J'ai pensé, à tort ou à raison, à ce moment-là, qu'on ne ferait rien sur le terrain social sans passer par la France, et qu'on ne ferait rien en France sans passer par la France, je n'ai pas changé d'avis [1]. »

Resterait à dénombrer les clercs gaullistes. Comme l'a noté Janine Mossuz-Lavau, à cette époque « les intellectuels connus ne sont pas légion autour du général de Gaulle », d'où une « déception » d'André Malraux [2]. Cette évaluation, pour être statistiquement exacte, ne doit pas conduire pour autant à trop minimiser l'impact du gaullisme en milieu intellectuel. Après tout, on l'a vu, les « intellectuels connus » communistes ne formaient eux aussi qu'un « cercle restreint ». Avec, il est vrai, deux différences de taille. Ne s'est pas agglomérée autour du RPF une large mou-

---

1. Entretien avec Roger Stéphane publié dans *le Nouvel Observateur* n° 1144, 10 octobre 1986, p. 133.
2. Janine Mossuz-Lavau, *op. cit.*, pp. 70 et 89.

vance de « compagnons de route » : certains
clercs furent des « compagnons », mais le gaullisme n'eut guère de « compagnons de route »,
tout au moins en nombre significatif. Et – deuxième correctif – le nombre devient infime pour les
étudiants attirés par le gaullisme : à l'École normale supérieure de la rue d'Ulm, par exemple, les
normaliens gaullistes constituent un groupuscule,
animé par Robert Poujade et par Jean Charbonnel,
alors que le communisme y exerce un incontestable attrait [1].

Toujours à droite, un autre rameau, quoique lui
aussi moins attractif que la gauche, ne doit pas
être oublié : celui de la droite libérale. Certes, bien
que la France ait donné naissance, par le passé, à
certains des plus grands penseurs du libéralisme,
celui-ci n'avait pas connu jusque-là une acculturation dans le milieu intellectuel français suffisante
pour le placer en position d'idéologie dominante.
Bien plus, en ces années d'après guerre, en raison
de la déstabilisation de la droite politique et de la
délégitimation de la droite intellectuelle, cette
relative minceur du courant libéral avait pris une
configuration de basses eaux. Dans cette mouvance désormais mal irriguée s'épanouissent pourtant quelques personnalités : c'est le cas de Raymond Aron, dont l'audience est alors relativement
faible mais toutefois relayée par sa tribune du
Figaro. De surcroît, cette situation d'étiage n'empêche pas de brillantes revues d'apparaître : ainsi
la revue *Preuves*, financée par le Congrès pour la
liberté de la culture, dont le premier numéro paraît

1. *Cf.* « Les normaliens de la rue d'Ulm après 1945 : une génération communiste ? », *op. cit.*

au cœur de la guerre froide, en mars 1951. Mais *Preuves* fut toujours tenue en suspicion par le milieu intellectuel de gauche : le Parti communiste français la qualifie de « policière », *le Monde* d'« américaine », et *Esprit* dénonce sa « besogne de propagande [1] ». Conséquence : cette revue, qui dès le début des années 1950 se proposera de penser le phénomène totalitaire, prêche dans le désert, ou, plus précisément, sa voix reste sans écho notable dans un paysage intellectuel qui penche toujours à gauche. Et *l'Express*, au milieu de la décennie, pourra malicieusement titrer : « À la recherche des intellectuels de droite [2] ».

Il n'empêche : des intellectuels et des institutions de droite ont survécu au naufrage de 1945. Bien plus, au moment de l'ébranlement de 1956 – que les pétitions vont nous permettre d'étudier –, le modelé du milieu intellectuel s'est un peu modifié. Certes, pour ce qui est des lignes générales, la situation reste globalement la même : le versant de gauche est toujours en pleine lumière, tandis que la droite intellectuelle se trouve toujours confinée sur l'ubac. Les teintes sont donc toujours politiquement monochromes. Quelques touches nouvelles viennent toutefois modifier le détail de l'agencement. Et notamment le fait qu'en ce milieu des années 1950 la nouvelle génération intellectuelle – ceux qui ont vingt ans vers 1955 – est moins largement attirée par le Parti communiste que les jeunes aînés qui, à la Libération et au cours des années suivantes, avaient, eux, connu la tentation

1. *Cf.* Pierre Grémion, « *Preuves* dans le Paris de guerre froide », *Vingtième siècle. Revue d'histoire*, 13, janvier-mars 1987.
2. *L'Express*, 25 décembre 1954, pp. 18-19.

communiste. Cette nouvelle génération reste à gauche, mais elle est parfois plus sensible à l'attrait du mendésisme, courant cimenté, par-delà son hétérogénéité, par l'admiration et parfois la ferveur que le député de l'Eure a alors suscitées [1].

L'ÉBRANLEMENT DE LA FOI

Cette baisse d'amplitude de l'attraction communiste ne doit pourtant pas dissimuler l'essentiel : au seuil de l'année 1956, le môle de l'intelligentsia communiste reste solide, et il faut donc bien avoir en tête cette solidité pour prendre la mesure de l'onde de choc dont témoignent les pétitions de l'automne 1956. Tout comme doit être prise en considération l'intensité de l'adhésion idéologique des clercs convertis au communisme.

Le mot conversion est ici employé à dessein. Que cherche souvent, en effet, un intellectuel, consciemment ou inconsciemment, en optant pour une idéologie et en s'en faisant tout à la fois le dépositaire et le porte-voix ? Deux choses, essentiellement, déjà évoquées au chapitre II : un principe d'intelligibilité du monde et un principe d'identité par l'adhésion à un groupe. En d'autres termes, des certitudes et des connivences. Or certains sociologues n'analysent-ils pas de semblable manière les phénomènes de croyance religieuse ? Et, inversement, pour comprendre les processus d'adhésion idéologique, des chercheurs n'em-

---

1. *Cf.* Jean-François Sirinelli, « Les intellectuels et Pierre Mendès France », *in Pierre Mendès France et le mendésisme*, sous la direction Jean-Pierre Rioux et François Bédarida, Fayard, 1985.

pruntent-ils pas parfois quelques-uns de ses outils
à la sociologie des religions [1] ? De surcroît, même
si un tel parallèle entre engagements des intellectuels et foi religieuse peut prêter à discussion, on a
pu, aussi, comparer certains de ces engagements à
des phénomènes de croyance de type profane.
Ainsi, l'historien Alain Besançon, évoquant dans
ses Mémoires son engagement communiste à
l'époque de la guerre froide, observait : « Le
communisme est une des formes modernes de
l'enchantement. » Nous sommes à nouveau, si l'on
admet une telle analyse, devant un phénomène de
croyance, croyance par envoûtement, certes, mais
qui relève des mêmes types d'approche.

Cette assimilation avec les phénomènes de foi
est, du reste, plus courante qu'on ne croit. Le philosophe Jean Grenier, qui fut le maître d'Albert
Camus, publiant en 1938 son *Essai sur l'esprit
d'orthodoxie* et y analysant les phénomènes d'adhésion idéologique, ébauchait ainsi ce parallèle :
« L'orthodoxie succède à la croyance. Un croyant
en appelle à tous les hommes pour qu'ils partagent
sa foi ; un orthodoxe récuse tous les hommes qui
ne partagent pas sa foi [2]. » Et, de fait, gardiens
d'une orthodoxie, les clercs communistes tra-
quèrent l'hérésie, dans un contexte que le climat de
la guerre froide rendait encore plus conflictuel. De
là un vocabulaire plus militaire encore que militant : le clerc, pour servir le Parti et chanter les
mérites de la classe ouvrière, moteur de l'histoire

---

1. Ainsi Jeannine Verdès-Leroux, s'appuyant notamment sur
Max Weber (*op. cit.*, par exemple p. 536).
2. Alain Besançon, *Une génération*, Julliard, 1987, p. 321 ; Jean
Grenier, *Essai sur l'esprit d'orthodoxie*, Gallimard, 1938, rééd. de
1967, coll. « Idées », p. 16.

et levain des révolutions à venir, se place à cette époque « à son créneau ».

La notion d'orthodoxie et son usage ont une autre conséquence : quand viendra le temps du doute et de l'érosion de la foi, ce sont un principe d'intelligibilité et une identité qui se trouveront atteints. En d'autres termes, quand la croyance vacille, c'est toute une vision du monde et une structure de sociabilité qui, parfois, s'effondrent. Tout au moins pour ceux dont l'engagement communiste et l'analyse marxiste, dans ses différentes variantes, étaient devenus une religion de salut terrestre.

UN « COUP DE TONNERRE »
AU PRINTEMPS

L'effondrement eut bien lieu, pour certains de ces clercs, à l'automne 1956. Mais il nous faut d'abord, pour comprendre les pétitions automnales, évoquer un printemps sans pétition. Cette absence est, du reste, en elle-même objet d'étude.

Car si, globalement, l'impact de 1956 est indéniable, comment faire la part entre le printemps – la diffusion du rapport Khrouchtchev – et l'automne – l'intervention en Hongrie – d'une année décidément bien dense ? Certains communistes et compagnons de route ont, en effet, reconstruit par la suite le récit de leur éloignement du Parti. Jeannine Verdès-Leroux a recueilli dans sa thèse les analyses rétrospectives d'intellectuels communistes. Certains d'entre eux

parlent de « coup de tonnerre ». Le terme sera
du reste utilisé par Vercors, compagnon de route,
dès 1957, dans un livre au titre sans appel :
P.P.C. (Pour prendre congé) [1]. Y eut-il pour
autant des intellectuels communistes ou des
compagnons de route pour prendre congé dès le
printemps 1956 ? La réponse est complexe. Et il
faut procéder par étapes : il y eut alors trouble,
incertitude, mais pas forcément élément de rupture et de départ.

Le trouble et l'incertitude sont évidents. La
teneur du rapport Khrouchtchev, prononcé à huis
clos le 25 février, avait été, par exemple, répercutée par *le Monde* du 19 avril 1956, sous la plume
d'André Fontaine. Et Vercors prononce au début
du mois de mai 1956 un discours où il exprime sa
perplexité – il parle même d' « autocritique » –, au
cours de l'assemblée générale du Comité national
des écrivains (CNE), dont il est alors président. Or,
comme il le souligne lui-même, « les membres
franchement anticommunistes... ont fini par quitter » ce comité. Celui-ci rassemble donc, à cette
date, avant tout des militants communistes et des
compagnons de route, ces derniers jouant le rôle,
comme l'écrira par la suite Vercors, de « potiches
d'honneur ». Le discours, écouté avec une « attention pétrifiée », parlait notamment de « pourrisse-
ment [2] ».

Le trouble de Vercors lui coûta peu de temps
après sa fonction de président du CNE. Mais ce
trouble était probablement partagé par d'autres
membres de la mouvance des compagnons de

1. Vercors, *P.P.C.*, Albin Michel, 1957, p. 31.
2. *Ibid.*, pp. 37, 47 et 289.

route, d'autant que le département d'État américain divulgua le texte complet le 4 juin et que *le Monde*, à partir du numéro du 6 juin et en onze livraisons, publia intégralement le discours, tandis que la presse française répercutait largement l'information – par exemple, *Combat* du 21 juin et *le Populaire* du lendemain. Bien plus, le texte intégral est publié dès le 23 juin par... La Documentation française [1].

Au seuil de l'été, bien des militants ou sympathisants étaient donc confrontés avec le rapport, fût-il relayé par la presse « bourgeoise ». Et, dès lors, chez certains, le trouble ne pouvait que s'amplifier. Simone Signoret a raconté, vingt ans après, dans *La nostalgie n'est plus ce qu'elle était*, le « coup de poignard au cœur » que la prise de connaissance du rapport fut pour « tous ceux qui n'avaient jamais douté, ou qui n'avaient jamais voulu admettre qu'ils doutaient ». Elle-même et Yves Montand, notamment, alors en tournage à l'étranger, sont « tombés de très haut en 1956, avec le rapport " attribué à Khrouchtchev [2] " ». Face à ce trouble, dès le 18 juin, le bureau politique du Parti communiste français avait allumé un contre-feu, en publiant une déclaration commençant par ces mots : « La presse bourgeoise publie un rapport attribué au camarade Khrouchtchev. » La mémoire collective, lourdement lestée des polémiques de l'époque, en a conservé le souvenir d'une négation du rapport par le PCF. Or la deuxième phrase de cet appel du 18 juin conduit à

---

1. *Notes et études documentaires*, n° 2189, 23 juin 1956, 25 p.
2. Simone Signoret, *La nostalgie n'est plus ce qu'elle était*, Le Seuil, 1976, p. 108.

nuancer, pour le moins, une telle analyse. « Ce rapport, y était-il proclamé, qui ajoute aux erreurs de Staline déjà connues l'énoncé de fautes très graves commises par lui, suscite une légitime émotion parmi les membres du Parti communiste français. » Une autre phrase, un peu plus bas, pouvait, il est vrai, paraître plus ambiguë : « Le bureau politique regrette cependant qu'en raison des conditions dans lesquelles le rapport du camarade Khrouchtchev a été présenté et divulgué, la presse bourgeoise ait été en mesure de publier des faits que les communistes français avaient ignorés. »

Il convient toutefois, en tout état de cause, de ne pas exagérer, en ce début de l'été 1956, l'ampleur de l'ébranlement en milieu communiste. D'autant que d'autres problèmes paraissent peut-être plus cruciaux aux militants à cette date : il est possible, par exemple, que ce soit le vote en mars 1956 par le groupe communiste des « pouvoirs spéciaux » au gouvernement de Guy Mollet pour l'Algérie qui ait « fait discuter le plus les communistes [1] ». Bien plus, il est probable que le XXᵉ congrès du PCUS n'a pas eu que des effets néfastes pour le PCF. Certains militants ont pu penser au contraire que ce congrès était une grande leçon d'autocritique, et qu'il fallait dès lors que leur parti s'amende promptement. D'où les espoirs que ces militants mettaient dans le XIVᵉ congrès, prévu au Havre dans la deuxième quinzaine de juillet. Espoirs déçus, car le débat qu'ils escomptaient n'eut pas lieu, tandis

---

1. C'est l'analyse de Roger Martelli dans *1956. Le choc du XXᵉ congrès du PCUS. Textes et documents*, Éditions sociales, 1982, p. 56.

que *l'Humanité* du 23 juillet se félicitait de l' « unanimité enthousiaste ». Mais, là encore, il convient de ne pas exagérer l'ampleur de cette déception. Apparemment, en effet, les retombées de l'attitude intransigeante des dirigeants du PCF furent loin d'être massives. Un seul intellectuel de premier plan, Aimé Césaire, député de la Martinique, rendra publique sa démission trois mois plus tard [1].

Que conclure, dès lors, sur ce premier semestre 1956 ? Une chose avant tout : qu'il ne faut pas s'en tenir à une analyse à court terme. Si celle-ci conduit, on l'a vu, à nuancer la vision d'un ébranlement profond, le rôle du XXe congrès, replacé dans le moyen terme de l'histoire des intellectuels, reste essentiel, car relayé par l'automne hongrois. Il y eut, en fait, un effet différé. D'une certaine façon, le XXe congrès a constitué pour certains clercs communistes, et parfois à leur insu ou même à leur corps défendant, une véritable opération de la cataracte, et c'est donc avec des yeux neufs qu'ils analyseront l'ébranlement suivant, la crise hongroise. Comme l'a écrit Jeannine Verdès-Leroux, « qu'ils se soient soulevés un an plus tôt, les Hongrois n'auraient pas ému les communistes français ; comme les autres, les intellectuels auraient dénoncé – après que leurs dirigeants leur eurent donné le ton – les fascistes, les féodaux, les agrariens, les contre-révolutionnaires, les débris de vieilles classes revanchardes, les chouans, etc. Mais, là, le réel s'imposa à beaucoup [2] ».

1. *France Observateur*, 337, 25 octobre 1956, p. 7.
2. Jeannine Verdès-Leroux, *op. cit.*, p. 460.

LE « SOURIRE » DE BUDAPEST

Comment ce réel s'imposa-t-il ? Nous disposons là, à la différence de ce qui précède, de jalons plus précis, grâce précisément aux pétitions. Dès le 8 novembre 1956 est publié dans *France Observateur* un texte au titre explicite, « Contre l'intervention soviétique », protestant sans ambiguïté contre « l'emploi des canons et des chars pour briser la révolte du peuple hongrois et sa volonté d'indépendance » :

> Les soussignés, n'ayant jamais témoigné de sentiments inamicaux à l'égard de l'URSS ni du socialisme, s'estiment aujourd'hui en droit de protester auprès du gouvernement soviétique contre l'emploi des canons et des chars pour briser la révolte du peuple hongrois et sa volonté d'indépendance, même s'il se mêlait à cette révolte des éléments réactionnaires dont les appels ont retenti à la radio des insurgés.
>
> Nous pensons et nous penserons toujours que le socialisme, pas plus que la liberté, ne s'apporte à la pointe des baïonnettes et nous redoutons qu'un gouvernement imposé par la force ne soit rapidement obligé, pour se maintenir, d'employer lui-même la coercition et son cortège d'injustices, contre son propre peuple.
>
> En particulier, si nous sommes sûrs que rien n'est actuellement médité contre la liberté des écrivains hongrois, nous ne pou-

vons cependant repousser pour l'avenir toute inquiétude à leur égard et nous nous élevons à l'avance contre les poursuites dont ils pourraient devenir l'objet.

Cela dit, nous nous élevons avec non moins de force contre les hypocrites qui osent s'indigner aujourd'hui de ce qu'ils acceptaient hier sans broncher. Nous dénions le droit de protester contre l'ingérence soviétique en Hongrie à ceux qui se sont tus – s'ils n'applaudissaient pas – lorsque les États-Unis ont étouffé dans le sang la liberté conquise par le Guatemala.

Nous dénions ce droit à tous ceux qui osent parler d'un « coup de Prague » dans l'instant où ils applaudissaient bruyamment au « coup de Suez ». Nous dénions ce droit à un ministre qui pousse le cynisme, à l'heure où ses parachutistes envahissent le sol égyptien, jusqu'à oser parler de la liberté des nations et à flétrir d'une voix pathétique ceux qui osent y porter atteinte.

Notre première revendication, auprès du gouvernement soviétique comme du gouvernement français, tient dans un mot : la vérité. Là où elle triomphe, le crime est impossible, là où elle succombe, il ne peut y avoir de justice, ni de paix, ni de liberté.

Jean-Paul Sartre, Vercors, Claude Roy, Roger Vailland, Simone de Beauvoir, Michel Leiris, Jacques-Francis Rolland, Louis de Villefosse, Janine Bouissounouse, Jacques Prévert, Colette Audry, Jean Aurenche, Pierre Bost, Jean Cau, Claude Lanzmann, Marcel

Péju, Promidès, Jean Rebeyrolle, André Spire,
Laurent Schwartz, Claude Morgan [1].

La liste des signataires est doublement significative. La présence des compagnons de route y est le
premier trait notable. Jean-Paul Sartre – et, derrière lui, plusieurs collaborateurs de la revue *les
Temps modernes* – est le premier de cette liste. Or
l'homme, on l'a vu, était devenu à partir de 1952 un
proche des communistes. Bien plus, il incarnait,
par exemple pour Raymond Aron [2], l'archétype du
compagnon de route grisé par les vapeurs de
l'Opium des intellectuels. De surcroît, il avait été
peu impressionné, semble-t-il, par les révélations
du rapport Khrouchtchev, qualifiant encore en novembre 1956 sa publication de faute « énorme »,
ayant pris le prolétariat par surprise. Ne pas déses-
pérer ni désorienter Billancourt restait à l'ordre du
jour.

C'est le même homme qui signe la protestation
de *France Observateur* et annonce, le lendemain
dans *l'Express*, qu'il rompt avec le Parti commu-

---

1. « Contre l'intervention soviétique », *France Observateur*, 339,
8 novembre 1956, p. 4. Le même numéro publiait une autre pétition d'intellectuels de gauche exprimant leur « indignation » et
dénonçant le « coup terrible à la cause de la paix et du socialisme »
(*cf. infra*, p. 309).

2. Raymond Aron, qui signe, lui, la pétition du Congrès pour la
liberté de la culture publiée dès le 5 novembre (*le Monde* daté du
6 : *cf. infra*, p. 311). *Preuves* et *les Temps modernes* se retrouvaient
apparemment pour la première fois du même côté. Avec, il est vrai,
plus que des nuances : les uns se réclamaient de la « conscience universelle », les autres du « socialisme »; bien plus, la pétition de
France Observateur, à la lecture, apparaît autant comme une dénonciation des « hypocrites qui osent s'indigner aujourd'hui » – les
lignes suivantes montrent qu'il s'agit des clercs libéraux – que
comme une condamnation de l'intervention soviétique.

niste français [1]. Son attitude, en fait, reflète celle de nombreux compagnons de route qui sont profondément ébranlés par les événements de Hongrie. Du reste, l'initiative de la pétition revient à Vercors, qui dévoilera ce rôle l'année suivante dans *Pour prendre congé*. Celui-ci, plus encore que Sartre, est l'exemple même du compagnon de route, appartenant non seulement aux instances dirigeantes du Conseil national des écrivains mais aussi au Mouvement de la paix. Au sein du conseil national de ce mouvement, le débat est d'ailleurs vif, et ce n'est qu'au bout de quarante-huit heures qu'un texte, difficilement élaboré par un comité restreint constitué d'Emmanuel d'Astier, Gérard Philipe, Laurent Casanova et quelques autres, est adopté. Par-delà le flou de certaines tournures, fruit du laborieux compromis, le désaveu formulé par une organisation pourtant satellite est incontestable :

> Le conseil national est unanime à regretter la tragique effusion de sang provoquée par les événements de Hongrie. Il adresse au peuple hongrois dans ses épreuves le témoignage de sa fraternelle sympathie et invite les comités de Paix à s'associer aux initiatives de solidarité en sa faveur [2].

Mais les compagnons de route n'étaient pas les seuls à être ainsi troublés ! La liste des signataires

---

1. « Après Budapest, Sartre parle », *l'Express*, 281, 9 novembre 1956, pp. 13-16. Le mot « rompre » est explicitement utilisé par Sartre.
2. Jean-Pierre Turquoi, *Emmanuel d'Astier. La plume et l'épée*, Arléa, 1987, p. 252.

de « Contre l'intervention soviétique » se signalait, en effet, par un autre trait notable : elle alignait aussi des noms d'intellectuels membres du Parti, ceux de Claude Roy, Roger Vailland, Jacques-Francis Rolland et Claude Morgan. Certes, ce dernier avait assorti sa prise de position d'une mise au point publiée par *France Observateur* : « Si j'ai considéré comme de mon devoir le plus absolu de signer, il y a vingt-quatre heures, avec Jean-Paul Sartre, Vercors et d'autres écrivains, le manifeste sur les événements de Hongrie, je tiens à affirmer, avec la même force, que si le Parti communiste français était menacé dans son existence, je serais plus que jamais prêt à combattre pour le défendre. »

Il reste que Claude Morgan et trois de ses pairs avaient bel et bien sauté le pas. Et l'un d'entre eux allait même faire le grand écart : dans un article donné à *l'Express* du 9 novembre, Jacques-Francis Rolland condamnait « la brutale et servile prise de position » du Parti communiste français dans le « drame de Budapest ». Né en 1920, ancien résistant, journaliste à *Action* après la guerre, Jacques-Francis Rolland appartient précisément à cette génération d'intellectuels dont nous avons vu qu'elle fut attirée par le PCF dans les combats contre l'occupant allemand. Agrégé d'histoire, il était en 1956 professeur au lycée Voltaire, mais continuait à collaborer régulièrement à *l'Humanité-Dimanche*. Et même si les dernières phrases de son article réaffirmaient son attachement au Parti – c'est son souci de lui être « utile » qui a dicté son attitude – et sa « confiance » et sa « fidélité » envers l'Union soviétique, l'attaque, on en conviendra, était plus que vive, d'autant que *l'Express* avait sous-titré : « Un militant communiste rompt le silence ».

Face à cette fronde dans ses propres rangs et non plus seulement sur ses flancs, le Parti communiste allait réagir. Le lundi 12 novembre, Marcel Servin publiait dans *l'Humanité* un article intitulé « Les termites et leurs alliés ». Sartre, y lisait-on, a recours à « l'infamie », et Jacques-Francis Rolland « manie le mensonge et l'insulte contre son Parti... Que ne va-t-il dans les rangs du parti de Mendès France ? ». Il faut enrayer le travail de sape de « ceux qui prétendent ronger le Parti de l'intérieur ». Conclusion : « Un J.-F. Rolland en moins dans notre parti, et les centaines d'adhésions d'ouvriers et d'étudiants que nous recevons depuis quelques jours, tout cela renforce nos rangs. La lutte victorieuse du Parti contre le fascisme, la guerre et la misère implique l'unité de ses rangs et nous y veillerons comme à la prunelle de nos yeux. » Et Waldeck Rochet de surenchérir, quatre jours plus tard, dans un article du même quotidien intitulé « Une leçon des événements de Hongrie » : « Aujourd'hui Sartre attaque et calomnie notre Parti... Quelques éléments opportunistes, membres du Parti, ont emboîté le pas à Sartre... À toutes les grandes périodes de l'histoire du Parti il s'est trouvé, dans les moments difficiles, quelques éléments petits-bourgeois, paniquards par nature, pour céder à la pression de l'ennemi de classe. »

Trahison, donc, il y avait, et dès lors le sort de Jacques-Francis Rolland était scellé : *l'Humanité* du 22 novembre 1956 annonçait son exclusion du

PCF et le blâme public formulé contre les trois autres signataires communistes du manifeste *Contre l'intervention soviétique*. À Jacques-Francis Rolland, la résolution votée par le comité central reprochait de participer « ouvertement à la campagne anticommuniste et antisoviétique de l'ennemi » et de tenter ainsi, « sur des bases opportunistes et liquidatrices, d'établir une plate-forme en vue de susciter une opposition fractionnelle à l'intérieur du Parti [1] ». Pour Claude Roy, Roger Vailland et Claude Morgan, le grief d'accusation était d'avoir placé « sur le même plan l'aide de l'armée soviétique aux travailleurs et au gouvernement hongrois [et] la guerre impérialiste contre le peuple égyptien ». Retour de bâton, donc : le parallèle avec Suez, fait sans doute par les signataires de *Contre l'intervention soviétique* dans l'intention de montrer que leur initiative ne les faisait pas basculer pour autant dans le camp de l' « impérialisme », se retournait contre leurs auteurs !

Entre-temps, la contestation s'était amplifiée au sein de la cléricature communiste, ou tout au moins chez certains de ses membres, probablement nourrie par le trouble que pouvaient entraîner des titres comme celui que *l'Humanité* du mardi 20 novembre 1956 place en première page : « Budapest recommence à sourire à travers ses blessures (de notre envoyé spécial André Stil) ». Lors de la réunion du comité central des 20 et 21 novembre, allusion sera d'ailleurs faite dès le

---

1. *L'Humanité*, 22 novembre 1956, p. 6. Dans le même numéro, en page 2, un article de Léon Feix commente cette exclusion et qualifie Rolland de « renégat ».

premier jour par Roger Garaudy à une motion
adressée à ce comité central « par un groupe de dix
camarades », accusés par l'orateur de « substituer
le point de vue individuel aux positions de classe »
et de vouloir « se constituer en fraction organisée
avec une plate-forme politique d'opposition ». Et
si *l'Humanité* du 21 novembre mentionne l'allusion de Roger Garaudy, l'identité des dix « camarades » n'est pas révélée.

Et pour cause ! Ont notamment signé le texte les
peintres Pablo Picasso et Édouard Pignon, les professeurs Henri Wallon et René Zazzo, et aussi Marcel Cornu, chargé de la page artistique des *Lettres
françaises*. C'est Hélène Parmelin, autre signataire,
qui avait mis le texte au point avec Jean Chaintron
et Victor Leduc, au domicile de ce dernier. Et
Hélène Parmelin ira elle-même le déposer au siège
du comité central le 20 novembre au matin [1]. Ce
texte fut rendu public quelques jours plus tard :
le Monde du 22 novembre en publie les « principaux passages » sous un titre sans ambiguïté,
« M. Picasso et neuf intellectuels dénoncent les
" atteintes à la probité révolutionnaire ". » Et
France Observateur daté du même jour en publie le
texte intégral. Là encore, c'est Hélène Parmelin
qui, avec Victor Leduc, avait envoyé la pétition à la
presse pour éviter un texte mort-né et susciter un
débat public. Cette pétition était ainsi formulée :

1. Victor Leduc, *les Tribulations d'un idéologue*, Syros, 1985,
pp. 224-225. Cet élément est confirmé indirectement par Laurent
Casanova dans un article de *l'Humanité* du 30 novembre 1956 (« la
camarade Hélène Parmelin remettait aux services techniques de la
session une lettre adressée personnellement à chacun des
membres du comité central »).

Au moment où le Parti communiste se voit attaqué de toutes parts, nous, militants communistes, résolus à l'être et à le demeurer, et décidés à nous exprimer à l'intérieur du Parti, nous nous adressons au comité central, à chacun de ses membres et à tous les comités fédéraux.

Les semaines qui viennent de s'écouler ont posé aux communistes de brûlants problèmes de conscience que ni le comité central ni *l'Humanité* ne les ont aidés à résoudre. Une pauvreté invraisemblable d'informations, un voile de silence, des ambiguïtés plus ou moins voulues ont déconcerté les esprits, les laissant ou bien désarmés, ou bien prêts à céder à toutes les tentations qu'entretenaient, de leur côté, nos adversaires.

Ces atteintes à la probité révolutionnaire ont pris corps dès le XXe congrès, dès l'apparition sur la scène nationale et internationale du rapport de Khrouchtchev. Les interprétations données des événements de Pologne et de Hongrie ont enfin porté à son comble un désarroi dont les conséquences n'ont pas tardé à se faire sentir. Les innombrables manifestes qui circulent chez les intellectuels comme chez les ouvriers apparaissent significatifs d'un malaise profond répandu dans l'ensemble du Parti, et que le sursaut de rassemblement dans la lutte contre le fascisme ne saurait dissimuler.

Travailleurs intellectuels et faisant profession de chercher la vérité, dans nos œuvres et dans nos travaux, aux côtés de la classe ouvrière ; communistes et ne pouvant rester indifférents à tout ce qui se fait, se dit et s'écrit en ce nom, nous élevons la voix à notre tour pour demander la convocation d'un congrès extraordinaire dans les plus brefs délais, au cours duquel seront débattus, dans leur réalité et dans leur vérité, les problèmes aujourd'hui innombrables qui se posent aux communistes.

Ce faisant, nous protestons à l'avance contre toute interprétation tendancieuse de cette lettre collective, contre toute mise en cause de notre fidélité au Parti et à son unité. Notre devoir de communistes nous impose de ne pas considérer le Parti comme un lieu où nous ne puissions exprimer notre pensée qu'individuellement :

Georges Besson, écrivain ;

Marcel Cornu, agrégé de l'Université ;

Francis Jourdain, écrivain ;

Docteur Harel, chargé de recherches au Centre national de la recherche scientifique ;

Hélène Parmelin, écrivain ;

Pablo Picasso, peintre ;

Édouard Pignon, peintre ;

Paul Tillard, ancien lieutenant FTP, déporté à Mauthausen ;

Henri Wallon, professeur honoraire au Collège de France ;

René Zazzo, professeur à l'Institut de psychologie, directeur à l'École des hautes études.

Le Parti communiste tenta d'obtenir une rétractation des signataires. Peine perdue. Seul Henri

Wallon fit réellement marche arrière, écrivant une lettre que publia *l'Humanité* et dans laquelle il déclarait notamment à Georges Cogniot, qui s'était rendu chez lui : « J'ai été très touché de votre visite, qui m'a donné l'occasion de m'expliquer sur le texte de la lettre signée par moi et par quelques camarades. Ce que je tiens surtout à souligner, c'est ma fidélité totale au Parti, c'est mon adhésion à la politique qu'il mène actuellement. J'avais bien spécifié, avec mes cosignataires, que nous n'entendions nullement mener une politique fractionnelle dans le Parti, ce que je considérerais comme absurde et criminel [1]. » Dont acte ! Mais plus qu'un désaveu de ce que l'on retiendra sous le nom de « lettre des dix », ce sont surtout les pressions de Georges Cogniot – et, pour d'autres signataires, celles de Laurent Casanova – qui sont ainsi indirectement mises en lumière. Et, en dépit de ces pressions, le résultat fut mince, à part le cas Wallon : Georges Besson se bornera à protester contre la publication de la pétition, « message » qui aurait dû rester « confidentiel » et « entre communistes », et le docteur Harel se plaindra auprès du directeur du *Monde* de la publication de son nom sans qu'il ait été « consulté [2] ». Simples replis tactiques, on le voit.

À la différence des signataires communistes de la pétition publiée le 8 novembre, les « dix » ne subiront que les foudres indirectes de leur parti, notamment une « Réponse du comité central à dix membres du Parti [3] » – mise en garde assez modé-

1. *L'Humanité*, 22 novembre 1956, p. 2.
2. « Une lettre de Georges Besson à Laurent Casanova » et « Une lettre de J. Harel » (*l'Humanité*, 24 novembre 1956, p. 5).
3. *L'Humanité*, 24 novembre 1956, p. 5.

rée, condamnant tout de même le « procédé fractionnel » des signataires – et un très long article
argumenté de Laurent Casanova dans l'*Humanité*
du 30 novembre, dénonçant « tout essai d'organiser un travail fractionnel quelconque à l'intérieur
du Parti » et soupçonnant que « l'impulsion vient
d'ailleurs aussi que de France », la Yougoslavie
étant explicitement mentionnée deux lignes plus
haut [1].

CHOC EN RETOUR

Rôle de paratonnerre joué par la célébrité de
Picasso ? Crainte d'une escalade dans la crise entre
le PCF et certains de ses intellectuels ? Toujours
est-il qu'il n'y eut pas de sanctions contre les dix
signataires. Mais, même sans contrecoups immé-
diats trop violents, les deux pétitions de l'automne
1956 évoquées ici montrent tout de même bien
l'ampleur de l'onde de choc, non seulement sur les
flancs de cette mouvance, parmi les compagnons
de route, mais également en son sein même. Elles
permettent aussi d'évaluer l'impact de cette onde
de choc. Ce qui donna force à celle-ci fut bien,
somme toute, un phénomène de relais. Comme l'a

1. Dès le début du mois de novembre, des intellectuels – et
parmi eux d'anciens communistes ou compagnons de route –
s'étaient adressés au maréchal Tito, lui demandant « instamment
d'intervenir auprès de l'Union soviétique en faveur de l'indépendance de la Hongrie socialiste » (*cf. le Monde*, 6 novembre 1956,
p. 8 ; les signataires étaient René Cassin, Jean Cassou, Claude Aveline, Pierre Emmanuel, Jean Duvignaud, Louis Martin-Chauffier,
Clara Malraux, Édith Thomas et Agnès Humbert). Et le journal
Franc-Tireur avait adressé au maréchal Tito un télégramme l'adju-
rant d'intervenir d'urgence (*ibid.*).

écrit Jeannine Verdès-Leroux, « tous les chocs que les intellectuels avaient reçus de 1953 à 1956 avaient été amortis... Mais, replacés après le rapport Khrouchtchev dans une grande chaîne de désastres et de crimes, ils redevenaient intolérables. L'harmonie de l'ère stalinienne brutalement détruite en ce printemps 1956 amena à de nouvelles conduites, de nouvelles exigences, de nouvelles solidarités ». Dès lors, à l'automne, il y eut parfois « l'effondrement d'espoirs jusque-là conservés [1] ».

Et là est, en définitive, l'essentiel. Certes – et les témoignages recueillis par Jeannine Verdès-Leroux le montrent bien –, on fausserait l'analyse en exagérant le nombre de ceux pour qui se produisit cet « effondrement ». Mais, inversement, les rapports entre le Parti et ses intellectuels ne se réduisirent pas alors à une exclusion, trois blâmes et une contre-offensive en règle dans *l'Humanité*. Le trouble, profond [2] et durable, aura, pour ceux qui le connaîtront, deux types de conséquences : le départ ou l'opposition interne.

Les départs se firent à deux niveaux. D'une part, les « potiches d'honneur » se retirèrent : la route en commun était finie. Le cas de Vercors est à cet égard révélateur, tout comme, sur un registre différent et d'une façon sans doute plus complexe, celui de Jean-Paul Sartre. D'autre part, au cœur

---

1. Jeannine Verdès-Leroux, *Au service du Parti, op. cit.*, pp. 460 et 462.
2. Yves Montand emploie du reste l'expression « trouble profond » dans la lettre qu'il envoie début décembre 1956 à M. Obratzov, directeur du Théâtre de marionnettes de Moscou, pour confirmer son arrivée prochaine à Moscou (*cf. le Monde* du 5 décembre 1956).

même de la cléricature communiste, des départs eurent lieu également, certains sur la pointe des pieds, d'autres publiquement. Les exclusions proprement dites furent rares : celle de Jacques-Francis Rolland intervint, on l'a vu, dès novembre 1956, tandis que Claude Roy connut un sursis jusqu'en février 1957. *L'Humanité* du 15 février publia la résolution de la cellule Jeanne-Labourbe d'Issy-les-Moulineaux demandant son « exclusion définitive » pour avoir « poursuivi son activité antiparti » et avoir attaqué le Parti « par l'écrit et par la parole ».

Pour évaluer l'ampleur des départs volontaires, les travaux de Jeannine Verdès-Leroux se révèlent à nouveau précieux. Ils ont bien montré, en effet, le décalage fréquent entre les souvenirs des anciens communistes qui datent de cette année 1956 leur sortie et la réalité, autrement plus complexe : ces départs, en fait, se sont échelonnés sur plusieurs années. La plupart des « ex » qui ont rompu à cette époque l'ont fait au terme d'un processus de décantation à chronologie variable, le cas de Dominique Desanti, qui reprendra sa carte en 1957 mais ne se rendra plus aux réunions de cellule, représentant un plancher, et celui de Roger Vailland reprenant sa carte jusqu'en 1959 constituant un plafond. Avec, il est vrai, une cave et un grenier, en d'autres termes des départs dès 1956 ou après 1959. Mais le cas d'un Emmanuel Le Roy Ladurie rendant sa carte dès l'annonce de l'intervention soviétique – ainsi qu'il l'a raconté dans *Paris-Montpellier* – n'est sans doute pas très représentatif. Inversement, les départs après 1959, même s'ils apparaissent avec le recul comme des départs « différés », procèdent parfois d'autres causes, et, pour ce qui concerne leurs auteurs, l'attitude qui prévalut après la Hongrie relève d'un autre cas de figure : le choix du maintien au sein du Parti, mais en situation d'opposition interne.

Car, à défaut d'un réel « travail fractionnel », des tendances « oppositionnelles » – par exemple, ainsi que le raconte Victor Leduc dans ses *Tribulations d'un idéologue*, le petit groupe réuni autour du bulletin *l'Étincelle* – existeront désormais, latentes ou déjà affichées. Là encore, l'ampleur en est difficile à évaluer, car si, durant les trois décennies qui suivirent, les strates successives d'« ex » situeront rétrospectivement le début de leur décrochage en 1956, certaines de ces affirmations constituent de trompeuses remises en perspectives – conscientes ou inconscientes –, une fois le cordon ombilical coupé. Il reste que, de fait, certains intellectuels demeurés au PCF pour des raisons diverses n'auront plus désormais la même fidélité inconditionnelle. Quelques « termites » avaient été débusqués à la faveur des événements, mais ceux-ci avaient aussi créé des taupes au sein du Parti, dont l'activité fractionnelle allait se manifester par la suite à plusieurs reprises. Et même chez d'autres clercs, restés pleinement et consciemment solidaires en 1956, un travail de sape fera parfois son chemin dans les esprits, à vitesse plus ou moins grande. Pour toutes ces raisons, le terrain des clercs communistes ou alliés, demeuré jusque-là ferme, devint alors un sol meuble car miné de l'intérieur. Les décrochages et éboulements s'y produiront par phases, au cours des décennies suivantes.

On notera aussi que, dans tous les cas de figure qui précèdent, l'historien étudie une génération à qui est étrangère la précipitation – éventuellement médiatique – qui sera celle d'autres générations plus jeunes. Et l'effet différentiel ne porte pas seulement sur les vitesses des évolutions individuelles mais aussi sur l'évolution idéologique globale, moins rapide par exemple que celle que connaîtront bien des membres des générations « gauchistes » des années 1960 et du premier versant de la décennie suivante.

Cette évolution idéologique après 1956 n'en demeure pas moins un phénomène déterminant dans l'histoire intellectuelle française. Observons, à cet égard, que l'essentiel, pour l'évaluation du choc de 1956, ne réside pas dans le seul problème des rapports entre le Parti communiste et ses clercs, compagnons ou militants, même si, dans ce domaine, 1956 marque assurément un tournant. Plus largement, l'élément décisif semble être, à gauche même, la « levée d'immunité idéologique du communisme soviétique » (Branko Lazitch). Le cas s'était déjà produit en 1938-1939, avec les grands procès puis le pacte germano-soviétique, mais l'« effet Stalingrad » avait lavé la tache et conféré à nouveau au modèle soviétique ses vertus attractives. Après le choc de 1956, la trace laissée sera, sinon indélébile, en tout cas plus durable. Avec, du reste, un effet immédiat : le Parti communiste n'aura plus désormais cette position dominante qui était la sienne dans le milieu intellectuel. Le signe le plus tangible en est la moindre attraction sur la nouvelle génération. Ce recul, on l'a vu, s'était amorcé avant 1956, avec l'apparition du pôle mendésiste [1].

Deux autres indices vont, après 1956, dans le même sens : la « nouvelle gauche », vivifiée par la guerre d'Algérie – nous y reviendrons –, va recruter largement en milieu étudiant ; on notera, par ailleurs, au début des années 1960, sur les flancs du Parti communiste et en réaction contre lui, la renaissance d'une extrême gauche dont le « manifeste des 121 », en septembre 1960, proclamant le droit à l'insoumission, est le signe le plus révélateur. On mesure mieux ainsi l'ampleur du choc qui ébranla le Parti communiste français dans la deuxième partie des années 1950. Jusque-là, comme l'a écrit Claude Roy dans ses Mémoires, la force de ce parti était triple : « Un idéal, une machinerie et Aragon [2]. » La machinerie – entendons l'appareil – résistera, mais l'idéal était désormais flétri aux yeux de certains clercs, et, si Aragon demeurait fidèle au Parti, ces clercs ébranlés commencèrent à partir.

Mais, à ce stade de l'analyse, il convient de ne pas commettre d'erreur de perspective. Cette désaffection du modèle soviétique est à nuancer, pour deux raisons au moins. D'une part, nous l'avons déjà noté, les phénomènes d'évolution idéologique sont des phénomènes relativement lents, et les décrochages sont rarement massifs. Ils s'effectuent plutôt par paliers. De fait, dans une

---

1. Plus largement, nous le verrons au chapitre suivant, cet effritement était également sensible à travers la capacité de mobilisation non négligeable d'intellectuels en dehors de la mouvance communiste, au moment des premières pétitions sur l'Algérie, à partir de l'automne 1955.

2. Claude Roy, *Nous*, Gallimard, 1972, p. 452.

moyenne intelligentsia – le milieu enseignant, par exemple –, le communisme restera encore solidement implanté dans les années 1960, d'autant que la coexistence pacifique avait un peu gommé les effets de l'automne hongrois. De même, après la flambée mendésiste, le milieu étudiant, à la charnière des deux décennies, était redevenu sensible à l'attraction du PCF, au sein de l'UNEF par exemple. Une certaine libéralisation dans le domaine culturel contribua aussi à enrayer le processus de recul[1].

D'autre part, et surtout, on va observer dans la haute intelligentsia – celle qui, placée aux lieux d'influence, est à la pointe, au moins apparemment, de l'évolution idéologique – un maintien du marxisme-léninisme. Pour la plupart des intellectuels qui en étaient alors imprégnés, la Hongrie ne sonne pas, en effet, le glas d'une idéologie qui n'a pas, à leurs yeux, démérité. Seule l'URSS, concéderont-ils, est fautive. On l'admirera moins désormais, on quittera parfois le Parti, mais le socle idéologique restera intact. S'amorcera alors, en quelques années, une sorte de transfert à la fois sémantique et géographique. Au couple prolétariat-bourgeoisie se substitue celui du tiers monde et de l'« impérialisme ». Jusque-là, la classe ouvrière devait être le levain des phénomènes révolutionnaires. Ce rôle historique est désormais dévolu au tiers monde en voie de décolonisation, promu au statut de prolétaire à l'échelle mondiale. Du coup, ce sont les jeunes nations en lutte – l'Algérie, par exemple – ou les pays qui ont été

---

1. Mais, là encore, le terrain était déjà miné, comme le montreront les soubresauts de l'UEC quelques années plus tard.

l'épicentre de révolutions récentes – ainsi la Chine, ou Cuba – qui vont incarner tout au long des années 1960 le mouvement irréversible de l'Histoire. Le marxisme-léninisme reste donc la grille d'analyse politique et le système de référence idéologique.

Après 1956, on le voit, le balancier reste à gauche et on observe, plutôt qu'un changement de centre de gravité dans le rapport droite-gauche, un rééquilibrage entre gauche communiste d'obédience soviétique et gauche non communiste ou relevant d'autres modèles que le modèle soviétique. D'où cette dernière question : qu'en est-il des effets induits par 1956 dans la sphère intellectuelle de droite ? À défaut de voir le rapport de forces idéologique se modifier, y eut-il à droite une modification de la force de frappe intellectuelle ? Et, notamment, l'ébranlement de certaines convictions communistes et l'érosion du modèle soviétique ont-ils permis désormais de penser le totalitarisme ?

L'environnement intellectuel des années qui suivirent la Libération n'avait guère permis, en effet, une analyse en profondeur du phénomène totalitaire. Il y avait eu, à cet égard, retard à l'allumage. Il faudra, par exemple, attendre le début des années 1970 pour que l'œuvre d'Hannah Arendt commence à être traduite en France. Quelques francs-tireurs avaient pourtant amorcé une réflexion sur le sujet : Raymond Aron, déjà évoqué, ou Jules Monnerot, dont la *Sociologie du communisme* (1949), souvent utilisée par la suite, eut peu d'impact sur le moment. De son côté, la revue *Preuves* évoque dans l'un de ses premiers

numéros le totalitarisme, « sans doute le phénomène le plus neuf, le plus bouleversant de notre
époque ». Mais le bilan restait maigre. Dès lors,
l'allumage qui ne s'était pas fait avant 1956 fut-il
au contraire facilité par les chocs de cette année-
là ? La réponse est négative. Les raisons en sont
multiples. La cause essentielle réside sans doute
dans le fait que les intellectuels de droite et de
gauche vont s'investir dans les débats autour de la
guerre d'Algérie. Les soubresauts de la décolonisation vont donc, jusqu'en 1962, occulter quelque
peu Budapest et ses retombées, en mobilisant la
réflexion et les polémiques des intellectuels. De
surcroît, en 1962, quand prend fin l'épreuve algérienne, s'ouvre à la même époque la phase dite de
la « détente », qui va accréditer en France le thème
de la « convergence » entre régimes de l'Est et de
l'Ouest, thème propre à désamorcer une réflexion
sur le totalitarisme. Certes, Raymond Aron se
montrera plus que sceptique, en 1963, dans la préface à ses *Dix-huit leçons sur la société industrielle*,
prenant ainsi de façon explicite le contre-pied des
thèses de Rostow sur *les Étapes de la croissance
économique*. Mais, l'année suivante, un autre intellectuel français d'audience non négligeable, Maurice Duverger, pouvait écrire dans son *Introduction à la politique* que le « double mouvement »
qui doit rapprocher les deux systèmes « semble
irrésistible ».

Si l'on ajoute qu'à gauche l'antiaméricanisme
reste un sentiment prégnant chez les intellectuels,
et qu'il est de surcroît revivifié par la guerre du
Vietnam, on comprendra qu'en ces années 1960 le
phénomène soviétique ait été banalisé et n'ait

guère suscité de réflexion théorique en France, en tout cas pas de réflexion connaissant une grande audience chez les intellectuels et encore moins un large écho dans l'opinion publique.

*

Il faudra, en fait, nous le verrons, attendre la deuxième partie des années 1970 pour observer en France un discrédit des modèles révolutionnaires de rechange qui avaient pris le relais de l'URSS et pour constater l'amorce d'une délégitimation du marxisme. D'autant que pour l'URSS elle-même, si la détente lui avait permis d'humaniser son image aux yeux des opinions publiques des démocraties occidentales, la publication de *l'Archipel du goulag* eut un effet décisif. Comme l'a écrit Branko Lazitch, le rapport Khrouchtchev avait « levé l'immunité idéologique du communisme soviétique », et *l'Archipel du goulag* allait lever son « immunité morale [1] ».

ANNEXES

I

Devant l'évolution tragique de la situation en Hongrie, les soussignés, qui ont protesté récemment contre l'intervention militaire franco-anglaise en Égypte, dénoncent avec indignation l'immixtion brutale de l'armée soviétique dans les

1. Branko Lazitch, *le Rapport Khrouchtchev et son histoire*, Le Seuil, 1976, p. 35.

affaires intérieures hongroises. En violant ainsi délibérément le droit des peuples à disposer d'eux-mêmes et à jouir d'une vie nationale libre de toute ingérence étrangère, en reniant les engagements qu'elle avait récemment pris elle-même, notamment par la déclaration Tito-Khrouchtchev, l'URSS a porté un coup terrible à la cause de la paix et du socialisme. Celui-ci ne peut en effet se développer qu'avec l'adhésion des masses populaires et ne saurait reposer sur la force des baïonnettes étrangères.

Nous appelons solennellement l'URSS à retirer ses troupes de Hongrie et à renoncer à tout emploi de la force dans ses relations avec les pays socialistes.

Ont déjà signé :

Jacques Madaule, Jacques Chataignier, Georges Suffert, Jean-Marie Domenach, Jacques Nantet, Gilles Martinet, Claude Bourdet, Robert Barrat, Pierre Stibbe, Jean Rous, René Tzanck, Edgar Morin, Robert Cheramy, Maurice Lacroix, Jean-Louis Bory, Jean Duvignaud, Yves Dechezelles, Roger Stéphane, Georges Montaron, Maurice Henry, Maurice Laval.

(*France Observateur*,
n° 339,
8 novembre 1956, p. 4).

II

Il y eut également, en ce début novembre 1956, une pétition plus œcuménique dans sa liste de signataires. Des personnalités de droite aussi bien que de gauche assuraient les intellectuels hongrois de « leur instante admiration et de leur solidarité totale ». Le texte poursuivait : « [Les intellectuels français] soulignent que les dirigeants du Kremlin, en envoyant leurs tanks et leurs avions tirer sur les insurgés, ont refait de Moscou, comme au temps du tsarisme, la capitale de la réaction absolutiste mondiale, reprenant, face aux efforts d'émancipation des peuples, le rôle de superpolice sanglante qu'ont tenu la Sainte-Alliance et les Versaillais. Ils mettent ces massacreurs au ban de l'humanité et flétrissent les chefs communistes des pays libres qui, en restant dans leur sillage, se couvrent les mains du sang du peuple hongrois. » Parmi les premières signatures, on relevait notamment celles de Jules Romains, Henri Mondor, Gabriel Marcel, André Maurois, Bédarida, Albert Camus, André Breton, Rémy Roure, André Philip, Jules Supervielle, Paul Bénichou, Aimé Patri, Benjamin Péret et Thierry Maulnier (*le Monde*, mardi 6 novembre 1956).

III

Le comité exécutif du Congrès pour la liberté de la culture, dont la présidence est assurée en particulier par Karl Jaspers, Salvador de Madariaga, Jacques Maritain et Bertrand Russell, déclare que tous les écrivains, artistes et savants groupés au sein du congrès conjurent les Nations unies, « au nom de la conscience universelle », de prendre « les mesures d'urgence pour sauvegarder la liberté et l'indépendance du peuple hongrois et assurer la protection de ce peuple héroïque devant la répression brutale et la terreur des armées soviétiques ».

Ont signé notamment Raymond Aron, Irwing Brown, Julius Fleischmann, Sidney Hook, Denis de Rougemont, David Rousset, Carlo Schmid, Ignazio Silone, Manès Sperber (*le Monde*, mardi 6 novembre 1956).

IV

Il y eut aussi, après la publication de *Contre l'intervention soviétique*, une réaction d'écrivains soviétiques. Le 22 novembre, en effet, dans la *Literatournaïa Gazeta*, trente-cinq de ces écrivains envoyèrent, sous le titre « Voir toute la vérité », une « lettre ouverte aux écrivains français qui ont publié dans *France Observateur* la déclaration intitulée " Contre l'intervention soviétique " ». Ce texte, qui reproduisait du reste la pétition des intellectuels français, était courtois mais ferme. Il reprochait aux Français signataires de ne pas avoir vu « toute la vérité » : « La contre-révolution avait décidé que son heure était venue » ; dès lors, « faudra-t-il que des semaines et des mois passent avant que vous voyiez toute la vérité sur la terreur blanche fasciste qui s'était déchaînée en Hongrie ? ». Et les écrivains soviétiques d'écrire : « Souvenez-vous de quoi étaient capables les nazis pendant les années d'occupation de la France. Vous avez vu les tombes des Français fusillés dans les cimetières du Père-Lachaise et d'Ivry... Où est la différence entre les contre-révolutionnaires hongrois et les nazis ? Simplement dans le fait que les nazis avaient en leur temps conquis le pouvoir sur la France et que les contre-révolutionnaires hongrois n'ont pas réussi à conquérir le pouvoir sur la Hongrie... C'est précisément pendant les jours où vous avez publié votre déclaration contre nous, appelant au " triomphe de la vérité ", que des soldats soviétiques, faisant le sacrifice de leur vie, ont sauvé des dizaines et peut-être même des centaines de milliers de vies du déchaînement de la terreur fasciste » (*cf.* notamment *France Observateur* du 29 novembre 1956, pp. 13-14, qui publie de surcroît « la réponse des écrivains français » ; *cf.* également *l'Humanité* du 24 novembre 1956, p. 2, et des extraits dans *le Monde* daté du même jour, p. 2).

CHAPITRE IX

GUERRE D'ALGÉRIE,
GUERRE DES PÉTITIONS ?

En ce milieu des années 1950, c'est en fait la guerre d'Algérie [1] qui, plus que tout autre cause ou événement contemporain, va mobiliser nombre d'intellectuels. De surcroît, l'empreinte de cette guerre sur une partie de l'intelligentsia française a été profonde et durable. Quand Simone de Beauvoir note en 1963, dans *la Force des choses* : « Ce n'est pas de gaieté de cœur que j'ai laissé la guerre d'Algérie envahir ma pensée, mon sommeil, mes humeurs », il faut certes faire la part de l'emphase ou, à tout le moins, de l'émotion rétrospective, mais l'observation conserve sa réalité à la fois politique, psychologique et quasi clinique.

Car il est bien vrai que l'investissement des clercs fut, dans certains cas, intense, et la guerre

1. J'ai déjà eu l'occasion de développer certaines des analyses qui suivent lors d'une table ronde puis d'un colloque organisés par l'Institut d'histoire du temps présent (CNRS) en avril et décembre 1988 (*cf.* « La guerre d'Algérie et les intellectuels français », *Cahiers de l'IHTP*, 10, novembre 1988, sous la direction de Jean-Pierre Rioux et Jean-François Sirinelli, et les actes du colloque de décembre 1988 – à paraître en 1990 aux Éditions Fayard sous la direction de Jean-Pierre Rioux – où je reprends le même matériau à travers le problème de l'influence des clercs).

d'Algérie, de ce fait, fut aussi « une bataille de l'écrit [1] ». Parmi les armes alors utilisées, les pétitions jouèrent un rôle indéniable. Ce rôle fut-il pour autant déterminant ? À nouveau se trouve ainsi posée la question de l'influence des pétitions et de l'efficacité de leurs signataires. Ces pétitions présentent en tout cas un autre intérêt : elles constituent un miroir au reflet duquel bien des aspects de cette guerre de huit ans sont discernables. Ce qui suggère à l'historien une deuxième question : l'image réfléchie et que cet historien recompose est-elle déformée, les pétitions accusant les angles de certains problèmes et en passant d'autres sous silence ? C'est moins, on le verra, la prise en compte de l'ensemble de la situation qui comptait dans ces textes collectifs que, souvent, la dénonciation de tel ou tel aspect de cette situation. Pour le chercheur, les pétitions constituent donc un balcon sur histoire, mais donnant sur un paysage embrumé.

Là n'est pas leur seul intérêt rétrospectif, et leur seule difficulté de traitement. Certaines d'entre elles ont, en effet, nourri, depuis, une sorte de légendaire de la gauche intellectuelle. « France, ma patrie... », publié par Henri Marrou dans *le Monde* en avril 1956 – et proche, par certains de ses traits, d'une pétition –, par exemple, est considéré rétrospectivement comme l'un des textes fondateurs de la « résistance » à la guerre d'Algérie.

---

1. Michel Crouzet, « La bataille des intellectuels français », *la Nef*, cahier 12-13, octobre 1962-janvier 1963. Sur certains aspects de cette « bataille », *cf.* Hervé Hamon et Patrick Rotman, *les Porteurs de valises. La résistance française à la guerre d'Algérie*, Albin Michel, 1979, édition augmentée, Le Seuil, « Points-Histoire », 1982.

Quant au « Manifeste des 121 », l'Histoire, selon la jolie formule d'Hervé Hamon et Patrick Rotman, le « transformera en une sorte de palmarès ». Palmarès de l'honneur des clercs mais aussi, inversement, sous d'autres regards, liste d'infamie ou, pour le moins, d'irresponsabilité et de trahison [1].

Observation qui conduit à une autre question : la mémoire collective n'a-t-elle pas fait la part trop belle à ces souvenirs d'une partie de la gauche française ? En d'autres termes, à trop privilégier quelques textes, ne commet-on pas une double erreur de perspective ? Ne confond-on pas, d'une part, trace laissée dans la mémoire et résonance sur le moment, dont il n'est pas sûr – et il faudra y revenir – que l'amplitude ait été aussi forte ? N'a-t-on pas tendance, d'autre part, à passer sous silence d'autres textes dont la teneur et la tonalité étaient bien différentes ? À exhumer de tels textes, on ne satisfait pas seulement le devoir de l'historien de tendre – autant que faire se peut – à l'exhaustivité ; c'est aussi une cléricature française bien davantage composite dans ses rapports avec la guerre d'Algérie qui apparaît en filigrane.

Et là est, en définitive, l'essentiel. Assurément, l'image reflétée par les pétitions est déformée ; il n'en demeure pas moins qu'elle révèle un large spectre d'opinions exprimées. Par-delà le cliché d'une activité pétitionnaire venue des rangs de la seule gauche, et, au sein de cette dernière, du seul versant « anticolonialiste », se dégage en fait une

---

1. Sans compter le mode ironique : Pour Matthieu Galey, le Manifeste des 121 est « le " Mayflower " de la gauche... De la bonne conscience à peu de frais » (*Journal, 1953-1973*, Grasset, 1987, p. 205).

photographie certes floue et jaunie tout à la fois,
mais montrant à l'évidence la diversité du paysage.

Car, même si elles requièrent de la part de l'historien un traitement vigilant, ces pétitions ont bien
été sur le moment des plaques sensibles, dont le
développement est précieux. Et notamment pour
deux périodes qui, après un inventaire plus large,
nous sont apparues comme déterminantes. D'une
part, celle qui court de l'automne 1955 à la fin du
printemps 1956 et qui voit l'apparition des premiers textes collectifs sur l'Algérie. D'autre part, la
fin de l'été et le début de l'automne 1960, qui voient
se dérouler une bataille des pétitions[1].

LE TOURNANT DE 1955

C'est à l'automne 1955 que les premiers voltigeurs de pointe de la « bataille de l'écrit »
commencent à prendre position[2]. Dans *le Monde*
des 6-7 novembre, quelques lignes en page 4
expliquent que « plusieurs personnalités se groupent au sein d'un Comité d'action contre la poursuite de la guerre en Afrique du Nord ».

1. A signaler, l'existence de deux mémoires de DES de science
politique : l'un consacré aux *Manifestes d'intellectuels* pendant la
IVᵉ République et fondé sur une étude du *Monde* (Yves Aguilar,
Bordeaux, 1966, 134 p. dact.), l'autre sur *les Manifestes et déclarations de personnalités sous la Vᵉ République (1958-1969)* (Dominique-Pierre Larger, Paris, 1971, 128 p. dact.).
2. Au printemps 1955, le débat parlementaire sur l'institution
d'un « état d'urgence » en Algérie avait entraîné déjà quelques initiatives. Un entrefilet du *Monde* du 1ᵉʳ avril, en page 5, signale sans
guère plus de précision « des textes » publiés contre ce projet,
notamment par le Comité chrétien d'entente France-Islam. Les
noms de Louis Massignon et Robert Barrat sont mentionnés.

L'initiative, en fait, marque un tournant. Jusque-là, les retombées des rapports Est-Ouest ont dominé l'engagement et les prises de position des intellectuels. L'année 1954 est, à cet égard, significative. Les derniers soubresauts indochinois, la défaite puis les accords de Genève ne mobilisent guère les intellectuels. En tout cas, leurs troupes ne sont pas disposées en ordre de bataille à travers pétitions et manifestes. Si un Comité pour l'amnistie aux condamnés politiques d'outre-mer se manifeste à plusieurs reprises (15 janvier 1954, 17 février 1954, 24 juin 1954), épaulé par le Secours populaire (27 février 1954), le choc indochinois ne suscite guère d'oscillations dans l'électro-encéphalogramme du milieu intellectuel. En fait, le seul véritable moment où des clercs de renom intervinrent dans le conflit indochinois avait été l'affaire Henri Martin. Les intellectuels communistes s'associèrent à la campagne, mais aussi des non-communistes tels Claude Bourdet, Simone de Beauvoir, Jean Cocteau, Jean-Marie Domenach, Maurice Druon, Michel Leiris, Gilles Martinet, Jacques Prévert, Vercors, Gérard Philipe, Joseph Kessel et Roger Stéphane [1]. On notera aussi le rôle qu'a pu jouer durant cette guerre un journal comme *France Observateur*.

Certes, en cette année 1954, un Comité d'étude et d'action pour le règlement pacifique de la guerre au Vietnam, qui s'était déjà manifesté l'année précédente, envoie une délégation à Genève et demande à la conférence qui s'y tient « de tout mettre en œuvre pour parvenir au rétablissement

---

1. *Cf.* Alain Ruscio, *les Communistes français et la guerre d'Indochine 1944-1954*, L'Harmattan, 1985, pp. 278 et 286.

de la paix en Indochine » (27 mai 1954), tandis qu'un groupe de catholiques, notamment lyonnais, signe un appel intitulé « Des chrétiens devant la guerre », celle d'Indochine précisément (3 juin 1954). Parmi les signataires, on relevait notamment les noms d'Henri Bédarida, président du Centre catholique des intellectuels français, André Latreille et Jean Lacroix. Mais les initiatives, on le voit, restent peu nombreuses.

La Communauté européenne de défense (CED), en revanche, est l'occasion de dures batailles de positions. Quelques mois plus tôt, un Mouvement des universitaires français devant la menace d'une nouvelle guerre mondiale, hostile à la CED, avait publié une adresse non signée aux enseignants français (8 octobre 1953). Et, au début de l'année 1954, une centaine de personnalités publient un « Appel des universitaires au pays » dénonçant les conséquences de la CED, dont notamment le « réarmement » allemand et une « armée française dénationalisée » (22 janvier). *Le Monde* n'indiquait aucun des noms de signataires, précisant seulement : « MM. Gustave Monod et Le Rolland, directeurs honoraires des enseignements secondaire et technique, nous ont adressé... » En juin, 164 universitaires se prononcent au contraire, au nom de la construction européenne, en faveur de la ratification du traité de la CED. Parmi eux, 50 juristes, dont Georges Scelle, professeur honoraire, et Georges Vedel. Et aussi Roger Dion, Ferdinand Alquié, Roland Mousnier, Jean Fourastié (5 juin 1954). Au milieu de l'été, ils seront 758 universitaires à appeler de leurs vœux la ratification de la CED (18 août 1954). Et le débat ne cesse pas avec l'échec de la CED. À deux reprises encore, des textes collectifs entendent attirer l'attention sur « le réarmement allemand » (1ᵉʳ septembre 1954) [1] et « la solution pacifique du problème allemand » (1ᵉʳ octobre 1954).

Si l'on remonte à 1953, les événements du Maroc et leur place dans les pétitions publiées cette année-là confirment cette prépondérance des rapports Est-Ouest. *Le Monde* signale, par exemple, une manifestation contre « la renaissance du militarisme allemand » (14 janvier 1953), au sein de laquelle, il est vrai, les intellectuels sont peu nombreux. Mais un Comité d'action des intellectuels pour la défense des libertés, qui avait été créé en novembre 1952, organise le mois suivant une réunion publique sur « les poursuites contre les leaders syndicalistes et communistes » (24 février 1953). À cinq reprises, sont également mentionnées des interventions en faveur des Rosenberg (26 février, 20 mars, 11 juin, 12 juin, 17 juin 1953). Sur le thème « pas de maccarthysme en France », le Comité d'action des intellectuels pour la défense des libertés organise un meeting à la Mutualité, présidé par Charles-André Julien et au cours duquel s'exprimeront notamment Édouard Perroy, Gilles Martinet et Jean-Paul Sartre (3 novembre 1953). Si l'on ajoute la pétition déjà signalée contre la CED, ces différentes initiatives pèsent bien plus lourd dans la balance que les problèmes d'outre-mer.

---

1. Avec notamment les signatures de Jean-Marie Domenach, Joseph Hours, François Perroux, Vercors. La date de publication ne permet pas de situer ce texte par rapport au débat parlementaire enterrant la CED. Il est, en fait, probablement antérieur, compte tenu des délais de publication.

L'Indochine ne suscite que la convocation, par le Comité d'étude et d'action pour le règlement pacifique de la guerre au Vietnam, à la réunion d'une « conférence nationale pour la négociation en Indochine ». Et le Maroc, qui joua pourtant un rôle important dans certaines évolutions personnelles – celle, par exemple, de François Mauriac –, ne mobilise pas largement. Le Comité d'action des intellectuels pour la défense des libertés organise en mai 1953 une réunion publique à la salle des Sociétés savantes sur « les méthodes de répression en Afrique du Nord », tandis qu'un mois plus tard se constitue le Comité France-Maghreb, présidé par François Mauriac, flanqué de trois vice-présidents : Georges Izard, Charles-André Julien et Louis Massignon. Ce comité s'assigne une double tâche : « information objective » et défense d'une application « sans discrimination » des droits de l'homme.

Le tournant de 1955 n'est naturellement pas forfuit, et deux éléments au moins concourent à en faire une date charnière. Il y a, d'une part, la prise de conscience progressive que la France est en guerre en Algérie. En cet automne 1955, un an s'est écoulé depuis les premiers événements de la Toussaint. « Est-ce la guerre d'Afrique du Nord ? » demandait Jean-Marie Domenach dans le numéro d'*Esprit* de décembre 1954. Onze mois plus tard, le mode interrogatif n'est plus de saison et la même revue proclame : « Arrêtons la guerre d'Algérie [1]. »

---

1. *Esprit*, décembre 1954, p. 769, et novembre 1955, p. 1. J'emprunte cette observation à Renée Bédarida, « La gauche chrétienne et la guerre d'Algérie », *in* « La guerre d'Algérie et les chrétiens », *Cahiers de l'IHTP*, 9, octobre 1988, sous la direction de François Bédarida et Étienne Fouilloux.

En ce même automne, l'article de Robert Barrat dans *France Observateur* du 15 septembre, « Un journaliste français chez les hors-la-loi algériens », *l'Algérie hors la loi* de Colette et Francis Jeanson, publié à la fin de l'année, autant de témoignages qui, quoique d'audience relativement limitée, contribuent aussi à cette prise de conscience, dans certains milieux, de la radicalisation du problème algérien.

D'autre part, et dans le même temps, sous l'effet de cette radicalisation va peu à peu se dégager une morale de l'urgence, qui est souvent le fondement de l'engagement du clerc. Albert Camus, par exemple, publie dans *l'Express* du 8 octobre 1955 un article intitulé « Sous le signe de la liberté » dans lequel, même si l'Algérie n'est pas explicitement évoquée, il répond notamment à cette question : pourquoi, en tant qu'« intellectuel », va-t-il « écrire sur l'actualité ? »

UNE GAUCHE DIVISÉE ?

Cette morale de l'urgence avait d'ailleurs déjà entraîné plusieurs prises de position publique, venues d'horizons différents mais placées sur le même terrain éthique : en janvier 1955, la même semaine, Claude Bourdet, dans un article de *France Observateur*, « Votre Gestapo d'Algérie », affirme : « Depuis le début de l'agitation fellagha en Algérie, la Gestapo algérienne s'est remise au travail avec ardeur », tandis que François Mauriac dénonce des cas de torture dans un article de *l'Express* intitulé « La question [1] ».

Les deux hommes, quelques mois plus tard, figureront parmi les personnalités soutenant le Comité d'action contre la poursuite de la guerre en Afrique du Nord. Les fondateurs de ce comité sont connus : Robert Antelme, Dionys Mascolo, Louis-René Des Forêts et Edgar Morin. Si ceux-ci se plaçaient résolument, d'après les souvenirs d'Edgar Morin, « contre le principe même de la guerre coloniale et pour le principe même du droit des peuples [2] », la tonalité restait modérée et la liste des signatures composite. *Le Monde* précise en effet le nom de quelques-unes de ces personnalités : Roger Martin du Gard, François Mauriac, Frédéric Joliot, André Breton, Jean Cassou, Jean Guéhenno, Jean Rostand, Jean-Paul Sartre, Jean Wahl, Jean Cocteau, Jacques Madaule, l'abbé Pierre, René Julliard et Jean-Louis Barrault.

L'Express du 7 novembre, sous le titre « Des intellectuels se regroupent " pour la Paix en Algérie " », précise davantage que *le Monde* les conditions de la réunion fondatrice. Celle-ci s'est tenue le samedi matin 5 novembre, à Paris, salle des Horticulteurs. Engagement solennel a été pris « d'agir

1. *France Observateur*, 244, 13 janvier 1955, pp. 6-7 ; *l'Express*, 86, 15 janvier 1955, p. 16. Dans son article, Claude Bourdet écrivait aussi : « C'est la grande colonisation qui donne les ordres, mais ce sont MM. Mendès France et Mitterrand qui sont responsables devant l'opinion et l'histoire. Quand on laisse commettre de tels crimes, on ne se sauve pas en disant : " D'autres feraient pire. " L'opinion mondiale est déjà alertée ; elle le sera de plus en plus. Messieurs, Himmler aussi a dit : " Ce n'étaient pas mes ordres. " Il importe assez peu que vous, en en disant autant, soyez sincères. »
2. Edgar Morin, *Autocritique*, Julliard, 1959, 3e éd., Le Seuil, 1975, p. 187.

de toutes les façons qu'ils jugeront bonnes en conscience, et dans tous les domaines qui leur sont accessibles » pour mettre fin à la guerre. C'est Jean Cassou qui présidait la séance et qui lut l'appel d'hommes « dont le rassemblement sonnait comme une étrange nouveauté [1] ». Nouveauté aussi pour le rédacteur de *l'Express*, qui note le 7 novembre : « C'est la première fois sans doute – depuis 1935 et les comités de vigilance antifascistes – que se regroupe une fraction aussi importante des intellectuels français. » Laissons de côté l'erreur – retard d'une année – sur les comités antifascistes et soulignons au contraire la convergence d'analyse entre l'ancien militant antifasciste Jean Cassou, dans ses Mémoires, et le jugement à chaud de *l'Express*.

Et il est vrai que l'éventail des signataires est frappant : aux susnommés s'ajoutent notamment, cités par *l'Express*, Irène Joliot-Curie, Claude Lévi-Strauss, Georges Gurvitch, Georges Canguilhem et Georges Bataille. Tout comme est frappant, du reste, le caractère composite et, somme toute, modéré de la revendication. S'il est question de « peuple algérien », l'appel demande avant tout la « cessation de la répression », l'absence de « discrimination raciale outre-mer et dans la métropole », « l'ouverture de négociations ». Les signataires ne se prononcent pas sur le type de solution politique à apporter à la guerre.

Un homme comme François Mauriac ne songe pas à cette date à « abandonner le Maroc et l'Algérie » mais y souhaite, écrivait-il dans *l'Express* du 24 septembre 1955, un « statut nouveau et dans

---

1. Jean Cassou, *Une vie pour la liberté*, Laffont, 1981, p. 237.

l'égalité d'une alliance consentie ». Bien plus, il a signé le texte sans enthousiasme et signale dans son « Bloc-Notes » du 7 novembre l'irréalisme de la demande, dans le texte fondateur du comité, d'une « libération du contingent », et l'outrance d'une formulation où l'on évoque la perte possible de « ce qui nous reste d'honneur[1] ».

D'autres membres, au contraire, ont une vision plus radicale des « événements » d'Algérie. On le verra bien deux mois plus tard lors d'un meeting du comité, salle Wagram. Le vendredi 27 janvier 1956, devant « une assemblée composée aux trois quarts d'Algériens », André Mandouze apporte le « salut de la résistance algérienne[2] » tandis que Jean-Paul Sartre déclare : « Le colonialisme est en train de se détruire lui-même. Mais il empuantit

1. *L'Express*, 7 novembre 1955, p. 12. François Mauriac précise dans cet article : « Nous voulons substituer à la majorité de droite, qui va rendre ses comptes et dont le bilan est sinistre, une autre majorité dont demain peut-être les hommes seront au pouvoir » *(ibid.)*. Suite logique : un mois et demi plus tard, alors qu'entre-temps était intervenue la dissolution de l'Assemblée nationale, François Mauriac fut l'un des signataires du manifeste d'intellectuels catholiques proclamant : « Il faut que les catholiques sachent qu'ils peuvent " voter à gauche " », et concluant : « Nous souhaitons avant tout être le grain de sable qui bloque l'engrenage de la violence préparé par des fanatiques, des inconscients et des myopes à l'usage des habiles » *(le Monde*, 23 décembre 1955, p. 5). Plusieurs générations et diverses sensibilités étaient représentées parmi les signataires de ce manifeste où l'on comptait, entre autres, Robert Barrat, Jean Bayet, Jean Delumeau, Jean Devisse, Jean Lacroix, Henri Marrou, François Mauriac, Marcel Pacaut, Marcel Reinhard, René Rémond, Pierre-Henri Simon, Georges Suffert (« Pour adhésions et renseignements, écrire à Mlle J. Bourdin, ... »). Sur le contexte, *cf.* Jean-François Sirinelli, « Les intellectuels et Pierre Mendès France : un phénomène de génération ? », *in* François Bédarida et Jean-Pierre Rioux (dir.), *Pierre Mendès France et le mendésisme*, Fayard, 1985.
2. *Le Monde*, 29-30 janvier 1956, p. 3.

encore l'atmosphère : il est notre honte, il se moque de nos lois ou les caricature ; il nous infecte de son racisme... Notre rôle, c'est de l'aider à mourir... La seule chose que nous puissions et devrions tenter – mais c'est aujourd'hui l'essentiel –, c'est de lutter aux côtés [du peuple algérien] pour délivrer *à la fois* les Algériens et les Français de la tyrannie coloniale [1]. »

Mais ce caractère composite – qui explique probablement le processus de déliquescence que connut rapidement le comité – est en lui-même objet d'histoire. Et pour deux raisons au moins. Tout d'abord, les différentes tendances représentées au sein du comité ont en commun d'être extérieures à la mouvance communiste. Aussi bien les catholiques que les anciens communistes sont sur une autre orbite que celle du Parti communiste et de ses satellites. Le point est essentiel : une initiative de ce genre et de cette ampleur prise en dehors de la mouvance communiste aurait difficilement trouvé une telle audience au sein de la cléricature quelques années plus tôt. Il y a là un facteur nouveau, mais encore latent, auquel le choc de l'année 1956 donnera une tout autre dimension. Retenons ici que le changement du centre de gravité du milieu intellectuel de gauche qui marquera le débat idéologique pendant deux décennies jusqu'au milieu des années 1970 s'amorce probablement, en fait, avant l'année 1956 dont nous avons vu l'importance.

D'autre part, le caractère composite de cette opposition à la guerre d'Algérie explique la mise en avant de considérations éthiques dans les textes collectifs. Certes, celles-ci existent véritablement

1. Jean-Paul Sartre, *Situations V*, Gallimard, 1964, p. 42.

dans l'esprit des signataires et elles sont assurément un moteur de leur engagement. Mais elles constituent aussi un ciment pour des prises de position groupées, dénominateur commun entre des analyses politiques souvent divergentes, voire antagonistes. Là encore, l'observation a valeur générale dépassant le seul automne 1955 : les préoccupations morales seront spontanément au cœur de l'engagement de nombre d'intellectuels, mais elles constitueront aussi une plate-forme commune plus facile à établir qu'une analyse détaillée de la situation et, *a fortiori*, que des solutions proclamées et argumentées. Éthique et tactique, en tout cas, ne se révéleront pas contradictoires.

Le Comité des intellectuels intervient à nouveau le 20 mars, quelques jours après le vote des pouvoirs spéciaux au gouvernement Guy Mollet. Un appel demande que, « renonçant à toute politique de force et de décision unilatérale, [ce gouvernement] engage dans les plus brefs délais la négociation d'un cessez-le-feu avec les combattants algériens ». Nous sommes au seuil du printemps 1956. À bien des égards, ce printemps marque un second tournant dans l'histoire de la guerre d'Algérie. Tournant à cause de l'intensification de celle-ci, mais aussi en raison de l'intervention des intellectuels, qui, d'une part, va se faire croissante [1], et, d'autre part, commencera à se bipolariser.

---

1. Le premier trimestre 1956 n'avait pas encore vu l'Algérie devenir le point focal de l'engagement des clercs. Sur les cinq textes collectifs que ceux-ci rédigent ou parrainent et que l'on peut alors recenser dans *le Monde*, deux portent sur la guerre d'Algérie (l'appel du 20 mars et la lettre ouverte du 28 mars évoquée plus loin), un troisième formule une demande d'amnistie pour les prisonniers politiques en Égypte (11 février) et deux concernent l'Espagne franquiste (16 février et 15 mars).

Il est un signe qui ne trompe pas : l'Université, que des scrupules propres à la profession retiennent fréquemment sur le chemin de l'engagement public, s'ébranle. Les « chers professeurs », sur lesquels ironisera en ce même printemps 1956 Maurice Bourgès-Maunoury, dépassent le seul cas Marrou. Au reste, « France, ma patrie... », publié le 5 avril, a sans doute été tout à la fois un révélateur de ce trouble de l'*Alma Mater* et un accélérateur de l'engagement de ses membres. Qu'un professeur de Sorbonne saute le pas en parlant de « véritables laboratoires de torture » a probablement fait sauter des verrous psychologiques. Ces verrous, il est vrai, étaient en train d'être forcés. Le 28 mars précédent, par exemple, une « lettre ouverte » avait été adressée au président du Conseil par « un groupe d'ethnologues » préconisant « des négociations avec les leaders algériens des mouvements algériens » : on y relevait notamment les noms de Georges Balandier, Régis Blachère, Jean Dresch, André Leroi-Gourhan et Louis Massignon.

L'autre nouveauté de ce printemps 1956 est que ce milieu intellectuel qui, désormais, s'investit largement dans le débat algérien commence dans le même temps à se scinder. Une ligne de faille se dessine peu à peu. Là encore, l'étude des pétitions est éclairante, et le microcosme de l'Université est un lieu d'observation significatif. Le 21 avril, *le Monde* publie un appel « pour le salut et le renouveau de l'Algérie française ». Cet appel dénonce « les instruments d'un impérialisme théocratique, fanatique et raciste », et s'interroge : « Qui, sinon la patrie des droits de l'homme, peut leur [*i.e.* les populations d'Algérie] frayer une voie humaine vers l'avenir ? » La réponse est avancée, fondée sur une conviction « absolue » : « Oui, le déploiement de la force française est juste pour protéger les uns et les autres contre la terreur. Et il faut que cette force juste aille jusqu'à la vraie victoire : la pacification des cœurs. C'est dans l'élan hardi de larges réformes économiques, sociales et politiques que se réalisera en Algérie une véritable communauté. » À quoi fait écho un autre passage de l'appel prônant « la solution démocratique du problème algérien... dans la légalité républicaine ». L'appel, signé notamment par le cardinal Saliège, Albert Bayet, Paul Rivet, le recteur Jean Sarrailh et Jacques Soustelle, est significatif à plusieurs titres.

À la différence des pétitions précédentes, essentiellement pétitions de principe pour l'ouverture de négociations, cet appel prend position sans ambiguïté en faveur de l'Algérie française. Et ses signataires n'appartiennent pas, pour la plupart, à la droite du paysage politique. C'est là un premier enseignement à tirer : le clivage droite-gauche n'est pas totalement opératoire pour rendre compte de la topographie du débat à cette date. Le signe le plus révélateur en est la présence parmi ces signataires de Paul Rivet et d'Albert Bayet. Cette présence illustre bien la prégnance du clivage des générations et son caractère peut-être aussi important que la séparation droite-gauche. Elle montre également qu'aux yeux de beaucoup de membres d'une gauche républicaine de son âge ou plus âgés, Guy Mollet ne s'est ni déjugé par rapport aux promesses de la « paix en Algérie » ni renié par rapport aux valeurs de cette gauche. Avec eux, il partageait la conception d'une France émancipatrice. Pur produit lui-même de la « République des professeurs », il voyait cette émancipation passer par l'École et s'inscrire, de ce fait, dans le moyen terme de la promotion individuelle et de l'égalité progressive des droits. Si l'on ajoute à cette vision la composante laïque, il apparaît qu'un nationalisme jugé non encore à maturité, rétrograde et de surcroît inspiré par l'Islam ne pouvait être un interlocuteur valable aux yeux de ce rameau de la gauche française. Et la présence française, dans une telle analyse, continuait donc à rimer avec liberté. Est révélatrice, à cet égard, la réponse enflammée faite en 1951 par Albert Bayet à Pierre Naville, qui préconisait la négociation en Indochine lors d'une réunion publique : « Là où flotte le drapeau français règne la liberté. Vous ne nous ferez jamais abaisser les couleurs [1]. »

L'historien, sauf à sombrer dans la déformation rétrospective, doit prendre acte d'une telle vision, qui est objet d'histoire. D'autant qu'ainsi replacée en perspective, elle devient une clé d'explication des différences de sensibilité que la guerre d'Algérie va faire apparaître et qu'elle amplifiera au sein de la gauche française [2]. Alfred Wahl, dans son étude sur la « nouvelle gauche » et son attitude envers Guy Mollet, après avoir localisé dans cette

1. Cité par Gilles Martinet, *Cassandre et les tueurs*, Grasset, 1986, p. 257.
2. Sur l'attitude de la Fédération de l'éducation nationale et sur celle de la Ligue des droits de l'homme, *cf.* les analyses de Claude Liauzu dans « Les intellectuels français au miroir algérien », chapitre II, pp. 53-112, *Cahiers de la Méditerranée*, 3, 1984.

mémoire une « intense animosité », ajoute : « Un
rejet d'une telle force ne semble pas seulement
sanctionner les actes ou les manœuvres politiques
de Guy Mollet. Certains adversaires ont réagi sans
doute en fonction de motivations plus profondes.
C'était le cas sans doute des néophytes, du moins
d'une partie d'entre eux. Ceux-là rejetaient vrai-
semblablement toute la culture traditionnelle de la
SFIO, dont Guy Mollet était l'illustration. Seule
une animosité de nature culturelle, quasi eth-
nique, explique chez certains la sévérité des jugements qui ont poursuivi le secrétaire général de ce
parti [1]. » Il nous semble essentiel, en effet, de faire,
notamment, une lecture par les cultures politiques
et à travers le prisme générationnel – les deux facteurs étant naturellement liés – de l'histoire de la
gauche non communiste de la dernière partie des
années 1950. Non qu'il s'agisse de dédouaner les
uns ou de dénaturer le sens du combat moral mené
par les autres. Mais la vision binaire d'un socialisme proconsulaire et d'une jeunesse « dreyfu-

---

1. Alfred Wahl, « L'image de Guy Mollet dans la "nouvelle
gauche" (1965-1971) », *in Guy Mollet. Un camarade en république*,
B. Ménager *et alii* (dir.), Presses universitaires de Lille, 1987,
p. 601. L'hostilité envers Guy Mollet n'a pas désarmé par la suite,
notamment chez ceux qui étaient au milieu des années 1950 de
jeunes intellectuels, étudiants ou professeurs débutants.
L'empreinte en restera forte des années durant : *cf.* par exemple
Michel Winock, « Triste lettre à un triste sire », *Esprit*, 1966, 6,
pp. 1232 (« [...] Vous êtes, Monsieur, le mauvais génie de la gauche
[...] ») ; *cf.* également Jacques Julliard (« Il faudra bien un jour se
souvenir de cela, renoncer à une étiquette déshonorée et jeter aux
ordures ce cadavre puant : le socialisme français », *la IVe République*, Calmann-Lévy, 1968, p. 11). Forme aiguë de cette hostilité :
Pierre Vidal-Naquet, déclarant à *l'Événement du jeudi* durant l'été
1986 : « J'ai bu du champagne le soir de la mort de Franco et le
soir de la mort de Guy Mollet » (*loc. cit.*, 4-10 septembre 1986,
p. 88).

sarde » qui aurait sauvé l'honneur, si elle fut vécue
comme telle et si elle soude rétrospectivement un
rameau de génération, en lui conférant un principe d'identité, est objet d'histoire en elle-même et
doit être traitée comme telle, sans pour autant la
poser en postulat.

De même, l'image d'une Université acquise, en
ce printemps de 1956, à la nécessité d'une négociation ou, pour le moins, tout entière soudée autour
d'une protestation contre les méthodes de la
« pacification », à l'image d'un Henri Marrou,
n'est guère fondée. Bien au contraire, plusieurs
collègues de ce dernier prennent de façon explicite
leurs distances. *Le Monde* du 23 mai 1956 titre, en
page 3 : « Des professeurs à la Sorbonne expriment leur adhésion à la politique gouvernementale ». Les signataires expriment « leur adhésion réfléchie à l'effort militaire qui est demandé
au pays », approuvent le récent appel « pour le
salut et le renouveau de l'Algérie française », et,
tout en reconnaissant la nécessité de profondes
réformes, « réprouvent l'injustice qu'il y aurait à
renier, par ignorance ou par passion, les bienfaits
d'une œuvre poursuivie depuis 125 ans et dont
aucun esprit honnête ne met en doute la valeur ».
Et d'ajouter : « [Les signataires] dénoncent la disposition d'esprit qui, réservant sans critique toute
sévérité à la France, dispense parfois aux crimes
des fellagas une indulgence inadmissible, absout,
en même temps que leurs fins, leurs moyens, et ne
craint pas, en dépit de protestations autorisées,
d'assimiler aux héros de la Résistance des assassins de femmes et d'enfants. En conséquence, ils
s'engagent à faire tout ce qui est en leur pouvoir
pour que les jeunes Français chargés de ramener la

paix en Algérie trouvent dans le respect de leurs aînés le soutien moral auquel ils ont droit. »

Ce texte est intéressant pour quatre raisons au moins. Tout d'abord, son assise de signataires est imposante : les professeurs Antoine, Aron, Bataille, Bédarida, Bérard, Birot, Boulanger, Boyancé, Chastel, Demargne, Fabre, Galletier, Heurgon, Humbert, Jolivet, Lagache, Lebègue, Mousnier, Perret, Charles Picard, Plassart, Poirier, Ricard, Séchan, Seston et Wuillemier ont répondu à l'appel. D'autre part, la date de sa publication, six semaines après les prises de position de Marrou, peut le faire légitimement considérer comme leur désaveu. Or ce désaveu est massif [1]. Non seulement les collègues antiquisants de Marrou – Seston, Picard – signent ce soutien à l'effort militaire [2], mais, de surcroît, l'éventail des personnalités est large et certaines sont passées par la Résistance. Le parallèle ébauché dans « France, ma patrie... » avec l'Occupation est donc récusé, et ce constat interdit à l'historien d'endosser des analyses trop réductrices.

---

1. *France Observateur* du 10 mai 1956 (313, p. 19) avait publié une pétition protestant contre la perquisition opérée au domicile d'Henri Marrou. Outre qu'une telle protestation n'induisait pas forcément un accord avec la teneur de l'article publié début avril par Marrou, le nombre des professeurs de Sorbonne parmi les signataires y était moins grand : Canguilhem, Dresch, Étiemble, George, Jankélévitch, Julien, Labrousse et Perroy.

2. Il y aurait une belle étude à faire sur ce milieu de l'histoire et des langues anciennes confronté au conflit algérien. La solidarité des anciens élèves de l'École française de Rome se fissure peut-être en ce printemps 1956. Remarquons que certains des signataires de ce texte du 23 mai 1956 ont travaillé sur l'Afrique du Nord antique. Il faudrait aussi s'interroger sur le rôle joué dans les prises de position par le poids des « écoles » et des « patrons » : le cas Charles Picard serait probablement à analyser.

De même, si le centre de gravité de la liste des pétitionnaires est globalement à droite, une telle grille de lecture n'est pas totalement opératoire. Affleurent à nouveau les clivages de générations. Certes, beaucoup de ces professeurs sont nés entre 1900 et 1910, comme Marrou, et n'ont pas encore atteint la soixantaine, voire la cinquantaine. Mais certains sont, là encore, de purs produits culturels et sociologiques de la République des professeurs tertio-républicaine. Les racines dreyfusardes peuvent probablement être revendiquées par nombre d'entre eux [1].

Enfin, quelques-uns des signataires sont des catholiques, et parmi eux figure le président du Centre catholique des intellectuels français. L'attitude de ces « talas » est donc beaucoup plus diverse que ce qu'en a fait la décantation-déformation de la mémoire collective. Certes, *le Monde* du 5 mai 1956 publie une pétition de croyants, essentiellement catholiques, dénonçant « les crimes de guerre commis, ici et là, par nos troupes ou par la police, agissant en notre nom ». Mais ces prêtres et militants chrétiens signataires ne sont probablement pas représentatifs de la plupart de leurs ouailles et coreligionnaires.

UNE INFLUENCE DES CLERCS ?

Cette attitude protestataire qui s'amorce en milieu intellectuel rencontre-t-elle un large assen-

---

1. Ce qui n'empêche pas, bien sûr, des filiations dreyfusardes plus directes, et plus aisément identifiables, avec les clercs de l'autre bord. *Cf.*, à cet égard, les articles de Michel Winock et Pierre Vidal-Naquet signalés au chapitre III, pp. 67-68.

timent dans l'opinion publique ? La réponse est délicate, mais certaines observations peuvent être avancées.

Le cas Marrou était, du reste, révélateur de la difficulté d'évaluation d'une influence, y compris dans un milieu apparemment bien balisé. Certes, l'attitude du professeur d'histoire ancienne lui avait valu l'estime d'une partie des étudiants de la Sorbonne en même temps que les rodomontades de Maurice Bourgès-Maunoury. Cette estime et cette lourde ironie sur les « chers professeurs » ont conféré rétrospectivement à « France, ma patrie... » une valeur symbolique : la toge et le sabre, à nouveau, s'opposaient. Mais bien des porteurs de toge, on vient de le voir, soutenaient le sabre à cette date. De surcroît, l'influence de ce texte, déjà bien difficile à doser en milieu universitaire, est encore plus malaisément évaluable pour l'ensemble du corps social.

Plus largement, se trouve en fait posée la question de l'influence des déclarations individuelles ou des textes collectifs d'intellectuels sur ce corps social. On se bornera à remarquer ici que ces déclarations et textes, en 1956 et au premier semestre 1957, quand ils appelaient à l'ouverture de négociations ou dénonçaient certains aspects de la « pacification », étaient explicitement ou implicitement hostiles à Guy Mollet et à sa politique. Or un sondage de septembre 1957 place Guy Mollet en fort bonne situation, et devant Pierre Mendès France [1].

Troisième observation, qui, là encore, conduit à mettre en doute une forte influence des clercs péti-

1. *Sondages. Revue française de l'opinion publique*, 1957, 3, p. 25.

tionnaires sur leurs concitoyens, tout au moins pour cette période : ces clercs se constituent rapidement un capital d'antipathie, et pas seulement chez les gouvernants. Ceux-ci les considèrent comme des rêveurs et de mauvais acteurs d'une pièce qui leur échappe, en d'autres termes capables seulement de songeries et coupables de singeries. Maurice Bourgès-Maunoury ironisant sur les « chers professeurs » est probablement, à cet égard, dans la norme. Dans ce domaine, du reste, leur combat contre le maintien de la situation coloniale irrite comme irritait quelques années plus tôt, au temps de la guerre froide, le philocommunisme de certains de ces intellectuels. Léon Martinaud-Deplat, ministre de l'Intérieur, avait ainsi prononcé, en novembre 1953, une harangue anticommuniste lors du banquet de la fédération radicale de la Seine ; il y avait attaqué notamment « les milieux de Saint-Germain-des-Prés ou autres lieux, où souvent la déviation sexuelle s'accompagne d'une déviation intellectuelle » (*le Monde*, 3 novembre 1953). Cette inversion vers un pôle négatif du thème de Saint-Germain-des-Prés qui s'était éployé après la Libération sera désormais récurrente. Le 24 septembre 1960, par exemple, *Paris-Presse - l'Intransigeant*, à la question : « Qui sont les 142 apologistes de la désertion », répondit en ces termes : « Ils sont tous d'une même famille dont les membres ont définitivement limité leur vie parisienne à deux cafés, pour ne pas risquer, peut-être, de perdre l'esprit qui doit y souffler. Ce sont les cousins Saint-Germain. » L'inversion, on le verra, touchera notamment Jean-Paul Sartre.

De là à opposer le pays intellectuel et le pays réel, il n'y a qu'un pas, bientôt franchi. Par exemple, le jeune sénateur d'Indre-et-Loire Michel Debré, dans une « libre opinion » du *Monde* intitulée « Afrique perdue, France communisée », écrit le 21 avril 1956 : « Qui vit dans les milieux officiels, intellectuels, mondains, de la capitale ne peut mesurer l'humiliation qui ronge le cœur de milliers de Français parmi les plus humbles ! » Sous sa plume, il est vrai, « officiels » et intellectuels sont renvoyés dos à dos. En fait, entre les uns et les autres, le ton passa vite de l'ironie au mépris proclamé et au procès en responsabilité collective. Le 7 juillet 1957, par exemple, Robert Lacoste déclarait devant les anciens combattants d'Algérie : « Sont responsables de la résurgence du terrorisme, qui a fait à Alger, ces jours derniers, vingt morts et cent cinquante blessés, les exhibitionnistes du cœur et de l'intelligence qui montèrent la campagne contre les tortures. Je les voue à votre mépris » (*le Monde*, 9 juillet 1957).

Mais l'hostilité des gouvernants à l'égard des intellectuels protestataires est, somme toute, dans la logique des choses et n'induit pas forcément un rejet par tout ou partie de l'opinion publique. Or il semble bien que s'amorce aussi au sein de celle-ci une animosité, elle-même reflet d'une incompréhension.

Dans les milieux attirés à cette époque par le poujadisme, le fait est patent. En janvier 1955, dans le premier numéro de *Fraternité française*, Pierre Poujade écrit : « Ce n'est pas à moi, qui à seize ans gagnais ma vie, de te dire, à toi, intellectuel, ce qui est l'Esprit de la France. Cependant, je peux et je dois me tourner vers toi, car sans nous, tu ne serais rien d'autre qu'une machine à penser, qu'un vulgaire tambour qui résonne, certes, mais qui, sous la peau, n'a que du vent. »

Le fossé entre travailleurs indépendants et intellectuels ne sera pas comblé de sitôt. En 1976 encore, Léon Gingembre, président de la Confédération générale des petites et moyennes entreprises, distinguait les « hommes du réel, du concret, en contact avec les réalités économiques », et « le monde des clercs ou des technocrates [1] ».

La mouvance poujadiste ne puisait pas à la source de la seule extrême droite, et l'on peut induire des anathèmes de Pierre Poujade comme des propos de banquets de partis plus modérés que de tels jugements rencontraient un écho. Écho amplifié, naturellement, par les invectives venues de cette extrême droite, qui ne pouvait voir dans ces intellectuels que des fauteurs de trouble de la conscience nationale. Un jeune candidat poujadiste aux élections législatives de 1956 part en guerre contre les « sortants » – « Il ne faut pas [les] recevoir à coups de tomates, mais avec des Thomson » –, mais aussi contre les « pédérastes » que sont, apparemment, les intellectuels : sur l'Union française, le jeune Jean-Marie Le Pen déclare, en effet, en décembre 1955 : « Chaque fois qu'on reçoit un coup de pied dans les fesses, il faut

---

1. Cité dans *l'Européen*, janvier-février 1976 (signalé par Sylvie Guillaume, « Léon Gingembre, défenseur des PME », *Vingtième siècle. Revue d'histoire*, juillet-septembre 1987, 15, p. 68). En 1956 déjà, dans *Mythologies*, Roland Barthes notait que pour Pierre Poujade l'intellectuel était un « professeur » ou un « technicien ».

brosser le pantalon après. La France est gouvernée par des pédérastes : Sartre, Camus, Mauriac [1]. »

LA « STUPEUR » DE 1958

À la fin du printemps 1956, on le voit, la thématique des clercs signataires de pétitions s'organise peu à peu autour de deux pôles opposés : « négociation » ou « pacification » (fût-ce des « cœurs » !). Ce n'est que plus tard que le débat se restructurera autour d'une Algérie devant rester française ou devenir indépendante. Les partisans de la négociation sont également ceux qui commencent à s'interroger sur les méthodes utilisées dans la conduite de la guerre. Un recensement exhaustif pratiqué jusqu'à la fin de la IVe République montre bien que, de 1954 à 1958, ce sont les textes « relevant des catégories protestation-évolution » qui l'emportent largement [2]. Mais, dans le même temps, nombre de clercs de gauche ne s'identifient pas à de tels textes et signent même, parfois, des manifestes de teneur opposée. Si l'affaire Dreyfus avait plutôt rapproché, après les hésitations initiales, les rameaux de la gauche de l'époque, le débat algérien divise la gauche des années 1950. Bien plus, c'est également au nom de valeurs « dreyfusardes » que les tenants de gauche du *statu quo* justifient leur position.

Somme toute, des deux côtés, à gauche, ce sont des arguments d'ordre éthique qui sont mis en

---

1. Stanley Hoffmann, *le Mouvement Poujade*, Colin, 1956, p. 184 ; *cf.* également Joseph Lorien, Karl Kriton, Serge Dumont, *le Système Le Pen*, Anvers, Éditions EPO, 1985, p. 38.
2. Yves Aguilar, *op. cit.*, p. 50.

avant : d'un côté, on dénonce le choix d'une solution militaire et certaines méthodes qui sont parfois utilisées ; de l'autre, on proteste contre ce qui
apparaît comme le risque d'un abandon de la mission émancipatrice de la France.

À la charnière des deux décennies, le conflit
algérien se radicalisant, le débat, sans forcément
quitter le terrain moral, se teintera davantage de
politique et d'idéologique. À la dénonciation viendra s'ajouter l'énonciation de solutions politiques :
soit la défense de l'Algérie française, soit la mise en
avant des thèses de l'indépendance, soit – ce qui,
on le verra, ne revient pas forcément au même
dans l'analyse et dans sa formulation – le rejet, peu
à peu, de la solution Algérie française. Cette radicalisation de la guerre et cette réorientation d'une
partie du débat entraîneront, progressivement, le
rejeu du clivage droite-gauche. Mais le phénomène
sera lent et partiel : sur les 67 textes relatifs au
conflit algérien publiés ou répercutés par *le Monde*
sous la Ve République – dont 62 jusqu'en 1962,
5 textes étant publiés en 1963 et 1964 et concernant les séquelles de ce conflit –, 11 seulement sont
favorables au maintien de l'Algérie dans la République française, mais ceux qui préconisent une
indépendance immédiate ne sont que 7, la plupart
des autres textes continuant à demander l'ouverture de négociations ou appelant à l'apaisement.

Il reste que ceux des textes qui feront débat
seront précisément des textes appartenant à l'une
ou l'autre des deux catégories « radicales ». La
guerre des manifestes, à l'automne de 1960, en
fournit un exemple particulièrement significatif.
De surcroît, le choix de l'année 1960, comme celui

de l'hiver 1955-1956 et du printemps 1956, n'est pas ici fortuit : 18 pétitions concernant l'Algérie apparaissent alors dans *le Monde*, contre 9 entre 1959 et 10 en 1961 [1].

Mais, avant de faire ce saut vers le seuil des années 1960, il convient de rappeler à nouveau l'épaisseur chronologique d'une guerre de huit années. Cette épaisseur est essentielle, pour deux raisons au moins. D'une part, la situation militaire sur le terrain déterminait des rapports de forces, et les clercs devaient eux-mêmes se déterminer par rapport à eux. D'autre part, le paramètre politique était bien entendu déterminant : entendons par là la position des pouvoirs publics, à une date donnée, sur la conduite de la guerre. On ne perdra pas de vue, par exemple, que pour les clercs partisans de l'Algérie française, il y eut théoriquement adéquation avec ces pouvoirs publics jusqu'en 1961, même si la méfiance s'était installée à partir de la déclaration sur l'autodétermination de septembre 1959. Et on n'oubliera pas non plus qu'à droite comme à gauche, déjà, l'année 1958 avait introduit une césure décisive, le gaullisme tendant à brouiller les cartes. En mai 1958, nombre d'intellectuels avaient été « frappés de stupeur [2] » : un Comité national universitaire de défense de la République avait beau avoir été mis sur pied, le 25 mai 1958, autour des professeurs Kastler, Schwartz, Jankélévitch, Ricœur, Rodinson et Madaule, les enseignants et, plus largement, les clercs qui défilèrent trois jours plus tard, aux côtés des partis de gauche

1. Dominique-Pierre Larger, *op. cit.*, pp. 85 et 96. De même, étudiant les manifestes d'octobre 1946 au début d'octobre 1958, Yves Aguilar (*op. cit.*, p. 28) conclut que « 1956 est l'année de pointe ».
2. Jean-Paul Aron, *les Modernes*, Gallimard, 1984, p. 127.

et des syndicats, de la Nation à la République, n'en assistèrent pas moins ce jour-là aux obsèques anticipées de la IVe République, et la « stupeur » de 1958 n'eut pas les vertus mobilisatrices de la « peur » de 1934. Bien plus, à cette modification du paysage politique s'ajouta l'année suivante un bouleversement des points de repère idéologiques : c'est un militaire classé à droite, et accusé de surcroît de « coup d'État », qui prit l'initiative de proposer l'autodétermination et devint dès lors, peu à peu, l'adversaire et même la cible des tenants de l'Algérie française !

LA GUERRE DES MANIFESTES (1960)

Mais revenons à la bataille des manifestes de l'automne de 1960. Celui dit « des 121 » est, sans doute, en raison des remous qu'il entraîna alors [1], l'un des textes d'intellectuels les plus célèbres de l'après-guerre. Mais, exemple singulier dans l'histoire des clercs en leurs manifestes, ce texte fut une sorte d'Arlésienne puisqu'il ne fut pas publié sur le moment. S'il parut à l'étranger dans *Tempo Presente* et *Neue Rundschau*, en France *Vérité-Liberté* le publia mais fut saisi. Le 14 octobre, le gérant de la publication fut, du reste, inculpé de provocation de militaires à la désobéissance. *Les Temps modernes* d'octobre, de leur côté, contenaient deux

1. Sur ces remous, *cf.* le dossier réuni et publié dès janvier 1961 dans les « Cahiers libres » de François Maspero, l'un des signataires (*Le Droit à l'insoumission (le dossier des « 121 »)*, Maspero, 1961). Sur la genèse du texte, *cf.* notamment Annie Cohen-Solal, *Sartre, op. cit.*, p. 536-539, et Hervé Hamon et Patrick Rotman, *op. cit.*, pp. 277 *sqq.*

pages blanches, initialement prévues pour la déclaration mais dont l'imprimeur avait refusé l'édition. Le texte complet était ainsi rédigé :

**Déclaration
sur le droit à l'insoumission
dans la guerre d'Algérie**

Un mouvement très important se développe en France, et il est nécessaire que l'opinion française et internationale en soit mieux informée, au moment où le nouveau tournant de la guerre d'Algérie doit nous conduire à voir, non à oublier, la profondeur de la crise qui s'est ouverte il y a six ans.

De plus en plus nombreux, des Français sont poursuivis, emprisonnés, condamnés, pour s'être refusés à participer à cette guerre ou pour être venus en aide aux combattants algériens. Dénaturées par leurs adversaires, mais aussi édulcorées par ceux-là mêmes qui auraient le devoir de les défendre, leurs raisons restent généralement incomprises. Il est pourtant insuffisant de dire que cette résistance aux pouvoirs publics est respectable. Protestation d'hommes atteints dans leur honneur et dans la juste idée qu'ils se font de la vérité, elle a une signification qui dépasse les circonstances dans lesquelles elle s'est affirmée et qu'il importe de ressaisir, quelle que soit l'issue des événements.

Pour les Algériens, la lutte, poursuivie, soit par des moyens militaires, soit par des moyens diplomatiques, ne comporte aucune équivoque. C'est une guerre d'indépendance nationale. Mais, pour les Français, quelle en est la nature ? Ce n'est pas une guerre étrangère. Jamais le territoire de la France n'a été menacé. Il y a plus : elle est menée contre des hommes que l'État affecte de considérer comme français, mais qui, eux, luttent précisément pour cesser de l'être. Il ne suffirait même pas de dire qu'il s'agit d'une guerre de conquête, guerre impérialiste, accompagnée par surcroît de racisme. Il y a de cela dans toute guerre, et l'équivoque persiste.

En fait, par une décision qui constituait un abus fondamental, l'État a d'abord mobilisé des classes entières de citoyens à seule fin d'accomplir ce qu'il désignait lui-même comme une besogne de police contre une population opprimée, laquelle ne s'est révoltée que par un souci de dignité élémentaire, puisqu'elle exige d'être enfin reconnue comme communauté indépendante.

Ni guerre de conquête, ni guerre de « défense nationale », ni guerre civile, la guerre d'Algérie est peu à peu devenue une action propre à l'armée et à une caste qui refusent de céder devant un soulèvement dont même le pouvoir civil, se rendant compte de l'effondrement général des empires coloniaux, semble prêt à reconnaître le sens.

C'est, aujourd'hui, principalement la volonté de l'armée qui entretient ce combat criminel et absurde, et cette armée, par le rôle politique que plusieurs de ses hauts représentants lui font jouer, agissant parfois ouvertement et violemment en dehors de toute légalité, trahissant les fins que l'ensemble du pays lui confie, compromet et risque de pervertir la nation même, en forçant les citoyens sous ses ordres à se faire les complices d'une action factieuse et avilissante. Faut-il rappeler que, quinze ans après la destruction de l'ordre hitlérien, le militarisme français, par suite des exigences d'une telle guerre, est parvenu à restaurer la torture et à en faire à nouveau comme une institution en Europe ?

C'est dans ces conditions que beaucoup de Français en sont venus à remettre en cause le sens de valeurs et d'obligations traditionnelles. Qu'est-ce que le civisme, lorsque, dans certaines circonstances, il devient soumission honteuse ? N'y a-t-il pas des cas où le refus est un devoir sacré, où la « trahison » signifie le respect courageux du vrai ? Et lorsque, par la volonté de ceux qui l'utilisent comme instrument de domination raciste ou idéologique, l'armée s'affirme en état de révolte ouverte ou latente contre les institutions démocratiques, la révolte contre l'armée ne prend-elle pas un sens nouveau ?

Le cas de conscience s'est trouvé posé dès le début de la guerre. Celle-ci se prolongeant, il est normal que ce cas de conscience se soit résolu concrètement par des actes toujours plus nombreux d'insoumission, de désertion, aussi bien que de protection et d'aide aux combattants algériens. Mouvements libres qui se sont développés en marge de tous les partis officiels, sans leur aide et, à la fin, malgré leur désaveu. Encore une fois, en dehors des cadres et des mots d'ordre préétablis, une résistance est née, par une prise de conscience spontanée, cherchant et inventant des formes d'action et des moyens de lutte en rapport avec une situation nouvelle dont les groupements politiques et les journaux d'opinion se sont entendus, soit par inertie ou timidité doctrinale, soit par préjugés nationalistes ou moraux, à ne pas reconnaître le sens et les exigences véritables.

Les soussignés, considérant que chacun doit se prononcer sur des actes qu'il est désormais impossible de présenter comme des faits divers de l'aventure individuelle, considérant qu'eux-mêmes, à leur place et selon leurs moyens, ont le devoir d'intervenir, non pas pour donner des conseils aux hommes qui ont à se décider personnellement face à des problèmes aussi graves, mais pour demander à ceux qui les jugent de ne pas se laisser prendre à l'équivoque des mots et des valeurs, déclarent :

– Nous respectons et jugeons justifié le refus de prendre les armes contre le peuple algérien.

– Nous respectons et jugeons justifiée la conduite des Français qui estiment de leur devoir d'apporter aide et protection aux Algériens opprimés au nom du peuple français.

– La cause du peuple algérien, qui contribue de façon décisive à ruiner le système colonial, est la cause de tous les hommes libres.

Arthur Adamov, Robert Antelme, Georges Auclair, Jean Baby, Hélène Balfet, Marc Barbut, Robert Barrat, Simone de Beauvoir, Jean-Louis Bedouin, Marc Begbeider, Robert Benayoun, Maurice Blanchot, Roger Blin, Arsène Bonnafous-Murat, Geneviève Bonnefoi, Raymond Borde, Jean-Louis Bory, Jacques-Laurent Bost, Pierre Boulez, Vincent Bounoure, André Breton, Guy Cabanel, Georges Condominas, Alain Cuny, Dr Jean Dalsace, Jean Czarnecki, Adrien Dax, Hubert Damisch, Bernard Dort, Jean Douassot, Simone Dreyfus, Marguerite Duras, Yves Elleouet, Domi-

nique Éluard, Charles Estienne, Louis-René des
Forêts, Dr Théodore Fraenkel, André Frénaud,
Jacques Gernet, Louis Gernet, Édouard Glissant,
Anne Guérin, Daniel Guérin, Jacques Howlett,
Édouard Jaguer, Pierre Jaouen, Gérard Jarlot,
Robert Jaulin, Alain Joubert, Henri Krea, Robert
Lagarde, Monique Lange, Claude Lanzmann,
Robert Lapoujade, Henri Lefebvre, Gérard
Legrand, Michel Leiris, Paul Lévy, Jérôme Lindon,
Éric Losfeld, Robert Louzon, Olivier de Magny,
Florence Malraux, André Mandouze, Maud Man-
noni, Jean Martin, Renée Marcel-Martinet, Jean-
Daniel Martinet, Andrée Marty-Capgras, Dionys
Mascolo, François Maspero, André Masson, Pierre
de Massot, Jean-Jacques Mayoux, Jehan Mayoux,
Théodore Monod, Marie Moscovici, Georges Mou-
nin, Maurice Nadeau, Georges Navel, Claude
Ollier, Hélène Parmelin, José Pierre, Marcel Péju,
André Pieyre de Mandiargues, Édouard Pignon,
Bernard Pingaud, Maurice Pons, J.-B. Pontalis,
Jean Pouillon, Denise René, Alain Resnais, Jean-
François Revel, Paul Revel, Alain Robbe-Grillet,
Christiane Rochefort, Jacques-Francis Rolland,
Alfred Rosmer, Gilbert Rouget, Claude Roy, Marc
Saint-Saëns, Nathalie Sarraute, Jean-Paul Sartre,
Renée Saurel, Claude Sautet, Jean Schuster,
Robert Scipion, Louis Seguin, Geneviève Serreau,
Simone Signoret, Jean-Claude Silbermann, Claude
Simon, René de Solier, D. de La Souchère, Jean
Thiercelin, Dr René Tzanck, Vercors, J.-P. Ver-
nant, Pierre Vidal-Naquet, J.-P. Vielfaure, Claude
Viseux, Ylipe, René Zazzo [1].

1. *Vérité-Liberté*, 4, septembre-octobre 1960, p. 12.

L'effet d'annonce fut suffisant pour susciter une forte houle, tant le sujet, dans une France embourbée depuis près de six années dans la guerre d'Algérie, mit à vif des sensibilités opposées. Et pourtant, cette annonce, initialement, avait été modeste, un entrefilet de dernière page signalant dans *le Monde* du 6 septembre que « 121 écrivains, universitaires et artistes ont signé une pétition sur le droit à l'insoumission dans la guerre d'Algérie » et reproduisant les trois propositions finales de l'appel. Au cours du mois de septembre, le quotidien du soir donnera indirectement corps à une pétition toujours pas publiée, en signalant au fil des numéros de la dernière décade les « nouvelles signatures ». Et, dans son numéro du 30 septembre, une récapitulation était faite des signataires, les 121 premiers et ceux qui les avaient rejoints [1].

« Dans la guerre aux intellectuels qui veulent la paix en Algérie, le gouvernement a fait un prisonnier : Robert Barrat », titre trois jours plus tard *Libération* après une « descente » opérée par la police dans les bureaux de la revue *Esprit*, où se tenait une réunion de la publication *Vérité-Liberté*. La formule est malicieuse mais doublement inexacte. D'une part, *les* intellectuels voulant, à cette date, la paix en Algérie ne sont pas réductibles, on le verra, aux seuls « 121 » et assimilés. D'autre part, le gouvernement de Michel Debré n'est pas le seul à combattre ces derniers : des intellectuels vont également monter en ligne.

---

1. Ou n'avaient pas été portés sur la première liste, que Jérôme Lindon arrêta à 121 « parce que ça fait joli » (Hervé Hamon et Patrick Rotman, *op. cit.*, p. 281).

En octobre, en effet, est publié le « Manifeste des intellectuels français » :

> Le public français a vu paraître ces temps derniers, sous forme de professions de foi, de lettres ou de dépositions et plaidoiries devant les tribunaux, un certain nombre de déclarations scandaleuses.
>
> Ces exhibitions constituent la suite logique d'une série d'actions soigneusement concertées et orchestrées depuis des années, contre notre pays, contre les valeurs qu'il représente – et contre l'Occident. Elles sont l'œuvre d'une « cinquième colonne » qui s'inspire de propagandes étrangères – voire de mots d'ordre internationaux brutalement appliqués. De telles menées n'ont pas commencé avec la guerre en Algérie. Il est évident que l'Algérie n'est qu'un épisode ; hier il y en eut d'autres ; il y en aura d'autres demain.
>
> Les principaux moyens actuellement mis en œuvre consistent :
>
> À laisser entendre que le combat de la France en Algérie est blâmable, pour la double raison que le pays le condamne et que le territoire national n'est pas menacé.
>
> À mettre en accusation l'armée française chargée de ce combat et à la séparer du peuple français.
>
> À affirmer que la France se bat contre « le peuple algérien » en lutte pour son indépendance.
>
> À appeler les jeunes Français à l'insoumis-

sion et à la désertion – en déclarant ces crimes « justifiés ».

À laisser croire que l'ensemble, ou au moins la plus grande partie de nos élites intellectuelles, condamne l'action de la France en Algérie.

Les professeurs de trahison vont jusqu'à préconiser l'aide directe au terrorisme ennemi.

Mis en présence de ces faits, les signataires du présent manifeste – écrivains, universitaires, journalistes, artistes, médecins, avocats, éditeurs, etc. – estiment qu'un plus long silence de leur part équivaudrait à une véritable complicité. Ils dénient, d'autre part, aux apologistes de la désertion le droit de se poser en représentants de l'intelligence française.

Ils font, en conséquence, la déclaration suivante :

C'est une imposture de dire ou d'écrire que la France « combat le peuple algérien dressé pour son indépendance ». La guerre en Algérie est une lutte imposée à la France par une minorité de rebelles fanatiques, terroristes et racistes, conduits par des chefs dont les ambitions personnelles sont évidentes – armés et soutenus financièrement par l'étranger.

C'est commettre un acte de trahison que de calomnier et de salir systématiquement l'armée qui se bat pour la France en Algérie. Nul n'ignore, au surplus, qu'à côté des tâches qui lui sont propres, cette armée accomplit depuis des années une mission civilisatrice, sociale et humaine à laquelle tous les témoins de bonne foi ont rendu publiquement hommage.

C'est une des formes les plus lâches de la trahison que d'empoisonner, jour après jour, la conscience de la France – d'intoxiquer son opinion publique – et de faire croire à l'étranger que le pays souhaite l'abandon de l'Algérie et la mutilation du territoire.

Il n'est pas trop tard. Mais il est urgent, pour le pays et les pouvoirs, d'ouvrir les yeux sur la forme de la guerre que l'on nous fait : guerre subversive, entretenue, armée et financée par l'étranger sur notre territoire – tendant à la désagrégation morale et sociale de la nation [1].

Le message est clair : les déclarations du mois précédent sont « scandaleuses » ; ces « exhibitions » sont l'œuvre d'une « cinquième colonne » attaquant « notre pays » et « l'Occident ». La pétition entend donc dénier « aux apologistes de la désertion le droit de se poser en représentants de l'intelligence française ». Et l'analyse du conflit algérien est ainsi formulée : « La guerre en Algérie est une lutte imposée à la France par une minorité de rebelles fanatiques, terroristes et racistes » ; l'armée française, « à côté des tâches qui lui sont propres, accomplit depuis des années une mission civilisatrice, sociale et humaine » ; de ce fait, « c'est

---

1. Le texte complet est publié, par exemple, dans *Carrefour* du 12 octobre 1960, pp. 3-4. *Le Monde* daté du 7 octobre avait déjà publié le manifeste et la liste des 185 premiers signataires, tout comme *le Figaro* également daté du 7 octobre. Le même jour, *Combat* avait publié une partie du texte et une liste de quelques signataires, et *Paris-Presse - l'Intransigeant* avait annoncé en première page « 260 personnalités répondent au manifeste des " 121 " », et publié en page intérieure une partie de la déclaration et les noms de quelques signataires. *Le Figaro* du 13 octobre rajoute « environ 150 signatures nouvelles » aux 185 premiers noms.

une des formes les plus lâches de la trahison que
d'empoisonner, jour après jour, la conscience de la
France – d'intoxiquer son opinion publique – et de
faire croire à l'étranger que le pays souhaite l'abandon de l'Algérie et la mutilation du territoire ».

Première observation : même si ce texte est resté
dans la mémoire collective comme celui du maréchal Juin, l'initiative, en fait, venait apparemment
d'universitaires. *Carrefour* du 12 octobre précise
d'ailleurs : « Ceux qui désirent signer ce manifeste
doivent écrire au Mouvement national universitaire d'action civique, 34, avenue des Champs-
Élysées, Paris 8ᵉ. » Ce Mouvement national universitaire d'action civique avait été fondé en octobre 1958 et comptait 1 500 adhérents au printemps
1960. À cette date, son secrétaire général est Pierre
Grosclaude et son bureau comprend notamment
le juriste Henri Mazeaud et l'historien Gilbert
Picard. Il dénonce, plusieurs mois avant les empoignades de l'automne, « les propagandes de toutes
sortes qui s'exercent sur la jeunesse de France » et
invite « tous les universitaires à résister fermement à ces propagandes [1] ». Dès la première quin-

1. *Le Monde*, 12 mai 1960. A la fondation, en automne 1958, les
objectifs proclamés étaient notamment de protester contre « la
déviation du syndicalisme universitaire » et de « mettre en garde
contre les campagnes défaitistes ». *Le Monde* du 6 novembre 1958
donnait le nombre de « 250 universitaires » à cette date et citait,
entre autres, les noms de H. et L. Mazeaud (droit, Paris), R. Mousnier (Sorbonne) et Ch. Richet (médecine). Pierre Grosclaude
(1900-1973), universitaire (il est l'auteur d'une thèse sur « la vie
intellectuelle à Lyon dans la deuxième moitié du XVIIIᵉ siècle ») et
poète, avait été un résistant courageux durant la Seconde Guerre
mondiale (*cf. Annuaire* de l'École normale supérieure, 1975,
pp. 80-81). Il était également rédacteur en chef de l'organe du
Mouvement national universitaire d'action civique, *l'Université
française*, dont le premier numéro avait été publié en janvier 1959.

zaine de septembre, il avait « condamné comme un acte formel de trahison le scandaleux manifeste » et « déploré que parmi les signataires de ce manifeste figurent un certain nombre d'universitaires égarés » (*le Monde*, 11-12 septembre 1960). Ceux restés dans le droit chemin figureront de ce fait en nombre dans le « Manifeste des intellectuels français ». Aussi bien, du reste, ceux parvenus au faîte de leur carrière que des collègues plus jeunes. La Sorbonne, par exemple, fournit un peloton dense de latinistes et d'historiens : Jacques Heurgon, Roland Mousnier, Gilbert Picard – et son père Charles Picard, membre de l'Institut –, William Seston et Jacques Perret, entre autres. François Bluche à Besançon, Pierre Chaunu à Caen, Guy Fourquin à Lille, Henri Lapeyre à Grenoble, Raoul Girardet à l'Institut d'études politiques de Paris incarnent une génération plus jeune. Quelle analyse pousse ainsi ces universitaires à intervenir dans le débat de la cité [1] ? Une enquête publiée dans le numéro de *Combat* du 6 octobre 1960 est précieuse, à cet égard. À cette date, l'affaire des « 121 » continue à susciter remous et passions, et nous sommes à la veille de la publication du « Manifeste des intellectuels français ». Or le journal a interrogé aussi bien quelques-uns des « 121 » que certains des signataires – ou futurs signataires – de l'autre manifeste. Parmi les seconds, Gabriel Marcel parle de « trahison ouverte » des premiers, Jean Dutourd qualifie leur choix d' « aberrant » et le colonel Rémy les voue à son « mépris ». Sur-

---

1. Certains d'entre eux ont participé, au début de l'été précédent, au « colloque de Vincennes » : ainsi Chamoux, Fourquin, Girardet, Heurgon, Mousnier, Perret, Poirier, par exemple (*le Monde*, 22 juin 1960, p. 4).

tout, les universitaires sont, là encore, largement
représentés, et leurs jugements sont généralement
moins lapidaires. À travers ces jugements – relativement – étayés, c'est une partie de la palette des
analyses et donc des motivations des tenants de
l'Algérie française qui se dégage. Si Joseph Hours
invoque le « devoir » de défense de l'État contre
les germes de « destruction », car « l'État est
d'abord pouvoir de commander [et] lui contester
ce pouvoir et le défier en face, c'est le détruire », la
réponse de Jacques Heurgon se place sur le terrain
de la fidélité et de la continuité. Ce professeur de la
Sorbonne se réclame, en effet, de la déclaration
que lui-même et 26 de ses collègues ont signée, on
l'a vu, en mai 1956 : « Ce qui était vrai en mai
1956, en mai 1958, demeure vrai en septembre
1960 », et il n'est pas question de « capitulation
devant le FLN ». Le « factum » des « 121 » est
« scandaleux », et céder serait une « trahison ». Au
reste, un élément d'optimisme : bien des étudiants,
« leur sursis expiré, [remplissent] avec simplicité
et bonne humeur leurs obligations normales de
Français ». Et Roland Mousnier développe lui
aussi une analyse qui a le mérite de la simplicité :
« La France est en guerre. Des départements français, ceux qui composent l'Algérie, sont attaqués
par des factieux, instruments de l'étranger, spécialement des marxistes-léninistes, et qui pratiquent
toutes les méthodes de la guerre subversive, la
calomnie, le dénigrement, la démoralisation, le
massacre, les supplices, la terreur. Le devoir de
tout Français est le combat sur tous les terrains,
pour la victoire de la France et l'intégrité de son territoire. L'appel à l'insoumission et à la désertion est

un acte de trahison qui doit être châtié comme tel. Vive l'Algérie française ! » La cause est donc entendue, et le verdict rendu : abjection de conscience.

L'inventaire de la liste des « intellectuels français » conduit à une seconde observation. Universitaires ou non, ces signataires du « Manifeste des intellectuels français » sont nombreux – plus de 300 – et souvent connus. Et comme parmi les membres de l'*Alma Mater*, plusieurs générations ont répondu à l'appel. Henry Bordeaux, Roland Dorgelès, André François-Poncet, Pierre Gaxotte, Daniel Halévy, le maréchal Juin, Gabriel Marcel, Henri Massis, Henri de Monfreid, Pierre Nord, le colonel Rémy, Jules Romains, Théodore Ruyssen et Jacques Chastenet lestent la liste du poids de leur notoriété mais aussi de leurs nombreuses décennies associées. Sensiblement plus jeunes Jules Monnerot, Michel de Saint-Pierre, Thierry Maulnier, Louis Pauwels, Antoine Blondin, Michel Déon, Roger Nimier et Jacques Laurent infirment quelque peu, avec les jeunes universitaires déjà cités, les analyses du *Monde*, qui, le jour où il publie le « Manifeste des intellectuels français », écrit qu' « il est caractéristique que les auteurs de cette profession de foi sont pour la plupart des hommes ayant déjà une longue carrière, tandis que la " nouvelle vague " littéraire, cinématographique et nombre de ses " maîtres à penser " figuraient parmi les signataires de la " Déclaration des 121 " » (7 octobre).

Tel est bien, au bout du compte, l'enseignement majeur de l'analyse de la liste des signataires du « Manifeste des intellectuels français » : la droite intellectuelle dispose à cette date d'une force de frappe non négligeable. Il faut écrire ici droite, car la tonalité générale de la liste des signataires et la teneur du texte ne donnent plus à l'ensemble l'aspect contrasté de certaines des pétitions en faveur de l'Algérie française en 1956. Au moment où cette défense de l'Algérie française perd l'allure largement œcuménique des années du début du conflit [1] et où l'opinion publique peu à peu s'en éloigne aussi, ce centre de gravité passé maintenant nettement à droite est à analyser de près.

Il y a là, à bien y regarder, un phénomène structurel qui dépasse le seul contexte de cet automne 1960. La droite politique, après le discrédit par amalgame à la Libération, avait connu une rapide réinsertion dans le jeu politique, symbolisée par l'investiture d'Antoine Pinay en mars 1952. Le discrédit – là encore, par amalgame avec les ultras du collaborationnisme et avec la cléricature vichyste – de la droite intellectuelle et sa délégitimation idéologique seront, au contraire, on l'a déjà souligné, plus durables. Mais ces combats des tenants de l'Algérie française marquent une étape

---

1. Même si subsiste encore à cette date le courant incarné par Bayet ou Rivet. En ce même automne, un Comité de la gauche pour le maintien de l'Algérie dans la République française, né en juin 1960, publie un « manifeste » dans lequel ce « maintien » est présenté comme « la seule solution conforme aux exigences de la réalité, de la démocratie et de la paix ». Sur ce comité et son manifeste, *cf.* notamment le mémoire de maîtrise de Patrick Buisson, *les Courants idéologiques dans le mouvement de défense de l'« Algérie française »* (dir. René Rémond), Paris X, 1971, dact., pp. 106 et 171-174.

importante : la droite intellectuelle [1], ancienne-
ment résistante ou non, peut ainsi se réapproprier
– aux côtés d'autres rameaux de la droite ou de
l'extrême droite – la défense du nationalisme [2]. On
est loin, en ce début des années 1960, de la vaste
pénéplaine créée à droite par la secousse tectonique du second conflit mondial.

Mais ce serait une erreur de perspective, inversement, d'imaginer que cette droite intellectuelle se
reconstitue brutalement à la faveur du choc algérien. D'une part, des buttes témoins subsistaient
en nombre après la guerre – la cléricature gaulliste
autour de *Liberté de l'esprit*, par exemple, ou la
mouvance autour du *Figaro* –, d'autre part, les
années 1950 voient apparaître bien des surgeons
de droite, des néo-maurrassiens à forte teneur
idéologique aux « hussards » théoriquement apoli-
tiques. Donc la guerre d'Algérie ne recompose
pas le paysage, et il faudra, à l'échelle macro-
historique, attendre la fin des années 1970 pour

1. Et pas seulement la droite extrême. Au regard de la liste des
signataires, la qualification du texte de « contre-manifeste des
ultras » par *Libération* (vendredi 7 octobre 1960, p. 3) apparaît singulièrement excessive. L'expression, il est vrai, est à replacer dans
le contexte et le vocabulaire de l'époque. Mais ce qui frappe rétrospectivement le chercheur demeure la grande diversité du profil
des signataires, comme d'ailleurs celui, trois mois et demi plus tôt,
des participants du « colloque de Vincennes ». Parmi les signataires du manifeste, outre ceux déjà cités, figuraient notamment
Pierre Andreu, Jacques Bergier, Pierre Boutang, Pierre Boyancé,
Jacques Chabannes, Eugène Cavaignac, René-Jean Clot, Roger
Dion, Jean de Fabrègues, Marie-Madeleine Fourcade, Pierre Guillain de Bénouville, Robert d'Harcourt, André Jardin, Suzanne
Labin, Roland Laudenbach, Jacques Néré, Charles Richet, Rémy
Roure, Louis Salleron et Daniel Villey.

2. Qui, lui-même, connaît à la fin de la IVe République un *revival*
(Raoul Girardet, *l'Idée coloniale en France*, La Table ronde, 1972,
p. 245).

que la gauche intellectuelle commence à perdre sa situation d'hégémonie. Mais ces années algériennes – et notamment leur deuxième versant – permettent déjà aux surgeons de devenir rameaux et autorisent l'historien à nuancer l'image d'une droite intellectuelle encore atone et aphone au début des années 1960 : celle-ci a repris des couleurs et sait donner de la voix. Dans cette métamorphose, le conflit algérien a été un révélateur – les tendances existent auparavant – mais aussi un catalyseur et un accélérateur. À ce titre, répétons-le, le phénomène dépasse le seul cadre du conjoncturel et s'inscrit dans le moyen terme du structurel.

De même, à gauche, le « Manifeste des 121 » peut s'interpréter comme la troisième étape du décrochage de l'audience du Parti communiste en milieu intellectuel. L'épisode vivifie, en effet, une extrême gauche au flanc gauche de – et, en partie, en réaction contre – ce parti. La première étape du décrochage – la flambée mendésiste, avant le choc de 1956 – avait plutôt nourri une « nouvelle gauche [1] ».

Si cette « nouvelle gauche » est, en fait, peu représentée parmi les « 121 [2] », certains de ses tenants seront au contraire au rendez-vous d'une troisième pétition rendue publique en ce début d'automne 1960. Publiée dans le numéro d'octo-

---

1. *Cf.* Jean-François Sirinelli, « Les intellectuels et Pierre Mendès France : un phénomène de génération ? », *op. cit.*
2. Le « parti intellectuel » qui se constitue en dehors des organisations en ce début des années 1960 est donc composite et puise au moins à deux sources distinctes. Le « Manifeste des 121 » met en lumière le phénomène mais ne l'enclenche pas et n'en reflète qu'une facette.

bre d'*Enseignement public*, organe mensuel de la FEN, répercutée par la presse, elle se présente comme un « appel à l'opinion pour une paix négociée en Algérie ». Il n'y a, en effet, « d'autre dénouement qu'une paix négociée » ; car « il n'y a plus d' " Algérie française " possible et aucune politique ne saurait renverser le cours de l'évolution présente » ; « dans la situation donnée, la crise de conscience et l'esprit de révolte des jeunes sont inévitables ». Sans proclamer le droit à l'insoumission, cette pétition l'absolvait donc. En retrait par rapport aux « 121 », cette attitude ne s'en voulait pas moins ferme et explicite. Et si elle a été parfois interprétée comme un signe de tiédeur, notamment par les « 121 » et leurs partisans, elle est pourtant significative. De très larges secteurs de la gauche française sont dès cette époque acquis à l'indépendance – car les phrases citées plus haut, mises bout à bout, ne peuvent conduire qu'à admettre et préconiser une telle solution –, et pas seulement quelques franges de cette gauche. Et, somme toute, la force de frappe de cette pétition est, en termes d'influence et de retombées dans la société civile, plus importante que celle des « 121 ». Outre les dirigeants des différentes composantes de la FEN, Daniel Mayer pour la Ligue des droits de l'homme, Pierre Gaudez pour l'UNEF, de nombreux universitaires ont donné leur signature, notamment Roland Barthes, Georges Canguilhem, Jean Cassou, Jean Dresch, Jean Duvignaud, Robert Escarpit, René Étiemble, Maurice de Gandillac, Pierre George, Jean Guéhenno, Vladimir Jankélévitch, Ernest Labrousse,

Georges Lavau, Claude Lefort, Jacques Le Goff, Maurice Merleau-Ponty, Edgar Morin, Paul Ricœur. Des écrivains et des journalistes sont également présents : Jean-Marie Domenach, Jean Effel, Jacques Prévert.

« LA GUERRE DE SARTRE » ?

S'il peut paraître historiquement incongru, eu égard aux souffrances endurées dans les deux camps durant la guerre d'Algérie, de définir cette dernière comme la « guerre de Sartre » (Roland Dumas [1]), celui-ci, à l'automne 1960, par son soutien aux « porteurs de valises » aussi bien que par son agrégation aux « 121 », devient assurément un symbole et un repoussoir. Il n'est plus seulement brocardé – et victime de menaces de mort – lors des manifestations des troupes de choc de l'Algérie française [2], ce sont aussi ses pairs qui le mettent dans la ligne de mire de leurs pétitions et déclarations publiques. Dans le numéro de *Combat* déjà évoqué, c'était à son propos que Gabriel Marcel

1. Roland Dumas formule du reste cette phrase au sein d'un raisonnement très cohérent, et l'expression a alors un tout autre sens : « La guerre d'Algérie, ce fut *sa* guerre. Au fond, Sartre est passé à côté de la guerre d'Espagne, à côté du Front populaire. La Résistance ? oui mais si peu. [...] Il aura donc manqué tous les grands événements politiques de son temps, sauf celui-là, la guerre d'Algérie. Qui fut, en quelque sorte, la rencontre d'une grande cause avec une grande personnalité » (Témoignage donné à Annie Cohen-Solal, le 15 octobre 1984 ; cité *in Sartre, op. cit.*, p. 563).
2. « Fusillez Sartre », crient les manifestants, lors d'une démonstration de protestation contre le Manifeste des 121 organisée par six mouvements d'anciens combattants à l'Arc de triomphe début octobre (*cf. l'Année politique 1960*, PUF, 1961, p. 97).

parlait de « trahison ouverte », tandis qu'Henri Massis décrivait le philosophe cherchant « comme saint Genet, l'auréole du martyre, afin de donner un sens à son existence ». Sartre, à cette date, était devenu une sorte de Quasimodo de l'Église Saint-Germain-des-Prés.

L'évolution dépasse, du reste, son seul cas. Quand, quelques mois plus tard, l'OAS commencera à pratiquer le terrorisme ciblé en métropole, ce seront précisément les institutions – *le Monde*, Maspero, *les Temps modernes* – et les personnalités intellectuelles qui se retrouveront en première ligne. Cette reconnaissance par l'adversaire le plus radical est, tout compte fait, une réponse aux questions posées en introduction : le sang ainsi versé – le plus souvent, il est vrai, symboliquement – montrait que l'encre était décomptée pour arme et l'intellectuel identifié comme protagoniste de cette guerre de huit ans.

Reste la question essentielle : quelle fut l'influence de cet intellectuel français, de droite ou de gauche, sur le déroulement et le dénouement de la guerre ? Et la réponse est d'autant plus délicate que plusieurs écueils doivent être contournés. Le milieu intellectuel sécrétant sa propre mémoire, l'historien risque, en effet, s'il n'y prend garde, de se promener dans une galerie des glaces déformantes. Déformation double, et déjà signalée : cette mémoire intellectuelle n'a-t-elle pas fait la part trop belle aux souvenirs d'une partie de la gauche, à l'exclusion d'autres acteurs de la « bataille de l'écrit » ? De surcroît, ne confond-on pas trace laissée dans la mémoire [1] et résonance sur le moment, dont il n'est pas sûr que l'amplitude ait été aussi forte ?

De telles pondérations sont d'autant plus difficiles à opérer que la question du rôle des clercs en guerre d'Algérie fut controversée et demeure à forte teneur idéologique. Pour certains intellectuels, qui furent partisans de l'Algérie française, le délai de viduité n'est pas forcément terminé. Et les intellectuels de l'autre camp, apparemment légitimés par l'issue de la guerre, n'ont pas tous évité par la suite l'autocélébration. Dès lors, le débat, en surface ou dans les limbes du non-dit, est toujours là, près de trente ans après les accords d'Évian : pour les uns, les « chers professeurs [2] » ont saboté délibérément l'effort de guerre français et sapé toute possibilité d'une victoire sur le terrain. Pour d'autres, les intellectuels ont sauvé l'honneur du pays, gangrené par huit années de guerres coloniales et entaché par la violence de la répression et par l'usage de la torture.

On précisera d'entrée que la réponse à une telle

1. Et pas seulement la mémoire nationale : des intellectuels américains, opposants à la guerre du Vietnam, ont parfois fait de façon explicite référence à l'action de leurs homologues français au moment du conflit algérien (*cf.* sur ce point les remarques de David L. Schalk dans « Algérie et Vietnam », *la Guerre d'Algérie et les intellectuels français, op. cit.*, pp. 245-252).

2. Il convient de surcroît de nuancer l'amplitude de l'engagement des « chers professeurs » : à l'automne 1960, par exemple, 16 professeurs d'université parisiens seulement, sur plus de 400, signent pour l'Algérie française, et 25 paraphent, sur l'autre versant, la pétition de la FEN pour la paix en Algérie (d'après les calculs de Christophe Charle, dans « Universitaires ou intellectuels ? les professeurs de l'université de Paris et la vie politique », à paraître dans *Intellectuals in France*, sous la direction de Jeremy Jennings, Londres, Mac Millan, 1990).

alternative est, en fait, affaire de conscience et non de science historique, d'autant que les plaies ne sont pas encore refermées. Et que les choix furent souvent, de façon explicite ou dans le secret des consciences, douloureux. Cela étant, l'historien est tout de même habilité à dépasser cet inventaire des écueils. Il enviera au passage, à cet égard, la démarche de quelques économistes américains des années 1960. Ceux-ci, en ce premier âge de l'informatique, prirent malice à retirer de leurs ordinateurs certains paramètres. Et de conclure, ô surprise, que, dans la deuxième partie du XIXe siècle, l'histoire des États-Unis n'aurait pas été celle qu'elle a été sans les chemins de fer ! Imagination à l'appui, retirons, sinon des ordinateurs, en tout cas de ce livre, Jean-Paul Sartre ou l'UNEF. Qu'en aurait-il été du déroulement et de l'issue du conflit algérien ? Nulle machine, hélas, ne permettra jamais à l'historien de conduire ainsi son investigation. Et nous devons demeurer, de ce fait, au stade artisanal et nous en tenir plus modestement à quelques observations indéniables.

Assurément, la guerre d'Algérie a notamment marqué en profondeur une génération de jeunes clercs en lui conférant un principe d'identité. Pour cette raison même, cette génération, qui est passée entre-temps sur le devant de la scène, a conservé comme une image rétinienne de ce conflit, et sa vision de la vie de la cité s'en ressentira toujours. De ce point de vue, c'est l'événement qui a pesé sur l'intellectuel.

L'inverse est-il également vrai, et peut-on dire que l'intellectuel a pesé sur l'événement ? La réponse, en fait, doit être nuancée et, tout d'abord, on l'a vu, pondérée. Rappelons, en effet, que les tracés de l'électro-encéphalogramme du milieu intellectuel furent singulièrement plus complexes que ceux conservés par la mémoire collective, qui minimisa souvent l'activité de l'hémisphère droit de ce milieu intellectuel. Mais les pages qui précèdent ayant tenté de pondérer ces tracés, se pose dès lors une autre question : ces oscillations ont-elles été au diapason des pulsations du corps civique ? En d'autres termes, et pour filer la métaphore jusqu'au bout, quels ont été les rapports entre cet électro-encéphalogramme de la cléricature et l'électrocardiogramme de la société française ? Cette question est d'autant plus décisive que « la guerre d'Algérie fut d'abord une guerre politique où la partie non militaire fut plus déterminante que les opérations militaires [1] ».

Dans cette « partie non militaire », l'écheveau est parfois bien difficile à démêler, et si Jacques Berque a pu écrire – sans doute à juste titre – que « l'appoint [des intellectuels] fut décisif en faveur d'une stratégie gaullienne qui naturellement nous échappait : nous ébranlions un mythe, opération que le général n'aurait pu assumer lui-même sans un insoutenable paradoxe [2] », cette analyse, détournée, pourrait se retourner contre les clercs : ceux-ci n'ont-ils joué, tout compte fait, qu'un rôle de chœur, en « appoint » d'une « stratégie » qui, en définitive, boucla sans eux le cinquième acte ?

En tout état de cause, il faut bien conclure que

1. Charles-Robert Ageron, « L'opinion française devant la guerre d'Algérie », *Revue française d'histoire d'outre-mer*, t. LXIII, 2e trimestre 1976, 231, pp. 256-285, citation p. 256.
2. Jacques Berque, *Mémoires des deux rives*, Le Seuil, 1989, p. 188.

l'audience des clercs des deux camps fut probablement moins forte qu'on ne l'a dit ou écrit par la suite. Doit-on pour autant écrire que leur engagement fut seulement un phénomène endogène et que les intellectuels n'ont parlé qu'aux intellectuels ? L'affirmer serait excessif, et le relevé de l'action des clercs en guerre d'Algérie appelle une conclusion beaucoup plus balancée. À condition, toutefois, de ne pas oublier, par exemple, que s'il existe, on l'a vu, une génération intellectuelle de la guerre d'Algérie, les sentiments et l'activité militante de ces jeunes gens, étudiants pour la plupart, n'étaient pas forcément représentatifs de ceux du reste de leur classe d'âge, dans une France où les jeunesses, jusqu'aux années 1950, resteront très cloisonnées et où, de surcroît, le monde étudiant ne représentait alors qu'un îlot dans l'archipel des jeunes. Au reste, si la génération intellectuelle née dans les années 1930 peut être légitimement identifiée, pour nombre de ses membres, à « la génération de la deuxième gauche », l'expression a-t-elle encore un sens pour une éventuelle génération politique du même âge, électrice au temps du gaullisme triomphant ?

D'autant qu'une autre remise en perspective s'impose ou que, pour le moins, une autre question doit être posée *in fine*, dût-elle paraître provocatrice ou incongrue. Est-ce que le choc des photos de *Paris-Match*, avec son lectorat de huit millions de Français, ne pesa pas davantage que le poids des mots des intellectuels ? Et, à partir de janvier 1959, quel fut l'impact des reportages de *Cinq colonnes à la une*, dont certains sont restés bien plus profondément ancrés dans la mémoire collec-

tive que telle ou telle pétition d'intellectuels ?
« Guerre de l'écrit », donc, mais aussi période
charnière durant laquelle l'image et le son conti-
nuaient leur montée en puissance dans la société
française. Les transistors durant le putsch des
généraux ou la photographie du visage ensan-
glanté de la petite Delphine Renard, victime d'un
attentat de l'OAS, ont probablement pesé bien plus
lourd, dans la balance finale, que les « 121 » ou le
Comité de Vincennes.

CHAPITRE X

D'UNE GUERRE À L'AUTRE :
DE L'ALGÉRIE AU VIETNAM

La guerre est finie. Après les années terribles du conflit algérien, l'engagement des intellectuels dans le débat civique marque incontestablement un reflux. Une étude statistique des 488 manifestes publiés dans *le Monde* au temps de la République gaullienne (1958-1969) indique un tassement après 1962 : il y a bien alors « une période creuse », qui va durer jusqu'aux premiers textes sur le Vietnam, au début de 1965.

L'Algérie, on l'a vu, avait mobilisé les clercs : 67 manifestes, par exemple, de 1958 à 1962. L'atonie pétitionnaire durant les trois ans qui suivent est un signe qui ne trompe pas dans un milieu dont c'est l'un des modes d'expression privilégiés. Les années 1962-1965 constituent une période durant laquelle la conscience nationale, ébranlée par les affaires d'Afrique du Nord, referme lentement ses plaies. La défaite du « cartel des non » à l'automne 1962 atteste un consensus indéniable sur les nouvelles institutions. Le gaullisme, au plan économique, gère une croissance conquérante, et cette période constitue assurément le cœur des « Trente Glorieuses ».

En ces années, nombre d'intellectuels retournent à leurs tables d'écrivain et à leurs chevalets, à leurs chaires et à leurs laboratoires. À nouveau est confirmée l'observation selon laquelle, le plus souvent, la courbe de l'engagement des clercs épouse celle des soubresauts de la communauté nationale. D'autant que si la guerre du Vietnam, qui réactive cet engagement, n'entraîne pas un ébranlement en profondeur de cette communauté, elle s'intègre, en fait, dans un contexte qui, lui, dépassera par ses conséquences les seuls intellectuels, même si la cléricature en constituera à la fois le vecteur et le terreau : l'onde de choc « gauchiste ».

Le premier grand manifeste sur le Vietnam est publié, on le verra, le 24 février 1965. Dès lors, la guerre américaine dans la péninsule indochinoise va réactiver l'intervention des intellectuels, notamment pour son rameau d'extrême gauche. Pour eux aussi, avant même 1968, 1965 est une année tournante [1].

L'AFFAIRE DEBRAY

Et les retombées sur la cléricature dureront bien au-delà de la chute de Saigon en 1975. Avant d'en mesurer l'amplitude et d'en préciser la chronologie, il faut rappeler que, depuis la fin des années

1. *Cf.* le thème, devenu classique, de 1965 « année tournante » pour la société française dans *la Sagesse et le désordre*, sous la direction d'Henri Mendras, Gallimard, 1980. *Cf.* également ma contribution à l'*Histoire de la civilisation française*, de Georges Duby et Robert Mandrou, Armand Colin, édition de 1984, pp. 390-392.

1950, s'est opéré, nous l'avons vu, un double transfert, géographique et sémantique, que la guerre du Vietnam accélérera après le ralentissement relatif de 1962-1965. Les déceptions à l'est de l'Europe en 1956 et le soutien apporté à cette époque et au cours des années suivantes aux luttes de libération nationale conduiront nombre d'intellectuels de gauche à substituer au couple bourgeoisie-prolétariat, qui jusque-là résumait et déterminait tout à la fois leur vision historique, le binôme « impérialisme »-tiers monde, celui-ci devenant le terrain des grands combats et le levain des révolutions à venir. La topographie des centres d'impulsion et des terres de mission s'en trouvait bouleversée. Pékin et Cuba, notamment, devenaient les épicentres des futures grandes secousses souhaitées, et celles-ci devaient ébranler en priorité l'Extrême-Orient et l'Amérique latine.

À cet égard, « l'affaire Debray » est significative de l'« effet La Havane » qui touche en ces années une partie de l'extrême gauche française. Normalien, âgé de vingt-six ans, agrégé de philosophie, Régis Debray est arrêté le 19 avril 1967 par l'armée bolivienne, dans le village de Muyopampa. Le jeune intellectuel a publié au début de 1967 à Cuba *Révolution dans la révolution*, qui développe les thèses castristes et notamment la théorie des *foco*. Au moment de son arrestation, il tentait de s'« exfiltrer » d'un maquis commandé par « Che » Guevara, qui, depuis novembre 1966, était passé en Bolivie. Soumis plusieurs jours durant à un violent interrogatoire, il est ensuite mis au secret, tandis que les autorités boliviennes le présentent comme l'un des responsables de la guérilla et que des manifestations réclament sa condamnation à mort.

C'est dans ce contexte que va s'enclencher à Paris une campagne en sa faveur. *Le Monde* du 6 mai et celui du lendemain donnent quelques informations, mais c'est dans le numéro du 10 mai que le milieu intellectuel s'ébranle. Un télégramme adressé au général Barrientos, chef de l'État bolivien, prend les allures de véritable pétition :

> Profondément inquiets du sort de Régis Debray, jeune agrégé, écrivain et journaliste français, arrêté, détenu et maintenu au secret depuis le 20 avril 1967 par les forces armées boliviennes, les soussignés adressent un pressant appel au sens de la justice et à l'humanité des autorités de ce pays afin que soient assurées, conformément aux articles 9, 10 et 11 de la Déclaration universelle des droits de l'homme, les garanties nécessaires à sa défense.

La liste des signataires est imposante : entre autres, François Mauriac, André François-Poncet, le pasteur Boegner, Jacques Rueff, Pierre-Henri Simon, Jean Guéhenno, Jacques Chastenet, Marcel Achard, Maurice Genevoix, René Clair – dix académiciens français, donc –, René Poirier, Henri de Lubac, Adrien Dansette, Pierre Clarac, Étienne Souriau, Gabriel Marcel, Louis Martin-Chauffier, Gabriel Le Bras, Henri Gouhier, Édouard Bonnefous, Maurice Baumont, Edmond Giscard d'Estaing, Robert Garric, Victor-Lucien Tapié, Marcel Dunan, Jean-Jacques Chevallier, René Cassin, Robert Debré, premier président Rousselet, grand rabbin Kaplan, Raymond Aron – plus de 20 membres des autres académies de l'Institut de France, donc –, les professeurs Jacob, Monod, et Kastler, prix Nobel, les professeurs de droit Vedel, Hauriou, Lavau, Rivero, Colliard, et également Bertrand de Jouvenel, Emmanuel d'Astier de La Vigerie, Jean Vilar, Hervé Bazin, Jean-Louis Barrault, Jean-Pierre Faye, Philippe Sollers, Georges Perec, Léo Hamon, Pierre Emmanuel, Daniel Mayer, David Rousset, Edmonde Charles-Roux et Françoise Sagan. De surcroît, l'Association des anciens élèves de l'École normale supérieure se disait « très émue » et faisait « appel aux autorités boliviennes pour que son jeune camarade, arrêté dans l'accomplissement de sa mission de journaliste, soit traité conformément aux exigences du droit et de l'humanité ».

Le mouvement s'amplifie les jours suivants. Le 12 mai, une nouvelle livraison de signatures est publiée [1], au moment où « les autorités boliviennes affirment que Régis Debray n'a pas été torturé ». La mise en place de la page 2 du *Monde* de ce jour-là, où cette dépêche et la liste des signatures se côtoient, montre bien que là réside précisément l'inquiétude des pétitionnaires. Le lendemain, ce sont des « écrivains et artistes italiens » qui s'inquiètent pour la vie de Régis Debray : Elio Petri, Italo Calvino, Marco Bellochio, Vittorio et Paolo Taviani et Federico Fellini, entre autres, ont signé le message déposé à l'ambassade de Bolivie à Rome.

1. Entre autres, Mgr Feltin, Mgr Charles, Aragon, Friedmann, Cassou, Domenach, Jankélévitch, Semprun, Grosser, Vidal-Naquet, Canguilhem, Schwartz, Barthes et Lacan.

Retour à la France dans *le Monde* du lendemain : à côté d'un article de Maurice Duverger
demandant « l'indulgence et la justice », des
cinéastes et journalistes présents au festival de
Cannes écrivent au général Barrientos pour
demander que « les garanties nécessaires à sa
défense soient accordées à Régis Debray ». Robert
Bresson, Jacques Demy, Nelly Kaplan, Luc Moullet, Georges Sadoul ont signé, entre autres, aux
côtés de cinéastes étrangers. Car l'écho a bien
dépassé les limites de l'Hexagone. *Le Monde* du
21-22 mai reproduit, par exemple, la conclusion
d'une lettre envoyée par 14 universitaires américains au *New York Times* :

> Nous, soussignés, nous joignons à l'appel
> lancé par de hautes autorités morales, reli-
> gieuses et intellectuelles françaises pour
> demander au gouvernement bolivien de
> rendre publiques toutes les accusations por-
> tées contre Régis Debray, d'accorder aux jour-
> nalistes accusés les conditions normales de
> défense, le droit de voir leurs ambassadeurs
> respectifs, un procès public et loyal et les
> garanties juridiques fondamentales telles
> qu'elles sont prévues par les articles 9, 10 et 11
> de la Déclaration universelle des droits de
> l'homme.

Stanley Hoffmann, Martin Lipset, Noam
Chomsky ainsi que Paul Samuelson, du presti-
gieux MIT, ont signé l'adresse. Et à la même date,
350 élèves de l'École polytechnique écrivent aussi
au président Barrientos.

L'épisode, on le voit, appelle analyse. On se gardera, tout d'abord, d'ironiser sur l'Institut soutenant le jeune boutefeu des antipodes [1]. Et inversement. Mais force est tout de même de remarquer, comme dans le cas d'André Malraux en 1924, la capacité de la cléricature à serrer les rangs quand l'un des siens est en cause. À cet égard, l'affaire Debray, dans son versant français, est d'abord un phénomène *endogène*, interne au milieu intellectuel. On remarquera ensuite que ces raisons de solidarité expliquent le caractère hétérogène de la liste de soutien. La plupart des pétitions de clercs rencontrées dans ce livre laissaient apparaître, au contraire, des structures élémentaires de la sociabilité. Comme la composition du comité de rédaction d'une revue, une liste de pétitionnaires est le résultat d'adhésions, de sélections et d'exclusions : on sollicite certains, on en tamise d'autres, et on combat le parti adverse. Les amitiés politiques et la surface sociale de la famille Debray permettent ici de transcender les clivages habituels. Par son caractère endogène et son recrutement œcuménique, le texte devient donc presque caricatural : la pétition Malraux restait un peu sulfureuse ; celle qui défend le jeune normalien – la première, tout au moins, publiée le 10 mai – est une pétition encore plus « respectable » que celles, peuplées d'académiciens et de notables, qu'alignait la droite

---

1. D'autant que durant les premiers jours de captivité pendant lesquels il était au secret, Régis Debray risqua réellement sa vie : s'il ne fut pas « torturé méthodiquement », il fut alors, outre les sévices de l'interrogatoire, à la merci d'une disparition discrète (*cf*. R. Debray, *les Masques*, Gallimard, 1987, pp. 96-97). Danger qui disparut au moment où l'affaire devint publique. Les pétitions, d'une certaine façon, arrivaient après la bataille.

de l'entre-deux-guerres : les corps constitués intel-lectuels ont répondu à l'appel. Et la Rue d'Ulm est cette fois dans le même camp que le Quai de Conti.

On ne perdra pas de vue, toutefois, que le jeune clerc est au secret, qu'il est question de tor-ture, malgré les dénégations officielles, et que des mouvements d'opinion, en Bolivie, hurlent à la mort. Et les corps constitués ne doivent pas dissi-muler l'essentiel : les autres pétitions – qui suivent celle du 10 mai – montrent, en France et dans les pays de l'Europe occidentale, le rayonne-ment de Cuba. Telles des vestales, les clercs doivent surveiller le feu sacré des révolutions tiers-mondistes. Est déjà perceptible le mouve-ment quasi sacral qui accompagnera l'annonce de la mort du « Che » à l'automne suivant. Et la campagne en faveur de Régis Debray montre bien l'impact de l'extrême gauche dans la mou-vance culturelle française dès cette date. Il y a là un fil rouge qui, depuis le début des années 1960, relie les « 121 » aux signataires pour le Vietnam et aux pétitionnaires – ceux de gauche, tout au moins – en faveur de Régis Debray, en attendant Mai 1968.

Celui qui cristallisait ainsi, momentanément, les aspirations révolutionnaires et les admirations tiers-mondistes de l'extrême gauche française en ce printemps 1967 n'assista toutefois pas au prin-temps parisien de l'année suivante. En octobre 1967, le verdict était tombé : trente ans de prison. Le prisonnier de Camiri, petite ville de Bolivie, avait payé au prix fort le droit de proclamer quel-ques années plus tard Mai 1968 « grand malen-tendu » et d'observer que l'histoire vécue par la

génération actrice de Mai le fut surtout « par pro-
curation [1] ».

MAI 1968 : PÉTITIONNAIRES, UN PAS EN ARRIÈRE !

« Malentendu » ou pas, Mai 1968 vit fleurir pétitions et manifestes. Mais, mesurée à l'aune de
l'ébranlement, cette floraison apparaît modeste et,
en fait, secondaire. À cela, sans doute plusieurs
raisons. L'irruption des « masses », magnifiée à
gauche, confère probablement à l'activité pétitionnaire, aux yeux mêmes de ses plus fidèles adeptes,
un aspect à la fois rétrograde et inutile. Puisque
l'action est dans la rue, la pétition n'est plus
qu'imprécation, sans effet réel. Il y a là, du reste, à
bien y regarder, une étonnante – et fugace – crise
de modestie des clercs. Et sans doute aussi la
crainte d'être historiquement ridicules ou dépla-
cés : surtout ne pas être comme ces vieillards de
Troie exhortant les jeunes à bien mourir ! De surcroît, le rôle éventuel des intellectuels doit s'exercer sur le terrain même des luttes : mai 1968 apparaît bien comme la revanche de la *motion* [2] sur la
pétition, et la « base » intellectuelle retrouvait à
cette occasion son autonomie par rapport à la
haute intelligentsia. En d'autres termes, les pétitionnaires, un pas en arrière !
   Les pétitions – car il y en eut – éclairent pourtant

1. Régis Debray, *les Rendez-vous manqués*, Le Seuil, 1975,
p. 123, et « Et la planète, bordel ! », *le Débat*, janvier 1981, p. 70.
   2. *Cf.* Alain Schnapp et Pierre Vidal-Naquet, *Journal de la
Commune étudiante. Textes et documents. Novembre 1967-juin
1968*, Le Seuil, 1969 et 1988.

deux aspects importants de l'attitude de clercs en mai-juin 1968 : d'une part, la divine surprise de quelques-uns d'entre eux, à gauche, devant une jeunesse qui paraît sortir d'une torpeur bercée par le yé-yé ; d'autre part, la fronde de certains intellectuels communistes.

Le Monde daté du vendredi 10 mai 1968 publie, par exemple, en page 9, un texte intitulé : « Il est capital que le mouvement des étudiants oppose et maintienne une puissance de refus ». Ce titre rend bien compte de la teneur et du ton d'une déclaration très favorable aux étudiants, qui viennent, « en des heures éclatantes, d'ébranler la société dite de bien-être » :

> La solidarité que nous affirmons ici avec le mouvement des étudiants dans le monde – ce mouvement qui vient brusquement, en des heures éclatantes, d'ébranler la société dite de bien-être parfaitement incarnée dans le monde français – est d'abord une réponse aux mensonges par lesquels toutes les institutions et les formations politiques (à peu d'exceptions près), tous les organes de presse et de communication (presque sans exception) cherchent depuis des mois à altérer ce mouvement, à en pervertir le sens ou même à tenter de le rendre dérisoire. Il est scandaleux de ne pas reconnaître dans ce mouvement ce qui s'y cherche et ce qui y est en jeu : la volonté d'échapper, par tous moyens, à un ordre aliéné, mais si fortement structuré et intégré que la simple contestation risque toujours d'être mise à son service. Et

il est scandaleux de ne pas comprendre que la violence que l'on reproche à certaines formes de ce mouvement est la réplique à la violence immense à l'abri de laquelle se préservent la plupart des sociétés contemporaines et dont la sauvagerie policière n'est que la divulgation.

C'est ce scandale que nous tenons à dénoncer sans plus tarder, et nous tenons à affirmer en même temps que, face au système établi, il est d'une importance capitale, peut-être décisive, que le mouvement des étudiants, sans faire de promesse et au contraire en repoussant toute affirmation prématurée, oppose et maintienne une puissance de refus capable, croyons-nous, d'ouvrir un avenir.

Les signataires – entre autres, Jean-Paul Sartre, Claude Roy, Dionys Mascolo, Max-Pol Fouchet, Nathalie Sarraute, Marguerite Duras, Maurice Nadeau, Jacques Lacan, André Gorz, Henri Lefebvre, François Châtelet – ne seront pas déçus : le lendemain de la publication du texte, en fin de soirée et dans la nuit, la « puissance du refus » s'exprime à travers la première nuit des barricades...

Parmi les raisons de signer cette pétition, il y eut sans doute, chez certains intellectuels de gauche, profondément et intensément ressenti, le sentiment de voir une génération au bois dormant – ou, plus précisément, perçue comme telle par les clercs – soudain réveillée et révélée à elle-même. Car par nombre de ces clercs jeunes ou moins jeunes, la génération du baby-boom fut longtemps jugée sommeillante au rythme du yé-yé. À la fin des années 1950, en effet, au moment où les premières cohortes de l'après-guerre arrivaient à l'adolescence, leur poudroiement à l'horizon ne fut annoncé que par quelques observateurs, mi-Cassandre mi-sœurs Anne. 1959 fut l'année où Alfred Sauvy, en même temps qu'il inaugurait sa chaire au Collège de France, publiait *la Montée des jeunes*. Mais, à la même date, ce furent seulement les efflorescences jugées dangereuses de cette montée qui retinrent l'attention, avec les « blousons noirs ». Puis la vague déferla et s'installa au cœur des années 1960. Mais de génération « politique », point. D'où la perplexité, souvent mêlée de regret, des intellectuels.

Bien des indices, il est vrai, déniaient aux jeunes du baby-boom tout label politique. Si, pour les proches aînés des « appelés » et « rappelés », *Partisans* de septembre-octobre 1961 parlait d'une « génération algérienne » et Xavier Grall, l'année suivante, d'une *Génération du djebel*, pour les « 16-24 ans », au contraire, Jacques Duquesne, les radiographiant à travers une enquête de l'IFOP datée de 1961, concluait sur les aspects politiques : « Le faible intérêt d'ensemble est donc évident [1]. » Peu après, une enquête de *Paris-Match* d'avril 1964 parvenait au même diagnostic.

Et quelques médecins de se pencher au chevet de cette jeunesse jugée atone mais pas aphone. Car le phénomène yé-yé, à l'évidence, brouillait les

1. « Une génération algérienne », *Partisans*, 1, septembre-octobre 1961, pp. 82 *sqq* ; Xavier Grall, *la Génération du Djebel*, Paris, Cerf, 1962 ; Jacques Duquesne, *les 16-24 ans*, Le Centurion, s.d.

cartes. Et si, dans ses articles du *Monde* de juillet 1963 devenus classiques, Edgar Morin s'en tenait au registre sociologique pour ausculter *Salut les copains*, Serge July effectuait à l'automne des reconnaissances perplexes au Golf Drouot, pour le mensuel des étudiants communistes *Clarté*. Et quelques mois plus tard, *Socialisme ou Barbarie*, sous la plume de Serge Mareuil, proposait une interprétation balancée du « twist » : « le courant initial du twist » est un « courant radical dans son rejet des valeurs traditionnelles », mais « le twist est, dans sa seconde manière, une de ces formes de résignation, une forme de contrôle de la violence [1] ». Jusqu'à Jean-Paul Sartre qui, dans le premier numéro du *Nouvel Observateur*, le 19 novembre 1964, constatait, avec des nuances il est vrai, une « certaine dépolitisation de la jeunesse » et déplorait que les « idoles » la « trahissent au profit de papa ». D'où la divine surprise quand la génération du baby-boom enfanta ce qu'Edgar Morin baptisa à chaud une « révolution juvénile ».

À bien y réfléchir, il y a, dans cette quête – longtemps vaine – par les clercs d'une jeunesse qui serait le fer de lance du combat révolutionnaire et le levain des changements sociaux, le reflet d'un autre transfert opéré par certains d'entre eux. Après les déceptions de révolutions européennes longtemps attendues, toujours différées et désormais considérées comme trahies par l'Union soviétique, les partis communistes occidentaux et les classes ouvrières embourgeoisées, ces intellectuels

---

1. Sur Serge July au Golf Drouot, *cf.* Hervé Hamon et Patrick Rotman, *Génération*, t. I, *les Années de rêve*, Paris, Le Seuil, 1987, pp. 129-130 ; Serge Mareuil, « Les jeunes et le yé-yé », *Socialisme ou Barbarie*, avril-juin 1964, 36, pp. 26-39.

reporteront leurs espoirs sur les peuples du tiers
monde, on l'a vu, mais aussi, consciemment ou
inconsciemment, quand viendra le temps des
contestations en cette fin des années 1960, sur les
avant-gardes effervescentes des jeunesses de
l'Occident.

TURBULENCES
AU PARTI COMMUNISTE ?

Mais la variante française de la « révolution
juvénile » n'ébranla pas seulement le pouvoir gaulliste. Pour les grands intellectuels de gauche,
désormais, et plusieurs semaines durant, les
canaux classiques d'expression disjoncteront. Avec
plus ou moins d'enthousiasme, ils renonceront à
ces majestueux déploiements de forces des clercs
de dimension nationale que sont le plus souvent
les pétitions [1]. Avec plus ou moins de bonheur, ils
iront au peuple étudiant : Sartre sera acclamé au
Quartier latin, et Aragon mal reçu.

1. Ces pétitions seront dès lors dispersées. Politiquement : les
gaullistes de gauche, par exemple, adressent « aux étudiants l'assu-
rance de [leur] soutien actif » (*le Monde*, 26-27 mai 1968, page 3 ;
texte signé, entre autres, par Jacques Debû-Bridel, Philippe de
Saint-Robert et David Rousset). Professionnellement : ainsi le
Comité d'action démocratique du spectacle se prononçant pour un
« programme commun » des partis et formations de gauche (*le
Monde*, 1er juin 1968), ou les journalistes sportifs de l'ORTF réclamant « la création d'un statut particulier des journalistes de la
radio et de la télévision ». Insensiblement, de la pétition on passe à
la motion. C'est ainsi, du reste, que *le Monde* présente le dernier
texte, signé entre autres par Roger Couderc, Robert Chapatte,
Claude Darget, Raymond Marcillac, Thierry Roland, Jean-Michel
Leulliot, et les jeunes Michel Drucker et Stéphane Collaro (*le
Monde*, 26-27 mai 1968, p. 9).

Cette différence de traitement en dit déjà long sur la position difficile, en ces journées de mai, des intellectuels communistes. Pour certains d'entre eux, cette position devint vite intenable : tiraillés entre une « révolution de mai » dont il ne fallait pas être grand... clerc pour déterminer rapidement la composante explicitement anticommuniste et des dirigeants dont l'hostilité au mouvement étudiant était tout aussi apparente, leur marge de manœuvre était étroite. Or c'est précisément dans ces situations d'inconfort que surgit pour les intellectuels le temps des remises en cause et parfois des ruptures. Pour les uns, c'est la prise de conscience brutale de contradictions jusque-là ignorées ou refoulées. Pour les autres, et c'est ici apparemment le cas de figure le plus fréquent parmi ceux qui sauteront le pas, c'est le rejeu de tensions jusque-là assumées. Là est précisément l'essentiel, pour l'étude de l'attitude de certains intellectuels communistes en 1968 : « Mai » puis la Tchécoslovaquie en août font rejouer des failles intimes créées par la secousse tectonique de 1956. Dans bien des cas, la crise étudiante, sociale et politique ouvre grande la porte pour des départs parfois différés depuis des années. Ce phénomène de rejeu touchera surtout, logiquement, le milieu universitaire, placé en première ligne des « événements ». Et pour le Parti communiste, l'ébranlement sera d'autant plus directement ressenti que ce milieu enseignant était l'un des môles qui avaient jusque-là le mieux résisté au processus d'érosion entraîné par 1956.

Nous avons vu ce qu'avait été pour les intellectuels communistes cette année 1956. Le choc avait été violent, mais les départs, en définitive, n'avaient pas revêtu un caractère massif. En déclarant au XVe congrès du PCF, en juin 1959, que seule « une petite poignée » de communistes s'étaient éloignés au cours des années précédentes [1], Maurice Thorez ne formulait pas une flagrante contre-vérité, tout au moins pour ce qui concerne les intellectuels. Bien plus hasardeuse était la suite de l'analyse. « En s'épurant de ces éléments étrangers et hostiles, le Parti s'est fortifié », diagnostiquait en effet le secrétaire général. Or la situation était sans doute plus complexe. Certes, le Parti communiste restait attractif en milieu étudiant. Mais la crise de l'UEC quelques années après 1956 montre bien que la cure d'amaigrissement n'avait pas seulement « fortifié » l'organisme, notamment pour sa partie intellectuelle. Elle l'avait aussi déstabilisé.

C'est, du reste, cette crise de l'UEC qui montra que les failles de 1956 étaient toujours là, prêtes à rejouer. En février 1965, au moment où le congrès de l'UEC prévu pour le 8 mars suivant entraîne des tensions entre le PCF et son organisation étudiante, une centaine d'intellectuels communistes écrivent à Waldeck Rochet : ce qui se passe actuellement est chez les étudiants « l'expression du malaise que, dans leur ensemble, les intellectuels communistes ressentent depuis plusieurs années ». Et d'avertir la direction du Parti :

> Aucune mesure administrative ne peut remplacer un débat dont la nécessité nous paraît plus urgente que jamais.

1. *Cahiers du communisme*, juillet-août 1959, p. 67.

Éviter la confrontation, classer les intellectuels en bons et mauvais d'après leur position dans le débat, et non d'après leur action militante et leur attachement à la cause du communisme, aurait des conséquences graves non seulement chez les étudiants, où une telle attitude risquerait d'entraîner un recul sensible de notre influence et de nos forces, mais aussi chez les intellectuels, où elle provoquerait, dans nos rangs, confusion, désarroi, amertume, chez nos sympathisants, méfiance et déception, chez nos adversaires beaucoup de joie.

Parmi les signataires, beaucoup d'universitaires de renom ou estimés par leurs pairs : Albert Soboul, Jean-Pierre Vernant, Jean Dresch, René Zazzo, Jean Chesneaux, Madeleine Rebérioux, Antoine Culioli, Jean Bruhat et Jean Bouvier, entre autres, sont montés au créneau [1]. Le dernier nommé est assez caractéristique d'une génération alors quadragénaire – Jean Bouvier est né en 1920 – marquée par le communisme. Dans son cas, l'entrée s'est faite dès 1935, aux Jeunesses communistes, et l'engagement s'est trouvé vivifié par la Résistance. Marqué par 1956, qui était venu

1. La lettre à Waldeck Rochet est publiée par *l'Humanité* du mercredi 17 février 1965, p. 4, avec une longue réponse du bureau politique : sous une telle forme, « la démarche des signataires de la lettre est irrecevable » ; il s'agit, en effet, d'une « entreprise de caractère fractionnel ». La liste des signataires n'y était pas indiquée. Certains noms sont mentionnés dans *le Monde* du 17 février et, surtout, dans l'article de Gilles Martinet – qui qualifie l'initiative de « plus importante réaction enregistrée parmi les intellectuels depuis les événements de Hongrie » – dans *le Nouvel Observateur* du 18 février.

cristalliser un doute préexistant, devenu par la
suite « de plus en plus hostile à la politique du
PC », Jean Bouvier est, en ce milieu des années
1960, professeur d'histoire contemporaine à l'université de Lille. Jean-Pierre Vernant, son aîné de
cinq ans, enseigne, lui, à l'École pratique des
hautes études. Aux Jeunesses communistes dès
1932, le « colonel Berthier » de l'armée de l'ombre
deviendra après la guerre compagnon de la Libération. Lui aussi se souvient d'avoir commencé à
prendre ses distances après 1956 [1].

On retrouvera les deux hommes parmi les communistes « dissidents » de mai 1968. À la fin de ce
mois agité, en effet, des intellectuels communistes, émus par une relation peu amène des durs
affrontements du 24 mai dans *l'Humanité* du lendemain, se réunissent chez Hélène Parmelin et
adressent le 26 mai une lettre à la direction du
Parti communiste, demandant l'ouverture d'un
dialogue avec les étudiants et un débat au sein du
Parti, et menaçant en cas de refus de publier cette
lettre dans la presse. Lettre dont le texte était le
suivant :

> Les communistes signataires de ce texte
> affirment leur solidarité politique avec le
> mouvement qui, parti des étudiants, soulève
> des millions de travailleurs, la jeunesse des

1. *Cf.* les témoignages de Jean Bouvier et Jean-Pierre Vernant
dans *l'Histoire*, respectivement dans les numéros 105 et 98,
novembre et mars 1987. *Cf.* aussi l'entretien donné par Jean Bouvier (et Maurice Agulhon) à *Révolution*, 143, 26 novembre 1982, et,
sur Jean-Pierre Vernant, *cf.* Philippe Robrieux, *Histoire intérieure
du Parti communiste*, t. II, pp. 37-40, et t. IV, p. 573, Fayard, 1981
et 1984.

usines, celle des lycées, la grande majorité des intellectuels. Leur contestation commune met en cause, à travers le régime gaulliste, les bases mêmes du système social actuel.

En tentant au départ de freiner cet élan exceptionnel, la direction a coupé le Parti d'une grande force de rénovation socialiste.

Cinquante mille manifestants criaient, à la gare de Lyon, leur colère contre la décision gouvernementale qui, en interdisant le territoire français à Cohn-Bendit, violait l'amnistie. De nombreux communistes étaient là. Le Parti, non. Ainsi se trouve facilitée la provocation du pouvoir, désireux d'isoler, voire d'écraser le mouvement étudiant. Pourtant, sans ce mouvement qui a catalysé la volonté de lutte des masses, les usines n'auraient pas été occupées, les barrières du SMIG n'auraient pas déjà sauté et d'autres perspectives ne seraient pas désormais ouvertes au combat ouvrier dont le rôle est décisif.

La cassure entre les communistes et la masse des étudiants et des intellectuels aurait des conséquences tragiques. Il faut au plus tôt établir un dialogue.

Le débat qu'imposent les événements sur les orientations, la structure et l'avenir du mouvement révolutionnaire ne saurait maintenant être esquivé. Une franche analyse de la réalité, des initiatives politiques audacieuses, doivent à tout prix permettre d'établir des liens avec les forces nouvelles qui se sont révélées dans la lutte pour le socialisme et la liberté.

Parmi les 36 signataires, aux côtés notamment d'Édouard Pignon, d'Hélène Parmelin et de Charles Tillon, on relevait des noms d'universitaires, dont Jean Bouvier, Antoine Culioli, Jean Chesneaux, Ignace Meyerson, Madeleine Rebérioux, Albert Soboul et Jean-Pierre Vernant. Deux de ces signataires, Jean Pronteau et Édouard Pignon, sont reçus par Jacques Chambaz, membre du comité central chargé des intellectuels, qui transmet la lettre au secrétariat de Waldeck Rochet. Ce dernier recevra Édouard Pignon et Hélène Parmelin, et, lors de l'entretien, ne se déclarera pas hostile à une rencontre entre les signataires et des représentants de la direction. Après accord du bureau politique, une rencontre a lieu à deux reprises, les 1er et 3 juin : une délégation comprenant notamment Roland Leroy, Roger Garaudy, Jacques Chambaz, Guy Besse et Pierre Juquin, reçoit les doléances d'intellectuels communistes. Hélène Parmelin parle d'un « rejet haineux de toutes les forces vives qui explosaient avec le mouvement étudiant » et d'une information dans *l'Humanité* « complètement faussée ». Et Madeleine Rebérioux d'enfoncer le clou : « Chaque matin, pendant huit jours, nous ouvrions *l'Humanité* avec crainte en nous demandant comment nous allions remonter le courant, comment nous démarquer sans attaquer le Parti. » Jean-Pierre Vernant, pour sa part, dresse un diagnostic accablant – « Nous avons perdu sur tous les tableaux » – et formule un sombre pronostic : « Le Parti se trompe lourdement s'il pense aller à de bonnes élections. »

Les deux rencontres n'aboutirent pas. *L'Huma-*

nité du 5 juin publia un court texte évoquant les discussions « où chacun a exprimé librement et franchement son point de vue », mais concluant : « Conformément à nos principes et à nos statuts, et dans l'intérêt du Parti, la discussion se poursuivra dans les organisations du Parti. » L'après-midi, dans *le Monde* daté du 6 juin, la pétition était publiée, dans un article intitulé « Une délégation du comité central examine les doléances de certains intellectuels communistes [1] ».

Car, de fait, doléances il y avait. Le phénomène, noyé dans le maelström d'un printemps de crise, a moins retenu l'attention, sur le moment et par la suite, que les textes collectifs de l'automne 1956. Il fut pourtant, peut-être, d'une plus grande ampleur, car relayé par les secousses de l'été qui suivit. L'intervention des troupes du pacte de Varsovie en Tchécoslovaquie, moins de trois mois plus tard, allait encore accélérer, en effet, le processus de divorce. Cette intervention eut lieu dans la nuit du mardi 20 au mercredi 21 août 1968. Dès la matinée du mercredi, le bureau politique du Parti communiste rendit public un communiqué – que *le Monde* du jour, daté du

---

1. *Op. cit.*, p. 5. Une source précieuse pour ces turbulences au sein de la cléricature communiste en mai-juin 1968 est constituée par les Mémoires, déjà cités au chapitre VIII, de Victor Leduc, l'un des « 36 » (*op. cit.*, pp. 315-321 ; mais la reproduction de la pétition page 316 est légèrement incomplète : nous nous fondons donc sur le texte publié dans *le Monde* du jeudi 6 juin). Sur cette pétition, *cf.* aussi l'article de Katia D. Kaupp dans *le Nouvel Observateur* du 12 juin 1968, pp. 13-14. Les interventions d'Hélène Parmelin et de Jean-Pierre Vernant ont été publiées, après avoir été résumées par leurs auteurs, dans *Journal de la Commune étudiante. Textes et documents* (*op. cit.*, pp. 786-791 de l'édition de 1988). Le passage signalé de l'intervention de Madeleine Rebérioux est reproduit à la note 23, p. 832.

lendemain, répercuta en première page – exprimant « surprise » et « réprobation » et annonçant la « convocation en session extraordinaire du comité central ». Le même numéro du *Monde* publia une pétition d'intellectuels communistes qui

> protestent contre l'entrée des troupes soviétiques et alliées en territoire tchécoslovaque, en violation ouverte de la déclaration de Cierna et sans qu'aucun fait nouveau soit intervenu ;
> rappellent les récentes prises de position du parti communiste français sur les droits de chaque Parti communiste ;
> assurent leurs camarades tchécoslovaques de leur entière solidarité.

À nouveau ce sont des universitaires qui sont en première ligne : Jean Bouvier, Jean Chesneaux, Madeleine Rebérioux, Jacques Thobie, Gilbert Badia, entre autres. Mais, apparemment, ils se trouvent cette fois sur la même longueur d'onde que leur parti. Les deux textes sont, en effet, de même tonalité et, de surcroît, celui des intellectuels ne fait que rappeler la prise de position de Waldeck Rochet, qui avait déclaré devant le comité central réuni les 18 et 19 avril précédents : « Il appartient à chaque parti communiste de déterminer sa propre politique en fonction de la situation et des conditions concrètes du pays concerné. » Mais quand le comité central se réunit le lendemain, la « désapprobation » succède à la « réprobation ».

Par-delà ce problème sémantique, dont les intellectuels feront de longues et savantes exégèses, deux éléments vont faire basculer certains d'entre eux : d'une part, l'attitude plutôt favorable de la direction du Parti à la « normalisation » en Tchécoslovaquie ; d'autre part, la suspension de la revue *Démocratie nouvelle*, qui préparait un numéro entier sur la Tchécoslovaquie [1]. Dans ce dernier cas, à nouveau, il y a cristallisation autour d'une pétition. Le rédacteur en chef de *Démocratie nouvelle*, Paul Noirot, lance en effet un appel pour le lancement d'une nouvelle revue traitant « librement, ouvertement, des problèmes qui se posent à tous ceux qui aspirent au socialisme, des problèmes dont les événements de mai et le drame tchécoslovaque montrent l'extrême acuité ». Près de 300 signatures affluent, dont la liste est révélatrice : beaucoup de communistes « oppositionnels » ont répondu présent, et, de surcroît, des intellectuels plus orthodoxes se sont également joints à l'initiative : ce sont donc, entre autres, Gilbert Badia, Louis Daquin, Jean Dresch, Claude Frioux, Robert Merle et Albert Soboul qui signent aux côtés de Jean Bouvier, Jean Chesneaux, Pierre Halbwachs, Victor Leduc, Madeleine Rebérioux et Jean-Pierre Vernant. La situation est d'autant plus inquiétante pour le Parti communiste que l'appel a été également signé par de nombreux intellectuels de la gauche non communiste : Étiemble, Jankélévitch, Laurent Schwartz, Vercors, entre autres.

C'en était bien fini, en fait, des liens entre certains « oppositionnels » et le Parti : mai 1968 puis les retombées de la crise tchécoslovaque avaient fait apparaître aux uns l'inefficacité d'un combat

---

1. *Cf.* notamment Paul Noirot, *la Mémoire ouverte*, Stock, 1976, p. 296, et Victor Leduc, *op. cit.*, pp. 331 *sqq*.

de l'intérieur et à l'autre le danger de maintenir plus longtemps des brebis galeuses dans la bergerie : départs volontaires et exclusions vont donc se compléter. Tandis que Madeleine Rebérioux est exclue de la cellule Sorbonne-Lettres, Paul Noirot doit lui aussi quitter le Parti communiste. Certains tiendront toutefois plus longtemps : ainsi Victor Leduc, jusqu'en octobre 1970 à la cellule du lycée Lavoisier. De même, les départs volontaires s'étaleront, dans ce mécanisme de réactions en chaîne enclenché par le printemps et l'été 1968 : Jean Bouvier quitte de son propre chef le Parti en janvier 1969, et Jean-Pierre Vernant s'éloigne l'année suivante.

Il faut pourtant à nouveau nuancer en insistant sur ce phénomène déjà plusieurs fois observé dans les chapitres qui précèdent : une pétition, en focalisant, par essence, sur un problème précis, accuse forcément les angles. On aurait tort, en fait, à partir de l'analyse qui précède, d'imaginer un parti saigné à blanc par une hémorragie d'intellectuels. Les choses furent singulièrement plus complexes. Certes, les pétitions de 1965 et de 1968 permettent de mettre en lumière des généalogies après 1956 et de voir sourdre puis s'écouler ouvertement un courant oppositionnel. Mais à partir de cette observation, deux problèmes demeurent entiers : l'amplitude de la crise au sein de la cléricature communiste en 1968 et l'ampleur de l'ébranlement qui en découla. Jeannine Verdès-Leroux estime que « les intellectuels communistes ont eu, en mai 1968, des conduites, des jugements spontanément accordés à l'appréhension que les dirigeants eurent de ces événements », et le Parti, tout compte fait, n'eut « alors pas de grosses difficultés internes ». En revanche, ces mêmes intellectuels commu- nistes, « quels que soient leur génération, leur pro- fession, leur itinéraire politique, ont dit avoir vécu l'intervention [en Tchécoslovaquie] comme un désastre personnel [1] ».

De fait, les pétitions – et là s'arrête la pertinence de leur analyse – ne permettent pas à l'historien, le plus souvent, de hiérarchiser la portée de chacun des événements dont elles sont l'écho. Une étude plus précise de leur gestation permet toutefois de pondérer ce qu'a de trop étale leur simple mise en perspective chronologique. Ainsi, il apparaît bien, après examen, que les initiatives « opposition- nelles » de mai 1968 [2] furent, en nombre de signa-

1. Jeannine Verdès-Leroux, *le Réveil des somnambules*, Fayard-Minuit, 1987, pp. 190, 197 et 212. L'analyse de Danielle Tartakowsky va dans le même sens : « Il faut les événements de Tchécoslovaquie pour que se cristallisent de nouvelles oppositions demeurées en mai-juin latentes et surtout limitées » (*le PCF en mai-juin 1968*, Paris I, 1988, communication de colloque, 15 p. dact., p. 11). Sur l'attitude du PCF en mai 1968 et sur son analyse immédiate puis décantée des événements, *cf.* les remarques – et les indications bibliographiques – de Marc Lazar dans « Révoltes, révolutions et Parti communiste en Mai 68 », *in Révolte et société*, t. II, Histoire au Présent-Publications de la Sorbonne, 1989, pp. 248-254.

2. Une autre initiative doit être signalée, même si elle eut, semble-t-il, peu d'écho, et même si elle mêlait des « opposition- nels » restés en coulisse (Jean Chesneaux et Jean Pronteau, selon Jacques Berque, *Mémoires des deux rives*, Le Seuil, 1989, p. 226) et des clercs placés en dehors de la mouvance : fin juin, 21 intellectuels publient une « Lettre au Parti communiste français », lui reprochant d'avoir « manqué de perspicacité et de sympathie » envers les étudiants. Car « de larges secteurs de l'opinion » atten- daient davantage d'un parti « légataire des Jacobins, des commu- nards et de Jaurès ». Les signataires étaient, entre autres, Jacques Berque, Jean-Claude Pecker, P.-H. Chombart de Lauwe, Robert Merle, Vercors, Manessier, Matta et Jean Vilar (entrefilet dans *le Nouvel Observateur*, 26 juin 1968, p. 16). C'est Jacques Berque qui rédigea l'appel (J. Berque, *op. cit.*).

tures recueillies, de bien moindre ampleur que celles découlant de l'intervention des troupes du pacte de Varsovie en Tchécoslovaquie. Doit-on pour autant dissocier mai-juin et l'été-automne 1968 ? Jeannine Verdès-Leroux a lancé sur ce point un débat essentiel. Il n'est sans doute pas encore épuisé.

De surcroît, et sur un autre registre, le rôle de relais et d'amplificateur joué par la crise tchécoslovaque ne doit pas conduire à opposer, dans l'analyse de cette crise, des clercs « dissidents » du PCF, qui, après le mai parisien, auraient été confortés dans leur souhait de larguer les amarres par le choc de l'août tchèque, et le reste des intellectuels communistes, restés amorphes devant l'intervention des troupes du pacte de Varsovie. Les mouvements de protestation, à la fin du mois d'août, mêlent, on l'a vu, les futurs « ex » et ceux qui resteront membres du PCF. Bien plus, *les Lettres françaises* et Aragon eurent, à cette date, une attitude aussi en pointe que les intellectuels en partance [1].

REGARDS EXTÉRIEURS

Plus qu'un problème endogène avec ses intellectuels, l'année 1968 fut avant tout pour le Parti communiste une phase aiguë de confrontation avec des clercs, jeunes ou moins jeunes, situés à cette date à l'extrême gauche. Au reste, depuis plu-

1. De même, pour mai-juin 1968, Danielle Tartakowsky, s'appuyant sur un mémoire de maîtrise consacré à *la Presse des intellectuels communistes en mai-juin 1968* (Laurence Carnazza, Paris I, 1987), parle d'une « tonalité originale » des *Lettres françaises* (*op. cit.*).

sieurs années déjà, ce parti était confronté à la montée en puissance de courants sur sa gauche. Et même s'il s'était impliqué lui-même dès le début dans la dénonciation de la guerre américaine du Vietnam, cette dénonciation constitua surtout un terreau sur lequel se développa dès avant 1968 une extrême gauche hostile au Parti. Et comme les retombées françaises du conflit vietnamien ne se ramènent pas à ce seul problème des rapports entre le Parti communiste français et d'autres mouvances de gauche et d'extrême gauche, un long plan fixe s'impose ici sur ces retombées, avant et après 1968. D'autant que les pétitions et manifestes fournissent sur ce point des repères précieux.

Mais avant de tenter de recenser les principales étapes du combat vietnamien des clercs français, il faut encore observer qu'en cette décennie, souvent, les problèmes extérieurs ont été davantage mobilisateurs que les débats relevant de la politique intérieure. À plusieurs reprises, ils vont d'ailleurs entraîner rédaction et signature de pétitions. C'est, par exemple, la politique étrangère du général de Gaulle qui entraîne, sinon le ralliement au gaullisme de personnalités jusque-là hostiles, réticentes ou réservées, en tout cas leur soutien hautement proclamé à la démarche gaullienne dans le domaine extérieur. Le 11 mai 1966 est publié le manifeste fondateur du « groupe des 29 » favorable à cette politique étrangère : Emmanuel d'Astier, Robert Barrat, Jean-Marie Domenach – qui expliquera sa position dans *le Monde* du lendemain –, Pierre Emmanuel, André Philip et David Rousset, notamment, figurent parmi les signataires. Ce texte intervenait quelques semaines après l'annonce par le général de Gaulle du retrait des forces françaises de l'OTAN. La décision avait introduit un coin entre socialistes et communistes, et avait divisé de surcroît les intellectuels appartenant à la gauche non communiste. À cet égard, le « groupe des 29 », comprenant des hommes qui parfois s'étaient publiquement opposés au général de Gaulle en mai 1958, anticipait en même temps qu'il reflétait. Il anticipait sur un assentiment de plus en plus large des Français en faveur de la politique étrangère gaulliste, qui peu à peu transcendera la barrière opposition-majorité. Il reflétait, de ce fait, la démarche pionnière des clercs en certaines circonstances et le rôle de catalyseur ou d'accélérateur alors joué par eux.

Pour l'heure, il est vrai, en cette année 1966, la plupart de ces intellectuels de gauche restent dans l'opposition. Mais d'autres failles apparaîtront en leur sein l'année suivante, au moment de la guerre des Six Jours. À partir du 30 mai 1967, en effet, et durant plusieurs semaines, une bataille de manifestes va se développer à propos d'Israël [1]. Le débat dépasse les seuls intellectuels de gauche, mais ceux-ci se trouvent alors souvent déchirés [2] entre des fidélités devenues, en ce mois de juin 1967, antagonistes : l'anticolonialisme et, notamment, le prolongement de la défense de la cause algérienne, mais aussi le souvenir de l'holocauste. Les prises

1. *Cf.* notamment *le Monde* des 30 mai, 7, 8 et 15 juin 1967, respectivement pp. 4, 4, 6 et 4.
2. Quelques semaines plus tôt, au contraire, plus de 150 « universitaires, écrivains et artistes français » avaient lancé un appel pour « le rétablissement de la démocratie » en Grèce : tout le spectre de la cléricature de gauche y était représenté (*cf. le Monde*, mardi 9 mai 1967).

de position du général de Gaulle en juin – « l'ouverture des hostilités par Israël » – puis en novembre – « un peuple d'élite, sûr de lui-même et dominateur » – introduisent une ligne de clivage supplémentaire qui, à droite comme à gauche, contribua à brouiller davantage les structures traditionnelles de sociabilité et de regroupement.

Brouillage que l'on retrouve, pour d'autres raisons, un an plus tard au moment de la guerre du Biafra. La gauche intellectuelle, prompte à s'enflammer, connut alors plus qu'un retard à l'allumage. À la fin de l'automne 1968, Bernard Kouchner, de retour d'Afrique, fonde un Comité international contre le génocide au Biafra. Dès cette étape, les réticences ont été évidentes : Jean-Paul Sartre et Simone de Beauvoir signèrent, mais « sur une base strictement humanitaire [1] ». Le manifeste fondateur n'eut guère d'écho, y compris dans la presse de gauche. *Le Monde*, par exemple, lui consacra quelques lignes dans son numéro du 14 décembre, et les noms des membres fondateurs n'étaient pas cités : sans doute ce combat éthique n'avait-il mobilisé que des listes étiques de signataires. Certes, était-il précisé, le comité venait d'être créé par « des médecins, techniciens et pilotes de retour de ce pays, où ils ont participé aux opérations humanitaires », mais y figuraient aussi

1. Hervé Hamon et Patrick Rotman, *Génération*, t. II, Le Seuil, 1988, p. 19. Sur l'attitude de Jean-Paul Sartre – qui accepta, il est vrai, de publier un texte en faveur du Biafra dans *les Temps modernes* –, *cf.* également le témoignage – concordant – d'Olivier Todd, qui pour la BBC alla au Biafra, en rendit compte également dans *le Nouvel Observateur* (« Pis que le Viêt-nam », 30 décembre 1968, pp. 9-11) et tenta lui aussi d'enclencher un mouvement de solidarité (*cf. l'Année du crabe*, Laffont, 1972, pp. 312-313, et *Un fils rebelle*, Grasset, 1981, p. 225).

« des journalistes », dont la palette, apparemment, ne justifiait pas l'énumération. La plateforme de mobilisation était pourtant, sans doute à dessein, générale et donc potentiellement œcuménique : « La recherche des solutions pouvant aboutir à la sauvegarde de ces millions d'êtres par le rétablissement de la paix. »

L'explication de cette réticence apparaît bien, avec le recul : aux yeux de nombre d'intellectuels de gauche, le conflit biafrais n'entrait pas dans la grille d'analyse impérialisme-luttes de libération. Tout au contraire, le Nigeria pouvait leur apparaître comme un pays progressiste confronté à la sécession d'une province soutenue par le néo-colonialisme [1]. L'odeur du pétrole, de fait, desservait la cause biafraise. Celle du napalm contribua, au contraire, à sensibiliser les clercs à la cause vietnamienne : le conflit vietnamien entrait, lui, dans la grille d'analyse *ad hoc*.

---

1. Il y eut ensuite, il est vrai, une certaine évolution. Le 13 janvier 1970, au moment où *le Monde* titre en première page : « Toute résistance organisée a cessé au Biafra », on relève dans le même numéro un appel adressé notamment par Simone de Beauvoir, Antoine Culioli, Bernard Kouchner, Claude Lanzmann, Jean Pouillon, Jean-Paul Sartre, Laurent Schwartz et Pierre Vidal-Naquet. Ces intellectuels y déclaraient notamment : « En France et à gauche, puisque c'est là que nous sommes, il faudra se souvenir longtemps des silences ou des informations chichement mesurées de la presse politique ou " objective ", des pudeurs philologiques des partis de gauche comme de l'action des syndicats, qui ont empêché que la question biafraise soit posée en termes politiques à la conscience des masses. » Texte curieux à bien y regarder, car « les masses », précisément, et ce malgré le silence des intellectuels, furent touchées par la guerre du Biafra, dont l'écho fut grand en France. Ce texte apparaît plutôt, somme toute, comme une manière d'autocritique.

CHAPITRE XI

SOUS LE SIGNE DU VIETNAM

On n'entrera pas ici – car tel n'est pas le propos de ce livre – dans les méandres de l'histoire des divers comités qui luttèrent contre la guerre du Vietnam, avec, en toile de fond, le problème des rapports entre le Parti communiste et les différents rameaux de l'extrême gauche française de cette époque et la question de la cohabitation de ces rameaux. Et l'inventaire des pétitions et manifestes concernant la péninsule indochinoise ne se veut pas exhaustif. Ce sont, en fait, une sensibilité – antiaméricaine, tiers-mondiste – et un discours – certes composite et multiforme, du soutien à la seule « paix » jusqu'à l'appui explicite à Hanoi, mais unilatéral et n'évitant pas toujours la montée aux extrêmes verbaux – qu'il faudra surtout retenir, pour saisir ainsi, indirectement, l'ampleur du choc en retour à la fin de la décennie suivante.

UNE DROITE ATONIQUE

Il faut également signaler d'emblée que l'engagement contre l'intervention américaine au Vietnam, par-delà la diversité des analyses et des arrière-pensées, ou, plus précisément, à cause d'elle, fut très largement mobilisateur. À tel point, du reste, que l'activité pétitionnaire induite par la guerre du Vietnam apparaît rétrospectivement comme ayant été très largement à sens unique. Certes, il est possible de localiser quelques textes soutenant l'intervention américaine, mais ils sont rares, et surtout les signataires restent peu nombreux. *Le Monde* du 14 mai 1966 publie par exemple, côte à côte, « deux appels de personnalités françaises ». « Soixante-dix personnalités des milieux politiques de gauche, littéraires et artistiques » appellent ainsi à la constitution de « comités de soutien au peuple vietnamien ». Beaucoup plus mince apparaît, mise ainsi en perspective, et même si l'on fait la part des sympathies du quotidien du soir, la liste « d'un certain nombre de personnalités » dénonçant « l'agression communiste » au Sud, appelant « le monde libre tout entier [à] aider la courageuse résistance du Vietnam » et saluant « les nations qui ont compris et accomplissent ce devoir ». Quelques socialistes figurent parmi les signataires – Maurice Deixonne, Marcel Naegelen –, mais le centre de gravité est à droite, avec, entre autres, Suzanne Labin, Jean Letourneau, le général Chassin « et la totalité de l'Association des combattants de l'Union française ». Et les signataires sont plutôt des parlementaires que des intellectuels, malgré la présence du philosophe Armand Cuvilier.

Quelques années plus tard, le vivier ne s'est guère étoffé. Un entrefilet du *Monde* du 8 novembre 1972 signale qu'un « certain nombre de personnalités françaises viennent d'adresser au

président Thieu un télégramme » : elles y
« admirent » l'armée et le peuple du Sud « qui ont
empêché le communisme d'établir sa tyrannie » et
« félicitent » le président de refuser « fermement
que cette tyrannie s'installe derrière les abandons
politiques qu'on [lui] suggère ». C'est la journaliste
et femme de lettres Suzanne Labin qui réunit les
signatures. La liste obtenue semble avoir été bien
mince, constituée, souvent, d'anciens ultras de
l'Algérie française. Georges Bidault, le député Raymond Dronne, qui avait quitté l'UNR en 1961 en
désaccord sur le problème algérien, le général
Vanuxem, Jean Letourneau, Jean-Louis Tixier-
Vignancour, Roger Garreau, ambassadeur de
France, et le sénateur René Tinant appuient le
texte. Certains d'entre eux ont été d'authentiques
résistants, et l'argumentaire, on l'a vu, s'articule
autour du thème de la lutte contre la « tyrannie »
et puise notamment à la source de l'anticommunisme. Mais les clercs se sont abstenus, et
les trois seuls noms cités touchant à la création ou
à la communication sont, outre Suzanne Labin,
ceux de l'écrivain Virgil Gheorghiu et des journalistes Pierre Darcourt et Patrick Clément.

Certes, les rapports de forces gauche-droite au
sein de l'intelligentsia ne suffisent pas, à vrai dire,
à expliquer l'unilatéralité de l'engagement : la
droite intellectuelle, on l'a vu, avait commencé à
retrouver de la voix et des couleurs au fil du conflit
algérien. Il reste pourtant que l'engagement vietnamien des clercs est encore fils de l'ère de l'hégémonie intellectuelle de gauche, qui perdure à cette
date. Cette hégémonie détermina la nature des
thèmes mobilisateurs, encore souvent largement

imprégnés de marxisme-léninisme – au moins dans la phraséologie et la grille d'analyse – et frappés du coin de l'antiaméricanisme.

Mais, dans le même temps, cet engagement apparaît avec le recul comme un chant du cygne. Les illusions fracassées seront, en effet, chronologiquement très proches. Et la désillusion, précisément, fut à la mesure de l'ampleur de l'engagement vietnamien et de la maigreur du délai de viduité !

PÉTITIONS EN CHAÎNE

Dans la chronologie de la guerre, on le sait, le début de l'année 1965 marqua un changement d'échelle : à partir du 7 février débutent les raids américains contre le Vietnam du Nord ; au printemps, les « marines » commenceront à débarquer à Da-Nang. C'est désormais un véritable corps expéditionnaire qui sera engagé. Et l'intervention-condamnation des clercs aura été quasi instantanée. Leur premier grand manifeste est publié dans *le Monde* du 24 février 1965. L'initiative en revenait au Mouvement de la paix, et le texte dénonçait « l'intervention militaire au Vietnam du Sud », proposant « l'ouverture immédiate d'une conférence ». Des personnalités aussi diverses que Simone de Beauvoir et Claude Autant-Lara, Henri Caillavet et Pierre Cot, François Perroux et Jean-Paul Sartre, donnent leurs signatures, rassemblées par Jacques Madaule. Dans les mois qui suivent s'amorce un début de structuration de cette opposition composite. Dans un texte publié le 27 mai 1965, des intellectuels condamnant la politique américaine au Vietnam souhaitent la constitution « au moins à l'échelle de l'Europe occidentale » d'un mouvement de lutte contre cette politique. Jean-Paul Sartre, Laurent Schwartz, François Mauriac, Théodore Monod, Jean-Pierre Vernant, Morvan-Lebesque, Roger Garaudy, Alain Resnais, Édouard Pignon et Simone de Beauvoir sont parmi les signataires.

En novembre 1965, des manifestations se déroulent contre l'« impérialisme américain ». Et, au printemps suivant, ont lieu à la Mutualité les « six heures pour le Vietnam », le 26 mai 1966, précédées par un appel dénonçant « l'occupation américaine du Vietnam » et soutenant « le combat que mène le peuple sud-vietnamien pour son indépendance, sous la direction du Front national de libération ». L'une des 21 personnalités à l'origine de l'initiative, Madeleine Rebérioux, dans un texte adressé au *Monde*, précise que ces personnalités représentent elles-mêmes le « collectif intersyndical d'action pour la paix au Vietnam », émanant notamment de l'UNEF et du SNESup :

> La gravité des événements du Vietnam nous bouleverse. L'inhumanité des moyens utilisés par l'occupant américain, l'emploi des bombardiers lourds B-52 contre des villages entiers, l'usage massif des gaz de guerre, du napalm et des défoliants chimiques, les périls extrêmes que l'escalade au Nord fait courir à la paix en Asie, tout cela nous arrache à notre confort. Tout cela nous oblige à soutenir le droit du peuple vietnamien à choisir son destin en toute indépendance.

Les universitaires, les étudiants, les intellectuels français se souviennent des traditions du temps de la première guerre du Vietnam, et de la guerre d'Algérie. Ils ne peuvent rester indifférents. Par-delà les initiatives particulières, les grandes organisations syndicales de l'Université se sont prononcées en congrès contre la guerre du Vietnam : l'UNEF, le Syndicat national de l'enseignement supérieur, le Syndicat des chercheurs scientifiques, la CGT des techniciens du CNRS. De ces syndicats émane un « collectif intersyndical d'action pour la paix au Vietnam » qui a organisé en novembre dernier de nombreuses réunions d'information sur le Vietnam. C'est lui qui a la charge des « Six heures pour le Vietnam » sous la responsabilité des signataires [1].

De fait, « les universitaires, les étudiants, les intellectuels » furent à l'avant-garde du combat contre l'intervention américaine. Le 9 mai 1967, par exemple, se tiennent à la Mutualité les « États généraux de l'université de Paris pour la paix au Vietnam ». Le mouvement d'extrême droite Occident tentera de perturber la manifestation et des heurts sévères l'opposeront à un cordon de police devant la salle de réunion. Car si, dans la guerre des pétitions et la mobilisation des clercs, la

1. *Le Monde*, 25 mai 1966, p. 2. Les 21 signataires étaient H. Bartoli, P. Biquard, J. Dresch, R. Dumont, P. Fraisse, A. Hauriou, J. Ivens, V. Jankélévitch, J.-P. Kahane, A. Kastler, E. Labrousse, J.-J. Mayoux, J.-F. Nallet, J. Orcel, J.-C. Pecker, M. Rebérioux, P. Ricœur, R. Ruhlmann, J.-P. Sartre, L. Schwartz, P. Vidal-Naquet. Il y aurait une belle étude à faire sur les différents mouvements d'opposition à la guerre du Vietnam, et notamment, sur la création à l'automne 1966 d'un Comité Vietnam national.

gauche et l'extrême gauche s'imposent et sont même en situation hégémonique, l'extrême droite, notamment étudiante, pratiqua à cette époque un activisme violent qui réactivait des comportements déjà observés dans l'entre-deux-guerres ou au moment de la guerre d'Algérie, encore exacerbés par le fait que les rapports de forces, qui penchaient en sa faveur avant la Seconde Guerre mondiale, lui étaient devenus peu à peu défavorables [1].

Mais cet activisme n'empêcha pas l'opposition à la guerre américaine du Vietnam de s'amplifier. En mars 1968, par exemple, est organisée une « journée des intellectuels pour le Vietnam ». Un appel signé d'Aragon, Simone de Beauvoir, Bernard Halpern, Vladimir Jankélévitch, Hélène Joliot-Langevin, Alfred Kastler, Antoine Laccasagne, André Masson, François Mauriac, Paul Milliez, Jean Orcel, Pablo Picasso, Édouard Pignon, Jean-Paul Sartre, Elsa Triolet, Vercors et Jean Vilar propose aux intellectuels « de faire converger leur action dans une journée pour le Vietnam » à Paris, au Parc des expositions de la porte de Versailles, le 23 mars 1968. La journée se déroule en présence de M. Hoang Minh Giam, ministre de la Culture du Vietnam du Nord, et de Waldeck Rochet, secrétaire général du PCF. Un appel est lancé afin que, « soutenant la lutte libératrice du peuple vietnamien, [les intellectuels du monde entier] répondent victorieusement à ce défi lancé aux valeurs de la culture humaine ».

Et l'on pourrait ainsi continuer à jalonner l'en-

---

1. Sur le Quartier latin de l'entre-deux-guerres, *cf.* notre étude dans *Génération intellectuelle*, Fayard, 1988, chapitre VIII.

gagement de beaucoup de clercs durant le conflit vietnamien. À chaque étape, ce sont bien le nombre et la notoriété des signataires qui frappent l'historien. La mobilisation, assurément, fut réussie et chronologiquement soutenue. En 1970, par exemple, alors que l'intervention américaine et sud-vietnamienne au Cambodge durcit encore les positions de part et d'autre, ce sont trente-sept organisations et plus de cent vingt personnalités qui lancent un appel pour le « rassemblement du 10 mai » à Paris, qu'ils souhaitent être « la plus grande manifestation jamais réalisée en France pour le Vietnam ». Et le 8 mai, *le Monde* publie un « appel de personnalités du monde des lettres et des arts et de professeurs » :

> Il y a eu partout un ébranlement progressif de l'opinion. L'opposition à la guerre grandit et, de manifestation en manifestation, elle s'exprime avec de plus en plus de détermination et de courage aux États-Unis même.
>
> Des négociations sont ouvertes : mais la guerre se poursuit et s'étend. Une seule issue : que soit reconnu au peuple vietnamien le droit de disposer de lui-même, que les troupes américaines se retirent.
>
> L'action contre la guerre ne s'arrêtera qu'à la paix. C'est pourquoi nous renouvelons l'appel contre la guerre et ses crimes, pour le Vietnam aux indomptables Vietnamiens.
>
> Car le devoir de tous est de recommencer et de ne pas craindre de recommencer encore et encore, jusqu'à la fin des combats.

Là encore, la diversité des signataires reflète l'ampleur de la mobilisation. Se sont joints à l'appel, notamment, Aragon, Jean Bazaine, Simone de Beauvoir, Pierre Boulle, Calder, Jean Cassou, Aimé Césaire, César, René Char, Georges Delerue, Alfred Kastler, Joseph Kessel, Michel Leiris, André Masson, François Mauriac, Picasso, Édouard Pignon, Roger Planchon, Jules Roy, Armand Salacrou, Jean-Paul Sartre, Laurent Schwartz, Jean-Louis Trintignant, Elsa Triolet, Vasarely, Vercors, Jean Vilar, Georges Wilson et Iannis Xenakis.

Atonie à droite, activité pétitionnaire dense à gauche. Sur le Vietnam, assurément, la guerre des manifestes n'a pas eu lieu, et l'on est loin des empoignades sur l'Éthiopie ou l'Espagne, dans les années 1930, ou même sur l'Algérie un quart de siècle plus tard. Cette absence de choc frontal, avec troupes de clercs disposées en ordre de bataille de part et d'autre et arguments échangés, eut peut-être des effets induits sur la perception du conflit vietnamien par l'opinion publique française. L'émotion aidant – bombardiers B-52 et napalm –, les opposants à l'intervention américaine ont pu développer leurs démonstrations sans avoir forcément à les étayer. Et celles-ci purent d'autant mieux s'enraciner en France que les deux grandes forces politiques du moment – gaulliste et communiste – condamnaient également cette intervention. Si l'on ajoute des circuits d'information qui faisaient leur métier en conscience mais en ne dénonçant que ce qu'on leur donnait à voir, c'est-à-dire, en fait, la guerre américaine, il faut bien conclure à une dénonciation globalement unilatérale.

Estimer rétrospectivement que celle-ci a été fondée ou pas n'est pas de la juridiction de l'historien, qui n'assortira donc son constat d'unilatéralité d'aucun commentaire anachronique. Il remarquera en revanche qu'ainsi présentée par un seul versant, cette guerre américaine avait de quoi frapper les esprits, heurter les sensibilités et mobiliser les bonnes volontés. De 1967 à 1972, 7 millions de tonnes de bombes – deux fois et demie plus que les bombardements alliés de la Seconde Guerre mondiale ! – furent déversées sur la péninsule indochinoise. Le B-52, jusque-là instrument du Strategic Air Command et garant de la défense du « monde libre », devint le symbole de l'écrasement présumé d'un petit peuple par un grand. Il y aurait là, du reste, une étude précise à faire, qui relèverait de la démonologie. Et qui serait aussi à replacer dans le contexte de la montée en puissance de la télévision dans la France des années 1960. Le rôle de l'image, dès cette époque, pénètre dans nombre de foyers, et peu à peu se substitue au poids des mots – nous l'avons déjà noté à propos des photographies de la petite Delphine Renard en 1962. Avec la télévision, l'emprise de l'image ne pouvait que s'amplifier. D'autant qu'une nouvelle génération y baigna au temps de son éveil : celle du baby-boom, en effet, fut « la première à vivre, à travers un flot d'images et de sons, la présence physique et quotidienne de la totalité du monde [1] ». Cette dilatation audiovisuelle à l'échelle de la planète a probablement favorisé la floraison des modèles exotiques au sein de l'extrême gauche européenne. Le « Che » incarnera ainsi une syn-

---

1. **Dany Cohn-Bendit**, *Nous l'avons tant aimée, la révolution*, Éditions Bernard Barrault, 1986, p. 10.

thèse de saint laïque et de produit de la civilisation de l'image. Tout comme, à la même époque, le maquisard vietcong en pyjama noir, symbole des luttes de libération nationale contre « l'impérialisme ».

DÉSINFORMATION ?

L' « effet B-52 », bien sûr, toucha plus largement que cette vision lyrique. Mais la convergence des deux facteurs rendait assurément difficiles la rédaction, la publication et surtout la diffusion – et donc l'impact et l'écho – de contre-pétitions soutenant l'effort de guerre américain. Non seulement, on l'a vu, la plume soutient rarement le glaive, mais, de surcroît, l'appui donné aurait été immédiatement perçu – et, de toute façon, présenté – comme une bénédiction des clercs aux pilotes de bombardiers. Et c'est là l'un des éléments à prendre en considération par l'historien lorsqu'il constate l'absence – au moins relative – de réactions quand Jean-Paul Sartre utilisa le mot « génocide » à propos de l'intervention armée des États-Unis au Vietnam. Rapporteur au Tribunal Russell, le philosophe français avait conclu à la volonté délibérée d'exterminer et rendu un verdict de « génocide [1] ». Avec, à nouveau, une vision démo-

1. *Cf. Situations VIII*, Gallimard, 1971, notamment pp. 100-124. Il y aurait une étude à faire sur l'usage du mot « génocide » par les clercs à cette époque, aussi bien sur le Vietnam que, quelques années plus tôt, sur l'Algérie. Dans son « avertissement de l'éditeur » au *Droit à l'insoumission* (*le dossier des « 121 »*), François Maspero écrivait ainsi : « Depuis six ans la France menait avec persévérance, sinon avec succès, ses opérations systématiques de génocide en Algérie [...] » (*op. cit.*, Maspero, 1961, p. 7).

nologique : « La victoire du Vietnam prouvera que l'homme est possible contre la " chose ", c'est-à-dire le profit et ses serviteurs. » Diagnostic et verdict, tout à la fois : « Les Vietnamiens se battent pour tous les hommes et les forces américaines contre tous [1]. » Nul doute que de telles phrases pèseront lourd quand viendra le temps des illusions fracassées.

D'autant que les thèmes du « génocide » et du combat « pour tous les hommes » se retrouveront sous d'autres plumes d'intellectuels, notamment dans des textes collectifs. Dès 1966, le thème est largement approuvé, signatures à l'appui. L'appel à la constitution de « comités de soutien au peuple vietnamien », déjà signalé et publié par *le Monde* du 14 mai 1966, soulignait en effet que « le peuple vietnamien est victime d'un véritable génocide... parce qu'il ne veut pas subir la loi d'une grande puissance étrangère ». Les signataires étaient nombreux – 70 – et variés : entre autres, Colette Audry, Claude Aveline, Maurice Blanchot, André Blumel, Claude Bourdet, Jean Cassou, François Châtelet, Maurice Chavardès, Bernard Clavel, Georges Conchon, René Dumont, Marguerite Duras, Jean Effel, Jean-Pierre Faye, Robert Gallimard, Vladimir Jankélévitch, Yves Jouffa, Ernest Labrousse, Armand Lanoux, Michel Leiris, Dionys Mascolo, Gustave Monod, Théodore Monod, Maurice Nadeau, Hélène Parmelin, Édouard Pignon, Jean-François Revel, Paul Ricœur, Gérard Rosenthal, David Rousset, Laurent Schwartz, Siné, Pierre Vidal-Naquet, Charles Vildrac, Louis de Villefosse.

1. *Ibid.*, pp. 93 et 124.

De tels textes, il est vrai, sont à replacer dans des contextes où l'émotion et l'indignation jouèrent sans aucun doute un rôle moteur. En avril 1972, par exemple, le gouvernement américain annonce la reprise généralisée des bombardements sur le Nord. Hanoi, déjà touchée au mois de décembre précédent, n'est plus la seule cible dont les plaies sont, par divers canaux, exposées à l'opinion mondiale. Ce sont « les digues » qui, écrivent les protestataires, seraient devenues l'objectif prioritaire de l'aviation américaine, et leur destruction, « en toute connaissance de cause », mènerait à un « génocide » délibéré et à l'équivalent prémédité d'une attaque nucléaire. À l'initiative d'un « collectif d'enseignants » du lycée Lakanal de Sceaux, un « Appel contre les bombardements des digues du Vietnam par l'aviation US » est publié dans *le Monde* des 9-10 juillet 1972 et développe ces arguments :

> Dans quelques jours, les fleuves qui traversent les plaines du Nord-Vietnam vont être en crue, et une catastrophe susceptible de causer la mort de plusieurs millions de personnes – soit l'équivalent de l'effet que provoqueraient plusieurs bombes atomiques – risque de se produire.
>
> En effet, les bombardements massifs auxquels se livre l'aviation américaine, sur les digues et sur les bourrelets alluviaux où coulent les fleuves, visent – *en toute connaissance de cause* – à provoquer le déversement des eaux sur les plaines en contrebas. Dans ces plaines, vivent 800 habitants au kilomètre carré, soit 15 millions de Vietnamiens.

Les soussignés, de toute appartenance philosophique, politique ou religieuse, affirment que *si les digues se rompent cet été au Nord-Vietnam, la responsabilité de ce génocide doit peser sur le président Nixon, de la même façon que s'il avait ordonné un bombardement atomique.*

Ils adjurent le peuple américain d'exiger de son gouvernement l'arrêt de ces bombardements criminels.

Ils appellent tous ceux et toutes celles que la préméditation de ce forfait indigne à se joindre à eux sans tarder et à faire connaître leur protestation dans tous les milieux.

Et parmi les « premières signatures » publiées, on relève notamment les noms d'Étienne Balibar, Pierre Barouh, Simone de Beauvoir, Guy Bedos, Loleh Bellon, Dirk Bogarde, César, Gérard Chaliand, François Châtelet, Jean Chesneaux, Jean-Louis Comolli, Francis Crémieux, Jacques Debû-Bridel, Gilles Deleuze, Serge Depaquit, Édouard Depreux, Jacques Doniol-Valcroze, Jean Dresch, Mikel Dufrenne, Marguerite Duras, Jean-Pierre Faye, Michel Foucault, Sami Frey, Christine Glucksmann, Daniel Guérin, Raymond Guglielmo, Alfred Kastler, Alain Krivine, Yves Lacoste, Michel Leiris, Albert-Paul Lentin, Jean-François Lyotard, Maud Mannoni, Professeur Milliez, Yves Montand, Paul Noirot, Anne Philipe, Michel Polac, Madeleine Rebérioux, Michel Rocard, Claude Roy, Jean-Paul Sartre, Laurent Schwartz, Pierre Seghers, Delphine Seyrig, Simone Signoret, Philippe Sollers, René Zazzo et le... « séminaire Lacan ». La

palette des noms et l'éventail des sensibilités de
gauche montrent bien qu'en cette année 1972 le
Vietnam demeure une large plate-forme de mobilisation. Au reste, à la fin de ce même mois de juillet
1972, ce seront « six cent cinquante chercheurs et
universitaires français » qui adressent une « lettre
aux universitaires américains » dans laquelle ils
déclarent notamment : « Vous ne pouvez accepter
que des crimes de guerre soient commis en votre
nom. Comment une guerre peut-elle être juste
quand elle se traduit par le génocide de trois
peuples ? ». *Le Monde* du 28 juillet 1972 « relève
notamment » les noms de L. Schwartz, A. Kastler,
A. Minkowski, A. Touraine, J. Le Goff et
M. Dufrenne.

Quant au combat « pour tous les hommes », il
est lui aussi relayé par diverses initiatives, par
exemple la création en avril 1971 d'un « Front
Solidarité Indochine » dont le communiqué fondateur, publié par *le Monde* du 23 avril, déclarait
notamment :

> Aujourd'hui le destin de tous les peuples du
> monde se joue en grande partie sur les champs
> de bataille indochinois. La résistance héroï-
> que des peuples indochinois a précipité en
> effet la crise de l'impérialisme américain et
> encourage la lutte des autres peuples en
> Afrique, en Amérique latine, au Moyen-
> Orient, aux États-Unis même. En Europe la
> solidarité avec le peuple vietnamien a joué un
> rôle important dans le déroulement des luttes
> tant en Allemagne qu'en Italie et dans le mou-
> vement de mai 1968 en France. Ainsi se déve-

loppe dans le monde entier un ensemble de luttes convergentes contre le même adversaire. Elles s'inspirent de l'exemple du peuple vietnamien en même temps qu'elles lui apportent leur soutien actif.

Les signatures, réunies par Laurent Schwartz, rassemblent, entre autres, Pierre Vidal-Naquet, Jean Pronteau, Jean Chesneaux, Jean-Pierre Vigier, Roger Pannequin, Roland Castro, Madeleine Rebérioux, Alain Krivine, François Maspero, Pierre Halbwachs, Michel Rocard, Claude Bourdet, Jean-Jacques de Felice, Jean-Pierre Vernant, Paul Noirot et Georges Casalis.

L' « effet B-52 » et les analyses de Sartre et de quelques autres conduisent forcément le chercheur à s'interroger rétrospectivement sur le rôle indirect que jouèrent éventuellement – et à leur insu – certains clercs dans la désinformation. Car cette arme de la désinformation fut utilisée avec brio par Hô Chi Minh, et la guerre fut en partie gagnée sur ce front. Comme l'a noté Henry Kissinger : « Nous avons mené une guerre militaire ; nos adversaires ont mené une guerre politique. Nous avons recherché l'usure physique ; nos adversaires ont recherché notre épuisement psychologique. Du coup, nous avons oublié la maxime fondamentale de la guérilla : la guérilla gagne si elle ne perd pas ; l'armée conventionnelle perd si elle ne gagne pas [1]. » Pour cette raison, il faut bien poser la question : les pétitions ne furent-elles pas une arme de cette « guerre politique » ? Bien plus,

1. Cité par André Kaspi, « Vietnam : le cancer américain », *l'Histoire*, 42, février 1982, p. 15.

l'une des « colombes » de l'époque, Olivier Todd,
écrira en 1987 : « Pour paraphraser Edgar Morin,
j'avais en tout cas milité afin d'installer à Saigon
un régime que nous condamnions à Prague ou
Budapest [1]. » L'accusation, on le voit, est sévère :
complicité et cécité. Elle revêt pourtant un intérêt
historique d'autant plus indéniable que son auteur
commença à se poser la question à l'époque même
de la guerre. Dans un article publié dans *Réalités*
de septembre 1973 sous le titre : « Comment je me
suis laissé tromper par Hanoi », il écrivait notamment : « Nous avons élevé le Nord-Vietnam sur un
piédestal. Quand je dis nous, je pense notamment
aux journalistes – dont je suis – qui ont " couvert "
la guerre d'Indochine [2]. » La question doit probablement être également posée pour les intellectuels.

À la poser, toutefois, l'historien ne peut qu'être
saisi d'un scrupule. Il ne lui appartient pas, en
effet, de trancher ès qualités sur ce qui demeure un
problème débattu. Mais, inversement, il ne ferait
pas réellement son métier s'il éludait, dans un livre
consacré aux intellectuels, une telle question. Et ce
pour deux raisons au moins. D'une part, le débat
intellectuel français fut largement placé, plusieurs
années durant, sous le signe du Vietnam, et le pro-

---

1. Olivier Todd, *Cruel Avril. 1975, la chute de Saigon*, Laffont,
1987, p. 15.
2. Olivier Todd, *art. cit.*, *Réalités*, 332, septembre 1973,
pp. 36-41. *Le Nouvel Observateur*, auquel appartenait alors Olivier
Todd, n'avait pas souhaité publier des articles de cette teneur
(*cf.* Olivier Todd, *Un fils rebelle*, Grasset, 1981, p. 240 ; Jean Daniel
écrit de son côté dans *l'Ère des ruptures*, Grasset, 1979, p. 175 :
« Quand [Todd] découvrira sa vérité sur le Vietnam, échaudé, je
mettrai longtemps à lui faire confiance. Ce sera à mon tour d'avoir
tort. »)

blème fut donc essentiel, on l'a vu, pour nombre de clercs ; de surcroît, une nouvelle génération s'éveilla à la politique dans le cadre de ce combat « anti-impérialiste ». D'autre part, alors que les combats en faveur de l'Espagne républicaine demeurèrent après 1939 une référence dans le souvenir collectif de la gauche intellectuelle, ceux sur le Vietnam tombèrent rapidement dans un trou de mémoire, voués au silence des cimetières. Or leur exhumation est nécessaire pour comprendre ce qui advint après 1975 : une crise incontestable de la cléricature française.

D'autant que l'engagement vietnamien d'une partie de cette cléricature se prolongea souvent jusqu'à la chute de Saigon, au printemps de 1975, avec parfois une montée aux extrêmes verbaux : furent ainsi développés, notamment, les thèmes du génocide, de la science dévoyée, et, en suivant la ligne de plus grande pente de ces démonstrations, le parallèle avec la Seconde Guerre mondiale. Le thème du génocide, on l'a vu, apparu dès 1966, s'était développé au moment des bombardements sur le Nord en 1967 et avait été réactivé en 1972 au moment d'offensives aériennes de grande envergure. Des raids massifs en décembre 1972 le relancent à nouveau, et élargissent encore les rangs de ceux qui, par leur signature, acceptent de cautionner une telle analyse. Ainsi, dans les derniers jours de ce mois de décembre 1972, un appel à l'opinion est lancé par Marcel Bataillon, Jean-Marie Domenach, Pierre Emmanuel, Constantin Jelenski, Alfred Kastler, Louis Leprince-Ringuet, Gabriel Marcel et Jean Orgel, qui expriment « leur horreur devant le génocide ».

Et le déploiement de forces américain conduit aussi à une condamnation de ce qui apparaît être un dévoiement de « la science ». À la même époque que l'appel qui précède, des « chercheurs et savants » français, s'adressant à des organisations internationales comme l'ONU, l'UNESCO et l'OMS, affirment que « les scientifiques ne peuvent rester muets devant l'utilisation de la technologie moderne pour tenter d'asservir les peuples d'Indochine qui ne demandent que le droit de vivre chez eux » et concluent : « Nous ne pouvons éluder le rôle que l'on fait jouer à la science dans la guerre moderne et dans la société d'aujourd'hui [1]. » Plus d'une centaine de scientifiques ont signé cette adresse, parmi lesquels Alfred Kastler, Jacques Berque, Michel Foucault, Serge Moscovici, Ernest Labrousse, Jacques Le Goff, Maxime Rodinson, Jean-Pierre Vernant, Jean Dresch, Charles-André Julien, Yves Lacoste, Laurent Schwartz et Pierre Vidal-Naquet.

Et, quelques semaines plus tard, des anciens résistants et déportés dénoncent, en tant que tels, la « vague de terreur » que feraient régner les Américains au Vietnam. Louis Martin-Chauffier, Vladimir Jankélévitch, Claude Bourdet et Charles Tillon, notamment, s'associent à ce texte. Un glissement s'opère ainsi vers une comparaison, d'abord implicite, avec la barbarie nazie. Le lendemain de cette intervention d'anciens résistants, dix organisations de gauche appellent du reste à manifester le 20 janvier devant l'ambassade des États-

---

1. Le premier appel cité a été publié dans *le Monde* daté des 31 décembre 1972-1er janvier 1973, et le texte des scientifiques dans le numéro du 23 décembre 1972.

Unis : ce jour-là, en effet, Richard Nixon, réélu en novembre, doit commencer son second mandat ; or il s'agit « du plus grand criminel de guerre de tous les temps ». De nombreuses personnalités reprennent à leur compte cet appel à manifester : en leur sein, à nouveau, une large palette comprenant, entre autres, Jean-Louis Barrault, Roger Blin, Jean Bouvier, Jean Chesneaux, Pia Colombo, Antoine Culioli, Mikel Dufrenne, Marc Ferro; Robert Gallimard, Pierre Halbwachs, Yves Lacoste, Michel Lonsdale, Claude Mauriac, le professeur Minkowski, Ariane Mnouchkine, Jean-Claude Passeron, Anne Philipe, André Pieyre de Mandiargues, Madeleine Renaud, Claude Roy, Jean-Paul Sartre, Laurent Schwartz, François Truffaut, Vercors et Pierre Vidal-Naquet [1].

Quelques jours plus tard, l'assimilation se fera explicite. *Le Monde* daté des 21-22 janvier 1973 publie un appel lesté de nombreuses et souvent prestigieuses signatures et présenté sous forme d'un télégramme adressé au « président Nixon, 1600 Pensylvania Avenue, Washington D.C. 20508, Tél. (202) 465-14-14 ». Le texte compare l'action américaine à « celle des nazis » et parle de « méthodes hitlériennes » :

> Monsieur le président des États-Unis, le gouvernement français n'ayant pas officiellement pris position à la suite des 40 000 tonnes de bombes déversées sur le Nord-Vietnam et du massacre de milliers de civils en l'espace des quinze derniers jours du mois de décembre 1972, les Français soussignés désirent

1. *Le Monde*, 9 et 10 janvier 1973.

reprendre à leur compte la déclaration du Premier ministre Palme de Suède comparant votre action à celle des nazis pendant la Deuxième Guerre mondiale. Stop. L'arrêt des bombardements et la reprise de la conférence de Paris pour la paix au Vietnam ne peuvent en aucun cas atténuer leur indignation devant les méthodes barbares employées depuis des années pour imposer votre politique au peuple vietnamien. Stop. Ils condamnent d'avance toutes reprises éventuelles de ces méthodes hitlériennes. Stop. Ils vous enjoignent instamment de signer l'accord que vous avez vous-même estimé satisfaisant le 20 octobre 1972. Stop. Ils ne sont pas dupes du fait que le prétexte d'une paix imminente au Vietnam ait été un argument de poids dans votre réélection.

Stéphane Audran, Jean-Louis Barrault, Simone de Beauvoir, Marcel Bozuffi, André Cayatte, Claude Chabrol, Jean-Claude Carrière, Jacques Demy, Marguerite Duras, Françoise Fabian, Sami Frey, Bernard Fresson, Juliette Gréco, Annie Girardot, Pierre Granier-Deferre, Gisèle Halimi, Claude Lelouch, prof. Paul Milliez, Yves Montand, François Morellet, Bulle Ogier, Francis Perrin, membre de l'Institut, ancien haut-commissaire à l'énergie atomique, Roger Pic, Michel Piccoli Jacques Perrin, Madeleine Renaud, Alain Resnais, Florence Resnais, Jean Rouch, Jean-Paul Sartre, Henri Seyrig, membre de l'Institut, Delphine Seyrig, Simone Signoret, Jean-Louis

Trintignant, Nadine Trintignant, Suzanne de
Troye, Roger Vadim, Agnès Varda, Élisabeth
Wiener, Jean Wiener.

Sur la même page du *Monde* est publiée une
déclaration signée par ceux qui présidèrent le Tribunal Russell, Jean-Paul Sartre, Vladimir Dedijer
et Laurent Schwartz. « Devant l'impossibilité de
réunir immédiatement le Tribunal, déclarent-ils,
c'est nous, soussignés, qui mettons en accusation
le président des États-Unis d'Amérique ». Après
une liste d'attendus, le verdict tombe : « En
conclusion, nous accusons Richard Nixon d'être
un criminel de guerre qui devrait être jugé comme
les dirigeants nazis l'ont été pour des faits de
même nature à Nuremberg. »
Certes, l'émotion fut grande en France au
moment d'une nouvelle reprise des bombardements sur Hanoi, et ceci explique en partie cela.
Mais force est aussi de constater que le télégramme ouvert adressé à Richard Nixon fut
presque immédiatement démenti par les faits. Il
fut publié, on l'a vu, au seuil de la dernière décade
de janvier 1973. Or le gouvernement américain,
aux « méthodes hitlériennes » et dont il ne fallait
pas être dupe à propos du « prétexte d'une paix
imminente », signait les accords de Paris le...
27 janvier 1973. Cela étant, si cet appel constitue
un exemple presque chimiquement pur de texte
vite démenti par l'histoire, il n'en conserve pas
moins sa logique et son intelligibilité historique : il
s'intégrait, en effet, dans le cadre de la défense
d'une cause et s'inscrivait donc dans une
démarche militante, qui est objet d'histoire et, de

ce fait, à traiter comme tel par le chercheur. Mais la guerre du Vietnam fournit aussi, sur la fin, un texte en face duquel l'historien doit confesser une certaine perplexité. Ce texte apparaît – et pas seulement rétrospectivement – comme passablement déconnecté de l'histoire en train de se faire, car la cause militante elle-même semble en partie se brouiller et l'analyse qui la sous-tend paraît ne plus avoir totalement prise sur le réel. Ce qui ne l'empêche pas d'être massivement signé.

Ce texte date des 26-27 janvier 1975. Deux années avaient passé depuis les accords de Paris. Deux années complexes, assurément, et durant lesquelles il fut bien difficile d'y voir clair. Toutefois, la suite a prouvé que le Vietnam du Nord mit à profit cette période pour intervenir encore plus directement au Sud, par unités entières, et certains observateurs – Olivier Todd, par exemple – le dirent et l'écrivirent. Or la condamnation des clercs demeura unilatérale, et le texte de janvier 1975, s'il appelle bien au « respect » des accords de Paris, dénonce... « les autorités de Saigon et de Washington ». Bien plus, il ne s'agit pas d'une initiative isolée réunissant quelques maigres signatures, mais de l'une des pétitions les plus massives de l'histoire de la guerre du Vietnam. Outre 107 scientifiques – dont Alfred Kastler et Laurent Schwartz – et 47 médecins – dont Alexandre Minkowski –, ce sont surtout les journalistes, les milieux de l'édition et du spectacle et les universitaires et chercheurs en sciences humaines qui se mobilisent en nombre sur ce texte :

Il y a deux ans étaient signés les accords de Paris sur le Vietnam.

Même parmi ceux qui se sont mobilisés pendant des années, beaucoup ont alors pensé : « La guerre est finie. »

Et pourtant :

Au Sud-Vietnam, les combats continuent. Ni Saigon ni Washington n'ont appliqué les accords. Thieu maintient en prison et en camp de concentration des centaines de milliers de Vietnamiens ; beaucoup meurent sous la torture.

Si ce régime survit, face à une opposition qui, au-delà de la troisième composante, a gagné d'anciens soutiens de Thieu, c'est grâce aux « conseillers » américains, à l'argent américain, et aussi à l'argent européen, que drainent les Américains par l'intermédiaire de la Banque mondiale.

Aux tentatives permanentes de Thieu d'empiéter sur les zones libérées répondent des contre-attaques et d'importants mouvements qui se développent dans les campagnes sud-vietnamiennes.

Nous qui avons soutenu le peuple vietnamien et les autres peuples d'Indochine dans leur lutte, nous déclarons que notre soutien ne doit pas cesser.

Nous exigeons :

– Le respect des accords de Paris par les autorités de Saigon et de Washington.

– L'arrêt du soutien, notamment financier, à Thieu, à sa corruption et à ses crimes.

Nous exigeons que le gouvernement français mette un terme à l'aide qu'il apporte au régime de Saigon, reconnaisse de plein droit le GRP et la légitimité de sa présence dans les organismes internationaux.

Ce sont ainsi 446 écrivains, journalistes, éditeurs, artistes, acteurs, chercheurs et universitaires qui signent, parmi lesquels René Allio, Colette Audry, Hugues Aufray, Simone de Beauvoir, Loleh Bellon, Yves Boisset, Claude Bourdet, Jean Bouvier, Jean Chesneaux, Hélène Cixous, Gérard Chaliand, Jean-Pierre Chevènement, Pierre Daix, Louis Daquin, Marcel Detienne, Guy Dumur, Marguerite Duras, Robert Enrico, Jean-Pierre Faye, Brigitte Fossey, Michel Foucault, René Gallissot, Jean-Luc Godard, Julien Guiomar, Roger Hanin, Joris Ivens, Vladimir Jankélévitch, Serge July, Julia Kristeva, Yves Lacoste, Victor Leduc, Michel Leiris, Daniel Lindenberg, M.A. Macciochi, Colette Magny, Jacques Marseille, Mathieu, Claude Mossé, Ariane Mnouchkine « et la troupe du Théâtre du Soleil ». Maurice Nadeau, Jean-Michel Palmier, Hélène Parmelin, Michel Piccoli, Anne Philipe, Roger Pic, Édouard Pignon, Bernard Pingaud, Marie-France Pisier, Jean Pronteau, Jacques Rancière, Madeleine Rebérioux, Serge Reggiani, Jacques Rivette, Claude Roy, Jean-Paul Sartre, Delphine Seyrig, Siné, Philippe Sollers, Jean-Louis et Nadine Trintignant, Agnès Varda, Jeannine Verdès-Leroux, Pierre Vidal-Naquet, Henri Weber, Claude Willard et Michel Winock.

Trois mois plus tard presque jour pour jour, le 30 avril, les chars nord-vietnamiens entraient dans Saigon. Mais jusqu'au dernier moment, c'est la thèse développée dans l'appel publié en janvier qui semble avoir prévalu. Et, le 11 avril encore, au moment des derniers soubresauts, Alexandre Soljenitsyne, invité d'« Apostrophes », plaidait avec des accents qui montraient bien que, sur le Vietnam, entre autres, le siège de l'intelligentsia française progressiste était loin d'être fait :

> Je vous demande d'être réalistes et de bien voir que les accords de Paris sur le Vietnam, par exemple, étaient un château de cartes. J'étais en Union soviétique à l'époque des accords de Paris. Tous mes amis s'étonnaient, ne comprenaient pas que ces accords pussent être tenus pour sérieux. Regardez aujourd'hui. Supposez que le Vietnam du Sud ait attaqué le Nord. Il y aurait eu le tonnerre, la tempête et les hurlements. On aurait accusé les contre-révolutionnaires du Sud de violer les accords de Paris, etc., même si ces contre-révolutionnaires avaient été des résistants qui s'étaient battus contre les États-Unis. Mais le Vietnam du Nord envahit le Sud, et tout le monde s'en félicite. Ou encore on préfère ne pas s'occuper du problème [1].

Texte, on le voit, aux antipodes de l'appel des intellectuels français du mois de janvier précédent. Mais plutôt que de se livrer vainement au jeu rétrospectif de Cassandre isolée au milieu d'aveugles et de sourds, image anachronique et, de surcroît, statistiquement fausse, il faut en revenir à cet appel des 26-27 janvier. D'une certaine façon, il apparaît

---

1. Cité par Jean Daniel, dans *l'Ère des ruptures, op. cit.*, pp. 208-209.

bien comme le produit dérivé et dégradé de certaines pétitions-protestations sur le Vietnam. On est, en effet, parfois passé à cette date à des pétitions-incantations. Une analyse polémique pourrait les présenter comme des variantes laïques de condamnation d'un Grand Satan « impérialiste », qui se seraient appauvries jusqu'à toujours psalmodier les mêmes antiennes : David contre Goliath, tiers monde contre impérialisme. L'historien se bornera à constater à nouveau que, tant que les États-Unis diabolisés combattaient directement au Vietnam, ces textes entraient dans le cadre de l'épure. La protestation se vide au contraire de sa substance et devient incantation quand le mal à exorciser a, en fait, disparu, comme avaient disparu du sol vietnamien à cette époque la quasi-totalité des soldats américains, et ce, du reste, dès 1972-1973.

On le voit, le problème d'une éventuelle désinformation est moins à poser en termes de complicité active que de déconnexion du réel. Force est toutefois de constater que ces dernières années de guerre vietnamienne ne furent pas le seul moment du siècle où certains clercs ont parfois paru oublier ce qui est, par essence, leur devoir d'entendement – et même, plus prosaïquement, l'application dans leurs analyses du simple critère de vraisemblance –, au nom du devoir d'engagement. Ces clercs, il est vrai, invoqueraient sans doute le sentiment de l'urgence. L'historien se gardera, en effet, d'oublier que les pétitions restent avant tout des textes de circonstances, dictés par les événements et sous-tendus par des réseaux de solidarité complexes. D'autant que le moyen terme joue ici dans le même sens que le court terme, par le biais de la culture politique des acteurs. Non seulement la guerre du Vietnam était à forte charge émotionnelle – le choc unilatéral des images –, mais elle était aussi à forte densité idéologique et, parfois, quasi messianique : le tiers monde, en étant vainqueur, serait en même temps rédempteur de tous les péchés du monde capitaliste.

L'ADIEU AUX LARMES

Alexandre Soljenitsyne, on l'a vu, terminait sa harangue d'avril 1975 par ce constat cruel : « On préfère ne pas s'occuper du problème. » Le propos, pour être polémique, n'en a pas moins été largement confirmé par l'histoire, au moins pour les mois et les années qui suivirent immédiatement [1]. D'un seul coup, en ce printemps 1975, les larmes se tarissent, et leur forme d'expression institutionnelle – les pétitions notamment – retrouve le silence, après une décennie d'intense activité. Rares, par exemple, sont à cette date les grandes voix de gauche qui s'interrogent publiquement sur

---

1. Avec, bien sûr, de notables et précoces exceptions. Quinze mois après la chute de Phnom Penh, par exemple, des intellectuels américains, britanniques et français, qui ont, rappellent-ils, des années durant, condamné « la politique criminelle des États-Unis » et « l'agression de l'impérialisme américain », s'interrogent sur le « témoignage accablant » de réfugiés cambodgiens et demandent le libre accès au pays « de journalistes et autres observateurs indépendants » (« Où est la vérité ? », *le Monde*, 10 juillet 1976). Les signataires, il est vrai, n'étaient pas nombreux : ne sont cités, parmi les francophones, que Georges Boudarel, Claude Bourdet, Daniel Hémery, Laurent Schwartz, Jean-Paul Soccard et Pierre Vidal-Naquet.

le sort des populations civiles. On ne reviendra pas ici sur l'attitude du *Monde* lors de la chute de Phnom Penh, quinze jours avant Saigon. Elle a déjà fait l'objet de vives controverses. Observons tout de même que sur le Vietnam, le quotidien titre sur quatre colonnes de sa première page du numéro du 3 mai : « Le nouveau pouvoir liquide à Saigon les séquelles de la présence américaine ». Formule pour le moins ambiguë, même sans préjuger des développements ultérieurs. *Le Nouvel Observateur*, de son côté, laissant entière liberté d'expression à ses collaborateurs, donne avec le recul une impression de flottement. Les reportages de Jean-Francis Held décrivent sans fard les circonstances et les acteurs réels – les troupes nord-vietnamiennes – de la chute de Saigon. Mais Jean Lacouture parle à propos de l'évacuation de Phnom Penh par les Khmers rouges d'une « audacieuse transfusion de peuple » et conclut un article, une semaine plus tard, avec la vision d'une Asie « qui, vingt ans exactement après Bandoung, ne se contente pas de s'affirmer vivante mais entend reprendre l'initiative historique [1] ». Certes, pour les deux textes qui précèdent, leur auteur assuma courageusement par la suite ses analyses, et, prenant conscience que la « transfusion » avait été hémorragie, publia dès 1978 *Survive le peuple cambodgien !* [2]. Mais pour l'heure, Jean-Paul Sartre résume l'attente en ces termes dans *le Monde* du 10 mai 1975 : « Je souhaite que le

---

1. Pour Jean-Francis Held, *cf.* notamment « Les Martiens arrivent... », *le Nouvel Observateur*, 546, 28 avril 1975, pp. 40-41 ; pour Jean Lacouture, *cf.* n⁰ˢ 546 et 547, pp. 39 et 36.
2. *Cf.* également Jean Lacouture, *Enquête sur l'auteur*, Arléa, 1989, pp. 171-213 (Vietnam et Cambodge).

communisme vietnamien prenne une forme nouvelle. Mais cela les regarde. On attend avec un certain espoir, car les Vietnamiens sont des combattants extraordinaires et ces mêmes combattants
sont aussi des hommes charmants. Quand je les
vois, j'ai peine à croire que ce sont de pareils guer-
riers. » Pavane... désarmante pour une décennie
de guerre.

*

À citer ainsi certains textes de la période vietnamienne des clercs français, il y a toujours un
risque de les isoler de leur contexte. Devait-on,
pour autant, renoncer à leur exhumation ? Elle
nous a paru, au contraire, essentielle pour comprendre ce qui suivit. Non pas, assurément, pour
porter un jugement, favorable ou réprobateur, sur
ces textes : telle n'est pas la vocation du chercheur,
qui, ce faisant, trahirait sa tâche et affaiblirait le
statut de l'histoire du temps proche. Mais ces textes sont importants, car s'y distinguent les racines
d'une contradiction qui bientôt se transformera en
remords taraudant les plus lucides. Curieux textes,
en effet, à bien y réfléchir, que ceux qui, pourtant
signés par des non-communistes, disent leur
« espoir » ou qui chantent la reprise de « l'initiative historique », quand une région d'Asie passe
dans l'aire géopolitique du communisme. Qu'en
eût-il été pour un pays d'Europe ? Et n'y aura-t-il
pas, de fait, contradiction, à quelques années de
distance, à signer certains textes sur le Vietnam
puis à défendre à partir de 1980 *Solidarnosc* ?
À cela on répondra qu'entre-temps étaient surve-

nues, on le verra, « les années orphelines » durant lesquelles bien des retours sur soi, souvent douloureux, s'opérèrent. Mais il faut pourtant pousser plus loin l'analyse et revenir une dernière fois à ces textes. L'ampleur du choc en retour dans la seconde partie des années 1970 s'explique aussi par l'intensité de l'engagement vietnamien et par l'escalade verbale qui parfois en découla. D'autant qu'une certaine érosion des mots et une banalisation des termes – génocide, résistance, libération – se produisirent, qui contraignent, encore une fois, à formuler cette question : comme c'est, somme toute, au nom de l'entendement que l'intellectuel voit son action dans la cité légitimée, voire cautionnée, cela ne suppose-t-il pas un minimum de cohérence et de continuité dans l'engagement, et un usage sinon pertinent – notion subjective –, en tout cas réfléchi, des mots, appelés à rendre compte de situations toujours complexes ? Est-ce le cas quand s'observe, parfois dans l'urgence de l'engagement mais aussi du fait du conformisme des visions manichéennes, une certaine automaticité de l'analyse et de sa formulation publique ?

Il ne s'agit pas, on l'aura compris, d'une interrogation polémique ou, à l'inverse, d'une simple question d'école. Mais force est historiquement de constater qu'avant même les ébranlements de la fin des années 1970 le sol était miné par des contradictions et des ambiguïtés. Et certains clercs, pour y guider leurs pas, n'auront alors qu'une vision du monde déphasée. Mince viatique pour affronter les deux chocs idéologiques qui, à peu près en même temps que les chocs pétroliers, allaient toucher la France et son intelligentsia.

CHAPITRE XII

LE CRÉPUSCULE DES CLERCS ?

L'économie française, on le sait, a été durablement ébranlée par deux chocs pétroliers, en 1973 et 1979. De même, et sans trop solliciter la concomitance des dates, la France intellectuelle a connu dans les années 1970 deux chocs... idéologiques : l' « effet Soljenitsyne » en 1974 et les désillusions chinoise et indochinoise à la fin de la même décennie. Le milieu intellectuel en a été profondément déstabilisé et privé de nombre de ses points de repère.

Mais aucun de ces deux chocs n'entraîna pour autant l'une de ces grandes vagues de pétitions parfois créées par les tempêtes intellectuelles. C'est plutôt indirectement, d'une part, et en creux, d'autre part, qu'une lecture s'impose. Indirectement, car ces deux chocs eurent des effets induits : les ondes de choc suscitèrent, en effet, d'autres débats qui virent, eux, parfois surgir des pétitions : par exemple, au moment de la polémique entre *le Nouvel Observateur* et le Parti communiste français. En creux, car cette moindre activité pétitionnaire, incontestable, est aussi en elle-même un signe et un révélateur d'un milieu intellectuel alors en crise.

LES FEMMES, À LEUR TOUR

Cela dit, avant les ébranlements de la seconde partie des années 1970, ce milieu intellectuel français n'avait pas vécu au seul rythme des événements extérieurs. Les années qui suivent mai 1968 constituent au contraire, on le sait, une période d'effervescence durant laquelle les clercs ont tenu leur rôle. Mais, comme au moment de mai 1968, la pétition n'est pas alors la forme privilégiée d'expression de ces intellectuels. Les grands clercs de gauche, notamment, ont aussi recours à d'autres formes d'intervention, parfois plus directes, comme la distribution de tracts ou l'appui aux groupes « gauchistes ». Certes, plusieurs manifestes ou pétitions jalonnent cette période, mais aucun texte de cette époque n'a acquis rétrospectivement une importance et surtout une signification historiques.

Aucun texte masculin, devrait-on préciser. Car il est, en fait, un texte collectif d'alors qui est passé à la postérité : le « Manifeste des 343 ». Ce n'est certes pas le lieu ici d'en étudier la genèse ni d'insister sur son importance symbolique dans l'histoire du mouvement féministe français et dans celle de la condition féminine. Mais ce texte est pour nous essentiel à un autre titre. Les femmes, à leur tour, usaient de l'arme de la pétition... plus de soixante-dix ans après la guerre – masculine – des pétitions de l'affaire Dreyfus.

Dans ce texte court, publié par *le Nouvel Observateur* du lundi 5 avril 1971, chaque phrase comptait :

Un million de femmes se font avorter chaque année en France. Elles le font dans des conditions dangereuses en raison de la clandestinité à laquelle elles sont condamnées alors que cette opération, pratiquée sous contrôle médical, est des plus simples. On fait le silence sur ces millions de femmes. Je déclare que je suis l'une d'elles. Je déclare avoir avorté. De même que nous réclamons le libre accès aux moyens anticonceptionnels, nous réclamons l'avortement libre.

Une note ajoutait que « parmi les signataires, des militantes du Mouvement de libération des femmes réclament l'avortement libre et GRATUIT ». Et la liste des signataires comptait 343 noms de femmes [1].

L'écho fut immédiat. *Le Monde* du même lundi, daté du mardi 6 avril, publiait en première page un éditorial au titre éloquent – « Une date » – et accordait une large place au manifeste en page intérieure. RTL organisait dans son journal de la mi-journée un débat entre Jean Foyer, ancien garde des Sceaux, la comédienne Françoise Fabian et une catholique, Pascale Desforges. Et le soir, le journal télévisé de la deuxième chaîne conviait, pour commenter l'appel, le docteur Pierre Simon. Rarement, somme toute, une pétition aura connu un retentissement aussi rapide. Et cela, semble-t-il, pour deux raisons au moins. Sur un sujet régi par des articles du Code pénal réprimant l'avortement et la propagande anticoncep-

---

1. *Cf.* cette liste *infra*, p. 475.

tionnelle et sur lequel, de surcroît, s'affrontent des sensibilités divergentes, des personnalités féminines de premier plan – et dont la presse aura vite fait de répercuter la prise de position – bravent l'interdit et s'engagent par un aveu concernant la sphère de l'intime. Plus que le nombre – car l'immense majorité des « 343 » est totalement inconnue du grand public –, c'est cet aveu des stars qui fait l'événement.

À condition, toutefois, de ne pas oublier une seconde raison, qui est sans doute encore plus importante dans une étude replaçant les pétitions dans la moyenne durée séculaire. Ce manifeste est, si l'on peut dire, le premier de sexe féminin à obtenir un réel écho dans le pays. Jusqu'à cette date, les signatures féminines étaient réduites au rang d'utilités [1]. Pour 488 manifestes recensés dans *le Monde* au cours de la décennie qui vient alors de s'achever [2], les 21 premiers – avec deux *ex æquo* à la 20e place – ont été les suivants, en nombre de signatures apposées :

Jean-Paul Sartre	91
Laurent Schwartz	77
Simone de Beauvoir	72
Jean-Marie Domenach	69

1. Et les pétitions spécifiquement féminines étaient une espèce quasi inconnue. Il faut toutefois citer, publiée par *le Monde* du 19 décembre 1965, un texte de femmes « appelant à voter pour le chef de l'État » : parmi elles, Louise de Vilmorin et Germaine Tillion. Autre exemple : le 5 décembre 1967, une pétition de femmes prend position « en faveur des emprisonnés politiques grecs et spécialement des 240 femmes détenues à l'île de Yaros ».
2. Plus précisément durant la République gaullienne, de 1958 à 1969 (*cf.* Dominique-Pierre Larger, *op. cit.*, pp. 34-35).

Vladimir Jankélévitch	63
Alfred Kastler	61
Jacques Madaule	52
Jean Cassou	51
François Mauriac	47
Louis Martin-Chauffier	47
Louis Aragon	45
Jean Dresch	43
Pierre Vidal-Naquet	39
Claude Roy	38
Marguerite Duras	37
Claude Bourdet	36
Emmanuel d'Astier	35
André Hauriou	35
Maurice Nadeau	34
Pierre Cot	31
Daniel Mayer	31

Dans ce palmarès, Simone de Beauvoir et Marguerite Duras constituent donc un isolat féminin : 9,5 % de l'ensemble. Encore faut-il ajouter que le nombre de signatures de Simone de Beauvoir est probablement tiré vers le haut par sa proximité du cacique des pétitions, Jean-Paul Sartre. Marguerite Duras ne se place d'ailleurs, pour sa part, qu'à la 15ᵉ place.

Les 488 manifestes de 1958-1969 avaient réuni 8 809 signatures publiées. Seules 984 sont des signatures de femmes, soit 11,1 % du total. On tourne donc bien autour d'une participation du dixième, autant dire la portion congrue. Peut-on tout de même y distinguer un Gotha des signataires féminines ? Treize femmes ont donné ensemble 278 des 984 signatures :

Simone de Beauvoir
Marguerite Duras
Christiane Rochefort
Elsa Triolet
Colette Audry
Nathalie Sarraute
Clara Malraux
Anne Philipe
Germaine Tillion
Simone Signoret
Edith Thomas
Madeleine Renaud
Gisèle Halimi

Cette liste est, par certains aspects, accablante pour la condition féminine : la moitié de ces femmes, même si elles existent par leur œuvre et leur action, sont avant tout, aux yeux de l'opinion, des épouses, des compagnes ou des veuves de célébrités masculines vivantes ou décédées (Sartre, Aragon, Gérard Philipe, Yves Montand, Jean-Louis Barrault) ou l'ont été (Malraux). Et, parmi ces treize têtes de file, l'Université et le Barreau ne sont pratiquement pas représentés. Seule Gisèle Halimi est avocate, et si Colette Audry et Simone de Beauvoir sont agrégées respectivement de lettres et de philosophie, leur statut est celui de « femmes de lettres ». Seule Germaine Tillion, qui occupe alors depuis quatorze ans la chaire d'ethnographie du Maghreb à l'École pratique des hautes études, est universitaire. Parmi les treize premiers signataires masculins, au contraire, cinq – Laurent Schwartz, Vladimir Jankélévitch, Alfred Kastler, Jean Dresch et Pierre Vidal-Naquet ; sans compter la position hybride, sur des registres différents, de Jacques Madaule et Jean Cassou – sont des universitaires, qui constituent un groupe aussi nombreux que celui des écrivains. Il y a là un incontestable décalage entre sexes, la suprématie des écrivains mâles sur leurs congénères universitaires s'étant, on l'a vu, dissipée au fil des décennies.

Inversement, dans la mesure où la profession d'acteur semble encore reléguée à cette date, pour ce qui est de son pouvoir d'influence, au sein d'un tiers état intellectuel, loin derrière les écrivains et grands universitaires, les femmes y sont globalement mieux représentées. Les principaux signataires parmi les acteurs et actrices – dont aucun n'apparaît parmi les stakhanovistes de la pétition – sont, en effet, les suivants : Yves Montand, Simone Signoret, Madeleine Renaud, Jean-Louis Barrault, Suzanne Flon, Françoise Rosay, Loleh Bellon, Danièle Delorme, Jean Vilar, Delphine Seyrig et Laurent Terzieff. Il s'agit bien là de la seule catégorie de pétitionnaires qui se soit féminisée. Mais cette catégorie n'appartient pas encore, répétons-le, aux parties nobles de la famille pétitionnaire. Et, au seuil des années 1970, il n'est pas sûr que le Manifeste des 343, même par ses noms connus, ait été considéré comme un texte d'intellectuelles. Il reste, on l'a vu, que c'est probablement par ses noms d'actrices qu'il frappa l'opinion publique. L'affiche, il est vrai, était impressionnante : entre autres, Stéphane Audran, Catherine Deneuve, Françoise Fabian, Jeanne Moreau, Micheline Presle, Delphine Seyrig, Nadine Trintignant et Marina Vlady. À y regarder de plus près, c'est d'ailleurs l'une des premières fois où des gens de scène passent en nombre la rampe et investissent d'autres tréteaux, ceux du social et du politique. Les engagements d'un Yves Montand ou d'un Gérard Philipe frappaient probablement, dans les années 1950, par leur singularité, au moins relative [1].

L' « APPEL DU 18 JOINT »

À la même époque, les intellectuels de sexe masculin jouent aussi leur partition dans les débats de société qui agitent la communauté nationale. Et la houle suscitée par ces débats multiformes a laissé sur le rivage des textes épars. Certes, l'historien se gardera de tenter de reconstituer la couleur et le ton de cette époque à partir de ces seuls reliefs, mais il ne les ignorera pas pour autant. Ils sont, en effet, à la fois objets d'histoire et échos assourdis d'un temps où l'intime rejaillit sur les pétitions, textes publics par excellence. Plus largement, du reste, et par-delà leur aspect conjoncturel, ils

1. Ainsi qu'il a été signalé, notre propos n'était pas ici d'étudier la genèse ni d'analyser la portée d'un texte qui marque assurément un jalon dans l'histoire de la condition féminine et s'inscrit aussi dans l'effervescence féministe de la première partie des années 1970 (*cf.*, sur cette effervescence, Hervé Hamon et Patrick Rotman, *Génération*, II, *op. cit.*, chapitres VII et IX). Pour une remise en perspective historique, on se reportera notamment à *la Bataille de l'avortement*, dossier établi pour La Documentation française par Isabelle Tournier et Danièle Voldman, 1986. Les auteurs remarquent, à juste titre, que l'histoire de la genèse de ce texte « n'a pas encore été faite » mais qu'il est « certain que des tractations entre la rédaction (du *Nouvel Observateur*) et des représentantes du MLF ont été nécessaires pour arriver à un accord dans l'élaboration du texte définitif » (*op. cit.*, p. 35).

apparaissent aussi, structurellement, comme le reflet d'une époque où les faits dits de « société » investissent le champ du politique entendu au sens large.

Le 18 juin 1976, par exemple, un manifeste pour « la dépénalisation totale » du cannabis proclame :

> Cigarettes, pastis, aspirine, café, gros rouge, calmants font partie de notre vie quotidienne. En revanche, un simple « joint » de cannabis (sous ses différentes formes : marijuana, haschich, kif, huile) peut vous conduire en prison ou chez un psychiatre...
>
> Dans de nombreux pays déjà, États-Unis (Californie, Oregon, Alaska), Pays-Bas, Canada, la législation sur le cannabis a été considérablement adoucie. En France, on continue d'entretenir la confusion entre drogues dures et drogues douces, gros trafiquants, petits intermédiaires et simples usagers. Cela permet de maintenir et renforcer une répression de plus en plus lourde...
>
> Or des milliers et des milliers de personnes fument du cannabis aujourd'hui en France, dans les journaux, les lycées, les facultés, les bureaux, les usines, les ministères, les casernes, les concerts, les congrès politiques, chez elles, dans la rue. Tout le monde le sait. C'est pour lever ce silence hypocrite que nous déclarons publiquement avoir déjà fumé du cannabis en diverses occasions et avoir, éventuellement, l'intention de récidiver.

Et ce texte – dont le titre, l' « Appel du 18 joint », entend subvertir le langage et brouiller les références historiques – est paraphé par 150 personnes, dont Jean-François Bizot, Romain Bouteille, Pierre Barouh, Jacques-Laurent Bost, François Châtelet, Copi, Pierre Clémenti, Gilles Deleuze, André Glucksmann, Alain Geismar, Félix Guattari, Gotlieb, Gébé, Isabelle Huppert, Maxime Le Forestier, Jean-François Lyotard, Valérie Lagrange, Bernadette Lafont, Colette Magny, Edgar Morin, Bulle Ogier, Christiane Rochefort, Philippe Sollers, Jérôme Savary, Topor [1].

Quelques mois plus tard, c'est le domaine des « mœurs » que plusieurs dizaines d'intellectuels investissent (*le Monde*, 26-1-1977) :

> Les 27, 28 et 29 janvier, devant la cour d'assises des Yvelines, vont comparaître, pour attentat à la pudeur sans violence sur des mineurs de quinze ans, Bernard Dejager, Jean-Claude Gallien et Jean Burckardt, qui, arrêtés à l'automne 1973, sont déjà restés plus de trois ans en détention provisoire. Seul Bernard Dejager a récemment bénéficié du principe de la liberté des inculpés.
>
> Une si longue détention préventive pour instruire une simple affaire de « mœurs », où les enfants n'ont pas été victimes de la moindre violence, mais, au contraire, ont précisé aux juges d'instruction qu'ils étaient consentants (quoique la justice leur dénie actuellement tout droit au consentement), une si longue

1. Appel publié par *Libération* du 18 juin 1976.

détention préventive nous paraît déjà scanda-
leuse.

Aujourd'hui, ils risquent d'être condamnés à
une grave peine de réclusion criminelle soit
pour avoir eu des relations sexuelles avec ces
mineurs, garçons et filles, soit pour avoir favorisé et photographié leurs jeux sexuels.

Nous considérons qu'il y a une dispropor-
tion manifeste, d'une part, entre la qualification de « crime » qui justifie une telle sévérité,
et la nature des faits reprochés ; d'autre part,
entre le caractère désuet de la loi et la réalité
quotidienne d'une société qui tend à reconnaître chez les enfants et les adolescents l'existence d'une vie sexuelle (si une fille de treize
ans a droit à la pilule, c'est pourquoi faire ?).

La loi française se contredit, lorsqu'elle
reconnaît une capacité de discernement à un
mineur de treize ou quatorze ans qu'elle peut
juger et condamner, alors qu'elle lui refuse
cette capacité quand il s'agit de sa vie affective
et sexuelle.

Trois ans de prison pour des caresses et des
baisers, cela suffit. Nous ne comprendrions
pas que le 29 janvier Dejager, Gallien et Burckardt ne retrouvent pas la liberté.

Ont signé ce manifeste, Louis Aragon, Francis Ponge, Roland Barthes, Simone de Beauvoir, Judith Belladona, docteur Michel Bon,
psychosociologue, Bertrand Boulin, Jean-
Louis Bory, François Châtelet, Patrice Chéreau, Jean-Pierre Colin, Copi, Michel Cressole, Gilles et Fanny Deleuze, Bernard Dort,
Françoise d'Eaubonne, docteur Maurice Eme,

psychiatre, Jean-Pierre Faye, docteur Pierrette Garrou, psychiatre, Philippe Gavi, docteur Pierre-Edmond Gay, psychanalyste, docteur Claire Gellman, psychologue, docteur Robert Gellman, psychiatre, André Glucksmann, Félix Guattari, Daniel Guérin, Pierre Guyotat, Pierre Hahn, Jean-Luc Hennig, Christian Hennion, Jacques Henric, Guy Hocquenghem, docteur Bernard Kouchner, Françoise Laborie, Madeleine Laïk, Jack Lang, Georges Lapassade, Raymond Lepoutre, Michel Leiris, Jean-François Lyotard, Dionys Mascolo, Gabriel Matzneff, Catherine Millet, Vincent Monteil, docteur Bernard Muldworf, psychiatre, Négrepont, Marc Pierret, Anne Querrien, Griselidis Real, François Régnault, Claude et Olivier Revault d'Allonnes, Christiane Rochefort, Gilles Sandier, Pierre Samuel, Jean-Paul Sartre, René Schérer, Philippe Sollers, Gérard Soulier, Victoria Thérame, Marie Thonon, Catherine Valabrègue, docteur Gérard Vallés, psychiatre, Hélène Védrines, Jean-Marie Vincent, Jean-Michel Wilhem, Danielle Sallenave, Alain Cuny.

Au printemps de la même année, quatre-vingts personnalités signent un appel pour la révision du Code pénal demandant la modification des textes régissant les relations mineurs-adultes. Les signataires souhaitent la mise à jour de textes qui, estiment-ils, ne tiennent pas suffisamment compte de l'évolution rapide des mœurs. Trois domaines sont ainsi incriminés : le détournement de mineur, l'interdiction des relations sexuelles avec des enfants de moins de quinze ans et l'interdiction des rapports homosexuels quand ils engagent des mineurs de quinze à dix-huit ans. « C'est là un problème de société », écrivent les signataires, qui s'interrogent : « À quel âge des enfants ou des adolescents peuvent-ils être considérés comme capables de donner librement leur consentement à une relation sexuelle ? » Il faut donc rajeunir et actualiser des textes qui « ne justifient plus aujourd'hui que des tracasseries et des contrôles purement policiers ». Parmi ces signataires figuraient : Louis Althusser, Jean-Paul Aron, Roland Barthes, Simone de Beauvoir, Jean-Louis Bory, Bertrand Boulin, François Châtelet, Patrice Chéreau, Copi, Alain Cuny, Gilles Deleuze, Jacques Derrida, Françoise Dolto, Michel Foucault, Félix Guattari, Michel Leiris, Gabriel Matzneff, Christiane Rochefort, Alain Robbe-Grillet, Jean-Paul Sartre, le docteur Pierre Simon et Philippe Sollers (*le Monde*, 22-23 mai 1977).

Laissons là ces documents bruts. Et libre au lecteur de penser que ces textes étaient dans la lignée des combats des décennies précédentes ou de juger, au contraire, que les grandes causes des clercs, par pétitions interposées, devinrent alors trop variées et, de ce fait, s'avarièrent. L'appréciation est affaire de conscience, et l'historien, pour cette raison, s'en tiendra à l'exhumation des textes. Il se rappellera toutefois que des textes, fussent-ils médités par des intellectuels, sont toujours à replacer dans le contexte d'une époque. Les juger à l'aune de la société de la fin des années 1980, par exemple, ne relève plus du travail de Clio. Mais il faut tout de même, car c'est là un objet d'histoire, conclure à ce que nombre de leurs contemporains ressentiront comme une certaine *légèreté*. Le point est important, pour deux raisons au moins. D'une part, nous l'avons déjà observé, les pétitions d'intellectuels procèdent le plus souvent, au contraire, de l'*esprit de sérieux*, garant, aux yeux des signataires comme à ceux de leurs concitoyens, de la nécessaire attention à prêter à leurs prises de position. Dans le cas contraire, il y a dévaluation du message du clerc et dévalorisation de son statut. Dans le droit-fil de certaines de ces pétitions tous azimuts, surviendra quelques années plus tard, on le verra, le texte en faveur de Coluche candidat à l'élection présidentielle.

D'autre part, cette dispersion des thèmes et cette dose de légèreté – ou, tout au moins, perçue comme telle – sont concomitantes de l'ébranlement du milieu intellectuel. En sont-elles la conséquence ? Ou bien, au contraire, ont-elles contribué à accroître l'effet de souffle, en fragilisant la cléricature au moment même où elle était ébranlée par plusieurs chocs successifs ? Il y eut sans doute un peu des deux. Au reste, par-delà ce complexe problème d'antériorité, l'essentiel reste, en fait, cet ébranlement qui s'amplifia tout au long de la seconde partie des années 1970.

GUÉRILLA AVEC LE PCF

Au printemps de 1975, au moment où se termine la guerre du Vietnam, la gauche intellectuelle française est confrontée à l' « effet Soljenitsyne » et aux retombées de la « révolution des œillets » au

Portugal. Au sein de cette gauche, le Parti communiste inspire encore un mélange de respect et de crainte. Ces sentiments, certes, s'estompent au fil des années, mais le Parti dispose toujours en ce milieu de décennie d'une force d'intimidation. On le perçoit bien, par exemple, dans la guérilla qui l'oppose alors au *Nouvel Observateur*.

En décembre 1973 avait été publié en France le tome I de l'édition russe de *l'Archipel du goulag*. *Le Monde*, *l'Express* et *le Nouvel Observateur*, notamment, avaient consacré une large place à l'événement. Le Parti communiste, en revanche, s'était montré réticent. Georges Marchais, le 20 janvier 1974, déclare que l'écrivain soviétique serait autorisé à publier dans une France gouvernée par les communistes « s'il trouv(ait) un éditeur », tandis que *l'Humanité* attaque le 28 janvier *le Nouvel Observateur*, qui tenterait « d'enrayer le progrès irrésistible de l'union de la gauche », condamnation reprise le 2 février dans un communiqué du bureau politique du Parti communiste français. Ce constatant, François Mitterrand prend sans ambiguïté, dans *l'Unité* du 8 février 1974, la défense de l'hebdomadaire de Jean Daniel[1]. Ce dernier, échaudé par la première passe d'armes et, surtout, frappé par « la force grandissante en [lui] du personnage Soljenitsyne[2] », publie le 18 février sui-

---

1. Même si le raisonnement mené dans cette prise de position montre bien que la gauche non communiste n'a pas encore terminé à cette date sa réflexion sur le totalitarisme (« Je suis pour ma part persuadé que le plus important n'est pas ce que dit Soljenitsyne, mais qu'il puisse le dire. Et que si ce qu'il dit nuit au communisme, le fait qu'il puisse le dire sert ce dernier bien davantage », écrit François Mitterrand dans sa chronique de *l'Unité*, *op. cit.*, p. 24).

2. Jean Daniel, *l'Ère des ruptures*, Grasset, 1979, p. 190.

vant un éditorial qui, en ces temps d'union de la gauche, constituait un véritable brûlot : « Avant de saluer Soljenitsyne, y écrivait-il, il faut, si l'on ose dire, montrer patte rouge, parce que l'important, n'est-ce pas, c'est de ne pas être traité d'antisoviétique, d'anticommuniste et de diviseur de l'union de la gauche... Il faut le dire avec simplicité et avec foi : ceux qui approuvent la mesure dont Soljenitsyne a été victime, ceux qui s'y résignent, ceux qui trouvent réconfortant qu'on en arrive à ne plus fusiller les opposants, ceux qui estiment que le salut des Chiliens torturés, des Grecs et des Espagnols opprimés, des travailleurs européens exploités passe par la réalisation d'une société où l'on peut bannir un Soljenitsyne, tous ces hommes ne sont pas des nôtres. Ils n'ont aucune qualité pour incarner les aspirations populaires. Ils ne veulent pas ce que nous voulons et, finalement, s'ils nous traitent en ennemis, ils ont raison. »

La deuxième phase de la forte tension entre l'hebdomadaire et le Parti communiste intervint au printemps de 1975 lors de l'affaire du quotidien portugais *Republica*. Une commission présidée par Georges Séguy ayant conclu, à ce sujet, à un « simple conflit du travail », Jean Daniel protesta dans son éditorial du 16 juin 1975 intitulé « Pour que la lutte soit claire », évoquant notamment le cumul par Georges Séguy de responsabilités de dirigeant syndical et de leader politique [1]. Mais c'est surtout un autre article qui va relancer la

---

1. Le débat, à cette date, était en fait triangulaire, en raison des positions prises par *le Monde* dans l'affaire du journal *Republica* (*cf.* notamment « Révolution et liberté », en première page du *Monde* du 21 juin 1975).

polémique avec le Parti communiste français. Cet article, daté du 11 août 1975, évoquait la « logique bolchevique » du Parti communiste portugais. Comme sa publication intervint le jour même où l'on apprenait que des permanences communistes avaient été mises à sac dans le nord du Portugal, *l'Humanité* du lendemain, sous la plume d'Yves Moreau, accusa : « Il est aberrant, il est criminel de brandir l'épouvantail du communisme au Portugal, comme s'y emploie Jean Daniel dans *le Nouvel Observateur*. Cela équivaut à justifier les pogromes. » Et le même numéro publiait une analyse du bureau politique du PCF reprochant à l'hebdomadaire de Jean Daniel de « se livrer à une odieuse justification par avance d'un éventuel massacre des communistes ». Un message de solidarité à Jean Daniel circula très vite dans les milieux de la gauche non communiste, et parmi les signataires on relevait les noms de François Mitterrand, Michel Rocard, Pierre Mendès France et Edmond Maire :

Même si tous ne partagent pas les opinions émises dans des éditoriaux, reportages et commentaires consacrés par *le Nouvel Observateur* et par Jean Daniel à la situation au Portugal, les signataires considèrent que les articles parus dans cet hebdomadaire – et notamment celui de Jean Daniel publié dans le numéro du 11 août – ne sauraient justifier la violence des commentaires parus dans *l'Humanité* du 12 août sous la signature de Yves Moreau ni excuser des attaques infamantes contre un journal et un journaliste indépendants de tout parti, mais qui se sont toujours librement mobilisés dans les combats de la gauche.

Les signataires considèrent que l'interprétation de l'article de Jean Daniel faite par M. Yves Moreau est erronée, malveillante et injurieuse, et qu'elle dessert gravement, aussi bien en France qu'au Portugal, cette union des forces antifascistes réclamée par le bureau politique du Parti communiste français.

En cette circonstance, les signataires affirment leur solidarité avec Jean Daniel et *le Nouvel Observateur* [1].

La liste compta d'abord 16 noms, puis 35 et enfin 86. Aux côtés de personnalités politiques et syndicales, on notait la présence d'universitaires, d'avocats, d'écrivains et d'artistes : ainsi, entre autres, François Châtelet, Georges Conchon, Pierre Daix, Dominique et Jean Desanti, Jean-Marie Domenach, Jean-Pierre Faye, Pierre George, André Glucksmann, Jacques Julliard, Emmanuel Le Roy Ladurie, François Maspero, Georges Montaron, Edgar Morin, Pierre Nora, Bernard Pingaud, Suzanne Prou, Philippe Robrieux, Maxime Rodinson, Philippe Sollers, Alain Touraine, Paul Vignaux, et aussi Robert Badinter, Jean-Louis Barrault, Jean-Denis Bredin, Gisèle Halimi, François Jacob, Alexandre Minkowski, Claude Olievenstein, Marie-France Pisier et Laurent Schwartz. Assemblage composite, assurément, mais dont l'hétérogénéité même est riche d'enseignements, apparemment contradictoires.

1. *Le Monde*, 14 août 1975.

D'une part, la diversité du vivier, que révèle cette diversité des signataires, aurait pu déboucher sur une mobilisation plus imposante. Certes, la dispersion estivale fut probablement un handicap, mais en dix jours – la liste des 86 est publiée dans *le Nouvel Observateur* du 25 août – le milieu intellectuel a connu des mises en ordre de bataille plus spectaculaires. Par-delà leur diversité, beaucoup des signataires appartiennent à la mouvance du Parti socialiste et/ou à la nébuleuse des « amis » du *Nouvel Observateur*. Il y eut sans doute, en dehors de ces deux cercles, bien des réticences à passer ainsi pour un anticommuniste. Le directeur de *l'Humanité*, Roland Leroy, jouera du reste sur un tel registre, se déclarant « indigné » par un texte de soutien qui « constitue une véritable mise en cause de la liberté d'expression d'un journaliste et d'un journal communistes [1] ». Et, le 18 août, Georges Marchais déclarait au micro de France Inter : « Jean Daniel est un spécialiste de l'anticommunisme. Un homme qui a l'habitude d'intervenir pour mettre des bâtons dans les roues et pour empêcher l'union de la gauche d'aller de l'avant. »

Si le pouvoir d'intimidation du Parti est donc encore fort à cette date, il faut toutefois observer, d'autre part et inversement, que cette pétition en faveur du *Nouvel Observateur* est bien, somme toute, le signe d'un déblocage. Certes, elle n'en est qu'un épiphénomène, mais ce milieu de décennie et plus spécialement cet été 1975 ouvrent bien une phase nouvelle de l'histoire des intellectuels. Au mois de juillet venait d'être publié *la Cuisinière et le mangeur d'hommes* d'André Glucksmann, où le

1. *Le Monde*, 15 août 1975.

goulag mais aussi désormais le marxisme se retrouvaient au cœur des débats [1].

DES INTELLECTUELS VONT AU CIEL

Cette phase nouvelle, qui prend en écharpe toute la seconde partie de la décennie, est placée sous le signe d'une double évolution décisive : une large réflexion théorique se développe sur le totalitarisme, alors que cette réflexion était restée jusque-là cantonnée à quelques secteurs sans courroies de transmission directe avec l'opinion publique ; sous-tendant cette réflexion, une information factuelle venue de l' « Est » va s'amplifier (les « dissidents ») et bientôt se ramifier (les réfugiés du Sud-Est asiatique). On comprend dès lors pourquoi le choc indochinois a constitué un tel ébranlement : comme la prise de conscience va se trouver accélérée par les suites des bouleversements politiques du printemps 1975 dans la péninsule indochinoise, rarement, en fait, des clercs se retrouveront en si peu de temps, non seulement démentis par les faits, mais contraints, de surcroît, de nourrir leur réflexion théorique d'épisodes historiques dont ils avaient été dans un premier temps les soutiens.

Inversement, la droite intellectuelle va bénéfi-

---

1. Au reste, l'année précédente, au moment de la première polémique entre le PCF et *le Nouvel Observateur*, André Glucksmann avait publié dans cet hebdomadaire un article qui apparaît bien, avec le recul, comme l'ébauche de certaines des idées qui seront développées l'année suivante dans *la Cuisinière et le mangeur d'hommes* (« Le marxisme rend sourd », *loc. cit.*, 4 mars 1974, p. 80). 1974-1975 constitue, à cet égard, une période pivot, prélude aux « années orphelines » de la fin de la décennie.

cier de ce retour de balancier. Et quelques textes collectifs fournissent des jalons pour baliser cette remontée. Notamment, en janvier 1978, le manifeste fondateur du Comité des intellectuels pour l'Europe des libertés (CIEL). La centaine de clercs fondateurs scellent leur accord par la signature d'un manifeste rédigé par le secrétaire général du CIEL, Alain Ravennes. Sous le titre « La culture contre le totalitarisme. La liberté ne se négocie pas », ce manifeste proclame [1] :

De l'Europe plurielle

L'Europe n'a jamais été elle-même et vivante que dans la dissemblance et le foisonnement. Ses sensibilités multiples, ses aptitudes variées, voire contraires, ont toujours été mises en valeur, non par un bloc européen, mais successivement ou concurremment par tel ou tel de ses peuples. Les tentatives pour l'unifier en empire n'apparaissent plus guère que comme l'occasion offerte aux héros, aux peuples, aux nations de s'en affranchir. Et de reprendre le dialogue ou la confrontation des différences.

Il n'y a pas de patrie européenne, mais il y a un homme européen, aux contradictions incoercibles et fraternelles.

Les libertés européennes, c'est d'abord la liberté pour chaque Europe, nous voulons

---

1. Des extraits sont publiés dans *le Monde* des 15-16 janvier 1978 ; le texte intégral a paru sur une pleine page du *Monde* du 27 janvier 1978. La liste des signataires – « fondateurs » est émaillée de nombreuses « coquilles ».

dire chaque pays, chaque habitant du continent, d'être eux-mêmes.

C'est de résister plus que jamais à l'incessante sollicitation du monde, qui parle d'uniformité. Défendre l'unité de l'Europe, c'est défendre la seule unité qui ne puisse se confondre avec une assimilation.

Trop d'entre nous, installés dans le confort ou l'indignation locaux, oublient aussi que l'Europe ne se limite pas à son occident. Emmurée, la voix des peuples de l'Europe centrale et orientale nous manque et nous requiert. Le silence qui leur est imposé voudrait les nier, mais les rappelle à nos mémoires de nouveau fraternelles. Ils en attendent autre chose que plate consolation et vétilleuse diplomatie. A eux aussi, nous devons de ne pas nous taire. Et de cesser de nous perdre dans des querelles de luxe.

De la liberté et des libertés

L'Europe moderne a inventé l'individualisme. Elle a été la première à poser l'être humain individuel comme une incarnation de l'humanité tout entière, à fonder les libertés politiques et personnelles sur le respect sans discrimination de lois générales.

A travers et malgré sa passion de l'homme, l'Europe a tenté d'arrêter le pouvoir par le pouvoir et élaboré des formes d'humanité dont la civilisation de la vie exquise propose la plus séduisante image. Rêvant d'une cité harmonieuse, synthèse de l'ordre et de la liberté, où le citoyen possède le pouvoir à son tour de rôle et n'obéit ainsi qu'à lui-même, elle a voulu se rappeler que la liberté coïncide avec le bonheur.

Comment oublier, cependant, que de cette idée neuve en Europe ne demeurait que la flamme des fusils éclairant, dans la nuit espagnole de 1808, les martyrs qui hurlaient « A bas la liberté » ? Avaient-ils conscience, en quelque instinct nostalgique et visionnaire, que l'époque de l'avènement des libertés annonçait celle qui pourrait sonner le glas de toute liberté ?

Au sens strict l'indivisible liberté ne s'énumère pas. De la même façon, toute loi sur la liberté est un contresens. Pourtant, « l'homme est un animal politique », la leçon, ni la réalité ne sont neuves. Et il est vrai que la complexité sociale indéfiniment croissante paraît exiger de multiplier les libertés en les codifiant, comme des digues sans cesse plus nombreuses contre une marée toujours plus forte. La tâche des intellectuels, aujourd'hui, est d'exiger et de défendre chacune de ces libertés en veillant à ce qu'elles ne soient pas parodie, dénaturation, mais ressaisissement et accomplissement de l'indivisible liberté. Qu'elles ne soient pas les miettes de la liberté défunte, l'écorce policée de cette barbarie même qu'est l'indifférencié. Que seraient d'innombrables libertés garanties par une société privée d'individus ? Que seraient les libertés sans l'irréductible conscience de soi qui les rend désirables et pratiquables ? Qu'est la liberté, dans son apparente plénitude, si nul ne l'exige plus ? Or, ce qui donne le goût et recrée la revendication de la liberté, ce qui relie l'individu dans sa plus extrême solitude et le sauve dans la masse, c'est très précisément, exact antonyme de la barbarie, fût-elle à visage nylon, la culture.

L'intellectuel, celui pour qui une idée, une forme, si simples soient-elles, ordonne, décompose, ou déplace la vie, pense pour être libre : mais il doit être libre pour pouvoir penser. Le rappel de ce truisme n'est pas inopportun. Ses deux branches apparaissent singulièrement obérées, aujourd'hui, par les concepts d'utilité et par l'idée d'un développement linéaire de l'humanité. Alors répétons que l'esprit ne doit admettre d'autres contraintes que celles par lui-même reconnues nécessaires à son action et à sa portée. Sa définition et son honneur sont de récuser toutes les autres et de s'en affranchir si elles lui sont imposées ou opposées.

De la culture

La politique définit entre le citoyen et la collectivité des rapports de pouvoir. La culture établit entre l'individu et l'humanité des relations d'identité ou de rupture, mais exclusives de tout pouvoir. Ainsi, contrairement aux domaines du politique et du social, les libertés culturelles ne sauraient être négociées, délimitées ou consenties : elles sont absolues. Si les hommes de culture ne peuvent se prévaloir d'un quelconque privilège d'irresponsabilité civique, la culture, en tant que telle, n'a de compte à rendre à rien, ni personne. Retenant tout ce que l'homme a vécu, elle autorise aussi son esprit aux plus véhémentes sécessions. Elle est un héritage offert au consentement et à la répudiation. L'on doit refuser qu'elle subisse le moindre principe d'utilité et toute assignation de finalité qui soit d'un ordre autre que la métaphysique, laquelle ne s'adresse qu'aux âmes, à une âme.

Refuser que la culture ait un sens autre que l'inlassable investigation du mystère et de l'acte créateur qui s'en arrache et le reconduit. La culture ne reconstruit qu'en désintégrant : toute pensée finale lui est mortelle. Sans souvenir de son premier mot, elle ne peut vivre que dans l'ignorance tragique et excitante du dernier ; elle est une mémoire qui ne se lasse pas d'oublier ; une certitude qui se dément elle-même ; un cortège de formes définitives engendrant leurs contraires. Ainsi, une fois encore, la culture n'est autre que la liberté elle-même.

Notre démarche est portée par la conviction que, dans la situation présente de l'Europe, la responsabilité des intellectuels est engagée, le sera de plus en plus et pourrait fonder et entraîner le salut. Aux intellectuels de refuser de servir plus longtemps d'animateurs mondains et de porte-drapeaux occasionnels ; de sortir de l'isolement superbe et des hermétismes complices. A eux d'avoir la lucidité et l'aplomb de prendre en main ce qui leur appartient : la vie ou la mort de l'Europe des libertés. Nous entendons que le « politique d'abord » et la « politique surtout » cèdent au « culture avant tout ». La culture ne saurait constituer un vague décor de la politique, ni être, à son image et de quelque façon, hiérarchisée. N'acceptons pas d'en rationaliser les choix, à travers des appareils, une bureaucratie, des magistères.

Naturellement, selon l'extension que l'on donne aux mots, c'est la politique qui englobe la culture et non l'inverse. Mais la politique équivaut au pouvoir. Tandis que la culture n'est liée qu'à l'homme. Alors, cette querelle n'est pas vaine. Choisir ses mots, c'est décider de sa vie. Nous proclamons, en un temps qui, de toute part, nous dément, que le pouvoir, tout pouvoir est second de l'homme.

Du refus

Nous constatons, quelles qu'en soient nos interprétations, la crise des valeurs ou leur déshérence. Mais nous considérons que l'urgence est moins d'y porter remède, que de s'opposer ensemble à ce que lui soit opposée une solution globale, appuyée sur la confusion en un seul système de l'économique, du politique, du social et du « culturel », et ayant, par sa prétention scientifique, une vocation à l'irréversible. La crise présente, son aggravation même, demeurent préférables à l'issue dont la tentation apparaît à chaque détour du doute : la certitude totalitaire. En un temps qui pose à nouveau et simultanément toutes les questions, il importe moins de s'accorder sur les réponses, que de sauvegarder un monde où les questions peuvent être lancées et où chacun peut tenter et défendre sa réponse ou le refus de toute réponse.

La gratuité est le royaume de la culture, la nécessité en est la tombe. Dès lors que passe l'idée d'une marche nécessaire de la vie et des hommes, fût-elle baptisée émancipation, le manichéisme, derrière les subtilités de façade, devient entier : ce qui concourt à la nécessité est bon, ce qui y résiste ou s'y dérobe est mauvais ou superflu. Il n'est pas besoin de lois pour cela et la société pourrait conserver longtemps toute apparence de liberté : il suffit de la diffusion de cet état d'esprit, de son incarnation dans l'ordre économique et social, pour que la nostalgie, l'hérésie, la vision neuve, perdent droit de cité, par jugement d'inutilité publique.

La bonne conscience à marcher ainsi dans le sens du « bien historique » et la lassitude feraient le reste. A l'image de l'actuelle Constitution soviétique, l'État ne se priverait pas de proclamer encore les droits de tous et de chacun : les coutumes survivent longtemps aux passions qui les ont engendrées et n'intéressent plus que les touristes.

Le comité a donc pour vocations :

D'amener à penser, à s'exprimer et à agir ensemble, les intellectuels vivant en France et décidés à défendre, à défaut d'une idéologie commune et sous bénéfice d'inventaire : le pluralisme idéologique, la diversité, l'enracinement et la spontanéité de la culture, en refusant que l'esprit humain puisse être borné, inhibé ou régenté par la dictature brutale ou insidieuse d'un « déterminisme historique » ; et résolus, dans leur diversité même, à défendre sans aucune complaisance cette éthique irréductible : le respect de la personne humaine et de sa libre expression.

D'étendre le champ de cette volonté et de cette réflexion aux intellectuels de l'Europe tout entière.

Les fondateurs du comité le savent : le refus n'a pas bonne presse. Il représente pourtant une force grande et haute dans l'histoire des hommes. C'est lui qui nous conduit à nous réunir et à défendre ensemble la synonymie des trois mots : Europe, culture, liberté. Nous ne nous en remettrons plus à personne.

Assurément, certains des signataires appartiennent à la gauche intellectuelle, comme le montre la simple lecture de la liste des « fondateurs » : Abel Gance ; Émile Aillaud ; Gérald Antoine ; Raymond Aron ; Arrabal ; Alexandre Astruc ; Pierre Aubenque ; Pierre Avril ; Hubert Astier ; Marcel Arland ; Michel Axelrod ; Henry Barraud ; Jean-Louis Barrault ; Serge Baudo ; Jean-Marie Benoist ; Robert Beauvais ; Irène Blanc-Schapira ; Albina du Boirouvray ; Étienne Borne ; Raymond Boudon ; Daniel Boulanger ; Henri Bourdon ; Michel Bouquet ; Robert Bresson ; Jean-Claude Brialy ; Georges Buis ; Georges Burdeau ; Louis Cane ; Jean-Paul Carrère ; Jean-Claude Casanova ; Jacques Castelot ; Claude Chabrol ; Henry Chapier ; Jeanine Charrat ; Pierre Clostermann ; Jean Cohen ; Alain Cotta ; Michel Crozier ; Jean-Louis Curtis ; Michel Dard ; Anatole Dauman ; Sonia Delaunay ; Gérard Depardieu ; Patrick Dewaere ; Jean-Marie Domenach ; Michel Duchaussoy ; Jacques Ellul ; François Fejtö ; Robert Flacelière ; Yves Florenne ; Henri Fluchère ; Viviane Forrester ; Jean Fourastié ; Sami Frey ; André Frossard ; Alain Gillot ; Paul Goma ; Jacques Guillermaz ; Michel Guy ; Hans Hartung ; Pierre Hassner ; Jean-Louis Houdebine ; Jacques Henric ; René Huyghe ; Eugène Ionesco ; Philippe Jaccottet ; Cyrille Koupernik ; Julia Kristeva ; Emmanuel Le Roy Ladurie ; Michel Lonsdale ; Maurice Le Lannou ; Yvonne Lefébure ; Jean Lecouteur ; Maria Mauban ; Claude Mauriac ; Frédéric Mauro ; Jean Messagier ; Germaine Montero ; Thierry de Montbrial ; Philippe Moret ; Léo Moulin ; Jean Négroni ; Georges Neveux ; Pierre Nora ; François Nourissier ; René de Obaldia ; Jean Onimus ; Jean d'Ormesson; Marcel Pacaut ; Kostas Papaioannou ; Jean Parvulesco ; Louis Pauwels ; Claude Piéplu ; André Pieyre de Mandiargues ; Sacha Pitoëff ; Marcellin Pleynet ; Raymond Polin ; Krzystof Pomian ; Alain Ravennes ; Claude Regy ; Madeleine Renaud ; Jean-Daniel Reynaud ; Jean-François Revel ; Emmanuelle Riva ; Gabrielle Rolin ; Dominique Rolin ; Maurice Ronet ; Manuel Rosenthal ; Arthur Rubinstein ; Jules Roy ; Marek Rudnicki ; Joël Santoni ; Pierre Schaeffer ; Maurice Schumann ; Claude Simon ;

Alexander Smolar ; Philippe Sollers ; Pierre Sou-
lages ; Stéphane Tchaigadjieff ; Pavel Tigrid ;
Dimitru Tzepeneag ; Georges Vedel ; Georges
Wakhevitch ; François Wehrlin ; Romain Weingar-
ten ; Etienne Wolff ; Ilios Yannakakis ; Iannis
Xenakis ; Françoise Xenakis.

Mais l'important est ailleurs, et précisément
dans cette confluence qui s'amorce entre intellectuels libéraux et personnalités d'une gauche non
marxiste, sur le thème des « libertés » et de la lutte
contre le « totalitarisme ». Et le fait prend plus de
relief encore si on le replace à la fois dans le court
terme du combat politique de cette fin des années
1970 et dans le moyen terme de l'histoire intellectuelle. Premier constat, en effet : le pays est alors à
deux mois des élections législatives. Malgré la rupture sur la réactualisation du Programme
commun de gouvernement, intervenue au mois de
septembre précédent, les électorats communiste et
socialiste demeurent très « unitaires », et à cette
pression de la base vient s'ajouter l'appui des intellectuels des deux principaux partis de gauche,
favorables pour la plupart à la poursuite des luttes
communes [1]. De surcroît, à deux mois de
l'échéance, les sondages restent favorables à la
gauche. C'est dire que le relatif œcuménisme dans
la constitution des listes du CIEL détonne à cette
date. D'autant que le comité essuiera rapidement
une salve venue des rangs des clercs socialistes et
communistes. Dans *le Monde* des 12-13 mars 1978,
environ 70 artistes et intellectuels soutenus par le
Syndicat national des chercheurs scientifiques et

---

1. *Cf. infra*, au chapitre suivant, les initiatives unitaires d'intellectuels et les remous ainsi entraînés au sein du PCF.

l'Union des écrivains contestent la teneur du manifeste du CIEL. Les signataires – entre autres Faye, Pingaud, Bouveresse et Frioux – attaquent notamment cette affirmation : « La crise présente, son aggravation même, demeurent préférables à l'issue dont la tentation apparaît à chaque détour du doute : la certitude totalitaire », et jugent que le manifeste « justifie sa préférence en identifiant implicitement l'arrivée de la gauche au pouvoir avec le totalitarisme ». Car le « danger immédiat » serait ailleurs, dans « la volonté des gouvernements occidentaux de limiter encore les libertés démocratiques », et, en France particulièrement, « l'agression contre la démocratie vient de la droite ».

Certes, statistiquement, les fondateurs du CIEL se situent pour la plupart dans la mouvance de la majorité politique de l'époque et la tonalité de leur texte est d'essence « libérale », à une date où le terme est encore, dans le débat, connoté à droite. Inversement, la réponse au CIEL reste marquée à la fois par la conjoncture politique – cette réponse est publiée la veille du premier tour des élections législatives de 1978, et *le Monde*, déjà, annonce sur presque toute sa première page : « Les trois partis de gauche engageront des conversations lundi aussitôt après le premier tour des élections législatives » – et par la structure idéologique des décennies d'après guerre, souvent placée sous le signe de l'affrontement droite-gauche, avec figures imposées et arguments ressassés. Mais, précisément, si l'on replace le manifeste du CIEL dans le moyen terme des grands débats intellectuels, force est de constater qu'à cette date des forces de changement sont à l'œuvre. L'air du temps idéologique a commencé à changer. Après des décennies de forte houle pour un « libéralisme » qui était tenu, par un rapport de forces défavorable, aux marges du débat idéologique, le manifeste du CIEL est bien l'une des manifestations d'une reviviscence. Et l'adjonction de signatures appartenant à d'autres mouvances, loin d'infirmer cette analyse, rend bien compte de la montée en puissance du courant libéral et de sa faculté, déjà à cette date, d'attraction et de polarisation.

On observera notamment qu'au sein des « fondateurs », parallèlement à plusieurs intellectuels qui ont à cette date placé le totalitarisme au cœur de leur réflexion – ainsi Jean-François Revel –, et par-delà la diversité des sensibilités et des tempéraments ainsi réunis, la nébuleuse aronienne est largement représentée. Le mois de janvier 1978 voit du reste paraître le premier numéro de *Commentaire*, dont le président, Raymond Aron, et le directeur, Jean-Claude Casanova, figurent parmi les signataires du manifeste du CIEL. Ce premier numéro se félicitait « de nouvelles communications intellectuelles [qui] se sont fait jour entre les libéraux et cette partie de la gauche qui n'avait jamais succombé au somnambulisme idéologique ». D'où ce diagnostic : « Ainsi est en passe d'être guérie cette sorte d'hémiplégie intellectuelle... qui était la caractéristique et l'infirmité de la France intellectuelle. »

La notoriété vespérale de Raymond Aron, quelques années plus tard, et sa reconnaissance en dehors des cercles étroits où son influence s'exerçait jusque-là sont d'ailleurs, d'une certaine façon, le reflet de ces mutations idéologiques. Le succès public du *Spectateur engagé*, « best seller » en même temps que série télévisée, est un signe : les vents semblent avoir tourné en milieu intellectuel, et une masse d'air libérale dispute désormais le terrain à la zone idéologique installée au-dessus de la France intellectuelle depuis la Libération. Et si l'opposition entre les deux fronts idéologiques entraîne quelques turbulences, l'existence même de ces deux fronts est un phénomène nouveau et capital pour l'histoire des années 1980.

Cette droite intellectuelle est pourtant divisée. À l'extrême droite, le GRECE – Groupement de recherche et d'études sur la civilisation européenne – tient, le dimanche 29 novembre 1981, son 16e colloque annuel. Ses animateurs voient dans la victoire de la gauche au printemps précédent la confirmation de leurs théories sur la conquête nécessaire du terrain idéologique comme préalable aux victoires politiques. La présence d'Alain de Benoist, principal théoricien du GRECE, prévue la semaine suivante au colloque « Pour une alternative au socialisme », entraîne la défection de Raymond Aron, tandis que d'autres intellectuels et hommes politiques annoncent aussi leur retrait de ces assises destinées à « fournir aux Français qui ne se résignent pas au socialisme les munitions intellectuelles ou morales qui leur font cruellement défaut ». Vladimir Boukovski, Florin Aftalion, Michel Prigent, François Bourricaud, Lionel Stoléru et Pierre Chaunu font savoir qu'ils ne viendront pas. Ce constatant, Alain de Benoist, tout en condamnant le « terrorisme intellectuel », se retire, et plusieurs des susnommés participent finalement à la réunion.

L'épisode est triplement significatif. Au sein de l'intelligentsia, apparaît dès cette date un clivage entre extrême droite -- le GRECE et, plus largement, ce qui existe alors sous l'appellation consacrée de « nouvelle droite » – et droite libérale : les intellectuels, sur ce plan, anticipent sur la situation politique telle qu'elle se présentera à partir des élections européennes de 1984, avec la montée en puissance du Front national et le problème, dès lors, de ses rapports avec la droite parlementaire. Entre-temps, il est vrai, la « nouvelle droite » aura, dans le domaine intellectuel, connu une réelle décrue, au moment où, vers 1983-1984, les clercs « libéraux » seront à leur zénith. La deuxième observation est, en dehors même de ce clivage avec l'extrême droite, la grande diversité de la droite intellectuelle et sa difficulté à se structurer en organisations et même à organiser une réunion commune : la « riposte de l'intelligence » – objectif proclamé de la réunion de décembre 1981 –, à droite, s'est souvent faite en ordre dispersé. C'est là une donnée structurelle, sauf peut-être au moment de l'affaire Dreyfus avec la Ligue de la Patrie française. Seules les grandes houles internationales à forte teneur idéologique – l'Éthiopie, l'Espagne, dans les années 1930 – ou les grands enjeux nationaux – l'Algérie – auront permis, d'ailleurs, une mobilisation pourtant moins complexe à structurer : la pétition.

Là est précisément la troisième leçon à tirer de l'observation de cette droite française à l'automne 1981. Au moment où l'actualité polonaise lui fournit un thème de combat et un prétexte d'intervention dans le débat civique, les pétitions, on le verra, viendront en fait de tout autres rives.

L'AUTOMNE
DES MAÎTRES PENSEURS ?

La reviviscence du courant libéral à la fin des années 1970 n'était certes pas due à un simple phénomène de vases communicants entre droite et gauche intellectuelles, au moment où la seconde perdait une partie de sa substance sous l'effet des ébranlements répétés dans la deuxième partie de la décennie. Il reste pourtant que les deux phénomènes sont liés, selon des corrélations plus complexes. Les idées d'Aron se propagent parce que l'Histoire semble alors lui donner raison – d'où le thème qui affleure parfois : « Il valait mieux avoir tort avec Sartre que raison avec Aron », qui s'enracina certes moins qu'on ne l'a dit ou cru, mais qui apparaît bien avec le recul comme une dérisoire bouée de sauvetage au moment de quelques naufrages idéologiques –, mais cette propagation est surtout facilitée par une moindre résistance des idées de gauche et d'extrême gauche, dont certaines semblent rendues friables par le même mouvement historique. Jusque-là, la forte implantation de ces idées dans le milieu intellectuel français avait tenu en lisière les courants de droite ou d'extrême droite. Cas de figure classique d'*hégémonie* intellectuelle. Cette hégémonie avait déjà connu d'autres décrochages avant les années 1970. Le choc de 1956, notamment, avait probablement amorcé un *trend* de recul progressif. Mais l'hégémonie, même érodée, était au moins demeurée une *domination* intellectuelle. Le fait nouveau de cette fin de décennie est la remise en cause – au moins apparente – de cette domination, par affaiblissement du pôle dominant. La gauche intellectuelle en crise occupe moins largement le terrain. Et les courants jusque-là tenus en lisière s'engouffrent dans la brèche : la droite libérale, on l'a dit, mais aussi, de façon plus éphémère, la « nouvelle droite ». Les idées d'extrême droite véhiculées par cette dernière procédaient notamment d'un mouvement qui existait déjà depuis une dizaine d'années [1], mais ce n'est pas une coïncidence si leur percée et le débat qu'elles suscitent interviennent seulement en 1979.

Si les années 1974-1975 constituent, on l'a vu, une période pivot où des mécanismes s'enclenchent ou s'accélèrent, la période 1978-1979 est bien celle où commencent à être perçus, au sein de la cléricature de gauche, les effets massifs de ces mécanismes. Le phénomène attend encore une étude d'ensemble, et les pétitions, manifestations d'unanimité – au moins de façade – et de certitudes proclamées, ne rendent que peu compte de ces années d'éclatement des structures de sociabilité, de remise en cause et de retour sur soi. Un tel phénomène ne sera donc pas étudié ici.

Il est toutefois un épisode qui rend indirectement compte du trouble de certains esprits à la fin des années 1970. Cet épisode est parfois rappelé avec ironie dans le milieu intellectuel, et générale-

---

1. Depuis 1968 précisément (*cf.* Anne-Marie Duranton-Crabol, *Visages de la nouvelle droite. Le GRECE et son histoire*, PFNSP, 1988).

ment il n'est pas revendiqué par ses acteurs [1] : il s'est trouvé quelques clercs pour soutenir publiquement la candidature de Coluche à l'élection présidentielle de 1981. Il y aurait, assurément, quelque facilité à se contenter de reproduire ici le texte et la liste de ses signataires. Inversement, le passer par profits et pertes pourrait apparaître comme de la complaisance, voire de la connivence sociologique. Car une telle pétition a bien sa place dans ce livre. Pour incongrue qu'elle puisse paraître rétrospectivement, elle est, en effet, le reflet d'une dépression – au sens de mécanisme de circulation idéologique, mais aussi dans le sens commun du mot – installée à cette date au-dessus d'une large partie de l'intelligentsia de gauche. Le trouble, on l'a vu, découle des dernières années de la décennie précédente, ces « années orphelines [2] » qui virent la gauche et l'extrême gauche intellectuelles, dominantes depuis la fin de la Seconde Guerre mondiale, brutalement privées de beaucoup de leurs points de repère. Et cette année 1980 en train de s'achever marque une sorte d'acmé : Roland Barthes est mort en mars, Jean-

---

1. Exception notable, Pierre Bourdieu, qui, à défaut d'un véritable rappel, a fait une allusion indirecte à son soutien à Coluche en 1980 dans un article du *Monde* intitulé... « La vertu civile » (16 septembre 1988) : « Un indifférentisme actif, symbolisé un moment par Coluche, et bien différent de l'antiparlementarisme poujadiste auquel, pour se défendre, entendent le réduire ceux qui contribuent à le susciter. » Idée déjà développée par Pierre Bourdieu au début de 1981 dans un article des *Actes de la recherche en sciences sociales* : en rejetant la candidature Coluche, « les fondés de pouvoir sont pris en flagrant délit d'abus de pouvoir » (« La représentation politique. Éléments pour une théorie du champ politique », *loc. cit.*, février-mars 1981, p. 7).

2. L'expression est de Jean-Claude Guillebaud, qui en fit le titre d'un ouvrage remarqué en 1978.

Paul Sartre en avril, et le début de l'automne a vu Louis Althusser étrangler son épouse dans un moment d'aliénation.

La gauche politique n'est pas non plus au mieux de sa forme. La fin de 1980 ne doit pas être reconstituée à l'aune du 10 mai 1981. En janvier 1980, le Parti communiste a publiquement approuvé l'intervention soviétique en Afghanistan. Son secrétaire général est attaqué, à partir de mars, sur son passé durant la Seconde Guerre mondiale. Une enquête de *l'Express* parle de « mensonge » de la part de Georges Marchais – qui dénonce de son côté « l'infâme machination » – et réactive des accusations déjà lancées une dizaine d'années plus tôt par des « ex » du Parti. Le double choc de cette polémique et, surtout, de l'Afghanistan ébranle la cléricature communiste. D'autant que l'union de la gauche, très ébréchée à l'automne 1977 et opportunément ressoudée entre les deux tours des élections législatives de mars 1978, avait suscité de grandes espérances au sein de cette cléricature, et qu'inversement les vicissitudes des relations avec les socialistes y avaient entraîné un trouble réel.

En cet automne 1980, les deux grands partis de la gauche française vont aller en ordre dispersé au combat des présidentielles. Et la dispersion est d'autant plus grande que les socialistes, en ce même automne, montent en ligne sous des bannières successives. Le 19 octobre, Michel Rocard avait annoncé sa candidature par l'« appel de Conflans-Sainte-Honorine ». Mais le début de la contre-offensive mitterrandienne en novembre et le serment de Rocard au congrès de Metz en

1979 de ne pas être candidat contre le premier secrétaire du PS le contraignent rapidement à ranger son oriflamme. Et la situation, en ce mois de novembre, est d'autant moins exaltante à gauche que, on l'oublie trop souvent, celle-ci ne semble pas avoir le vent en poupe à six mois du premier tour de l'élection présidentielle. Un sondage BVA publié par *le Provençal* à la mi-novembre révèle que 41 % des Français considèrent que François Mitterrand « a les qualités d'homme d'État nécessaires pour affronter la crise », contre 51 % qui prêtent de telles qualités à Valéry Giscard d'Estaing. Quelques jours plus tard, *Paris-Match* publie une simulation de vote au second tour, établie par Public SA : le président sortant recueillerait 57 % des voix et le premier secrétaire du PS 43 %. Les chiffres avaient beau être encore plus faibles en octobre, avec respectivement 60 % et 40 %, l'automne reste maussade à gauche.

C'est dans ce contexte, donc, que doit être replacée la pétition en faveur de Coluche. Ce dernier, quelques jours plus tôt, avait annoncé sa candidature à la présidence de la République. Or il semble bien que ce ne soit guère au sein de la « bof génération », qu'évoquaient deux ans plus tôt les gazettes [1], ni parmi les « Beaufs », croqués par Cabu à la même époque, que se développe en cet automne 1980 le phénomène Coluche. *Le Nouvel Observateur* du 14 novembre annonce, sondage à l'appui, que 27 % de ses lecteurs sont disposés à voter pour le fantaisiste. Doit-on en déduire que celui-ci a mordu à gauche, et notamment parmi

1. *Le Nouvel Observateur*, 726, 9-15 octobre 1978, pp. 67-86.

une « basse intelligentsia » – au sens où l'entend Régis Debray – qui compose à cette date une partie du lectorat de l'hebdomadaire ? Ce qui, somme toute, s'inscrirait bien dans le contexte de ce mois de novembre 1980 : division et désordre dans les rangs de la gauche politique, désarroi des intellectuels de gauche, du haut clergé à la masse des fidèles. Car si ces derniers, sondés, se déclarent tentés, certains grands prêtres vont également prêcher dans le même sens.

Le prétexte sera facilement trouvé. Déjà, le 13 novembre, une pétition avait, sur un plan général, dénoncé la difficulté de présentation des candidatures à l'élection présidentielle, liée au nombre de signatures à obtenir. Du coup, l'« appel pour la candidature de Coluche » que signale *le Monde* du 19 novembre demande aux maires et conseillers généraux d'accorder leur parrainage à l'aspirant président. Les signataires écrivent notamment : « C'est une élémentaire question de démocratie. Un citoyen représentatif d'un large courant d'opinion, comme il l'est, doit pouvoir s'exprimer en tant que candidat au cours des élections les plus importantes de la vie politique française. » Et les mêmes de préciser le lendemain que la candidature de Coluche n'est pas « une intervention marginale ou de dérision. La popularité, l'humour et la virulence avec lesquels il dénonce la dégradation de l'état des libertés et de la situation en France peuvent attirer des millions d'abstentionnistes par principe et aussi d'électeurs qui ne se reconnaissent plus dans les partis traditionnels ou, du moins, dans leurs leaders ». Les signataires signalés sont, entre autres, Gilles Anquetil, Pierre

Bourdieu, Michel Butel, Cavanna, Jean Chesneaux, Gilles Deleuze, Jean-Pierre Faye, Philippe
Gavi, Félix Guattari, Pierre Halbwachs, Jean-
Jacques Lebel, Maurice Nadeau et Françoise
d'Eaubonne [1]. Un directeur d'études à l'École des
hautes études en sciences sociales (Bourdieu),
deux professeurs à l'université de Paris-VII (Chesneaux et Halbwachs), deux auteurs rendus
célèbres en 1972 par *l'Anti-Œdipe* et qui viennent
de publier quelques semaines plus tôt *Mille Pla-
teaux*, le tome II de *Capitalisme et Schizophrénie*
(Deleuze et Guattari), le directeur de *la Quinzaine
littéraire* (Nadeau), il ne s'agit pas, on le voit, de
marginaux et d'inconnus. Le sérieux de la
démarche – qui réfute « la dérision », laquelle est
pourtant probablement le moteur de l'initiative
coluchienne [2] – et la solennité des attendus – « la
dégradation de l'état des libertés » – n'en
détonnent que davantage. Non à l'aune du bon ou
du mauvais goût, notions qui ne figurent pas dans
la trousse de l'historien, ni à celle de la lucidité
politique, appréciation forcément subjective, mais
pris, comme le souhaitent ses auteurs, au premier
degré. Les mots auraient-ils dérapé ? Dans un
monde qui s'installe pour plusieurs années dans
une seconde guerre froide, dans une France en
proie aux effets du second choc pétrolier intervenu
un an plus tôt à l'automne 1979, et au regard, sur-

1. *Cf.* la liste publiée dans *le Monde* du 19 novembre 1980 et
complétée le lendemain.
2. Coluche confirme sa candidature au micro de France Inter le
mardi 18 novembre. Parmi les attendus de sa décision : « Je veux
aller jusqu'au bout et foutre la merde. [...] Les gens qui font la politique, ils nous font chier. [...] Les cinq cents signatures sont un
piège pour éviter les candidatures de rigolos mais ils vont avoir le
pire des rigolos comme candidat » (*le Monde*, 20 novembre 1980).

tout, de quelques grands textes qui ont jalonné le siècle français, l'appel à « voter clown » que lancent quelques grands intellectuels frappe rétrospectivement, en tout cas, par son caractère singulier. À cela, on répondra toutefois qu'une pétition est presque par essence un texte de circonstance, dicté par l'urgence. Ce qui renvoie au problème de fond : la dévaluation des mots n'entraîne-t-elle pas parfois une banalisation de l'usage des pétitions ? Non que l'historien des clercs doive ici se faire moraliste : il trahirait son rôle et sa fonction. Mais de même que son collègue historien de l'économie met en lumière et analyse des phases d'érosion monétaire, lui-même doit constater une phase d'érosion des mots, qu'il faut, il est vrai, replacer dans un contexte précis dont elle est le reflet.

Et l'explication de texte à laquelle se livre Félix Guattari un mois plus tard dans *le Nouvel Observateur* du 15 décembre 1980 s'inscrit elle aussi dans la même phase de dépression de l'analyse politique. L'auteur, c'est vrai, invoquerait sans doute la subversion délibérée du langage :

> ... Alors, pour couper court aux interprétations, qu'il soit clair que ce qui est visé à travers notre soutien à Coluche, c'est avant tout la *fonction présidentielle*. C'est elle aujourd'hui qui incarne, à nos yeux, la pire des menaces contre les institutions démocratiques en France – ou ce qu'il en reste – et contre les libertés fondamentales. Les champions de l'antiparlementarisme, aujourd'hui, ce sont Giscard d'Estaing, Barre, Peyrefitte, Bonnet... Insensiblement mais implacable-

ment, ils nous conduisent vers un nouveau genre de totalitarisme. L'inquiétude profonde qui traverse toutes les couches de la population française est directement engendrée par ce régime de chômage, d'inflation, de brutalité autoritaire. Il ne s'agit donc pas, pour nous, uniquement d'appeler à faire barrage à un candidat particulier – en l'occurrence à Giscard d'Estaing, le plus réactionnaire des dirigeants que la France ait subis depuis Pétain – mais, plus fondamentalement, d'en finir avec le système constitutionnel qui livre le pays à ce genre de personnage, qui lui confère plein pouvoir sur l'ensemble des rouages de la société et de l'économie (bombe atomique, police, justice, confection des lois, médias, universités, etc.). Sans aucun contrôle, sans aucun contrepoids véritable. Quelle que soit l'incurie des « hommes du président » dans la crise actuelle. Quels que soient la corruption, les scandales, les liquidations qui s'attachent à leurs noms.

Disons-le tout net, les moyens proposés par la gauche pour remédier à cette situation non seulement nous paraissent ridiculement inefficaces mais ils nous semblent aller à contresens du but recherché. Il est inacceptable que les leaders de la gauche continuent de cautionner le jeu truqué des présidentielles, en lui servant de paravent démocratique. Il est inadmissible qu'ils osent briguer la fonction présidentielle dans son état présent, sans dénoncer le fait qu'elle rend impossible toute vie démocratique en France.

La prochaine échéance présidentielle sera peut-être la dernière chance qui nous sera donnée d'enrayer le processus actuel vers un nouveau totalitarisme. La campagne du citoyen Coluche est l'un des moyens qui peut conduire à une mobilisation populaire contre ce régime. C'est pour cela que nous la soutenons.

Du bon usage du mot totalitarisme : nous sommes dans la France du début des années 1980, six ans après l' «l'effet Soljenitsyne » ! Un mois plus tard sortait *l'Idéologie française* de Bernard-Henri Lévy, vaste fresque d'un siècle d'histoire intellectuelle vu et revu par l'auteur. Ce fut l'occasion d'un hiver de réfutations, dont le point d'orgue fut l'article de Jacques Julliard dans *le Nouvel Observateur* du 30 mars 1981, condamnant « les n'importe quoi et le presque rien ». À la charnière de deux décennies, et – accessoirement – à quatre semaines du premier tour de l'élection présidentielle, l'article apparaît incontestablement, avec le recul, comme le cri d'alarme d'un intellectuel de gauche.

L'épisode Coluche troubla probablement les clercs de gauche davantage qu'ils ne voulurent bien l'avouer sur le moment. Près de trois ans plus tard, Max Gallo, alors porte-parole du gouvernement Mauroy, s'interrogeant sur l' « émiettement » à cette date de la « gauche intellectuelle », en fera d'ailleurs l'aveu indirect par la sévérité d'une remarque : « Est-il sans signification que pour une part, d'ailleurs minoritaire, elle [i.e. la génération qui fut marquée par le communisme] ait sou-

tenu la candidature d'un clown, tant les élections
et la politique lui paraissaient dérisoires[1] ? » Ces
intellectuels de gauche non signataires et probablement perplexes avaient-ils pour autant toujours pris à cette occasion leurs responsabilités ?
Les contraintes œcuméniques de toute campagne
électorale leur inspirèrent parfois une certaine
complaisance, qui n'allait pas, il est vrai, jusqu'à
préconiser, comme les signataires de l'automne
précédent, le vote Coluche. À la fin du mois de
mars 1981, par exemple, une pétition demanda
l'égalité d'accès des candidats à la radio et à la télévision. Or Coluche avait commencé une grève de la
faim le 16 mars précédent pour obtenir de participer au « Club de la presse » d'Europe 1 et à
« Cartes sur table » d'Antenne 2. Les signataires,
et parmi eux Jacques Attali, directeur de cabinet
du candidat Mitterrand, écrivaient notamment :
« Quelles que soient leurs opinions sur les
démarches entreprises par M. Colucci, [les signa-
taires] estiment contraire à l'esprit de la Constitution le refus systématique d'inviter Coluche à des
émissions politiques. »

FIN DE PARTIE ?

La fin des années 1970 n'a-t-elle pas constitué
pour les intellectuels tout à la fois une fin de partie et le constat d'une impasse ? Fin de la partie
qui se jouait depuis la Libération et qui avait vu
la gauche intellectuelle, dans ses variantes suc-

1. *Le Monde*, mardi 26 juillet 1983.

cessives, dominer la scène. Et impasse à l'orée de la décennie suivante : l'ébranlement avait surgi trop rapidement pour que se profilent déjà, comme parfois en d'autres cas, des engagements de remplacement. Là encore, l'historien se gardera bien de trancher, les situations bien dessinées étant, en fait, rares. Force est pourtant de constater que deux chocs idéologiques successifs avaient conduit, sinon au crépuscule des clercs, du moins à une manière d'automne des maîtres à penser. En pleine campagne électorale, *l'Express* du 11 avril 1981 n'hésitera pas à consacrer sa couverture aux clercs, sous le titre : « Les intellectuels et la politique en 1981 : le grand désarroi ». Désarroi et, de surcroît, image brouillée auprès de leurs concitoyens. Un sondage de l'Institut Louis Harris-France publié dans le même numéro est, à cet égard, éclairant. Apparemment, les clercs sont toujours crédités à cette date d'une faculté et même d'une légitimité d'intervention dans la sphère du politique :

Les intellectuels, écrivains, savants, artistes, etc., prennent des positions publiques sur les grands problèmes politiques. Avec laquelle de ces deux opinions êtes-vous le plus d'accord ?

Le rôle des intellectuels est de penser et de créer dans leur spécialité, il n'y a aucune raison pour qu'ils fassent connaître publiquement leur avis sur les problèmes politiques plus que les autres citoyens   34 %

Puisque le rôle des intellectuels est de penser et de créer dans leur spécialité, il est normal qu'ils fassent connaître publiquement leur avis sur les problèmes politiques .... 54 %
Sans opinion .... 12 %

Mais, à y regarder de plus près, leur influence apparaît faible :

Si des intellectuels que vous estimez beaucoup prennent position pour un candidat, quelle influence aura leur prise de position sur votre intention de vote ?

Très importante	1 %	12 %
Assez importante	11 %	
Peu importante	21 %	82 %
Pas importante du tout	61 %	
Sans opinion		6 %

Et, dans une étude consacrée aux pétitions, on prêtera, bien sûr, un intérêt particulier à une autre réponse de l' « échantillonnage représentatif » :

On trouve parfois, dans les journaux, des textes, des pétitions signés par des intellectuels et des personnalités. Vous-même, en général, lisez-vous ces textes d'intellectuels ?

Oui   41 % Non   56 % Sans opinion   3 %

Non seulement, donc, l'influence est faible, mais la capacité même d'interpellation, degré pourtant moindre d'intervention, apparaît singulièrement limitée : plus de la moitié des sondés ne prêtent même pas attention à ces textes d'intellectuels.

Cela étant, l'absence de sondages similaires pour des périodes antérieures interdit d'extrapoler et de conclure au déclin de l'influence et à l'érosion du rôle des clercs. Une autre question du sondage nous fournit toutefois une sorte de rapport moral adopté par cette communauté civique :

> D'après vos souvenirs, diriez-vous que, depuis vingt ou trente ans, les intellectuels ont eu, dans l'ensemble, plutôt raison ou se sont plutôt trompés dans leur jugement sur les grands événements de notre époque ?

Ils ont eu plutôt raison	24 %
Ils se sont plutôt trompés	22 %
Sans opinion	54 %

À nouveau, plus de la moitié de leurs concitoyens n'ont pas de réel avis sur le rôle joué par les intellectuels « depuis vingt ou trente ans ».

ANNEXE : LES « 343 »

J. Abba–Sidick	Brigitte Auber
J. Abdalleh	Stéphane Audran
Monique Anfredon	Colette Aubry
Catherine Arditi	Tina Aumont
Maryse Arditi	L. Azan
Hélène Argellies	Jacqueline Azim
Françoise Arnoul	Micheline Baby
Florence Asie	Geneviève Bachelier
Isabelle Atlan	Cécile Ballif

Néna Baratier
D. Bard
E. Bardis
Anne de Bascher
C. Batini
Chantal Baulier
Hélène de Beauvoir
Simone de Beauvoir
Colette Biec
M. Bediou
Michèle Bedos
Anne Bellec
Loleh Bellon
Édith Benoist
Anita Benoit
Aude Bergier
Dominique Bernabe
Jocelyne Bernard
Catherine Bernheim
Nicole Bernheim
Tania Bescomd
Jeannine Beylot
Monique Bigot
Fabienne Biguet
Nicole Bize
Nicole de Boisanger
Valérie Boisgel
Y. Boissaire
Séverine Boissonnade
Martine Bonzon
Françoise Borel
Ginette Bossavit
Olga Bost
Anne-Marie Bouge
Pierrette Bourdin
Monique Bourroux
Bénédicte Boysson-Bardies
M. Braconnier-Leclerc
M. Braun
Andrée Brumeaux
Dominique Brumeaux
Marie-Françoise Brumeaux
Jacqueline Busset
Françoise de Camas

Anne Camus
Ginette Cano
Betty Cenel
Jacqueline Chambord
Josiane Chanel
Danièle Chinsky
Claudine Chonez
Martine Chosson
Catherine Claude
M.-Louise Clave
Françoise Clavel
Iris Clert
Geneviève Cluny
Annie Cohen
Florence Collin
Anne Cordonnier
Anne Cornaly
Chantal Cornier
J. Corvisier
Michèle Cristofari
Lydia Cruse
Christiane Dancourt
Hélène Darakis
Francoise Dardy
Anne-Marie Daumont
Anne Dauzon
Martine Dayen
Catherine Dechezelle
Marie Dedieu
Lise Deharme
Claire Delpech
Christine Delphy
Catherine Deneuve
Dominique Desanti
Geneviève Deschamps
Claire Deshayes
Nicole Despiney
Catherine Deudon
Sylvie Diarte
Christine Diaz
Arlette Donati
Gilberte Doppler
Danièle Drevet
Évelyne Droux

Dominique Dubois
Muguette Durois
Dolorès Dubrana
C. Dufour
Élyane Dugny
Simone Dumont
Christiane Duparc
Pierrette Duperrey
Annie Dupuis
Marguerite Duras
Françoise Duras
Françoise d'Eaubonne
Nicole Echard
Isabelle Ehni
Myrtho Elfort
Danièle El-Gharbaoui
Françoise Elie
Arlette Elkaïm
Barbara Enu
Jacqueline d'Estrée
Françoise Fabian
Anne Fabre-Luce
Annie Fargue
J. Foliot
Brigitte Fontaine
Antoinette Fouque-Grugnardi
Éléonore Friedmann
Françoise Fromentin
J. Fruhling
Danièle Fulgent
Madeleine Gabula
Yamina Gacon
Luce Garcia-Ville
Monique Garnier
Micha Garrigue
Geneviève Gasseau
Geneviève Gaubert
Claude Genia
Elyane Germain-Horelle
Dora Gerschenfeld
Michèle Girard
F. Gogan
Hélène Gonin
Claude Gorodesky

Marie-Luce Gorse
Deborah Gorvier
Martine Gottlib
Rosine Grange
Rosemonde Gros
Valérie Groussard
Lise Grundman
A. Guerrand-Hermes
Françoise de Gruson
Catherine Guyot
Gisèle Halimi
Herta Hansmann
Noëlle Henry
M. Hery
Nicole Higelin
Dorinne Horst
Raymonde Hubschmid
Y. Imbert
L. Jalin
Catherine Joly
Colette Joly
Yvette Joly
Hermine Karagheuz
Ugne Karvelis
Katia Kaupp
Nanda Kerien
F. Korn
Hélène Kostoff
Marie-Claire Labie
Myriam Laborde
Anne-Marie Lafaurie
Bernadette Lafont
Michèle Lambert
Monique Lange
Maryse Lapergue
Catherine Larnicol
Sophie Larnicol
Monique Lascaux
M.-T. Latreille
Christiane Laurent
Françoise Lavallard
G. Le Bonniec
Danièle Lebrun
Annie Leclerc

M.-France Le Dantec
Colette Le Digol
Violette Leduc
Martine Leduc-Amel
Françoise Le Forestier
Michèle Leglise-Vian
M.-Claude Lejaille
Mireille Lelièvre
Michèle Lemonnier
Françoise Lentin
Joëlle Lequeux
Emmanuelle de Lesseps
Anne Levaillant
Dona Levy
Irène Lhomme
Christine Llinas
Sabine Lods
Marceline Loridan
Édith Loser
Françoise Lugagne
M. Lyleire
Judith Magre
C. Maillard
Michèle Manceaux
Bona de Mandiargues
Michèle Marquais
Anne Martelle
Monique Martens
Jacqueline Martin
Milka Martin
Renée Marzuk
Colette Masbou
Celia Maulin
Liliane Maury
Édith Mayeur
Jeanne Maynial
Odile du Mazaubrun
Marie-Thérèse Mazel
Gaby Memmi
Michèle Meritz
Marie-Claude Mestral
Maryvonne Meuraud
Jolaine Meyer
Pascale Meynier

Charlotte Millau
M. de Miroschodji
Geneviève Mnich
Ariane Mnouchkine
Colette Moreau
Jeanne Moreau
Nelly Moreno
Michèle Moretti
Lydia Morin
Mariane Moulergues
Liane Mozere
Nicole Muchnik
C. Muffong
Véronique Nahoum
Éliane Navarro
Henriette Nizan
Lila de Nobili
Bulle Ogier
J. Olena
Janine Olivier
Wanda Olivier
Yvette Orengo
Iro Oshier
Gege Pardo
Elisabeth Pargny
Jeanne Pasquier
M. Pelletier
Jacqueline Perez
M. Perez
Nicole Perrottet
Sophie Pianko
Odette Picquet
Marie Pillet
Elisabeth Pimar
Marie-France Pisier
Olga Poliakoff
Danièle Poux
Micheline Presle
Anne-Marie Quazza
Marie-Christine Questerbert
Susy Rambaud
Gisèle Rebillion
Gisèle Reboul
Arlette Reinert
Arlette Repart

Christiane Rebeiro
M. Ribeyrol
Delye Ribes
Marie-Françoise Richard
Suzanne Rigail Blaise
Marcelle Rigaud
Laurence Rigault
Danièle Rigaut
Danièle Riva
M. Riva
Claude Rivière
Marthe Robert
Christiane Rochefort
J. Rogaldi
Chantal Rogeon
Francine Rolland
Christiane Rorato
Germaine Rossignol
Hélène Rostoff
G. Roth-Bernstein
C. Rousseau
Françoise Routhier
Danièle Roy
Yvette Rudy
Françoise Sagan
Rachel Salik
Renée Saurel
Marie-Ange Schiltz
Lucie Schmidt
Scania de Schonen
Monique Selim
Liliane Sendyke
Claudine Serre
Colette Sert
Jeanine Sert
Catherine de Seyne
Delphine Seyrig
Sylvie Sfez

Liliane Siegel
Annie Sinturel
Michèle Sirot
Michèle Stemer
Cécile Stern
Alexandra Stewart
Gaby Sylvia
Francine Tabet
Danièle Tardrew
Anana Terramorsi
Arlette Tethany
Joëlle Thevenet
Marie-Christine Theurkauff
Constance Thibaud
Josy Thibaut
Rose Thierry
Suzanne Thivier
Sophie Thomas
Nadine Trintignant
Irène Tunc
Tyc Dumont
Marie-Pia Vallet
Agnès Van-Parys
Agnès Varda
Catherine Varlin
Patricia Varod
Cleuza Vernier
Ursula Vian-Kubler
Louise Villareal
Marina Vlady
A. Wajntal
Jeannine Weil
Anne Wiazemsky
Monique Wittig
Josée Yanne
Catherine Yovanovitch
Annie Zelensky

CHAPITRE XIII

SUR LE « SILENCE »
DES INTELLECTUELS

Mis à part l'épisode coluchien, n'ont guère été étudiées dans les pages qui précèdent les listes apparues au moment des échéances électorales, et notamment dans ces élections fortement personnalisées que sont sous la Ve République les élections présidentielles. Certes, le genre de la liste de soutien est proche, par ses mécanismes de mobilisation et par ses processus d'adhésion, de celui des manifestes et pétitions. Mais il ne lui est pas totalement assimilable : le comité de soutien donne à voir, la pétition veut se faire entendre. Les sens ne sont donc pas les mêmes, dans les différentes acceptions du mot. À cet égard, le texte en faveur de Coluche, texte protestataire plus que vitrine destinée à encadrer et à mettre en valeur un candidat, relevait davantage du genre pétitionnaire.

Cela étant, la limite est parfois ténue entre les deux genres. De surcroît, pour l'étude des intellectuels, les listes de soutien fournissent de précieux états des lieux à dates régulières, et sont, de ce fait, riches d'enseignements. Il y aurait sans nul doute une autre recherche, spécifique, à mener sur ces listes.

LA DÉCRUE DE L'INTELLIGENTSIA COMMUNISTE

Un exemple parmi d'autres : celui de la mouvance des intellectuels communistes et des compagnons de route. Pour son étude, la comparaison entre 1981 et 1974 n'est pas opératoire, en l'absence de candidat communiste à cette dernière date. En revanche, les élections législatives de 1973 fournissent, par rapport à 1981, un étalon utile. *Le Monde* du 2 mars 1973 publia, en effet, un « Appel d'artistes et de professionnels du spectacle pour voter communiste le 4 mars ». Assurément, à cette date déjà, la gerbe des signatures était moins fleurie qu'au moment des très riches heures du compagnonnage de route. Le Parti communiste avait su toutefois préserver une partie de son capital. Si nombre des signataires n'ont pas de notoriété de dimension nationale, d'autres sont connus, et leurs noms alignés parent encore le Parti d'atours dont il peut tirer une légitime fierté, et le dotent d'atouts qu'il peut ainsi sortir dans les moments politiquement importants : en 1973, signent en sa faveur, entre autres, Pierre Arditi, Françoise Arnoul, Stéphane Audran, Maurice Béjart, Marcel Bluwal, Claude Chabrol, François Chaumette, Louis Daquin, Jean Ferrat, Paul Frankeur, Juliette Gréco, Daniel Ivernel, Jean-Paul Le Chanois, Stellio Lorenzi, Denis Manuel, Michel Piccoli, Raoul Sangla, Catherine Sauvage, Laurent Terzieff, Henri Virlojeux, Antoine Vitez, Michel Vitold, Marina Vlady et Jean Wiener. Il en va tout

autrement pour l'élection présidentielle de 1981.
L'Humanité du 9 décembre 1980 publia un appel
de 1 200 intellectuels soutenant la candidature de
Georges Marchais. On y relevait notamment les
noms d'Aragon, Isabelle Aubret, Jean Ferrat,
André Stil, Juliette Gréco, Jean Wiener, Marcel
Bluwal, Raoul Sangla, André Fougeron, Jean Effel
et Wolinski. Mais l'ensemble, notamment pour les
signatures que l'on qualifierait, dans le domaine
sportif, de première division, était bien en dessous
de celui de 1973.

Si les listes de soutien permettent ainsi de repérer et de borner une décrue, il faudrait, pour en
jalonner les paliers, revenir aux pétitions et manifestes. On se bornera ici à suggérer quelques
pistes. En mai 1978, la « pétition d'Aix », intitulée
« Une régression », due à l'initiative d'universitaires d'Aix-en-Provence et signée pour partie par
des intellectuels, constitue probablement un palier
important. L'appel pour l' « Union dans les
luttes », lancé en décembre 1979 et dont les signatures étaient centralisées par Guy Bois et Stellio
Farandjis, est sans doute aussi, sur un autre
registre, à analyser. Il fut bientôt signé par nombre
d'intellectuels socialistes et communistes – notamment, parmi ces derniers, par Jean Elleinstein,
Antoine Spire, Raymond Jean, Jean Dresch et
Albert Soboul.

À la même époque, une trentaine de membres
du Parti communiste signèrent un texte condamnant l'intervention soviétique en Afghanistan et
jugèrent « regrettable » la position adoptée par le
bureau politique de leur parti. Parmi eux, des
intellectuels : *le Monde* du 8 janvier 1980 indi-

quait, entre autres, les noms d'Alexandre Adler, Jean Bruhat, Catherine Clément, Jean Elleinstein, Eugène Guillevic, Raymond Jean, Jean Rony et Antoine Spire. *L'Humanité* du 16 janvier annonça une contre-offensive, indiquant que plus de 600 signatures d'intellectuels avaient été réunies, appelant à soutenir le PCF face à la « campagne anticommuniste ». De fait, nombre de clercs figuraient parmi les 2 000 signatures publiées dans *le Monde* du 22 janvier : par exemple, Aragon, Jean Effel, Louis Daquin, Jean Suret-Canale, Jean Dresch, Lény Escudero, Henri Alleg et Albert Soboul. La plupart des signatures, toutefois, avaient un maigre capital de notoriété, et leur nombre ne faisait guère illusion : par rapport à 1973, et en moins d'une décennie, il y avait bien eu décrue de la cléricature communiste et assimilée.

Cette décrue relevait-elle de l'évaporation ou des vases communicants ? Nul doute que, comme toujours en pareil cas, une partie des clercs, échaudés, retournèrent à leurs études ou à leurs œuvres. Sans plus prendre désormais – définitivement ou momentanément – de positions publiques. Mais si ces clercs sinistrés et repliés se retrouvent ainsi en retrait du débat civique, d'autres viennent camper – rapidement ou progressivement – sur d'autres positions. Et le phénomène dépasse bien sûr les seuls clercs communistes. Pour emprunter à nouveau au vocabulaire sportif, des transferts s'opèrent et des intellectuels viennent parfois, à quelques années de distance, s'agréger à de nouvelles équipes. Là encore, les listes de pétitions fournissent des points de repère commodes, permettant de dessiner une carte des transferts et d'évaluer les flux de transfuges.

À cet égard, et pour y revenir, les listes de soutien sont également précieuses et peuvent elles aussi contribuer à cette géodésie du milieu intellectuel. Au sein de la gauche, par exemple, Michel Piccoli, Catherine Sauvage et Claude Chabrol sont passés du soutien aux candidats du Parti communiste en 1973 à l'appui à François Mitterrand dès le premier tour de l'élection présidentielle de 1981. Et, de droite vers la gauche, Alice Sapritch et Charles Trenet avaient signé pour Valéry Giscard d'Estaing en 1974 : la première rejoint François Mitterrand en 1981 ; le second, sans figurer sur la liste de soutien à cette date, se rapprochera en d'autres occasions lors du premier septennat.

On aurait tort pour autant de s'en remettre à la seule mécanique des fluides. Car la mouvance intellectuelle socialiste, irriguée par ces filets venus de sa gauche, ne s'est pas renforcée en proportion. À y regarder de plus près, les intellectuels et artistes signant en faveur de François Mitterrand en 1981 forment même un ensemble moins étoffé qu'au cours de consultations antérieures. Des noms manquent à l'appel, pourtant demeurés à gauche : ainsi, Guy Bedos, Yves Robert, Mouloudji, Georges Moustaki, Claude Nougaro ne paraphent pas « Pour nous, c'est Mitterrand », proclamation publiée par *le Monde* du 28 mars 1981. L'épisode Coluche était le signe, on l'a vu, d'un malaise. Ce malaise et le déficit en signatures conduisent à s'interroger sur ce que la rumeur et les chroniqueurs appelèrent parfois après 1981 le « silence » des intellectuels de gauche.

DES CLERCS BOUDEURS

À l'automne 1981, le nouveau ministre de la Culture, Jack Lang, déclarait à l'Assemblée nationale, en présentant son budget : « Par centaines, les témoignages d'écrivains, de cinéastes, de peintres, de compositeurs affluent sur le bureau du président de la République pour lui dire leur gratitude [1]. » Laissons ici de côté l'étrangeté d'un propos qui place les rapports entre clercs et pouvoir politique sous le signe de la « gratitude » des uns à l'égard de l'autre. Observons plutôt que l'analyse globale relevait à cette date de l'incantation. Il y aurait, en effet, anachronisme à projeter 1981 sur 1986. Les amples listes de soutien d'intellectuels au moment des élections législatives de mars 1986, patiemment reconstituées par Jack Lang, marquent davantage de ce point de vue un retour en grâce qu'un état de grâce *bis*. En s'en tenant au strict plan statistique, il faut remarquer, de fait, qu'il n'y eut pas de réelle embellie dès 1981 dans les rapports entre le nouveau président, le gouvernement Mauroy et les clercs de gauche ; l'automne, notamment, ne fut guère rayonnant.

L'été, déjà, avait été réservé, voire boudeur. Cent jours après le 10 mai, à la mi-août, *le Nouvel Observateur* constatait : « En 1936, la victoire du Front populaire fut – aussi – celle des intellectuels qui s'étaient mobilisés autour de l'antifascisme. Aujourd'hui, rien de semblable : l'élection d'un pré-

1. *Libération* du lendemain (mercredi 18 novembre) publie des extraits du discours.

sident socialiste s'est faite, pour l'essentiel, contre les pronostics, et souvent malgré les réserves ou le silence de la haute intelligentsia française. » Et l'hebdomadaire de parler d' « aphasie [1] ».

Il faudrait un chapitre entier pour tenter d'évaluer ce silence, et surtout pour en inventorier les racines. Mais le constat est indéniable : six mois après le 10 mai, une large partie des clercs de gauche restent sur leur quant-à-soi. Il en est même pour se joindre, dans les critiques, à ceux venus d'autres rives. Et c'est, du reste, de la berge théoriquement favorable que part, à l'automne, un tir nourri. Si c'est dans *le Figaro Magazine* que Jean-Edern Hallier dénonce « l'irruption d'une sous-culture et d'une nomenklatura de médiocres », Bernard-Henri Lévy, dans *le Matin*, constate « silence », « torpeur » et « langueur » des clercs et s'en prend aux « troubles relents du socialisme à la française », tandis que Paul Thibaud, ouvrant un numéro spécial d'*Esprit* intitulé « La gauche pour faire quoi ? », estime qu'il existe à cette date « une grande défiance vis-à-vis d'un pouvoir de gauche qui a réussi en refusant les remises en cause de l'orthodoxie étatique et productiviste qu'une bonne partie des intellectuels combattent depuis dix ans » [2]. Une étude plus approfondie permettra sans doute un jour de mieux préciser l'attitude de ces intellectuels au second semestre

---

1. *Le Nouvel Observateur*, 15 août 1981, p. 42.
2. *Le Figaro Magazine*, 21 novembre 1981, p. 118; *le Matin*, 17 novembre 1981, p. 11 (B.-H. Lévy inaugurait ce jour-là sa chronique dans ce quotidien); *Esprit*, numéro d'octobre-novembre 1981. Pour un diagnostic plus optimiste des rapports à cette date entre pouvoir socialiste et intelligentsia, *cf.* « Les intellectuels six mois après », par Gilles Anquetil, *les Nouvelles littéraires*, n° 2817, 17-31 décembre 1981, pp. 16-18.

de 1981. Un fait demeure : nombre d'entre eux adoptèrent alors une attitude d'attente mâtinée de mutisme.

Et quand ils vont reprendre la ligne, les clercs de gauche le feront d'abord dans une attitude d'opposition au pouvoir en place. L'approche par les pétitions, à nouveau, peut permettre d'y voir plus clair, et, surtout, de « quantifier ». Cette quantification est d'autant plus nécessaire que, si l'optimisme de Jack Lang apparaît, en cet automne 1981, hors de saison, il serait, inversement, excessif de parler de grogne. Bernard-Henri Lévy et Jean-Edern Hallier ne représentent alors qu'eux-mêmes, et Paul Thibaud exprime des craintes plus qu'un constat. Ce n'est, en fait, qu'au cours du mois suivant que grogne et opposition il y aura. Et ce n'est pas une coïncidence si celles-ci cristalliseront autour du thème de la lutte contre le totalitarisme. Et à propos d'un pays, la Pologne, pour lequel, à deux reprises au moins – en 1831 et en 1863 –, l'opinion française avait déjà vibré [1].

Dans la nuit du samedi 12 au dimanche 13 décembre 1981, l'« état de guerre » est proclamé en Pologne, avec l'arrestation de responsables politiques et syndicaux. Dès le dimanche soir, le Premier ministre Pierre Mauroy exprime les « plus graves inquiétudes du gouvernement français » et « souhaite une reprise du dialogue entre les Polonais » ; le Quai d'Orsay a publié dans l'après-midi un communiqué annonçant que le gouvernement français « déplore l'enchaînement des événements qui a conduit à l'arrestation des dirigeants du

---

1. *Cf.*, Jean-Noël Jeanneney, « La Pologne écrasée et la France impuissante », *Concordances des temps*, Le Seuil, 1987, pp. 27 *sqq*.

mouvement syndical Solidarité, qui suscite une vive émotion en France et dans le monde ». Il n'empêche ! L'opinion va surtout retenir, au moins dans les premiers jours, l'impression d'un flottement, nourrie de deux facteurs : le comportement ou les déclarations de ministres français ; l'évolution de l'attitude des responsables socialistes. Le ministre du Commerce extérieur, Michel Jobert, arrivé à Moscou le samedi précédent, y maintient sa visite et déclare que la décision de Varsovie est « une affaire qui concerne d'abord le peuple polonais et ses institutions ». Surtout, interrogé dès le dimanche matin par Europe 1, Claude Cheysson, ministre des Relations extérieures, « note » que c'est une « affaire interne polonaise » ; à la question d'un journaliste lui demandant si le gouvernement français avait l'intention de « faire quelque chose », la réponse avait été : « Absolument pas. Bien entendu, nous n'allons rien faire. Nous nous tenons informés de la situation. »

Certes, il est injuste de ramener l'interview donnée à ces seules déclarations. Mais comme le soulignait la déclaration de Matignon du dimanche soir, il existe en France « une sensibilité particulière à tout ce qui concerne la Pologne ». Et ce sont ces seules phrases, et celles de Michel Jobert, elles aussi isolées de leur contexte, qui seront retenues et contestées, souvent de bonne foi, parfois avec des arrière-pensées politiques.

Ces sentiments mêlés se retrouveront notamment chez les intellectuels. Les « paroles imprudentes de M. Cheysson » – selon *le Monde* du lendemain – vont entraîner une crise entre la gauche au pouvoir et des intellectuels dont certains étaient jusque-là dans sa mouvance et d'autres dans une attitude de soutien « critique ». À y regarder de plus près, c'est même la première crise grave depuis le 10 mai, en ce sens que, à cette occasion, des griefs précis sont formulés et que les réticences de certains de ces intellectuels critiques sont cette fois exprimées de façon explicite. À cet égard, cette escarmouche entre clercs de gauche et pouvoir socialiste constitue un révélateur, mettant en lumière les causes de la réticence des uns à l'égard de l'autre en 1981. C'est notamment la question des rapports avec les communistes et de leur présence au gouvernement qui se lit en filigrane de la polémique.

Le malaise est vite perceptible dans les manifestations de soutien aux Polonais, où les militants socialistes sont parfois interpellés et le nom de Claude Cheysson conspué. Il est sensible aussi dans les « tribunes » tenues par des clercs et à travers les éditoriaux des grands journaux d'opinion. Ainsi, le mardi 15 décembre, dans un article du *Matin* intitulé « La honte de l'Occident », Bernard-Henri Lévy s'en prend aux déclarations ministérielles. Le ton est plus que vif : « Ma rage froide et amère. Mon impuissance, notre impuissance commune. Et puis la honte surtout, l'irrépressible honte qui me saisit, tout d'un coup, à me retrouver ainsi, un beau matin de décembre, dans la peau d'un collabo. »

Mais ce sont avant tout les pétitions qui vont montrer l'ampleur du malaise. La première de ces pétitions ne vit pas le jour, ou, plus précisément, arriva après la bataille. Son auteur, Cornelius Castoriadis, affirme l'avoir envoyée « aux premières

heures du lundi 14, ... par pneumatique, à Jacques
Fauvet, le priant de [la] publier dans *le Monde* ».
Vœu – « évidemment » – non exaucé [1]. Ce texte
s'en prenait explicitement aux déclarations de
Claude Cheysson :

> *Aux premières heures du lundi 14, j'ai envoyé
> le texte ci-dessous, par pneumatique, à Jacques
> Fauvet, le priant de le publier dans* le Monde. *Il
> n'en a, évidemment, rien été.* « Les soussignés
> tenons à exprimer notre indignation devant
> les déclarations du ministre Cheysson, s'em-
> pressant d'affirmer, face au coup de force du
> pouvoir communiste totalitaire à Varsovie,
> qu'il s'agit là d'une affaire intérieure entre
> Polonais.
>
> « Cette affirmation serait un pernicieux
> truisme (l'instauration du nazisme en Alle-
> magne en 1933 n'avait-elle pas été une
> " affaire intérieure " des Allemands ?) si elle
> ne contenait – de même que toutes les déclara-
> tions des responsables politiques qui lui ont
> succédé – une contre-vérité flagrante. Le
> ministre des Affaires extérieures n'ignore pas
> que les décisions prises à Varsovie reflètent la
> volonté de Moscou et comblent les vœux de
> celle-ci, lui épargnant les risques et l'opprobre
> d'une intervention directe. Elle ne pourra être
> comprise, aussi bien par les geôliers du peuple
> polonais et ceux qui, à Moscou, en tirent les
> ficelles, que par ce peuple lui-même poussé

1. Le texte de cette pétition, et les remarques liminaires de Cornelius Castoriadis, accompagnent, en encadré, un article du même
auteur, intitulé « Illusions ne pas garder », dans *Libération* du
21 décembre 1981.

ainsi au désespoir, que comme impliquant l'indifférence face à l'étranglement en cours d'un mouvement démocratique et populaire embrassant l'immense majorité du pays.

« Le porte-parole d'un gouvernement qui se dit socialiste s'empresse ainsi d'adresser un *nihil obstat* au coup de force d'un appareil totalitaire décomposé, lequel, tout en continuant à se proclamer " parti ouvrier ", ne tient plus, contre la classe ouvrière, que par le seul recours aux forces armées. Les préoccupations affichées à grand tapage concernant les peuples d'Amérique centrale acquièrent ainsi un air d'hypocrisie et perdent toute crédibilité.

« Nous demandons que le gouvernement français en finisse avec le double langage, et qu'il se prononce avec la même clarté sur les régimes totalitaires " socialistes " que sur les dictatures d'Amérique latine.

« Des morts innombrables qui risquent derechef d'ensanglanter l'histoire de la Pologne sont d'ores et déjà aussi responsables ceux qui, par lâcheté, complicité secrète ou machiavélisme de foire, ont confirmé les bourreaux des pays de l'Est dans leur abjecte certitude qu'ils peuvent tout se permettre sur les peuples qu'ils oppriment. »

13 décembre 1981

Lucien Bianco, André Burguière, Claude Cadart, Cornelius Castoriadis, Claude Chevalley, Vincent Descombes, Jean-Marie Domenach, Jacques Ellul, Eugène Enriquez, François Fejtö, Zsuzsa Hegedus, Serge-Christophe Kolm, Jacques Julliard, Edgar Morin, Claude Roy, Pierre Rosanvallon, Evry Schazman, Ilana Schimmel, Alain Touraine, Pierre Vidal-Naquet.

Cette pétition, même avortée, est importante, et appelle plusieurs remarques. Certes, son auteur n'a eu qu'un dimanche pour battre le rappel, et sa liste de signataires, à forte ossature de l'École des hautes études en sciences sociales, ne compte que vingt noms. Mais ceux-ci lui donnent incontestablement un profil non seulement à gauche, mais proche du Parti socialiste. La vivacité du ton – « un air d'hypocrisie », « le double langage », et le dernier paragraphe – n'en est que plus frappante. Surtout, ce texte montre l'extrême sensibilité retrouvée, au seuil des années 1980, face à la question de l'URSS : si l'attitude du gouvernement socialiste est jugée choquante, c'est surtout parce que derrière les événements de Pologne se profile l'ombre de « Moscou ». Bien sûr, la réflexion que mène à la même époque Cornelius Castoriadis sur la nature du régime soviétique n'est sans doute pas étrangère à la tonalité et à la teneur du texte. Mais les dix-neuf cosignataires l'ont signé en connaissance de cause, et c'est bien là un symptôme du retour du thème du danger soviétique dans les débats d'intellectuels, avec cette nouveauté : ce thème s'ancre aussi à gauche, alors que durant la guerre froide il était surtout enraciné à droite, avec, il est vrai, de notables exceptions.

Là, en fait, est sans doute l'essentiel. Au moment où la gauche politique l'emporte, au printemps

1981, la gauche intellectuelle française, après les ébranlements des années 1970, était à la recherche d'un principe d'identité. En juin 1981 précisément, à la question de la revue *le Débat*, « Qu'est-ce que rester de gauche aujourd'hui ? », Jorge Semprun avait répondu, se faisant le porte-parole de nombre de clercs : « Aujourd'hui la pierre de touche d'une pensée de gauche est l'attitude critique envers l'URSS, dont l'un des corollaires est, bien entendu, le rejet des partis issus de la tradition kominternienne... La question fondamentale n'est pas la barbarie de Pinochet, ni le démantèlement de la sidérurgie lorraine, ni même le redéploiement impérial de Reagan. La question fondamentale est celle de l'attitude envers l'URSS et les partis communistes [1]. » Peu importe, en fait, que des penseurs libéraux aient parfois, dans ce domaine, précédé leurs confrères de gauche. Le courant antitotalitaire transcende à cette date les clivages politiques et fournit à la gauche le ciment que les « années orphelines » avaient écaillé.

Nul doute, du reste, que ces « années orphelines » – essentiellement le deuxième versant des années 1970 – n'aient joué leur rôle dans cette évolution et que l'« effet guerre », après l'intervention soviétique en Afghanistan en décembre 1979, constitue également un paramètre important [2]. Le point est décisif, car il explique, quelques mois plus tôt, la réticence de certains clercs devant l'union de la gauche reconstituée *de facto* – ou tout au moins perçue comme telle – dans le deuxième

1. *Le Débat*, 13, juin 1981, pp. 12 et 14.
2. *Cf.*, sur ce dernier point, l'étude d'Olivier Duhamel et Jean-Luc Parodi sur l'opinion française et l'Union soviétique dans *Pouvoirs*, 21, 1982.

gouvernement de Pierre Mauroy, formé après les élections législatives de juin 1981. Inversement, le phénomène annonce certains ralliements ou convergences de vues après le discours de François Mitterrand devant le Parlement de Bonn, en janvier 1983 – « La détermination et la solidarité des membres de l'OTAN doivent être clairement confirmées » –, et il explique aussi que le départ des communistes du gouvernement au moment de l'arrivée de Laurent Fabius ait fait sauter un verrou psychologique chez certains clercs, lesquels soutiendront le Parti socialiste lors des élections législatives de mars 1986 ou reviendront alors sur ses marches par les passerelles des « clubs ».

Mais il nous faut revenir à décembre 1981. Si la première pétition avait été ainsi neutralisée par la décision du *Monde* de ne pas la publier, la grogne, en fait, s'amplifia chez les intellectuels de gauche. D'une part, le pôle syndical jouera dès lors le rôle de relais que n'avait pu assurer le Parti socialiste. Dès le dimanche ou le lundi – Edmond Maire peut, en effet, l'annoncer dans une interview publiée par *Libération* du mardi 15 décembre –, des contacts sont noués entre la CFDT et des intellectuels. Ces contacts débouchent sur une réunion qui se tient le mercredi dans les locaux du syndicat ; y assistent deux secrétaires nationaux de la CFDT, plusieurs membres de la commission exécutive, ainsi que quelques universitaires proches du syndicat : Jacques Julliard, Alain Touraine et Pierre Rosanvallon. Trois autres intellectuels sont présents : Pierre Bourdieu, Henri Cartan et Michel Foucault.

D'autre part, le même jour, ce dernier lit et explique au micro d'Europe 1, en compagnie d'Yves Montand, le sens de l'appel « Les rendez-vous manqués », qui a été publié par la presse [1] :

Il ne faut pas que le gouvernement français, comme Moscou et Washington, fasse croire que l'instauration d'une dictature militaire en Pologne est une affaire intérieure qui laissera aux Polonais la faculté de décider eux-mêmes de leur destin. C'est une affirmation immorale et mensongère. La Pologne vient de se réveiller sous la loi martiale, avec des milliers d'internés, les syndicats interdits, les chars dans la rue et la peine de mort promise à toute désobéissance.

C'est assurément une situation que le peuple polonais n'a pas voulue ! Il est mensonger de présenter l'armée polonaise et le Parti auquel elle est liée si étroitement comme l'instrument de la souveraineté nationale.

Le Parti communiste polonais qui contrôle l'armée a toujours été l'instrument de la sujétion de la Pologne à l'Union soviétique. Après tout, l'armée chilienne est aussi une armée nationale.

En affirmant contre toute vérité et toute morale que la situation en Pologne ne regarde que les Polonais, les dirigeants socialistes français n'accordent-ils pas plus d'importance à leurs alliances intérieures qu'à l'assistance

1. *Libération*, 15 et, à nouveau, 17 décembre 1981 ; *le Monde*, 18 décembre 1981 (extraits). La liste des signataires est celle de *Libération* du 17.

qui est due à toute nation en danger ? La bonne entente avec le Parti communiste français est-elle donc pour eux plus importante que l'écrasement d'un mouvement ouvrier sous la botte militaire ? En 36, un gouvernement socialiste s'est trouvé confronté à un putsch militaire en Espagne, en 1956 un gouvernement socialiste s'est trouvé confronté à la répression en Hongrie. En 1981, le gouvernement socialiste est confronté au coup de Varsovie. Nous ne voulons pas que son attitude aujourd'hui soit celle de ses prédécesseurs. Nous lui rappelons qu'il a promis de faire valoir contre la Realpolitik les obligations de la morale internationale.

PREMIERS SIGNATAIRES :

Pierre Bourdieu, professeur au Collège de France ; Patrice Chéreau, metteur en scène ; Marguerite Duras, écrivain ; Costa-Gavras, réalisateur ; Bernard Kouchner, Médecins du monde ; Michel Foucault, professeur au Collège de France ; Claude Mauriac, écrivain ; Yves Montand, acteur ; Claude Sautet, réalisateur ; Jorge Semprun, écrivain ; Simone Signoret, actrice.

Parmi les nouveaux signataires :

Guy Bedos, artiste ; Jean-Louis Comolli, cinéaste ; Ipousteguy, sculpteur ; André Glucksmann, écrivain ; Gérard Guicheteau, écrivain ; Pierre Vidal-Naquet, historien ; Guy Lardeau, Christian Jambet, Pierre Halbwachs...

Les signatures peuvent être adressées à Jeannine Verdès-Leroux...

La cible est clairement désignée : les « dirigeants socialistes ». Et si le ton n'est pas aussi vif que dans le texte de Castoriadis, ces dirigeants sont tout de même accusés d' « affirmation immorale et mensongère ». Bien plus, le soupçon majeur est, dans ce manifeste, exprimé de façon explicite : « La bonne entente avec le Parti communiste français est-elle donc pour eux plus importante que l'écrasement d'un mouvement ouvrier sous la botte militaire ? »

Sans doute les signataires touchent-ils au point sensible, d'autant que rappel est fait de la promesse « de faire valoir contre la *Realpolitik* les obligations de la morale internationale ». Toujours est-il que la vivacité des réactions socialistes montre l'ampleur de la polémique. D'autant que le président de la République ayant, le mercredi 16, pris clairement position sur le problème polonais, les dirigeants socialistes estiment être victimes de la mauvaise foi des pétitionnaires. La réponse faite à une question sur la pétition par Lionel Jospin, premier secrétaire du PS, au micro de France Inter, lors de l'émission « Face au public », le mercredi soir 16 décembre, est révélatrice : « Certains de ceux qui ont signé cette lettre n'auraient pas dû remonter aussi légèrement le cours de l'histoire, car je me souviens, notamment, et je vais le dire à Yves Montand, que je lui ai téléphoné pendant la campagne présidentielle pour lui dire : " Est-ce que vous accepteriez de chanter pendant notre campagne ? " Il m'a répondu très aimablement : " Non, je ne veux pas le faire, je renonce, je ne veux plus m'exprimer, intervenir dans la vie politique. " Eh bien là, il l'a fait. Il l'a fait d'une façon qui me désole, parce qu'elle est injuste. Alors, je suis obligé de lui dire que, en 1956, après la répression hongroise, il avait été, lui, faire une grande tournée en Union soviétique [1]. »

L'incident est révélateur : c'est la reconnaissance explicite du rôle croissant d'Yves Montand, dont cet épisode polonais fut apparemment une étape décisive. Et notons que cette intervention grandissante se fait essentiellement sur le registre antitotalitaire. C'est le même homme qui déclarera un mois plus tard : « On ne pourra résister qu'en faisant taire nos opinions politiques personnelles, pour nous retrouver sur quelques points communs : premièrement, nous ne voulons pas des Russes ; deuxièmement, nous ne voulons pas d'État totalitaire, et troisièmement, nous ne voulons pas du communisme [2]. »

A Lionel Jospin, le mois précédent, la réponse avait été immédiate. Dans une lettre adressée au dirigeant socialiste et rendue publique, Yves Montand s'était expliqué, en effet, sur son « intention » : celle-ci, « comme celle de tous les signataires, était de rendre publique mon indignation devant la mollesse et la " diplomatie " des premières déclarations officielles du gouvernement ». Après s'être félicité du changement du « ton officiel » intervenu entre-temps, le chanteur concluait : « Vous avez choisi de rappeler à l'opinion publique que j'étais parti pour Moscou en 1956. Vous avez bien fait. Encore que vous vous êtes trompé, si vous avez cru déterrer un cadavre. Ce

1. Repris dans *le Monde* du vendredi 18 décembre 1981.
2. *Paris-Match*, 22 janvier 1982, p. 50.

voyage est bien connu, et il a été publiquement
analysé par ma femme et par moi-même. Vous
auriez dû penser que c'est justement parce que je
suis parti en 1956 qu'on ne m'a plus jamais fait
avaler des mots comme " contre-révolution ",
" appel à l'aide aux partis frères ", ou encore
" non-ingérence dans les affaires intérieures ", ou,
bien sûr, " il n'y a rien à faire " [1]. »

Ainsi, au cours de cette semaine houleuse, les
socialistes français sont confrontés à une offensive
– notamment parlementaire – de la droite et à un
malaise profond – et publiquement exprimé –
d'intellectuels pour la plupart de gauche. Contre
les adversaires politiques, la riposte sera expédi-
tive : la droite est taxée d'« hypocrisie » par Pierre
Joxe, président du groupe socialiste à l'Assemblée
nationale, et définie comme un « réservoir sociologique de Versaillais et de Munichois ». Contre
les intellectuels, en revanche, la riposte sera gra-
duée et tiendra plus, en fait, du déminage que de la
contre-offensive : les responsables politiques désa-
morcent l'objet du débat en prenant des positions
plus fermes qu'aux premiers jours de la crise ; et
les dirigeants du Parti socialiste, de leur côté,
abandonnent vite le terrain de la polémique et préfèrent allumer des contre-feux. Ils annoncent donc
le lancement d'une... pétition nationale de soutien
au peuple polonais, qui affirme notamment :
« Ces événements tragiques, venant après ceux de
la Tchécoslovaquie (en 1968) et de la Hongrie (en
1956), démontrent qu'on ne construit pas le socialisme lorsqu'on s'oppose à son peuple et qu'on
bafoue la démocratie. »

1. *Le Monde*, 19 décembre 1981.

L'évolution de l'attitude officielle française, d'une part, les opérations de dédouanement du Parti socialiste, d'autre part, portèrent leurs fruits. Si les pétitions d'intellectuels de gauche se multiplient au cours des jours suivants, elles reviennent la plupart du temps au terrain polonais et s'y cantonnent. Ainsi, *le Monde* du 23 décembre publie un « Appel d'écrivains et de scientifiques de gauche » :

> La liberté de tous se joue aujourd'hui en Pologne. La solidarité entière avec les forces de progrès regroupées dans Solidarité, avec le mouvement ouvrier polonais, avec les écrivains, les étudiants, les intellectuels qui le soutiennent dans sa lutte pour une société pluraliste – et dont nous demandons la libération –, c'est la position que nous jugeons indispensable et urgente. Tout ce qui peut affirmer la souveraineté du peuple polonais, face aux menaces extérieures qui pèsent sur lui, et à la mise sous séquestre militaire de sa vie politique, est notre cause.
>
> Il importe de donner tout son poids, en ce moment, à l'affirmation qui vient d'en être faite devant les instances internationales. Nous nous reconnaissons dans la parole qui déclare en notre nom avec une grande évidence : « *Il est nécessaire que le peuple polonais trouve dans la position de la France un motif supplémentaire de croire en sa capacité de surmonter les périls qui l'assaillent.* »
>
> Ce qui compte à nos yeux, ce n'est plus de voir s'ouvrir des querelles de politique inté-

rieure française, mais la défense de la démocratie syndicale en Pologne, et la sauvegarde
des chances de renouveau dans le socialisme
qui s'y jouent.

Nous aimerions dire, avec la tradition des
révolutionnaires russes se référant aux résistants de Pologne : « Leur liberté est la nôtre. »

Premiers signataires : Jean-Pierre Faye,
Gilles Deleuze, André Lwoff, Laurent
Schwartz, Alexandre Minkowski, François
Gros, Alfred Kastler, Félix Guattari, Vladimir
Jankélévitch, Antoine Vitez, Raymond Jean,
Bernard Pingaud, Clara Malraux, Eugène
Guillevic, Alfred Kern, Geneviève Clancy,
Nader Naderpour (poète iranien), Gaston
Miron (poète québécois), Tibor Papp (poète
hongrois), Alcide de Campos (poète portu-
gais), Mitsou Ronat, Simone Balazard,
Armand Rapoport, Gérard Cléry, Henri Deluy,
Dominique Grandmont, Jean Crocq, André
Mathieu, Maurice Cury, Alexandre Boviatsis,
Roselène Leenhardt, Marie-Odile Faye, Guy
de Bosschère, Elias Petropoulos (poète grec),
Madeleine Rebérioux, Pierre Vidal-Naquet,
Léon Schwartzenberg et l'Union des écrivains
de France tout entière, avec l'Union des écri-
vains québécois.

Si l'on précise que l'auteur de la phrase de référence – « Il est nécessaire que le peuple polonais
trouve dans la position de la France un motif supplémentaire de croire en sa capacité de surmonter
les périls qui l'assaillent » – est le président de la
République, François Mitterrand, le 16 décembre

précédent, on aura compris que cette pétition équivalait à un traité de paix entre certains clercs de gauche et les gouvernants socialistes.

D'autant que l'initiative partie de la CFDT s'était entre-temps adoucie dans sa forme et que le texte qui en découlait ne faisait plus qu'effleurer la question de l'attitude initiale du gouvernement. On mesure l'ampleur de l'évolution si on la rapporte, par exemple, au ton de Jean Daniel évoquant quelques jours plus tôt l'initiative syndicale : « Aussitôt, c'en a été fini de l'isolement et de la réserve des intellectuels, et si des syndicalistes comme Edmond Maire, des philosophes comme Michel Foucault et Pierre Bourdieu, des commentateurs comme ceux du *Nouvel Observateur* ont décidé de se regrouper mardi prochain, c'est parce qu'ils sentent bien qu'ils sont davantage portés par un mouvement que porteurs d'un message. La voilà bien, la réappropriation par la gauche des débats que le gouvernement avait confisqués et que nous appelions chaque semaine de nos vœux [1]. »

La « réappropriation », au bout du compte, se fit sur un mode serein et sur un registre davantage polonais que franco-français. Un appel lancé par la CFDT et un groupe d'intellectuels proclamait :

> Fidèles à l'esprit de Solidarnosc dans lequel syndicalistes et intellectuels ont travaillé et lutté ensemble pour se libérer de l'emprise totalitaire [les signataires] déclarent : Il ne suffit pas de condamner le coup de force en Pologne. Il faut s'associer au combat du

1. Jean Daniel, « Sur quelques heures de flottement », *le Nouvel Observateur*, 19 décembre 1981, pp. 20-21.

peuple polonais d'abord en unissant critique intellectuelle et lutte sociale, comme l'a fait Solidarité. Non, cette évolution n'était pas fatale. Non, ce n'est pas un moindre mal. Non, Solidarité n'est pas allé trop loin. Non, ce n'est pas une affaire intérieure de la Pologne.

L'invocation du principe de non-ingérence ne doit pas conduire à la non-assistance. Il est clair que le coup de force a été engagé sous la pression de l'Union soviétique.

Ne nous résignons pas. Cessons de penser la situation polonaise uniquement en terme de contrainte géostratégique, de relations d'État à État ou de bloc à bloc, ce qui conduit à tenir pour quantité négligeable les droits de l'homme, le droit des peuples, l'action de l'opinion publique, la solidarité internationale. Nous ne pouvons accepter un partage définitif de l'Europe qui refuserait un avenir démocratique pour la Pologne et les autres pays sous domination soviétique [1].

Cinquante intellectuels avaient signé l'appel : entre autres, R. Allio, G. Anquetil, P. Birnbaum, P. Bourdieu, A. Burguière, H. Cartan, C. Castoriadis, M. de Certeau, R. Chartier, P. Chéreau, J. Chesneaux, J.-M. Domenach, F. Ewald, A. Farge, A. Finkielkraut, M. Foucault, F. Furet, A. Geismar, A. Glucksmann, F. Gros, M. Guillaume, P. Halbwachs, J. Ivens, F. Jacob, J. Julliard, C. Lefort, J. Le Goff, E. Le Roy Ladurie, D. Lindenberg, C. Mauriac, Y. Montand, E. Morin, M. Nadeau, P. Nora, J.-C. Pecker, M. Perrot, M. Pollack,

1. *Le Monde*, 24 décembre 1981.

K. Pomian, G. Rétoré, P. Rosanvallon, D. Rousset, B. Schwartz, L. Schwartz, J. Semprun, S. Signoret, R. Stéphane, P. Thibaud, A. Touraine, P. Veyne et P. Vidal-Naquet.

Là encore, la tendance était à la signature de la paix avec les gouvernants. Mais l'intérêt du texte était ailleurs, et il était double. C'était, tout d'abord, l'ampleur de la mobilisation qui frappait, après la période de basses eaux des années précédentes ; à cet égard, l'affaire polonaise avait constitué un électrochoc. Ensuite, l'accusé était clairement désigné : l'Union soviétique, sous la « pression » de laquelle un processus s'était enclenché contre un peuple tentant de secouer sa « domination ». La résistance aux initiatives soviétiques apparaît à cette date comme le moteur de l'engagement de certains clercs.

Une autre pétition s'en tiendra aussi – et plus encore – au registre polonais. Plus de 4 000 scientifiques et intellectuels, aux signatures réunies par Jacques Le Goff, écrivent en effet :

> Les universitaires, intellectuels, chercheurs, techniciens et administratifs de la recherche soussignés condamnent le coup de force du général Jaruzelski et de ses complices. Ils estiment que la situation polonaise, à partir du moment où les représentants élus du plus grand ensemble de la nation sont arrêtés, n'est plus seulement une affaire intérieure polonaise mais met en cause des droits des peuples et les droits de l'homme. Ils expriment leur soutien et leur solidarité aux personnes arrêtées, au syndicat Solidarité, aux ouvriers, aux

paysans, aux intellectuels et à l'immense majorité du peuple polonais dressés contre des dirigeants indignes et incapables.

Ils exigent une information précise sur le nombre, l'identité et le sort des personnes arrêtées, la libération immédiate de tous les détenus et la reprise de vraies négociations entre les partenaires polonais.

Ils demandent aux responsables politiques français et internationaux de suspendre jusqu'au rétablissement des libertés en Pologne toute relation susceptible de justifier et d'aider les auteurs – polonais et non polonais – du coup de force, à l'exception de l'aide alimentaire.

Si le respect des libertés essentielles n'était plus assuré en Pologne, si les universitaires, chercheurs et intellectuels avec lesquels ils entretiennent des rapports professionnels et amicaux étaient persécutés, les signataires refuseraient désormais toute collaboration avec les organismes dépendants d'un pouvoir assis sur la force et la répression.

La liste des signataires est imposante par son ampleur mais aussi sa composition, ainsi présentée par *le Monde* :

Ce texte a été signé à ce jour par quatre mille cent cinquante personnes, et notamment par MM. François Jacob et Louis Neel, prix Nobel, vingt professeurs au Collège de France, quatre présidents de département de l'École polytechnique, soixante-deux psychanalystes, de nombreux membres d'institutions, parmi lesquelles les Archives de France (66), Beaubourg (43), la Bibliothèque nationale (93), le Commissariat à l'énergie atomique (69), le Centre national de la recherche scientifique (491), l'École des hautes études en sciences sociales (270), l'École normale supérieure-Sèvres (102), l'École normale supérieure-Ulm (37), l'Institut Pasteur (427), les universités parisiennes (1 280), les universités régionales (464), etc., et de nombreuses personnalités dont MM. Étienne Borne, Jean Brossel, Georges Canguilhem, Henri Cartan, Jean Cassou, Gilles Deleuze, Jacques Derrida, Jean-Marie Domenach, Vladimir Jankélévitch, Georges Kiejman, Pierre Klossowski, Jean Laloy, M. Artur et Mme Lise London, M. André Mandouze, Mme Marthe Robert, Paul Vignaux, François Gros (conseiller technique auprès du Premier ministre), etc. [1].

Est-ce à dire que l'ordre règne à cette date au sein de la cléricature de gauche ? Tout au contraire, les incidents de la première semaine montrent que la déception a été grande et que la plaie n'est pas près de se refermer. Au reste, le gouvernement le sentit bien qui encouragea et canalisa un grand rassemblement d'intellectuels à l'Opéra de Paris, le 22 décembre, réunion que *le Monde* qualifia de ce fait de « mi-spontanée, mi-gouvernementale [2] ». En présence de Jack Lang, et de... dix autres membres du gouvernement, dont

1. *Le Monde*, 25 décembre 1981.
2. *Le Monde*, 24 décembre 1981.

Pierre Mauroy, Jacques Delors, Jean-Pierre Cot, Georges Fillioud, Alain Savary, en présence également de Danielle Mitterrand, deux mille invités rendirent « hommage au peuple et aux artistes polonais » et exprimèrent leur « solidarité ». Parmi eux, Marguerite Yourcenar, François Jacob, Vladimir Jankélévitch, André Lwoff, Pierre Boulez, Iannis Xenakis, Antoine Vitez, Gabriel García Márquez, Giorgio Strehler, Michel Piccoli, Arthur Rubinstein, Jean-Pierre Faye, et Miguel Angel Estrella. Ce dernier joua du Chopin, Joan Baez et le chanteur d'origine est-allemande Rolf Bierman intervinrent également, tout comme l'orchestre et les chœurs de l'Opéra de Paris interprétant le chœur des esclaves tiré du *Nabucco* de Verdi.

Le rassemblement se termina par un « Appel de Paris », lu par Romy Schneider et s'appuyant sur une citation de... François Mitterrand.

C'est *la Croix* qui, sous la plume de Jean Lebrun, a sans doute le mieux tiré les conclusions de cette soirée à l'Opéra :

> Mardi, Jack Lang avait invité « les hommes et les femmes de culture » à rendre hommage à la Pologne. Beaucoup de vedettes et davantage encore d'inconnus avaient répondu à l'appel, accompagnés de hauts personnages de la gauche socialiste.
>
> Est-ce la disposition de l'Opéra, où se tenait ce rassemblement – la basse intelligentsia juchée dans les hauteurs avait le regard comme aspiré par l'élite qui siégeait dans l'orchestre ? Est-ce la tonalité de certains propos tenus auparavant par J. Lang ? En tout

cas, l'émotion, la force lyrique de cette réunion ne parvenaient pas à recouvrir totalement les dissensions qui, à propos de la Pologne, séparent les intellectuels autant que les politiques.

D'abord, les libéraux et les conservateurs n'étaient pas là : ni Aron, ni Besançon, ni Kriegel... La manifestation de l'Opéra, ouverte par un ministre, alignée sur la position de François Mitterrand, ne pouvait guère attirer davantage ces « intellectuels critiques » qui, depuis dix jours, préfèrent travailler aux côtés de la CFDT plutôt qu'avec les socialistes... [1].

Organisée par un ministre, placée sous le signe élyséen, cette réunion désamorça une fronde, mais ne désarma pas une incompréhension [2]. Pour preuve, la polémique autour de la présence à l'Opéra de l'écrivain colombien Gabriel García Márquez. Lui remettant les insignes de commandeur de la Légion d'honneur à l'Élysée le 21 décembre, le président Mitterrand avait rendu hommage à son « rôle très important... dans l'évolution de la situation des exploités, des dominés ». Or Bernard-Henri Lévy se scandalisa de voir le nom de cet écrivain, considéré comme un partisan

1. Jean Lebrun, « Pologne : les intellectuels du socialisme et les autres », *la Croix*, 24 décembre.
2. Incompréhension réciproque, en fait : outre la réaction de Lionel Jospin déjà citée, à la même époque Jack Lang aurait dénoncé, selon *les Nouvelles littéraires*, « ceux qui font profession de signer n'importe quoi à la va-vite », ajoutant : « Quels clowns ! Quelle malhonnêteté ! Glucksmann, Foucault, Montand et les autres braillent sans réfléchir » (*les Nouvelles littéraires*, « Pour la Pologne », supplément au numéro 2817, 17-31 décembre 1981, p. 11).

du régime castriste, figurer parmi les cautions de la réunion de l'Opéra [1].

En tout état de cause, les contrecoups de l'affaire polonaise au sein de la cléricature avaient été de forte amplitude, et *le Point* du 1er février 1982 consacra sa couverture à un long article de Pierre Billard, très étayé, sur le thème : « Les Intellectuels sont-ils toujours de gauche ? » Le paysage intellectuel était, de fait, devenu singulièrement polychrome : une droite libérale ou conservatrice campant aux portes d'une citadelle de gauche jusque-là inexpugnable, des clercs socialistes alors peu nombreux et troublés par l'affaire polonaise, des intellectuels « critiques » qui trouvent dans cette affaire confirmation du bien-fondé de leur attitude réservée après le 10 mai 1981 – et même plus tôt, au temps de l'union de la gauche, puis de 1977 à 1981.

DREUX, OU LES DÉBUTS DE L' « ANTIRACISME »

Dix-huit mois plus tard, à l'été de 1983, les choses, apparemment, n'ont pas changé, et la question posée, entre autres, par Pierre Billard est toujours à l'ordre du jour. À tel point, du reste, que le milieu intellectuel jouera alors sur ce thème un psychodrame estival.

Le point de départ en est connu. Dans *le Monde* du 26 juillet 1983, Max Gallo, alors porte-parole du

---

1. Sur la cérémonie à l'Élysée, *cf. le Monde* du 23 décembre 1981 ; l'article de Bernard-Henri Lévy est dans *le Matin* du 5 janvier 1982.

gouvernement, publia un « point de vue » intitulé
« Les intellectuels, la politique et la modernité ».
Une question y était posée d'emblée : « La gauche
abandonnerait-elle la bataille des idées ? » Et un
constat était fait : « La gauche intellectuelle est en
plein émiettement. » De surcroît, avec « le nouveau pouvoir » sont apparues des « incompréhensions réciproques ». Or les intellectuels « sont,
dans un pays démocratique, ceux par qui passe et
s'exprime la prise de conscience collective [1] ». Le
relais est assuré le lendemain et le surlendemain
par les deux articles que consacre Philippe Boggio,
dans le même journal, au « silence des intellectuels de gauche », annoncé sur trois colonnes en
première page. Là encore, le même constat, asséné
sans ménagement : « Deux ans après le 10 mai, les
relations entre l'État-PS et les penseurs français
sont au plus froid. » L'accueil fut parfois ironique : sous le titre « Les intellos au boulot ! »,
Libération du 26 juillet estime, par exemple, que
Max Gallo s'est adressé « à Saint-Germain-des-
Prés ou bien aux villégiatures d'été du Luberon ».
L'article de Max Gallo et l'enquête de Philippe Boggio suscitèrent pourtant, tout au long du mois
d'août 1983, un débat dans les colonnes du quotidien du soir. Et nombre de participants confir-
mèrent, par leur témoignage, cette impression de
distance vis-à-vis du pouvoir socialiste. On aurait
tort toutefois de s'en tenir à cette sorte d'arrêt sur

---

1. Les intellectuels étaient présentés par Max Gallo, en 1971, de
façon moins amène : ils constitueraient, selon l'auteur, « un
groupe social qui flotte hors du temps et de la réalité et qui, depuis
plus de deux siècles, dresse des moulins à vent, les combat, puis
chante à n'en plus finir son courage » (Max Gallo, *Tombeau pour la
Commune*, Laffont, 1971, pp. 22-23).

image et de conclure à un mutisme généralisé et durable, fût-il confirmé par le feuilleton du *Monde*.

En fait, par-delà l'affliction mimée – et c'est à ce titre que l'historien s'autorise à parler de psychodrame –, des forces de changement sont à l'œuvre en cet été 1983 au sein de la cléricature de gauche. Le Tchad, d'une part, va faire réapparaître – en le déplaçant géographiquement – le problème du combat « antitotalitaire ». Surtout, l'affaire de Dreux va donner un relais à ce combat antitotalitaire – qui, à gauche, on l'a vu, divisa dans un premier temps plus qu'il ne réunit –, en introduisant le combat antiraciste. Avec le recul, on perçoit bien qu'en cette fin d'été 1983 c'est une autre configuration qui, peu à peu, se met en place, se substituant au paysage légué par les grands ébranlements des années 1970.

L'enjeu de politique étrangère et de vigilance proclamée envers Moscou était déjà présent, on l'a vu, chez certains intellectuels de gauche « critiques » à propos de la Pologne. Il s'exprimait alors au détriment du gouvernement et du président de la République. La question tchadienne prolonge le débat, mais à un moment où la politique étrangère gouvernementale, de pôle négatif, va peu à peu devenir un pôle positif, suscitant l'appui de certains clercs. Dans *Libération* du 12 août 1983, une « tribune » signée par Yves Montand, André Glucksmann, Bernard Kouchner, Jacques Lebas et Jean-Paul Escande, par-delà un titre maussade – « Tchad, l'engagement à reculons » –, approuve l'intervention française, se réjouit de la « détermination du chef de l'État », constate que « la position du gouvernement français mérite le soutien

de tous » mais déplore « une trop longue irrésolution » et le fait que l'engagement se fasse « seulement à moitié ».

Si l'« irrésolution » est ainsi clairement critiquée, et de vive manière [1], l'intervention est donc
explicitement approuvée. Et c'est à nouveau le
danger soviétique présumé qui est au cœur de la
prise de position collective – « derrière l'invasion
libyenne, la présence soviétique se manifeste » –,
ainsi que la volonté d'éviter toute attitude de faiblesse. Le syndrome de Munich est manifeste :
« Ne pas contrer Khadafi aujourd'hui c'est répéter
en Afrique les accords de Munich qui précédèrent
la guerre. » Si des intellectuels, dont certains
étaient d'anciens tiers-mondistes, appelaient à une
intervention militaire en Afrique, c'est donc, on le
voit, que la pensée « antitotalitaire » s'est installée
désormais au cœur de leur vision du monde et de
leur appréciation des problèmes de politique
étrangère. Et, à cet égard, la polémique tchadienne
ne doit pas dissimuler l'essentiel : cette démarche
« antitotalitaire », après avoir terni les rapports
entre le pouvoir et les clercs en début de septennat,
est au contraire en train de devenir une passerelle
entre les deux. Déjà, au début de l'année 1983, le
discours de François Mitterrand au Bundestag
avait touché un point sensible, enclenché une
noria de ralliements progressifs et amorcé de ce
fait une normalisation des tensions franco-françaises au sein des intellectuels de la gauche non
communiste.

1. Yves Montand nuancera, il est vrai, le fond et tempérera la
forme dans un entretien donné au *Point* au début de l'automne
(n° 576, 3 octobre 1983, p. 71).

Mais « l'antitotalitarisme » ne fut peut-être pas le facteur décisif de cette normalisation. « L'anti-racisme » devint, en effet, à cette date tout à la fois un thème de mobilisation et un facteur de réunification d'une large partie de la cléricature de gauche. Une autre pétition de l'été 1983 permet, du reste, d'en étudier la première manifestation militante. Cette fin d'un été théoriquement silencieux va bruire, en effet, des prises de position de clercs à l'occasion d'une élection partielle à Dreux.

Au mois de mars précédent, la campagne pour les élections municipales y avait été houleuse, les problèmes d'immigration ayant occupé le cœur du débat, sur fond, donc, de « racisme » et d' « anti-racisme ». Au premier tour, le RPR avait présenté une liste commune avec le Front national, tandis que l'UDF faisait campagne de son côté, puis les deux listes s'étaient réunies en vue du second tour. Celui-ci avait été gagné par la liste d'union de la gauche conduite par le maire sortant, Françoise Gaspard, avec huit voix d'avance. Dès le lendemain, la tête de liste – qui avait été au cœur des polémiques et en première ligne des affrontements – s'était retirée au profit d'un autre socialiste, Marcel Piquet, considérant que sa propre personnalité avait trop cristallisé les passions. Mais le nouveau maire n'allait pas exercer longtemps ses fonctions. Le 13 juin suivant, en effet, le tribunal administratif d'Orléans annulait l'élection. À la différence de seize annulations prononcées à la même époque et concernant des municipalités communistes, la fraude n'était pas le motif de la décision. Plus prosaïquement, des irrégularités dûment constatées, compte tenu de la marge infime de la victoire de mars, avaient entraîné l'annulation.

Cette fois, RPR et UDF constituent une liste commune, dirigée par Jean Hieaux, et affrontent la liste d'union de la gauche conduite par Marcel Piquet. L'inconnue du futur scrutin, dès lors, se trouve à l'extrême droite : quel sera le score du Front national, qui n'a pas présenté de liste autonome en mars, mais dont le leader, Jean-Pierre Stirbois, avait obtenu 12 % des voix aux élections cantonales. La campagne est dans l'ensemble moins houleuse qu'en mars, mais le Front national a fondé sa campagne sur le thème de l'immigration.

Au soir du 4 septembre, le verdict tombe : Jean-Pierre Stirbois obtient 16,7 % des suffrages exprimés, et la presse du lendemain parlera de « percée », de « spectaculaire poussée » de l'extrême droite. Le résultat est d'autant plus frappant qu'il est le premier de cette ampleur et que le Front national n'a pas encore reçu l'onction que lui conférera son bon résultat aux élections européennes du mois de juin suivant. Mais ce résultat n'est pas le seul enseignement du scrutin. *Le Monde* du 6 septembre titre en effet : « La gauche en difficulté ». En mars, les voix de gauche et d'extrême gauche avaient totalisé 45,08 % des voix ; en septembre, alors qu'il n'y a pas qu'une liste à gauche, celle-ci n'obtient que 40,6 %, contre 42,7 % à la coalition RPR-UDF. La mairie de Dreux est donc à portée de l'opposition... à condition d'une alliance avec le Front national.

C'est cette alliance, annoncée dès le lendemain, qui va faire de l'élection partielle de Dreux un enjeu national, et qui va voir quelques intellectuels se remobiliser. Par-delà la mention de leurs sincères inquiétudes, l'historien se doit de replacer la protestation de ces clercs dans un contexte politique précis : une gauche fragilisée depuis les municipales de mars – même si le second tour avait été moins mauvais que prévu –, un Parti communiste moralement atteint par les annulations pour fraude électorale, et, dans ce contexte, des arrière-pensées qui ne sont pas absentes ; pour la gauche tout entière, enfoncer un coin – moral – entre la droite et l'extrême droite, et diviser ainsi une opposition incontestablement majoritaire dans le pays – et à Dreux – à cette date ; pour le Parti communiste, faire redonner l' « antifascisme » pour tenter de redorer un blason terni – d'autant que quelques jours plus tôt, le 31 août, la mort de l'équipage et des passagers d'un Boeing 747 sud-coréen abattu par la chasse soviétique a provoqué une large émotion dans le monde –, de retrouver une identité « républicaine », et, pour ce faire, de reprendre l'initiative. *L'Humanité* du mercredi 7 septembre publiera par exemple un appel de Georges Marchais aux électeurs de Dreux, avec cette mission clairement assignée : « Faire barrage à l'extrême droite. » À droite, du reste, l'alliance locale de Dreux ne fait pas l'unanimité. Invitée à Antenne 2, Simone Veil précise dès le lundi, après l'annonce de cette alliance, qu'elle « s'abstiendrait » si elle devait voter le dimanche suivant et qu'elle « n'aurait pas conclu d'alliance avec le Front national ».

Le problème, initialement politique, a donc gagné le terrain moral, et des intellectuels vont se mobiliser sur le thème du danger de l'extrême droite et de l'utilisation de la question de l'immi-

gration à des fins électorales. Cette mobilisation
revêtira deux formes classiques : une manifestation, aux côtés des forces politiques, et une pétition, autonome. La manifestation est annoncée
pour le vendredi 9 septembre : un lâcher symbolique de 1 983 colombes est prévu, ainsi que la lecture d'un appel solennel lu par le comédien Daniel
Gélin. De fait, en cette fin de semaine, plusieurs
personnalités culturelles viendront défiler aux
côtés de Michel Rocard, Georgina Dufoix, Pierre
Joxe et Alain Krivine, sous des pancartes proclamant leur « non au fascisme ». Certes, les deux
cents pigeons lâchés n'ont pas réellement rem-
placé, même symboliquement, les 1 983 colombes,
mais des intellectuels se retrouvent ainsi au coude
à coude avec des leaders de la gauche : on
remarque Daniel Gélin, Lény Escudero, le cinéaste
Costa-Gavras, le professeur Minkowski. Et aussi
Jean-Edern Hallier, qui déclarera, note *le Monde*
du lendemain : « En tant que Breton, je me sens
aussi un travailleur immigré. » À défaut de l'appel
solennel initialement annoncé, Daniel Gélin lit un
texte de Claude Mauriac constatant que « l'incen-
die couve ». Ce thème du danger tapi et prêt à
croître, les pancartes contre le fascisme, le *Chant
des partisans* qui sera repris en chœur deux jours
plus tard devant les caméras de télévision à
l'annonce des résultats, autant d'indices qui
rendent compte de la renaissance d'un rituel et
d'une thématique « antifascistes » déployés dans
les années 1930 puis aux heures les plus noires du
drame algérien. Le président de la Ligue des droits
de l'homme, Henri Noguères, avait du reste
déclaré au *Matin* le 8 septembre : « Les résistants

doivent intervenir auprès de Jacques Chirac. » Et *l'Humanité* de titrer au lendemain de la manifestation : « Conjurer la menace. Un rassemblement pour la démocratie s'est tenu hier afin de barrer la route à l'extrême droite ».

Mais le fait nouveau n'est pas seulement dans ces retrouvailles entre clercs et politiques pour faire obstacle au « fascisme ». Plus largement, ce sont les thèmes du danger de l'extrême droite, d'une part, du « racisme » envers les immigrés, d'autre part, qui semblent devoir passer au premier plan des préoccupations et des causes d'intervention des intellectuels. Et, à cet égard, une pétition publiée au moment de Dreux est un jalon important dans cette recomposition du paysage idéologique. En effet, dans un appel diffusé le mercredi 7 septembre, 39 personnalités affirment que « la France entière est concernée par la renaissance à Dreux des idées racistes, qui conduisent aux guerres civiles et aux guerres tout court » ; les habitants doivent « dire dimanche leur refus d'une liste où figurent des extrémistes qui bafouent la liberté et la dignité humaine [1] ». Ces signataires sont les suivants : Stéphane Audran, Jean-Pierre Azéma, Guy Bedos, Juliet Berto, Jean Cassou, Claude Chabrol, Patrice Chéreau, Costa-Gavras, Élisabeth et Gérard Depardieu, Eugène Descamps, Jean-Paul Escande, Daniel Gélin, Annie Girardot, André Glucksmann, Henri Guillemin, Roger Ikor, Vladimir Jankélévitch, Jacques Julliard, Bernard Kouchner, François Luchaire, Jacques Madaule, André Mandouze, Claude Mauriac, Alexandre Minkowski, Ariane Mnouchkine, Jean-Louis Mon-

---

1. *Le Monde* du vendredi 9 septembre donne ces seuls extraits.

neron, Yves Montand, Madeleine Rebérioux, Catherine Ribero, Jean-Pierre Rioux, Michel Royer, Bertrand Schwartz, Claude et Jean-Louis Servan-Schreiber, Simone Signoret, André Sirota, Paul Thibaud, Antoine Vitez.

Certes, quelques-uns des signataires avaient paraphé deux ans plus tôt la pétition « Pour nous, c'est Mitterrand », lors de l'élection présidentielle de 1981. Mais le texte de 1983 – et là sont son intérêt et sa nouveauté – est loin d'être un simple calque de son aîné. On y retrouve les trois pétitionnaires de l'été – Glucksmann, Montand et Kouchner –, pourtant peu suspects à cette date, pour les deux premiers d'entre eux, de sympathie à l'égard du pouvoir socialiste. Et la présence dans la liste de quelques autorités morales – Cassou, Guillemin, Jankélévitch – replace l'initiative dans le temps long du combat antifasciste.

Ce qui, en fait, frappe le plus après inventaire, c'est, par-delà le premier cercle socialiste qui sert de noyau central, la grande diversité des couronnes extérieures. Guy Bedos, par exemple, s'expliquera dans *le Monde* sur sa prise de position « à propos du racisme » : « Dans mon métier, par la dérision et le rire, j'ai tellement l'impression d'avoir essayé de faire avancer les choses que Dreux et ce qui s'y passe, je prends cela comme un échec personnel, et, du coup, je considère que c'est mon affaire [1]. » Surtout, Yves Montand, interrogé le vendredi 9 sur Europe 1 par Yvan Levaï, tout en expliquant sa solidarité avec la pétition, signée par antiracisme – « on ne doit pas accepter des phrases comme " Les Maghrébins d'au-delà de la

1. *Le Monde*, 10 septembre 1983.

Méditerranée, regagnez vos gourbis " » –, insiste sur le caractère apolitique de celle-ci. Et de se livrer à une attaque explicite contre une certaine forme d'union de la gauche : « Il est impensable de se prétendre de gauche et de soutenir les responsables staliniens. Dans l'Occident, c'est leur complicité, leur solidarité avec les militaires de Prague et les Pinochet de Varsovie. Alors quand on attaque les autres, il faut aussi balayer devant sa porte. Voilà ce que je pense très sincèrement. » Conclusion : comme Simone Veil, s'il avait à voter dimanche à Dreux, Yves Montand s'abstiendrait. D'autant qu'il convient, précise-t-il, de relativiser le danger d'un fascisme renaissant : « Mais enfin, n'exagérons pas non plus. C'est pas parce qu'il y a une dizaine de petits connards comme ça, surexcités, qui font un peu de bruit, un peu de poussière, que tout de suite : attention, attention, vous êtes submergés, attention c'est Hitler en marche, etc., pour cacher nos propres faiblesses [1]. »

L'analyse développée par Yves Montand n'était assurément pas représentative de celle faite par la plupart des signataires de l'appel aux habitants de Dreux. Il reste qu'en raison même de la diversité de ces signataires, on assiste à une restructuration de la mouvance des intellectuels de gauche : la lutte contre le « racisme » devient elle aussi, en cet été de 1983, une manière de passerelle entre intellectuels proches du PS et clercs restés réservés ou méfiants depuis 1981.

Cela étant, cette pétition conduit aussi, à nouveau, à s'interroger sur l'impact de telles déclara-

---

1. Le texte de l'interview d'Yves Montand à Europe 1 a été publié dans *le Quotidien de Paris* des 10-11 septembre 1983, p. 3.

tions collectives d'intellectuels sur l'opinion
publique. Car le second tour, quatre jours après
l'appel des clercs, deux jours après la manifestation unitaire de gauche, est sans surprise. Le
nombre des abstentionnistes ne progresse pas,
bien au contraire : 24,96 % (et 1,84 % de blancs et
nuls) contre 32,50 % la semaine précédente. Et la
gauche n'obtient que 44,56 % des voix. À droite, la
fusion des 42,7 % des uns et des 16,7 % des autres
s'opère sans perte spectaculaire : la liste commune
de l'opposition obtient 55,44 %, le déficit n'étant
que de 4 %.

Dès que tombent les résultats des premiers
bureaux, la cause est entendue, et les militants du
maire sortant opposeront à *la Marseillaise* des
vainqueurs... le *Chant des partisans*. L'épisode est
significatif : tout comme l'antifascisme dans les
années 1930, l'antiracisme, à partir de 1983 et au
cours des années suivantes, allait devenir à la fois
un thème de mobilisation, un facteur de ralliement
et un ciment entre les intellectuels de gauche et la
mouvance du Parti socialiste. La comparaison
avec l'antifascisme est, du reste, parfois explicitement formulée à cette époque. Ainsi Jean-François
Kahn, dans un article du *Matin* intitulé « Sauver
l'honneur », écrit-il le 9 septembre 1983 : « L'idéologie du Front national n'est, ni plus ni moins, que
la copie de celle que véhiculait le mouvement fasciste européen dans les années trente, simplement
repeinte au goût du jour et adaptée aux réalités du
moment. »

Cette mise en avant du thème antifasciste au
cours de ces journées où le débat focalisa sur
Dreux irrita, semble-t-il, Raymond Aron. Il publia

dans *l'Express* du 16 septembre un article intitulé
« George Dandin ». Ce texte, écrit quelques
semaines avant la mort du philosophe et au
moment même où ses Mémoires venaient d'être
publiés, surprit parfois. Par-delà la dureté de ton,
s'y exprimait probablement le souci du philosophe
de déminer le terrain. La droite libérale, qui avait
le vent en poupe depuis plusieurs années et mettait
en avant le thème de la défense des libertés, risquait de voir son crédit érodé par des épisodes
comme celui de Dreux. Raymond Aron, apparemment, avait senti dès cette date l'ampleur de la
faille.

RETOUR EN GRÂCE ?

On saisit mieux, dans cette perspective, le retour
en grâce du pouvoir socialiste auprès de certains
intellectuels à partir de 1984 : l'absence de ministres communistes dans le gouvernement Fabius
levait l'hypothèque d'une contradiction possible
entre un ralliement à la majorité socialiste et la
poursuite du combat antitotalitaire. D'autant que,
on l'a vu, le discours du Bundestag de François
Mitterrand l'avait, aux yeux de ces clercs, placé
dans le camp des partisans de la fermeté envers
l'Union soviétique. Dans ce contexte, le combat
« antiraciste » apparaîtra à la fois comme la passerelle entre les socialistes et les intellectuels et
comme le ciment d'un milieu intellectuel de
gauche qui reprend des couleurs et donne à nouveau de la voix. Un colloque tenu par le club socialiste Espaces 89 en mars 1985 est, à cet égard, révé-

lateur de l'état de recomposition à cette date.
D'une part, Alain Finkielkraut, par exemple, y
constate la fin d'un malentendu entre des politiques venus au pouvoir sur une ligne de « rupture
avec le capitalisme » et des intellectuels à la même
époque en pleine phase de « rupture avec le totalitarisme ». D'autre part, les thèmes mis en avant
sont la défense des valeurs de la République –
« Notre club, c'est la République » déclare l'un des
animateurs d'Espaces 89 – et une réflexion sur
« l'identité française », objet du colloque.

Il y a bien là des thèmes de sortie de crise intellectuelle pour les clercs et de contre-attaque politique pour les dirigeants et les militants socialistes.
L'historien de demain pourra juger lequel des deux
ingrédients l'emportait alors dans ce type de rencontre. Les intellectuels étaient-ils « récupérés » à
proximité des échéances électorales de 1986 et
1988 par une gauche politique qui se mettait en
ordre de bataille et expérimentait alors auprès des
clercs des thèmes de circonstance dont la vertu
essentielle était d'être le plus grand commun diviseur de l'adversaire de droite [1] ? Ou bien y avait-il
osmose entre des clercs ayant terminé leur lent travail de deuil et un pouvoir ayant fait sa mue ?
Habile canalisation vers le pouvoir politique de

---

1. Adversaire de droite dont les idées libérales furent ébranlées
par le contact avec les réalités du pouvoir entre 1986 et 1988. Non
que le libéralisme, en ces années 1980, n'ait été qu'une sorte de
déjeuner de soleil, à l'éclat vite dissipé. Mais ce choc du réel, et, de
surcroît, les surenchères de quelques ultras du libéralisme ont,
semble-t-il, entraîné des déceptions et, d'une certaine façon, des
effets symétriques à ceux que connut, au début du premier septennat de François Mitterrand, la gauche victorieuse.

clercs en recherche ou simple orchestration d'une réelle confluence ? L'historien, avec le recul, tentera plus tard de trancher.

Un fait est là, en tout cas : les socialistes purent, en 1986, aligner de flatteuses pétitions d'intellectuels français et étrangers [1]. Mais ces lourdes cohortes de signataires étaient-elles encore la reine des batailles intellectuelles ? Une mutation décisive, en fait, s'était peu à peu enclenchée, qui bouleversait les règles de ce jeu de l'oie des clercs. Avec, pour moteur, deux éléments apparemment irréversibles. D'une part, la « génération de l'image », par une demande implicite, avait modifié peu à peu les formes d'expression du débat politique. Le *clip* politique, produit hybride de la nébuleuse McLuhan et de la « planète des jeunes », semble avoir acquis plus d'influence, y compris en milieu étudiant, qu'une gerbe de signatures prestigieuses. D'autre part, les intellectuels se meuvent désormais et interviennent – éventuellement – dans une société passée peu à peu du règne de l'écrit à celui de l'image, où les hommes du verbe ne sont plus forcément des hommes de la pensée et où, de surcroît, le phénomène de la reconnaissance à travers le vedettariat n'étant plus seulement attribué, depuis les années 1960, par le monde des adultes, acteurs et chanteurs ont acquis un poids plus grand que par le passé. L'historien retiendra que dans le dispositif logistique de la

1. Il faudra d'ailleurs, là encore, que l'historien de demain dresse, sans malveillance mais sans complaisance, la proportion parmi ces clercs hexagonaux ou étrangers de ceux qui avaient été décorés, au titre du ministère de la Culture, entre 1981 et 1986 : il y a là un réel sujet d'histoire politique et socioculturelle.

campagne présidentielle de 1988, une liste de soutien d'intellectuels n'intervint que longtemps après
les exhortations incantatoires de Renaud – « Ton-
ton, laisse pas béton » – ou de Gérard Depardieu –
« Mitterrand ou jamais ».

NI PLAIDOYER NI REQUIEM

L'historien [1], et c'est bien ainsi, ne s'assigne pas pour tâche de décerner blâmes ou satisfecit. Il ne dresse pas plus de mausolées qu'il ne creuse de fosses communes. Il ne saurait, de ce fait, répondre à l'une des questions posées en introduction : les intellectuels français ont-ils été des don Quichotte, parcourant les campagnes du siècle à la recherche de leurs chimères, toujours suivis d'innombrables Sancho Pança, ou bien au contraire de preux chevaliers dont les oriflammes ont surgi au moment des grands combats où l'honneur national était en cause ? Honneur national qu'ils auraient, comme il se doit, préservé.

Au reste, aucune des visions contrastées que nous avions relevées au seuil de ce livre n'est rece-

1. On aura compris que la mention, à plusieurs reprises, du statut d'historien de l'auteur n'est à ses yeux ni une caution contre d'éventuelles – et inévitables, sur un sujet aussi « sensible » – objections ni, à plus forte raison, un argument d'autorité ou de supériorité présumée. Tout au plus s'agit-il du rappel d'une certaine spécificité, par rapport à d'autres disciplines et, donc, à d'autres approches, et de la conscience des exigences, plus que des facilités, en découlant. L'auteur se contente, en fait, de décliner une identité, sans en faire pour autant un bouclier ou, inversement, une arme de jet.

vable sous une forme aussi abrupte : les intellectuels ne peuvent être présentés, en bloc, comme de valeureux redresseurs de torts et comme les garants de l'honneur national, ni, inversement, comme les clones tristes et sans cesse renaissants d'une espèce politiquement dangereuse et irresponsable. Loin des jugements péremptoires et des anathèmes jetés par les uns sur les autres, s'il fallait une morale à cette histoire des intellectuels dans le siècle, elle s'imposerait d'elle-même, dans sa simplicité prosaïque : ces intellectuels ne sont pas infaillibles, et ils ont, au fil de leur périple, fait quelques... pas de clerc.

DES CLERCS
À RESPONSABILITÉ LIMITÉE

La nouvelle n'est ni originale ni accablante. Le constat recèle pourtant une contradiction flagrante. C'est dès le début au nom de l'entendement que les clercs de tous bords, on l'a vu, ont implicitement et quelquefois explicitement revendiqué leur droit – et souvent, selon eux, leur devoir – à l'engagement et justifié ainsi le pouvoir d'influence qui fut incontestablement le leur à certains moments du xxᵉ siècle français. Or certains défauts – non spécifiques, il est vrai – sont parfois apparus lors de cet engagement : ingénuité, par exemple, ou méconnaissance des rapports de forces nationaux ou internationaux. Certes, ce sont là un tribut payé au statut complexe du clerc et un reflet classique d'une position inconfortable, celle de l'éthique au contact de la réalité. Mais ces défauts ne revêtent-ils pas une gravité particulière quand l'intervention en politique et le rôle joué sont censés procéder de la lucidité, nourrie par la Raison ?

Faudra-t-il en conséquence, au nom de cette même Raison, prononcer l'oraison des clercs en politique ? On retomberait dans l'ornière d'une histoire polémique. Car si l'historien ne peut éluder la question – qui est une vraie question d'histoire – de la responsabilité de l'intellectuel, il pressent aussitôt qu'à la formuler et à l'insérer telle quelle dans la conclusion d'une étude sur les grands textes collectifs issus de la cléricature, il risque de se fracasser sur les écueils de la subjectivité. D'autant que notre propos n'est pas de conclure à la bienfaisance ou, inversement, à la nocivité de telle ou telle pétition, ni de nous livrer au jeu rétrospectif du tri entre les textes qui auraient bien vieilli et ceux qui, loin de se bonifier, auraient mal supporté le recul de l'histoire et pour lesquels ce livre constituerait une sorte de cimetière des idées reçues. Il s'agit plus simplement d'observer que, dans la mesure où elles ont parfois pesé sur l'événement, ces pétitions sont à traiter à la fois comme des reflets et, parfois, des moteurs de l'Histoire. Le problème de la responsabilité existe donc. Seulement, il n'est pas traité ici sous l'angle éthique mais sous celui, plus concret, de l'influence du clerc. Ce problème, il est vrai, n'est pas une simple question d'école : par son influence, le clerc engage souvent d'autres destins que le sien.

Une telle influence, assurément, est variable et difficile à doser. L'hypothèse basse consisterait à en minimiser le poids. Ainsi, pour en rester aux pétitions, celles-ci ne constitueraient-elles pas avant tout un phénomène endogène ? Et les intellectuels ne se contenteraient-ils pas de parler aux intellectuels ? La question doit être posée, car de la réponse découle une observation plus générale et plus décisive encore : si les pétitions sont restées avant tout des modes de communication internes au milieu intellectuel et si elles ne sont qu'autant de « Bateaux-lavoirs » accueillant et mettant en scène des micromilieux soudés par des sensibilités communes, leur recension ne reflèterait que les grands débats de ce milieu. Cette recension, en revanche, revêt une tout autre signification et acquiert une portée plus grande si l'on ne s'en tient pas à cette thèse endogène, et si l'on estime que les grands débats des clercs résonnent dans le reste de la communauté civique et rythment ses pulsations, en dégageant les enjeux et en indiquant les issues possibles. Dans cette dernière hypothèse, l'électro-encéphalogramme du milieu intellectuel présenterait des oscillations à l'unisson de l'électrocardiogramme de la société tout entière.

On se gardera bien sûr de formuler une réponse globale à ce problème décisif. D'une part, le degré de perméabilité entre cléricature et couronnes extérieures varie avec les situations historiques. D'autre part, ce ne sont pas, la plupart du temps, les cas de figure extrêmes qui ont prévalu. On le voit bien, par exemple, en deux moments importants de l'histoire des pétitions. Ainsi, durant l'affaire Dreyfus, les intellectuels ne s'adressaient pas à leurs seuls pairs et le texte fondateur,

« J'Accuse... ! », n'était pas à usage interne. Mais, inversement, ces interventions des clercs ont alors balisé le champ d'affrontement et fourni des arguments aux deux camps. « L'Affaire » dépassa le seul aspect d'un duel d'intellectuels, lesquels ont amplifié assurément, décanté probablement, mais non créé *ex nihilo* le débat civique autour de la condamnation du capitaine Dreyfus. Et plus d'un demi-siècle plus tard, quand les intellectuels s'engageront en guerre d'Algérie, le bilan sera, somme toute, pour ce qui concerne l'influence, assez proche. Dans les deux cas, en fait, les grandes interventions collectives des intellectuels, par l'énoncé – souvent – de positions de principe, ne s'en tenaient pas à une guérilla avec ceux d'en face. Doit-on pour autant conclure à un très large écho de ces pétitions ? Ce serait oublier qu'elles étaient, en général, peu relayées par la grande presse. Inversement, il est vrai, la montée de l'anti-intellectualisme lors de ces deux épisodes apparaît bien, rétrospectivement, comme une reconnaissance du rôle joué alors par ces intellectuels.

Il serait donc excessif de parler des pétitions comme d'un phénomène *endogène*, cantonné au milieu intellectuel. Ce qui ne veut pas dire que les mécanismes *internes*, propres au milieu intellectuel, doivent être sous-estimés par le chercheur. Les grandes vagues de pétitions s'adressent certes à l'opinion, mais il ne faudrait pas en nier l'aspect « catégoriel », voire corporatif : souvent les intellectuels se mobilisent dans un camp après mobilisation de l'autre camp. Et, chez les clercs, la mobilisation signifie la guerre, puisque cette guerre des pétitions consiste à se compter. La force de frappe réside dans l'ampleur des signatures, ainsi que dans la capacité et la rapidité de mobilisation. Après le *Manifeste des intellectuels* de janvier 1898, les clercs de droite se mobilisèrent, par déclarations publiques et création de ligues, autant contre leurs confrères de l'autre camp que contre Alfred Dreyfus. Et pendant la guerre d'Algérie, le *Manifeste des intellectuels français* attaquait le soutien à l'insoumission mais, tout autant, les « 121 » eux-mêmes.

Observation qui, du reste, confère à l'étude des pétitions un autre intérêt et lui assigne un autre objectif : étudier une mobilisation, c'est, en effet, mettre en lumière des rouages et des structures, en d'autres termes c'est étudier une sociabilité. Tel était l'un des objectifs assignés à cette recherche, et chaque pétition fournit d'une certaine manière une étude de cas. Dans les limites de ce livre, on s'est d'ailleurs borné le plus souvent, sur ce plan, à ébaucher des pistes.

HUMEURS ET RUMEURS

Pour chaque période et pour chaque cas, il reste donc bien des recherches à étayer et bien des aspects à approfondir. D'autant que l'acte de signer est toujours, somme toute, le produit d'une alchimie complexe, à la confluence du collectif – les sociabilités – et de l'individuel. C'est à dessein qu'on ne s'est pas longuement penché, dans ce livre qui entend plutôt rendre compte d'engagements collectifs, sur les motivations personnelles qui peuvent pousser à parapher une pétition.

Une typologie de ces motivations est, de surcroît, sans doute hasardeuse, tant celles-ci peuvent varier. Ce constat ne dispense pas pour autant de tenter d'en faire l'inventaire. Ainsi, on l'a vu, dans la décision d'apposer sa signature, entrent probablement pour partie un souhait d'identification à une cause et donc une recherche d'identité idéologique : « Un intellectuel, notait Jean Guéhenno en août 1938, n'est qu'une sorte d'ingénieur qui ne connaît bien que l'épure qu'il s'est faite de l'univers et qui ramène tout à ses lignes [1]. » S'y mêle parfois, également, une quête d'identité sociale, à la fois par agrégation à un groupe – même éphémère – et par reconnaissance d'un pouvoir d'influence et d'un rôle à jouer. La pétition, nous l'avons déjà souligné, est un phénomène le plus souvent aristocratique, avec, du reste, une contradiction inhérente au genre : il faut « se compter » et faire masse, mais dans le même temps il convient de ne pas dévaluer l'appel par la publication de signatures par trop plébéiennes.

Autre contradiction, liée à une deuxième motivation possible : le clerc entend, en signant, faire acte de présence, pour des raisons qui peuvent varier, depuis celles que l'on vient d'évoquer jusqu'à des motivations éthiques ou tenant à l'image que les intéressés se font de leur rôle d'intellectuel. Or cette politique de la présence

1. Jean Guéhenno, *Journal d'une « Révolution ». 1937-1938*, Grasset, 1939, p. 196.

peut, précisément, se trouver contrariée par cette forme de « numerus clausus de la H.I. [1] ».

Ces premières motivations ont, en tout cas, en commun une démarche volontaire, de conviction ou de solidarité. Mais, de la solidarité, on glisse insensiblement aux pressions morales qui peuvent s'exercer et, de là, à des raisons moins pures : le conformisme, parfois, la crainte aussi de décevoir ou de se singulariser. Certes, Albert Camus a défini un jour devant Jean Daniel l'intellectuel comme « quelqu'un qui sait résister à l'air du temps [2] », mais il y faut parfois, semble-t-il, bien de la force d'âme. Plus prosaïquement, combien de fois un intellectuel n'a-t-il pas signé pour « avoir la paix » ? D'autant que, dans ce milieu presque clos qu'est l'intelligentsia, il est parfois difficile d'esquiver les sollicitations et d'éviter d'être mis en demeure de signer. Toutes proportions gardées, l'anecdote de la philosophe Simone Weil arpentant le microcosme de l'École normale supérieure une pétition à la main prend valeur de symbole : « On l'évitait plutôt dans les couloirs, se rappellera l'un de ses camarades, pour la façon qu'elle avait, tout à trac, de vous mettre devant vos responsabilités en réclamant des signatures pour une pétition [3]. » Et la « Revue » de la rue d'Ulm brocardera cette militante trop encline à

1. Michel Deguy, *Le Comité. Confessions d'un lecteur de Grande Maison*, Champ Vallon, 1988, p. 127 (H. I. signifiant Haute Intelligentsia).
2. Jean Daniel, « Camus contre l'air du temps », *le Nouvel Observateur*, 17 avril 1987, p. 108.
3. Victor-Henry Debidour, *Simone Weil ou la transparence*, Plon, 1963, p. 24.

« faire signer des libelles, des pétitions jusqu'à demain [1] ».

On se gardera toutefois de faire de la signature par lassitude le cas le plus courant. C'est, au contraire, avec gravité qu'une pétition est le plus souvent signée : le passage à l'acte s'accompagne généralement de scrupules et d'hésitation. Et l'on pourrait, à cet égard, écrire un florilège des émois des pétitionnaires de fond. Ceux, par exemple, de François Mauriac, dont l'engagement est jalonné de ces balancements, sinon de l'âme, tout au moins du cœur et de l'esprit. Ainsi, quand il signa au printemps 1937 le manifeste *Pour le peuple basque*, « ce ne fut pas sans balancer », avouera-t-il quelques semaines plus tard, ajoutant : « J'ai souffert de sembler apporter de l'eau, ou plutôt du sang, au moulin communiste [2]. » Et quand il signe en novembre 1955 le texte fondateur du Comité d'action contre la poursuite de la guerre en Afrique du Nord, il écrit dans son « Bloc Notes », on l'a vu, que certains aspects du texte lui semblent irréalistes ou outrés [3] et confesse avoir signé l'ensemble sans enthousiasme. Onze ans plus tard, à nouveau mal à l'aise au moment de l'affaire Ben Barka, et tiraillé alors entre des fidélités contradictoires, il livre aux lecteurs du *Figaro littéraire* l'objet de son trouble : « Au vrai, j'étais un ressuscité malgré lui, condamné à signer, tous ces jours-ci, des communiqués que je n'avais pas rédigés. Certes, j'en

---

1. Arch. Nat. 61 AJ 165 (pour le texte complet, *cf. Génération intellectuelle*, réf. cit., p. 477).
2. « Le membre souffrant », *Sept*, n° 170, 28 mai 1937, p. 20 (repris dans *Mémoires politiques*, Grasset, 1967, p. 81).
3. *L'Express*, 7 novembre 1955, p. 12.

approuvais l'esprit et la lettre – mais non toutes les intentions [1]. »

On comprend mieux, dans ces conditions, pourquoi l'acte de signer, tout en étant une forme essentielle de l'engagement du clerc, n'a jamais réellement fait l'unanimité sur son opportunité. Et si ce livre, par définition, ne donne la parole qu'à ceux qui ont donné de la voix par pétitions interposées, on pourrait faire de son index une lecture différentielle : y apparaît en creux la liste de ceux qui – pour des raisons qui appelleraient elles aussi inventaire et typologie – se turent ou choisirent d'autres formes d'expression. En raison du silence des uns, la voix des autres n'en rencontra donc que plus d'écho. D'où la nécessité, qu'il faut à nouveau rappeler, de pondérer les indications du sismographe.

D'où, aussi, le fait que la pétition est un genre contesté à l'intérieur même de la sphère intellectuelle. Et si ce livre s'est ouvert sur la très dense activité de signataire de Jean-Paul Sartre, un autre intellectuel de poids, Albert Camus, adopta au contraire, à l'égard de l'usage des pétitions et de leur principe même, une attitude réticente au moment précisément où, au cœur de la guerre d'Algérie, celles-ci étaient devenues une arme de la « bataille de l'écrit ». Dans une lettre à la date imprécise – « 3 avril » –, mais dont la teneur suggère qu'elle est probablement postérieure à 1956, il se prononce sans ambiguïté : « J'ai décidé, il y a plus d'un an, après avoir reconnu ce qui me séparait irrémédiablement de la gauche comme de la droite sur la question algérienne, de ne plus

1. *Le Figaro littéraire*, 27 janvier 1966, p. 16.

m'associer à aucune campagne publique sur ce sujet. Les signatures collectives, ces alliances équivoques entre des hommes que tout sépare par ailleurs, entraînent des confusions qui débordent largement, et compromettent par conséquent, l'objectif qu'elles veulent servir [1]. » La réflexion d'Albert Camus sur ce point s'était, en fait, déjà amorcée auparavant. Ainsi, en janvier 1956, alors qu'il s'apprête à lancer son *Appel pour une trêve civile*, il situe son engagement aux antipodes de la « surenchère verbale » que revêt souvent à ses yeux l'intervention du clerc : « L'intellectuel par fonction, et quoi qu'il en ait, et surtout s'il se mêle par l'écrit seulement des affaires publiques, vit comme un lâche. Il compense cette impuissance par une surenchère verbale. Seul le risque justifie la pensée [2]. »

À travers cette notion de « risque », c'est en fait la notion de l'intellectuel acteur de l'Histoire, opposée au statut de simple commentateur, qui est ainsi en question. Là encore, on pourrait réunir une anthologie – pas forcément anti-intellectualiste, du reste – des variations autour de cette opposition et de la mauvaise conscience qui parfois en découle. Cette mauvaise conscience serait, d'ailleurs, un élément supplémentaire à ajouter à la typologie des motivations des signataires des pétitions et manifestes. Ainsi, évoquant la campagne en sa faveur au moment de son emprisonnement en Bolivie, Régis Debray reconnaît sa dette, mais s'interroge aussi sur le moteur profond qui

---

1. Albert Camus, *Carnets*, III, *mars 1951-décembre 1959*, Gallimard, 1989, p. 238.
2. *Ibid.*, p. 182.

mit ses pairs en marche : « Quant à l'intelligentsia, à laquelle je dois beaucoup, rien de plus aisé que de la faire marcher comme un seul homme quand on est derrière les barreaux et qu'on a un brin de plume. Elle se sent tellement coupable de ses mains blanches qu'un faux innocent aux mains sales fera toujours un martyr adorable [1]. »

Assurément, si la pétition est un genre pour temps de bourrasque historique, force est de constater que ses signataires, le plus souvent, ne risquent pas le naufrage. De là à écrire que leur rôle se borne alors à observer depuis le rivage les flots agités, il n'y a qu'un pas – qu'on ne franchira pas ici. Mais une autre remarque de Régis Debray suggère cruellement que, lorsque à la bourrasque succède la tempête, apparaissent d'autres formes d'action, autrement plus dangereuses : « Un bachelier en 1914 était un tué en sursis. En 1940, un déporté en instance de départ. En 1960, un pétitionnaire en herbe [2]. »

Sous une forme volontairement abrupte, il y a là, de fait, une réelle question d'histoire. À condition toutefois de ne l'assortir ici d'aucun jugement moral : d'une part, l'évaluation des risques encourus n'est pas du ressort de l'historien, qui ne délivre pas de brevet de danger ; d'autre part, il est dans la logique des sociétés humaines de connaître des climats variables, et le baromètre n'y indique pas toujours la tempête ni même la bourrasque. On retiendra pourtant de ce qui précède que la pétition, au sein même de la cléricature, n'est pas un

1. Régis Debray, *les Masques*, réf. cit., p. 126.
2. Régis Debray, *les rendez-vous manqués*, Le Seuil, 1975, p. 86.

mode d'expression qui fait l'unanimité et jouit de l'estime générale.

Raison de plus, d'ailleurs, pour s'interroger sur les motivations des clercs qui signent. À celles déjà évoquées, il faut en ajouter d'autres et se demander notamment pour quelle part interviennent dans l'acte de signer – et, plus largement, dans la constitution ou la désagrégation de structures de sociabilité – les facteurs affectifs. L'attirance et l'amitié et, *a contrario*, l'hostilité et la rivalité, la rupture, la brouille et la rancune jouent, en effet, un rôle parfois décisif dans les rapports entre intellectuels. Cela, objectera-t-on, est vrai de toute microsociété. Mais l'imbrication de ces facteurs affectifs et des tensions dues aux débats d'idées débouche peut-être, dans certains cas, sur une pathologie spécifique de l'intellectuel. Assurément une telle approche est délicate, car un tel constat a pu parfois être détourné et de clinique devenir polémique, nourrissant notamment une certaine vision anti-intellectualiste. Peut-on pour autant l'abandonner totalement ?

Déjà, dans l'Athènes des ve et ive siècles avant notre ère, les « sages » sont souvent ridiculisés par les comédies, qui les dotent d'un physique ingrat et chétif, d'une crasse et d'une odeur incommodantes, et d'un comportement souvent étrange [1]. Dans l'Europe occidentale du xviiie siècle, les « gens de lettres » sont en proie à l' « insomnie » et à l' « hypocondrie », ils abusent du tabac, et le docteur Samuel-Auguste-André-David Tissot leur

---

1. *Cf.* Pascale Alexandre, « L'intellectuel dans la comédie athénienne (v^e-ive siècles av. J.-C.), un corps ambigu », *Sources. Travaux historiques*, n° 5, 1er trimestre 1986.

conseille de « prendre plus d'exercice » – notamment en jouant à la paume – et de suivre un meilleur régime alimentaire [1]. Et Augustin Cartault, professeur de poésie latine à la Sorbonne, propose en 1914, dans *l'Intellectuel* [2], une « étude psychologique et morale » de ce dernier. L'un des chapitres, consacré aux « influences qui conditionnent la pensée », s'inquiète de « l'état maladif » qui surgit parfois et insiste sur « l'influence de la sensibilité ».

Il serait intéressant, en tout état de cause, de tenter de recenser les cas où cette « sensibilité » a sans aucun doute joué – au moins partiellement – un rôle. On connaît les phrases rédigées par Jean-Paul Sartre au lendemain de la mort d'Albert Camus : « Nous étions brouillés, lui et moi : une brouille, ce n'est rien – dût-on ne jamais se revoir –, tout juste une autre manière de vivre ensemble et sans se perdre de vue dans le petit monde étroit qui nous est donné. Cela ne m'empêchait pas de penser à lui, de sentir son regard sur la page du livre, sur le journal qu'il lisait, et de me dire : " Qu'en dit-il ? Qu'en dit-il en ce moment ? " [3] » Combien

1. D'après son « discours » inaugural prononcé à Lausanne en 1766, le jour de son installation dans la nouvelle chaire de médecine fondée dans cette ville : *cf.* son *Avis aux gens de lettres et aux personnes sédentaires sur leur santé*, Paris, J. Th. Hérissant-fils, 1767, XII-119 p., texte qu'il renie (en raison d'une « traduction détestable » de son « discours » prononcé en latin) dans la préface de *De la santé des gens de lettres*, Lausanne, F. Grasset, Paris, P.-F. Didot le jeune, 1768, XVI-246 p. (je me suis donc référé à cette édition, notamment pp. 46, 51, 145 et 210). Sur le clerc à l'époque moderne, *cf.* les travaux de Daniel Roche, et notamment son bel article, « L'intellectuel au travail », *Annales. Économies. Sociétés. Civilisations*, 1982, 37ᵉ année, pp. 465-480.
2. Augustin Cartault, *l'Intellectuel*, Librairie Félix Alcan, 1914.
3. *France Observateur*, 7 janvier 1960.

de polémiques – éventuellement lestées de signatures – qui ont parfois façonné en partie l'air du temps intellectuel ont-elles été dictées à leur auteur par le souhait que « l'autre » réponde publiquement à la question qui précède ? Inversement, ce serait bien sûr une lourde erreur scientifique et... psychologique que de surévaluer l'importance et le rôle des coups de cœur des clercs.

Mais, répétons-le, cette dimension ne doit pas être pour autant gommée. Tout comme doivent être prises en considération les humeurs et les rumeurs du triangle magique sis entre Seine et Jardins du Luxembourg : ce qui s'y colporte sur la santé, les amours, les évolutions politiques, les ralliements et les défections, les ruptures et les retrouvailles, les brusques conversions et les illusions perdues est un objet d'histoire, dans la mesure où ces éléments pèsent – parfois – sur le fonctionnement de cet écosystème qu'est l'intelligentsia [1].

UNE SPÉCIALITÉ FRANÇAISE ?

Cette concentration autour de quelques sites parisiens n'est, du reste, que le reflet et le symbole de la centralisation culturelle française, qui est une donnée aux racines historiques. Et ce que Jean-Paul Aron avait appelé naguère la « souveraineté

---

1. Je me suis permis de reprendre ici, sur le rôle des facteurs affectifs en milieu intellectuel, une analyse déjà ébauchée dans ma contribution à *Pour une histoire politique*, publié sous la direction de René Rémond (« Les intellectuels », *op. cit.*, Le Seuil, 1988).

de Paris [1] » dans le domaine de la création rejaillit forcément sur une localisation parisienne des clercs. Les pétitions sont à cet égard un bon reflet de cette concentration, croissante de surcroît : entre 1946 et 1958, sur 130 manifestes analysés, 7 seulement ont été suscités par des intellectuels de province, et la proportion s'abaisse encore entre 1958 et 1969, avec 13 textes « provinciaux » sur 488 [2].

Ce rythme même confirme la corrélation entre les pétitions et ces phénomènes de concentration spatiale. En effet, même si l'on suit Régis Debray et sa théorie des trois « âges » – universitaire (1880-1930), éditorial (1920-1960) et médiatique (depuis 1968), distingués dans *le Pouvoir intellectuel en France*, et dont les dates se chevauchent aux marges –, il y a certes déclin progressif des universitaires, mais ceux-ci, par un phénomène de rémanence, sont encore largement présents tout au long du premier demi-siècle et jusque dans les années 1950, à travers le maillage des universités de province. L'âge « éditorial » a beau accélérer progressivement le phénomène de concentration, quelques professeurs des facultés de province assurent un relais et un contrepoids tout à la fois. Les pétitions de la lutte antifasciste faisaient ainsi une – petite – part à ces professeurs non parisiens, et sur les 7 manifestes provinciaux entre 1946 et 1958, 5 étaient des initiatives d'universitaires. À la même époque, et ce n'est pas une coïncidence, les Lyonnais Jean Lacroix et André Latreille tiennent

1. *Qu'est-ce que la culture française?*, essais réunis par Jean-Paul Aron, Denoël-Gonthier, 1975, p. 38.
2. Yves Aguilar, *op. cit.*, p. 43, et Dominique-Pierre Larger, *op. cit.*, p. 27.

les feuilletons philosophique et historique du
Monde, auquel le Bordelais Robert Escarpit donne
des « billets » réguliers. Et en ces années 1950, fer-
tiles en « clubs » politiques, ceux-ci ont, par
l'intermédiaire du milieu universitaire, des ramifi-
cations provinciales ou sont même parfois des
créations locales : ainsi le cercle Tocqueville à
Lyon.

La décrue provinciale qui s'amplifie ensuite – et
qui est sensible, par exemple, à travers les pétitions
lancées entre 1958 et 1969 – annonce l'ère médiatique, par essence encore plus centralisatrice que
l'âge éditorial. Mais, répétons-le, ce n'est là, au fil
du siècle, qu'affaire de degré dans un contexte toujours fortement centralisé. Peut-on considérer
pour autant que des pays de moindre concentration culturelle n'ont pas connu un rôle aussi actif
de leurs intellectuels, davantage éparpillés dans
l'espace national ? De cette question en découle
une autre, plus large : y a-t-il une spécificité des
intellectuels français, pour ce qui concerne leur
rôle historique et leurs rapports avec la vie de la
cité ? Interrogation essentielle, mais qu'il n'est pas
question de résoudre ici en quelques lignes : seule
une démarche comparative rigoureuse devrait permettre d'apporter une réponse étayée, et il y a là
tout un chantier à ouvrir. À cet égard, du reste, les
pétitions peuvent fournir un indicateur utile : y
a-t-il eu en d'autres pays une activité pétitionnaire
comparable ou bien sommes-nous en face d'une
spécialité française ? Là encore, on se gardera de
trancher en quelques mots. D'autant que la
réponse varie probablement avec les pays et les
périodes. Il semble, en tout cas, qu'à supposer que

cette pratique n'ait pas existé ailleurs dans un premier temps, ou avec un usage de moindre intensité, elle se soit ensuite acculturée ou amplifiée. Ainsi, dans l'Allemagne de la Première guerre mondiale, 93 intellectuels publièrent un manifeste intitulé *Appel aux nations civilisées* [1]. Ainsi encore, dans l'Italie de l'après-Seconde guerre mondiale, le journal *Risorgimento liberale* du 25 février 1948 proposait malicieusement de rassembler tous les manifestes, nombreux en cet après-guerre agité, en un *Corpus manifestorum intellectualorum* [2]. Et il faudrait aussi étudier, par exemple, les modes d'intervention des intellectuels américains durant la guerre du Vietnam.

LA FIN DE LA PISTE ?

Revenons ici à l'intelligentsia française. Si son intervention politique a été indéniable et soutenue, quels en ont été la portée et l'écho ? L'un des objectifs assignés à ce livre était de tenter de répondre à cette question essentielle. À la fois sismographe et observatoire, l'étude des pétitions et manifestes devait, en effet, notamment permettre, d'une part, d'évaluer l'amplitude et la signification des frémissements, ondes et secousses qui ont effleuré, parcouru ou ébranlé la communauté nationale, d'autre part, d'y repérer et d'y analyser le rôle joué par les clercs.

1. Sur les réactions à ce manifeste, *cf.* Christophe Prochasson, *op. cit.*, pp. 307 *sqq.*
2. Cité par Nello Ajello, *Intelletuali e PCI 1944-1958*, Bari, Laterza, 1979, p. 481, note 53 (source aimablement signalée par mon collègue Marc Lazar).

Le relevé d'oscillations s'est fait au fil de l'étude,
tout comme leur interprétation. Ont pu être ainsi
redressés, entre autres, des lieux communs sur les
intellectuels qui étaient, en fait, autant de mythes :
par exemple, l'image d'une cléricature penchant
largement à gauche au moment du Front populaire, ou un anticolonialisme qui aurait été massif
en milieu intellectuel à l'époque de la guerre
d'Algérie, ou encore des intellectuels de gauche
« silencieux » après 1981. A pu également être rap-
pelée cette vérité d'évidence : par-delà les déformations rétrospectives et les amplifications ou,
inversement, les oublis de la mémoire collective, le
plus simple est toujours, chaque fois que cela est
possible, de se reporter aux textes – et, bien sûr, de
les replacer dans leur contexte. Ce qui est vrai pour
les écrits d'un écrivain l'est tout autant, en effet,
pour les manifestations collectives d'un groupe de
clercs. Cette référence constante aux textes ne se
fait pas, on l'aura compris, au nom d'une sorte
d'intégrisme néo-positiviste, mais tout simplement
parce que l'intellectuel s'est longtemps exprimé
avant tout par l'écrit, en des termes souvent pesés
au trébuchet. Pour l'historien, de ce fait, mettre
l'intellectuel « en situation » dans le débat civique,
c'est avant tout rappeler ses textes engagés, individuels ou collectifs. Et les pétitions, à cet égard,
sont précieuses. Car si elles sont la plupart du
temps elles aussi soigneusement pesées, leur statut
de textes de circonstance en fait, dans le même
temps, sans que cela soit contradictoire, des textes
allant à l'essentiel, bruts de décoffrage en quelque
sorte, et qui livrent de ce fait les données d'un
débat sans trop d'afféterie.

Ce relevé d'oscillations au fil du siècle reste toutefois muet, par essence, sur cette question fondamentale qui se profile en filigrane des derniers chapitres de ce livre : la suite de la courbe marquera-t-elle à court terme, pour les clercs, la fin de la piste, après neuf décennies d'engagement dense ? Avant de tenter un diagnostic, l'historien doit confesser plusieurs scrupules. D'une part, il s'agit pour lui d'une histoire dont il est directement le contemporain : indépendamment même des problèmes d'objectivité que peut poser la proximité du chercheur et de son objet d'étude, ce chercheur ne risque-t-il pas de manquer de recul, surtout pour juger d'une « fin » éventuelle ? D'autre part, et c'est précisément l'un des objets de ce livre, l'histoire des intellectuels a été, par moments, pleine de fureur et de bruit, et de surcroît à forte teneur idéologique. De ce fait, plus encore que pour des raisons de proximité chronologique, cette histoire dont les feux sont encore mal éteints risque de faire déraper le chercheur, s'il n'y prend garde, vers des jugements de valeur. Enfin la troisième difficulté tient à cette vérité d'évidence : l'histoire ne s'arrête jamais à une date donnée, et il est rare que l'historien puisse utiliser le mot fin sans solliciter les faits.

Ces trois obstacles sont réels, mais ils ne sont pas insurmontables, loin s'en faut. Aux deux premières objections, on répondra que l'école historique française a maintenant démontré que l'on pouvait faire sans problèmes excessifs une « histoire du temps présent ». La date de 1945 est désormais fréquemment dépassée, et le tabou qui a pesé longtemps sur cette histoire proche est

maintenant largement et légitimement trans-
gressé. Quant à la troisième objection, sur une histoire qui ne s'arrête jamais, elle n'empêche pas
d'étudier les phénomènes de *transition*, qui sont
d'autant plus instructifs à analyser que s'y lisent un
passé proche, un présent et même, avec des pré-
cautions (car l'historien n'a pas de don divina-
toire), un avenir immédiat.

Il est donc possible d'ébaucher un diagnostic, à
défaut d'un pronostic. Évitons tout d'abord les
erreurs de perspective. On connaît l'antienne
reprise en chœur au début des années 1980 : les
grandes idéologies se sont fracassées sur les bri-
sants de la réalité historique, leurs grands mages
sont morts ou se sont tus. Ainsi formulés, ces
constats sont devenus autant de banalités et
d'approximations que le chercheur se gardera
bien d'entériner. L'histoire des intellectuels ne
s'est pas arrêtée brutalement à la charnière des
deux dernières décennies, et ce livre ne se veut
pas le cénotaphe des très riches heures de cette
histoire.

Une réalité demeure, en revanche. Au seuil de
ces années 1980, l'aura des intellectuels apparaissait, à travers une enquête publiée par *l'Express* [1],
singulièrement ternie et, surtout, leur influence
n'était pas – ou plus ? – ce que l'on croyait. Une
décennie, depuis, s'est écoulée, et le bilan, semble-
t-il, ne s'est guère redressé. Deux indicateurs sont à
cet égard significatifs et convergents. Première
observation : au miroir de leurs contemporains,
les clercs français ne sont guère crédités d'un

1. *Cf. supra*, p. 473.

« pouvoir ». Un sondage de la SOFRES d'octobre 1989 est, en effet, accablant :

> « Quelles sont les deux catégories qui, selon vous, détiennent le plus de pouvoir aujourd'hui en France ?

Les hommes politiques	64 %
Les banquiers, les financiers	59 %
Les hauts fonctionnaires	25 %
Les chefs des grandes entreprises	20 %
Les hommes de communication (journalistes, publicitaires...)	17 %
Les intellectuels et les artistes	1 %[1]

Peut-on tempérer, par une autre approche, l'appréciation globale et objecter qu'il ne s'agit là que de *perception* ? De fait, il n'était pas demandé aux sondés si les clercs exerçaient sur eux une influence, mais s'ils jugeaient que ceux-ci, globalement, avaient une influence – et donc une forme de « pouvoir » – sur leurs contemporains. Las ! un autre sondage, daté de septembre 1989, évalue, lui, *l'influence* et non sa perception. Or ses résultats corroborent – avec, il est vrai, des taux moins abyssaux – les indications de l'étude de la SOFRES[2] :

---

1. Réponses à un sondage effectué du 5 au 9 octobre 1989 (*le Point*, n° 891, 16 octobre 1989).
2. Enquête de SCP Communication, réalisée du 6 au 15 septembre 1989, pour le *Journal des élections* (n° 9, septembre-octobre 1989, pp. 7 *sqq*), *Libération*, Europe-1 et l'Institut de la décentralisation.

Pour comprendre les enjeux de la société,
à qui faites-vous confiance ?

	Aux chefs d'entre-prise	Aux intellec-tuels	Aux journa-listes	Aux syndi-calistes	Aux hommes poli-tiques	Autorités morales, reli-gieuses
ENSEMBLE	35 %	17 %	11 %	11 %	16 %	10 %
Moins de 25 ans	32 %	24 %	15 %	7 %	16 %	6 %
25-54 ans	37 %	17 %	11 %	11 %	17 %	7 %
55 ans et plus	33 %	12 %	9 %	12 %	15 %	19 %
Selon la PCF	15 %	18 %	7 %	41 %	13 %	6 %
Proximité PS	30 %	18 %	13 %	14 %	17 %	8 %
Politique Verts	32 %	24 %	13 %	8 %	12 %	11 %
UDF	42 %	15 %	10 %	5 %	15 %	13 %
RPR	48 %	10 %	8 %	4 %	18 %	12 %
FN	37 %	19 %	14 %	1 %	20 %	9 %
Aucun parti	43 %	13 %	8 %	5 %	16 %	15 %

Et nous retrouvons ainsi les pétitions. S'il faut en croire les chiffres qui précèdent, une manifestation du CNPF ou la prestation publique d'un « manager » auront plus d'impact qu'une déclaration d'intellectuels, dont la lucidité supposée ne dépasse que de 1 % celle attribuée aux « hommes politiques ». Ce qui, en ces temps de « dépolitisation », ne constitue probablement pas une comparaison flatteuse...

Assurément, pour l'interprétation et surtout la mise en perspective de ces chiffres, l'historien dispose de peu de recul, faute de sondages comparables en 1945, par exemple, ou en 1956 et 1968. À bien y regarder, s'y dessinent pourtant, plus que les symptômes d'une crise conjoncturelle, les mécanismes d'un déclin peut-être structurel. Et ce pour trois raisons, au moins. D'une part, ces intellectuels se meuvent dans une société où le niveau culturel s'est globalement élevé au fil des décennies du siècle. Le faible poids des élites intellectuelles n'en est donc que plus frappant. Même si le rôle des intellectuels au moment de l'affaire Dreyfus demande, nous l'avons dit, à être nuancé par rapport à celui des autres acteurs politiques, ce rôle reste assurément d'autant plus notable rétrospectivement qu'il fut tenu dans une société française encore peu désenclavée culturellement.

D'autre part, et il faut y revenir à nouveau, le rôle des intellectuels tout au long du siècle trouvait sa légitimité dans le fait – qui ne relevait pas seulement de l'autoproclamation – que les clercs étaient considérés comme plus clairvoyants que la plupart de leurs concitoyens : aux yeux de ceux-ci, les intellectuels ne pouvaient qu'être intelligents et donc lucides. Or, si l'on considère que la reconnaissance d'une clairvoyance débouche sur la « confiance », le second sondage dévoile sur ce plan une incontestable érosion.

D'autant – et c'est une troisième cause de déclin que laisse apparaître ce sondage – qu'en réalité, plus que cette clairvoyance qu'on leur a longtemps attribuée, c'est en fait leur puissance d'argumentation, et donc d'intimidation, qui impressionnait. Or, dans ce domaine également, les deux sondages évoquent un décrochage.

Nous sommes revenus là au cœur de cette question essentielle – dont l'étude des pétitions fournit un angle d'attaque – qu'est la place des intellectuels dans l'histoire des houles qui ont secoué la communauté nationale. Ces intellectuels ont été assurément partie prenante dans les passions françaises nées de ces houles. Avec, du reste, une généalogie à établir dans cette intervention : comme l'a écrit René Pomeau à propos de Voltaire, ce dernier « a habitué les Français à attendre du génie littéraire autre chose que des divertissements : une direction de conscience [1] ». Si les pétitions au moment de l'affaire Dreyfus constituent, d'une certain façon, l'acte de baptême de l'intellectuel engagé, sa naissance remonte donc au siècle précédent.

Deux cents ans plus tard, les chocs idéologiques des années 1970 ont-ils, après cette longue et tumultueuse existence, sonné le glas de cette « direction de conscience » ? La situation faite à l'intellectuel dans la société française s'est, en tout cas, singulièrement altérée. Et la crise ne réside pas seulement dans le fait que le clerc est désormais, s'il faut en croire les sondages, un point quasi aveugle dans le regard de l'Autre, en d'autres termes de ses contemporains. Cette crise est également endogène. La baisse de l'activité pétitionnaire est, en fait, le reflet d'une crise d'identité. Et à cet égard, la simultanéité de publication et le succès rencontré au printemps 1987 par *la Défaite de la pensée* d'Alain Finkielkraut, *l'Âme désarmée* de l'universitaire américain Allan Bloom et *Éloge des intellectuels* de Bernard-Henri Lévy [2] sont significatifs. À travers le débat enclenché sur la nature de la « culture », ce sont en fait la définition et le rôle – c'est-à-dire l'identité – des hommes de création et de circulation des idées, les intellectuels, qui apparaissaient en filigrane.

---

1. René Pomeau, *Voltaire par lui-même*, Le Seuil, 1955, p. 34.
2. Respectivement édités chez Gallimard, Julliard et Grasset.

Le constat d'un « malaise dans la culture » par élargissement du champ « prétendument culturel » (Alain Finkielkraut), dont le résultat est que la culture cessait d'être un point de repère et un ciment pour une communauté civique (Allan Bloom), l'avènement du « tout culturel » (Bernard-Henri Lévy), tout cela débouchait notamment sur cette question : la montée d'une culture médiatique n'a-t-elle pas mis progressivement en selle de nouveaux leaders d'opinion ? À la Bourse des valeurs, le fantaisiste Coluche et le chanteur Renaud n'ont-ils pas peu à peu supplanté les intellectuels classiques ? Dans cette perspective, la pétition en faveur de Coluche à l'automne de 1980 apparaît, avec le recul, comme une sorte de Cheval de Troie : les futures victimes introduisaient leurs concurrents dans la citadelle du débat civique.

D'autant que ce débat perdait à la même époque ses teintes idéologiques au profit d'une sorte de consensus mou : à « Sartréaron », reflet des affrontements des décennies précédentes, aurait succédé « Sartron » (B.-H. Lévy), qui a gommé les aspérités et mis en avant les convergences. Et les intellectuels auraient été, au bout du compte, progressivement dépossédés du rôle qui fut longtemps le leur. Et ce, sous l'effet d'un triple choc : ces clercs ont perdu leur élément d'identité, la culture, victime d'une définition diluante ; supplantés par plus médiatiques qu'eux, ils n'ont plus leur rôle de hérauts ; dépouillés de leur coloration idéologique, ils ne peuvent plus, par leurs débats, dégager les enjeux des grandes controverses nationales. Ne constitueraient-ils plus qu'une espèce en voie de disparition, parvenue exsangue et sans voix au bout de la piste ? Comme l'écrit Bernard-Henri Lévy, les dictionnaires de l'an 2000 ne risquent-ils pas d'écrire : « Intellectuel, nom masculin, catégorie sociale et culturelle morte à Paris à la fin du XXe siècle ; n'a apparemment pas survécu au déclin de l'universel » ?

CHAMP DE RUINES...

Faut-il donc sonner le glas des intellectuels ? Et les derniers chapitres de ce livre doivent-ils être interprétés comme les ultimes mesures d'une pavane pour une intelligentsia défunte ? Un autre indice est lui aussi gros de conséquences apparemment mortifères. À défaut de jouer les devins, l'historien peut, en sondant le passé et en scrutant le présent, s'autoriser quelques projections vers le futur proche. Et ce par le phénomène de relève de générations, qui portent chacune leur code génétique – découlant des événements fondateurs qui la façonnent – et leur bagage culturel [1]. Or, au moment de la contestation lycéenne et étudiante de décembre 1986, les commentateurs s'étaient interrogés sur le profil culturel d'une génération qui plaçait Renaud, Daniel Balavoine et Coluche sur le devant de la scène. Vingt-neuf ans plus tôt, en décembre 1957, *l'Express*, radiographiant la « nouvelle vague », isolait une autre triade : Sartre-Gide-Mauriac. Et les observateurs des cadets de 1986 de conclure à une génération du regard et de l'image.

1. *Cf.* Jean-François Sirinelli, « Génération et histoire politique », *Vingtième siècle. Revue d'histoire*, n° 22, avril-juin 1989.

Même dans les nouvelles couches diplômées, le prestige médiatique est-il donc en train de remplacer le prestige intellectuel ? Incontestablement, en tout cas, un glissement s'est amorcé. L'émotion après la mort de Coluche et l'attitude quasi sacrale qu'eurent alors les médias sont, à cet égard, significatives. Et de ce glissement découle la crise d'identité – au miroir de leurs concitoyens et à leurs propres yeux – des intellectuels. Dans une société marquée par la montée structurelle de la culture de masse, les acteurs du culturel sont en train de changer. Longtemps ceux-ci se sont définis par rapport aux arts dits majeurs ou par rapport à l'écrit, littéraire ou scientifique. La révolution médiatique est en train de tout bouleverser. « En l'an 2000, déclara un jour Andy Warhol, tout le monde sera célèbre un quart d'heure [1]. » Derrière la boutade apparaît une incontestable réalité : sera célèbre qui accédera aux « médias ». Or, dans une définition large des pratiques culturelles, « prendre » les médias – comme on a « pris » la Bastille – introduit d'emblée dans le monde des hommes de culture. Dès lors, les journalistes et les artistes, hommes du verbe sans être toujours hommes de la pensée mais qui se trouvent par fonction en prise directe sur ces médias, sont-ils en train de remplacer les intellectuels dans la « direction de conscience » ? La question, bien sûr, ne se pose pas en des termes aussi peu nuancés. On remarquera pourtant, par exemple, que, lors des fêtes du Bicentenaire, c'est la presse qui a assuré le succès du défilé orchestré par Jean-Paul Goude, en en

1. Cité par Bernard-Henri Lévy, *op. cit.*

décrétant à chaud la réussite. Inversement, sur un défilé qui appelait, sans nul doute, des analyses et qui, en d'autres temps, aurait suscité des débats de fond, les intellectuels, favorables ou hostiles, sont restés curieusement silencieux.

S'ajoute d'ailleurs une autre donnée, devenue structurelle, qui pousse également dans le même sens et qui affleure à travers cette histoire des pétitions. Il s'agit de la question des vecteurs qui permettent la diffusion et la vulgarisation de la culture, mais aussi celles des prises de position des clercs. Ceux-ci, dont l'essence même est de contribuer à la création et à la circulation culturelles et dont l'influence politique se mesure souvent à l'aune de l'écho donné ou non à leurs prises de position, sont forcément tributaires de ces vecteurs. Et les rapports entre les uns et les autres relèvent, là encore, d'une histoire des rythmes et des cycles. Or, si l'on reprend la vision ternaire de Régis Debray, l'âge médiatique, à la différence des âges universitaire et éditorial qui le précédèrent, n'est pas de nature majoritairement intellectuelle. De surcroît, ses acteurs appartiennent à des mouvances diverses. Il y a donc, comme l'a noté Jacques Julliard, « constitution d'une superélite d'origine diversifiée » avec une conséquence déterminante : « la modification de l'échelle des références ». À « l'échelle d'excellence » qui caractérise les milieux homogènes se substitue « l'échelle de la notoriété », « seul étalon commun [1] » des milieux hété-

---

1. Jacques Julliard, « La course au centre », dans François Furet, Jacques Julliard et Pierre Rosanvallon, *la République du Centre*, Calmann-Lévy, 1988, p. 116.

rogènes de l'âge médiatique. Et sur de telles bases, les professionnels de la communication partent gagnants.

... OU CHAMP EN JACHÈRE ?

D'autres arguments, il est vrai, incitent à des conclusions moins pessimistes. Tout d'abord, faut-il le rappeler, les sondages ne sont jamais que des photographies de l'instant. D'autant que si ces sondages révèlent des intellectuels à l'influence momentanément ou durablement érodée, le milieu intellectuel français, en tant que lieu de création et de recherche scientifique, n'a guère souffert des ébranlements idéologiques. Bien plus, ces ébranlements, en mettant en sourdine les grands affrontements, ont parfois rétabli des dialogues que la guerre verbale des décennies précédentes avait taris et réactivé une communication intérieure jusque-là souvent entravée. La communauté intellectuelle française y a probablement gagné en cohésion et en fécondité.

Et même sur le plan idéologique, somme toute, plus qu'un champ de ruines, ce milieu intellectuel est, en fait, un champ en jachère, reprenant souffle après des engagements trop denses. D'une part, tout simplement parce que le débat d'idées est inhérent à une société démocratique et qu'il n'y a pas, dans ce domaine, de « fin de l'Histoire [1] ». Certes, les intellectuels fourniront désormais moins qu'en d'autres périodes – années 1930, par

---

1. Francis Fukuyama, « La fin de l'Histoire ? », *Commentaire*, n° 47, automne 1989.

exemple, ou guerre d'Algérie – les cadres de l'épure. On les voit mal, pourtant, disparaître du débat civique. D'autant que, d'autre part, la gauche intellectuelle, depuis le début des années 1980, a trouvé de nouvelles marques, tandis que la droite intellectuelle, après les retours de flamme entraînés par les excès des « ultras » du libéralisme, a elle aussi une assise, des voix, des plumes et des vecteurs d'expression.

En fait, au seuil de cette nouvelle décennie, les intellectuels des deux bords, tour à tour échaudés, sont en recherche d'une identité moins flottante et d'un statut civique qui demande à être réinventé, mais cette quête est en elle-même preuve d'existence. Plus largement, la France se trouve dans une phase d'expectative – l'horizon européen et ses tensions inévitables avec les fondements de l'État-nation, la question de l'immigration et celle de la citoyenneté, le destin singulier de la démocratie libérale, dont nombre d'intellectuels français parlaient il n'y a pas encore si longtemps au passé [1] au moment même où, les événements mondiaux de 1989 l'ont confirmé depuis, des peuples asservis aspiraient à en faire leur futur – et probablement de mutation idéologique, dont rend compte, par exemple, l'évolution, en moins d'une décennie, du discours du Parti socialiste. Et les secousses au

---

1. « L'isoloir, planté dans une salle d'école ou de mairie, est le symbole de toutes les trahisons que l'individu peut commettre envers les groupes dont il fait partie... Il n'en faut pas plus pour transformer tous les électeurs qui entrent dans la salle en traîtres en puissance les uns pour les autres » (Jean-Paul Sartre, « Élections, piège à cons », *les Temps Modernes*, n° 318, janvier 1973, p. 1100). La phrase, il est vrai, est à replacer dans son contexte d'effervescence « gauchiste » et au sein d'un texte qui explicite les attendus d'une telle condamnation.

sein du monde communiste tout au long de l'année écoulée donnent, en fait, à la planète entière cet aspect d'un mouvement historique en marche, pour lequel les clercs retrouveront peut-être ce qui est l'une de leurs fonctions essentielles : tout autant que des créateurs d'utopies – disposition tournée par essence vers le futur et qui, en l'occurrence, n'est probablement pas éteinte, tant il est vrai que les civilisations ont besoin de mythes et d'utopies pour exister –, ils devraient être des auxiliaires pour décoder le présent [1].

Pour toutes ces raisons, si la crise est réelle et si elle conduisait apparemment à des conclusions pessimistes sur l'avenir des intellectuels, on voit que l'on peut tout aussi bien inverser l'analyse et conclure que, dans cette phase de transition et de mutation – et donc aux contours un peu flous –, il y a un rôle éventuel de fanal à jouer pour les intellectuels, moins pour dire la route que pour éclairer les ornières et signaler les carrefours essentiels. D'autant que, dans une société où fleurissent les nouveautés « médiadégradables [2] » et où règne parfois la pensée *zapping*, les clercs peuvent être l'antidote et contribuer à redonner des racines

1. Mission d'actualité, assurément, mais rendue bien délicate. Dans l'entre-deux-guerres, en effet, les idéologies – fascisme et communisme, notamment – s'incarnent à travers des États. À l'époque de la guerre froide, le processus reste le même, et « le choix d'une idéologie est en même temps celui d'une zone d'influence ou d'un empire » (Raymond Aron, préface à *l'Essai sur les trahisons* d'André Thérive, Calmann-Lévy, 1951, p. xxiv). Les événements dans la sphère communiste semblent au contraire marquer un retour à la suprématie de la géopolitique sur l'idéologie. Vaste défi à relever pour des intellectuels dont l'essence même était idéologique !

2. François George, *Alceste vous salue bien*, Lyon, La Manufacture, 1988, p. 192.

– dans tous les sens du terme – à un débat qui risquerait, sinon, de devenir flottant. Tiendront-ils ce
rôle d'éclaireurs – là encore dans toutes les acceptions du mot – et d'antidote ? Nul aujourd'hui ne
connaît la réponse, et toute formulation anticipée,
en forme de plaidoyer ou au contraire de requiem,
serait une... pétition de principe.

Sources et bibliographie

Cette étude est fondée sur un recours direct aux *sources* évoquées. Celles-ci sont donc signalées au fur et à mesure, dans le texte ou en note. D'autant que ces sources sont, compte tenu du sujet de ce livre, très morcelées, et les nouer ici en gerbes aurait été forcément artificiel.

Pour la *bibliographie* complémentaire également, nous avons préféré mentionner au fil de l'étude les ouvrages ou articles utilisés. Là encore, une brève synthèse bibliographique en fin de volume serait assurément réductrice et de surcroît injuste, tant l'apport de chaque historien est, dans un ouvrage dont la matière s'étire sur un siècle, important mais parcellaire. L'approche chronologique du sujet permet du reste au lecteur de faire aisément les repérages bibliographiques nécessaires et à l'auteur de signaler ses dettes.

Dans la mesure où l'objet de ce livre est, au moins pour partie, la confrontation entre les intellectuels et leur histoire nationale, on se contentera donc ici de renvoyer, d'une part, pour la synthèse la plus récente et la plus complète sur le xxᵉ siècle français, à RÉMOND (René), *Notre Siècle*, Fayard, 1988, Le Livre de Poche-Références, 1993, et, d'autre part, pour une mise en perspective de l'histoire politique des intellectuels français, à ORY (Pascal) et SIRINELLI (Jean-François), *les Intellectuels français, de l'Affaire Dreyfus à nos jours*, A. Colin, 1986, 2ᵉ éd., 1992. Ces deux livres fournissent en outre une ample bibliographie complémentaire.

Index [1]

(*Nota bene :* le parti adopté dans le texte de l'ouvrage ayant été de reproduire fidèlement prénoms ou simples initiales en suivant la typographie originale de la pétition, il peut exceptionnellement arriver qu'un nom apparaisse deux fois avec ou sans initiale ou prénom ; parfois, pour la même raison, le patronyme peut ne pas avoir la même orthographe.)

ABD EL-KRIM : 101, 105.

ABETZ Otto : 221.

ABRAHAM P. : 172.

ACHARD Marcel : 110, 245, 272, 370.

ADAM Georges : 232, 254.

ADAMOV Arthur : 346.

ADLER : 171.

ADLER Alexandre : 483.

ADRIAN Georges : 100.

AFTALION Florin : 460.

AGATHON (pseud. d'Alfred de TARDE et Henri MASSIS) : 41, 42, 44.

AGERON Charles-Robert : 198, 364.

AGRAIVES Jean d' : 236.

AGUILAR Yves : 339, 341.

AGULHON Maurice : 18, 19, 384.

AJALBERT Jean : 226, 233, 236.

AJELLO Nello : 542.

ALAIN : 43, 47, 123, 124, 125, 127, 129, 137, 142, 146, 157, 184, 190, 195, 196, 200, 201, 202.

ALBERT Charles : 236.

ALBERTINI Georges : 195.

ALERME Michel : 233, 236.

ALEXANDRE Jeanne et Michel : 184, 200, 201, 202.

ALEXANDRE Maxime : 99.

ALEXANDRE Michel : 43, 44, 119, 127, 190, 195.

ALLARD Paul : 172, 233, 236.

ALLEG Henri : 483.

ALLIO René : 421, 503.

ALPHAND Jean-Charles : 30.

1. *Cf.* également la liste pp. 475-479.

ALQUIÉ Ferdinand : 319.
ALTHUSSER Louis : 440, 465.
ALTMAN Georges : 99.
AMIGNET Philippe : 236.
AMROUCHE Jean : 278.
ANDLER Charles : 36, 43, 129.
ANDREU Pierre : 236, 357.
ANGENOT Marc : 27.
ANGLÈS Auguste : 49.
ANOUILH Jean : 220, 245.
ANQUETIL Gilles : 467, 486, 503.
ANTELME Robert : 323, 346.
ANTOINE Gérard : 178, 333, 455.
ARAGON Louis : 93, 94, 96, 99, 156, 158, 165, 172, 182, 221, 231, 232, 252, 257, 258, 305, 371, 380, 403, 405, 432, 433, 438, 482, 483.
ARCOS René : 100, 172.
ARDITI Pierre : 481.
ARENDT Hannah : 307.
ARLAND Marcel : 93, 94, 455.
ARLAND Clara : 93.
ARNOUL Françoise : 481.
ARNOUX Alexandre : 110, 232.
ARON Jean-Paul : 341, 440, 539.
ARON Raymond : 14, 122, 130, 254, 278, 280, 291, 307, 308, 312, 333, 371, 455, 459, 460, 462, 508, 520, 521.
ARON Robert : 266.
ARRABAL : 455.
ARTAUD Antonin : 99.
ARTUR M. : 506.
ASSOULINE Pierre : 20, 230.
ASTIER DE LA VIGERIE Emmanuel d' : 292, 371, 393, 432, 455.
ASTRUC Alexandre : 455.

ATTALI Jacques : 472.
AUBENQUE Pierre : 455.
AUBRET Isabelle : 482.
AUCLAIR Georges : 346.
AUCLAIR Marcelle : 157.
AUCOUTURIER Georges : 99.
AUDISIO Gabriel : 172, 232.
AUDOIN-ROUZEAU Stéphane : 118.
AUDRAN Stéphane : 417, 434, 481, 517.
AUDRY Colette : 290, 408, 421, 433.
AUFRAY Hugues : 421.
AUGIER Marc : 236.
AURENCHE Jean : 290.
AURIC Georges : 110, 173.
AUTANT : 100.
AUTANT-LARA Claude : 400.
AVELINE Claude : 110, 157, 172, 260, 300, 408.
AVRIL Pierre : 455.
AXELROD Michel : 455.
AYMÉ Marcel : 151, 220, 244, 245, 247.
AZÉMA Jean-Pierre : 213, 517.

BABY Jean : 171, 346.
BADIA Gilbert : 388, 389.
BADINTER Robert : 445.
BAEZ Joan : 507.
BAILLOU Jean : 130.
BAINVILLE Jacques : 73, 74, 80, 104.
BAISSETTE Gaston : 232.
BALANDIER Georges : 328.
BALAVOINE Daniel : 551.
BALAZARD Simone : 501.
BALFET Hélène : 346.
BALIBAR Étienne : 410.
BALZAC Honoré de : 34.
BARBUSSE Henri : 62, 64, 84, 97, 105, 129.
BARBUT Marc : 346.

BARDÈCHE Maurice : 113.
BARDOUX : 245.
BARDOUX Jacques : 271.
BARIÉTY Jacques : 116.
BARJAVEL : 233, 238.
BARNAUD Jacques : 190.
BARONCELLI Jacques de : 110.
BAROUH Pierre : 410, 437.
BARRAT Robert : 310, 317, 322, 325, 346, 348, 393.
BARRAUD Henry : 455.
BARRAULT Jean-Louis : 245, 323, 371, 433, 416, 417, 434, 445, 455.
BARRE Raymond : 469.
BARRÈS Maurice : 34, 36, 39, 77, 93, 120, 121.
BARRIENTOS Général : 370, 372.
BARSACQ André : 245.
BARTHÉLEMY Victor : 227.
BARTHES Roland : 338, 359, 371, 438, 440, 464.
BARTOLI H. : 402.
BASCH Victor : 58, 105, 144, 171, 206, 207.
BATAILLE : 333.
BATAILLE Georges : 324.
BATAILLON Marcel : 414.
BATILLAT Marcel : 100.
BAUDO Serge : 455.
BAUDOIN Paul : 190.
BAUDRILLART Monseigneur : 104, 151, 178.
BAUMONT Maurice : 370.
BAYET Albert : 107, 122, 144, 171, 206, 207, 329, 330, 356.
BAYET Jean : 325.
BAZAINE Jean : 405.
BAZALGETTE Léon : 99.
BAZIN Hervé : 371.
BAZOR L. : 173.
BÉARN Pierre : 233.

BEAUNIER André : 73.
BEAUPLAN Robert de : 236.
BEAUSSART Elie : 181.
BEAUVAIS Robert : 455.
BEAUVOIR Simone de : 11, 12, 246, 254, 290, 314, 318, 346, 395, 396, 400, 401, 403, 405, 410, 417, 421, 431, 432, 433, 438, 440.
BÉCAT Paul-Émile : 157.
BECKER Jean-Jacques : 42, 61, 81, 118, 212.
BÉDARIDA François : 218, 282, 325.
BÉDARIDA Henri : 311, 319, 333.
BÉDARIDA Renée : 321.
BEDOS Guy : 410, 484, 496, 517, 518.
BEDOUIN Jean-Louis : 346.
BEGBEIDER Marc : 346.
BÉGUIN Albert : 277.
BÉJART Maurice : 481.
BELIN Marcel : 233, 236.
BELLADONA Judith : 438.
BELLAIGUE Camille : 73.
BELLAN Charles : 100.
BELLANGER R. : 236.
BELLESSORT André : 151.
BELLIARD Camille : 100.
BELLIVIER André : 181.
BELLOCHIO Marco : 371.
BELLON Loleh : 410, 421, 434.
BÉNARD Pierre : 232.
BENAYOUN Robert : 346.
BENDA Julien : 110, 111, 138, 139, 144, 159, 165, 172, 221, 231, 232, 254.
BÉNETON Philippe : 42.
BÉNÉZÉ Georges : 184.
BÉNICHOU Paul : 311.
BENJAMIN René : 233, 236.
BENOIST Jean-Marie : 455.
BENOIST Alain de : 460.

BENOIST-MÉCHIN Jacques : 233, 236.

BENOIT Pierre : 104, 233, 236, 267.

BENOÎT XV : 113.

BÉRARD : 333.

BÉRAUD Henri : 151, 177, 220, 226, 233, 236, 250.

BERGER Marcel : 236.

BERGIER Jacques : 357.

BERGSON Henri : 54.

BERL Emmanuel : 42, 110, 129, 156.

BERNANOS Georges : 47, 179, 182.

BERNARD Jean-Jacques : 232, 245.

BERNARD Marc : 157.

BERNIER Jean : 99.

BERNSTEIN Henry : 104.

BERQUE Jacques : 364, 391, 415.

BERSTEIN Serge : 81, 85, 163.

BERTAUX Félix : 49.

BERTAUX Pierre : 130.

BERTH Edouard : 99.

BERTHIER colonel : 384.

BERTIN-MAGHIT Jean-Pierre : 230.

BERTO Juliet : 517.

BERTRAND Louis : 73, 77, 177.

BESANÇON Alain : 283, 508.

BESSE Guy : 386.

BESSON Georges : 172, 298, 299.

BEUCLER André : 157.

BEUVE-MÉRY Hubert : 261.

BIANCO Lucien : 491.

BICHELONNE Jean : 227.

BIDAULT Georges : 181, 399.

BIDAULT Suzanne : 127.

BIDUSSA David : 196.

BIERMAN Rolf : 507.

BILLARD Pierre : 509.

BILLY André : 245, 254.

BINET-VALMER : 73.

BIQUARD P. : 171, 402.

BIRNBAUM Pierre : 503.

BIROT Pierre : 333.

BIZOT Jean-François : 437.

BLACHÈRE Régis : 328.

BLANCHOT Maurice : 346, 408.

BLANC-SCHAPIRA Irène : 455.

BLANZAT Jean : 232.

BLECH René : 172, 232.

BLIN Roger : 346, 416.

BLOCH Jean-Richard : 64, 65, 99, 110, 129, 137, 144, 157, 172.

BLOCH Jules : 171.

BLOCH Marc : 14, 207, 218.

BLOCH René : 157.

BLOND Georges : 90, 113, 226, 233, 236.

BLONDIN Antoine : 259, 355.

BLOOM Allan : 549, 550.

BLUCHE François : 353.

BLUM Léon : 124, 146, 154, 193, 221.

BLUMEL André : 408.

BLUWAL Marcel : 481, 482.

BOCHOT P. : 172.

BOCQUILLON Émille : 233, 236.

BOEGNER pasteur : 370.

BOGARDE Dick : 410.

BOGGIO Philippe : 510.

BOIFFARD J.-A. : 99.

BOIROUVRAY Albina du : 455.

BOIS Guy : 482.

BOISDEFFRE Pierre de : 278.

BOISSAIS M. : 232.

BOISSEL Jean : 236.

BOISSET Yves : 421.

BOISSY Gabriel : 73, 236.

BON Michel : 438.

BONNAFOUS-MURAT Arsène : 346.

BONNARD Abel : 151, 178, 220, 226, 227, 233, 236, 266.

BONNAUD-LAMOTTE Danielle : 62.
BONNEFOI Geneviève : 346.
BONNEFOUS Edouard : 370.
BONNET Christian : 469.
BONNIN Charlotte : 200.
BORDE Raymond : 346.
BORDEAUX Henry : 151, 178, 233, 238, 245, 355.
BORIS Georges : 157.
BORNE Étienne : 455, 506.
BORY Jean-Louis : 310, 346, 438, 440.
BOSSÈCHRE Guy de : 501.
BOSCO Henri : 222.
BOS Charles du : 94, 181.
BOST Jacques-Laurent : 254, 346, 437.
BOST Pierre : 110, 190, 232, 290.
BOUDAREL : 424.
BOUDON Raymond : 455.
BOUGLÉ Célestin : 36, 43, 159.
BOUGOUIN Étienne : 171, 206.
BOUGOUIN Marthe : 171.
BOUGUEREAU William : 33.
BOUISSOUNOUSE Jeanine : 232, 290.
BOUKOVSKI Vladimir : 460.
BOULANGER : 333.
BOULANGER Daniel : 455.
BOULENGER Jacques : 233, 236.
BOULEZ Pierre : 346, 507.
BOULIN Bertrand : 438, 440.
BOULLE Pierre : 405.
BOUNOURE Vincent : 346.
BOUQUET Michel : 455.
BOUR Amand : 173.
BOURDET Claude : 13, 181, 310, 318, 322, 323, 408, 412, 415, 421, 424, 432.
BOURDIEU Pierre : 261, 464, 468, 494, 496, 502, 503.
BOURDIN Janine : 198, 325.

BOURDON Henri : 455.
BOURGÈS-MAUNOURY Maurice : 328, 335, 336.
BOURGET Paul : 34, 39, 73, 75, 77.
BOURGUÈS Lucien : 236.
BOURRICAUD François : 460.
BOUTANG Pierre : 261, 262, 263, 272, 357.
BOUTEILLE Romain : 437.
BOUTERON Marcel : 245.
BOUVERESSE : 458.
BOUVIER Jean : 383, 384, 386, 388, 389, 390, 416, 421.
BOVE Emmanuel : 157.
BOVIATSIS Alexandre : 501.
BOYANCÉ Pierre : 333, 357.
BOZUFFI Marcel : 417.
BRAIBANT Marcel : 236.
BRANLY Édouard : 104.
BRASILLACH Robert : 89, 90, 96, 113, 151, 152, 153, 159, 226, 233, 235, 236, 240, 241, 242, 244, 245, 246, 247, 248, 250, 263, 265.
BRASILLACH lieutenant : 244.
BRASSIÉ Anne : 244, 246.
BREDIN Jean-Denis : 445.
BRÉHIER Émile : 245.
BRENIER E. : 172.
BRESSOLLES Monseigneur : 245.
BRESSON Robert : 372, 456
BRETON André : 94, 100, 137, 144, 184, 254, 256, 311, 323, 346.
BREUIL Roger : 157.
BRIALY Jean-Claude : 256.
BRIAND Aristide : 73, 112, 116.
BRIAND Charles : 73.
BRINON Fernand de : 151, 152, 227.
BRISSON P. : 254.
BROGLIE Duc de : 104.

Broglie Prince de : 245, 266.
Brossel Jean : 506.
Brossolette Pierre : 110, 157.
Brown Irwing : 312.
Bru Henri : 99.
Bruckberger R.P. : 232.
Bruhat Jean : 171, 383, 483.
Brunel Mlle : 171.
Brunetière Ferdinand : 39.
Brunschvicg Léon : 43.
Buis Georges : 456.
Buisson Émile : 245.
Buisson Patrick : 356.
Burckardt Jean : 437, 438.
Burdeau Georges : 456.
Burguière André : 491, 503.
Burrin Philippe : 213.
Butel Michel : 468.
Butler Samuel : 225.

Cabanel Guy : 346.
Cabrol : 173.
Cabu : 466.
Cadart Claude : 491.
Caillaux Joseph : 190.
Caillavet Henri : 400.
Caillois Roger : 254.
Cain Julien : 126.
Calder : 405.
Calvino Italo : 371.
Campos Alcide de : 501.
Camus Albert : 14, 24, 231, 232, 245, 246, 247, 254, 283, 311, 322, 339, 532, 534, 535, 538.
Cane Louis : 456.
Canguilhem Georges : 130, 324, 333, 359, 371, 506.
Cantrelle : 173.
Caraguel Ed. : 236.
Caran d'Ache : 39.
Carbuccia Horace de : 226.
Carcopino Jérôme : 265.
Cardoze Michel : 262.

Carlu Jean : 157.
Carnazza Laurence : 392.
Carné Marcel : 173.
Carrel Alexis : 165, 236.
Carrère Jean-Paul : 456.
Carrière Jean-Claude : 417.
Cartan Henri : 494, 503, 506.
Cartault Augustin : 538.
Cartier Raymond : 197.
Casalis Georges : 412.
Casanova Jean-Claude : 456, 459.
Casanova Laurent : 252, 292, 296, 299, 300.
Cassin René : 126, 127, 220, 300, 370.
Cassou Jean : 13, 144, 157, 172, 231, 232, 300, 323, 324, 359, 371, 405, 408, 432, 434, 506, 517, 518.
Castelnau Général de : 115.
Castelot André : 236.
Castelot Jacques : 456.
Castiaux Paul : 157.
Castillot André : 233.
Castoriadis Cornélius : 489, 490, 491, 492, 497, 503.
Castro Roland : 412.
Cau Jean : 290.
Cavaignac Eugène : 357.
Cavaillès Jean : 53, 130, 246.
Cavanna : 468.
Cayatte André : 417.
Cazamian Louis : 100, 171.
Ceccaldi : 172.
Céline Louis-Ferdinand : 220, 226, 233, 235, 236.
Cendrars Blaise : 93.
Certeau Michel de : 503.
Césaire Aimé : 288, 405.
César : 405, 410.
Cesbron Gilbert : 260
Chabannes Jacques : 172, 357.
Chabrol Claude : 417, 456, 481, 484, 517.

CHACK Paul : 151, 152, 166, 226, 233, 236.
CHAINTRON Jean : 296.
CHALIAND Gérard : 410, 421.
CHALLAYE Félicien : 58, 59, 129, 137, 144, 184, 195, 200, 201, 202, 233, 236.
CHAMBAZ Jacques : 386.
CHAMBERLAIN Neville : 184, 185, 196, 204.
CHAMOUX : 353.
CHAMPEAUX Georges : 100, 233, 236.
CHAMPION Pierre : 73.
CHAMSON André : 129, 157, 161, 172, 182, 268.
CHAPATTE Robert : 380.
CHAPELAN Maurice : 236.
CHAPIER Henry : 456.
CHAR René : 405.
CHARASSON H. : 73.
CHARBONNEL Jean : 280.
CHARDONNE Jacques : 110, 220, 233, 235, 236.
CHAREAU P. : 173.
CHARENSOL Georges : 110.
CHARLE Christophe : 39, 40, 362.
CHARLES Monseigneur : 371.
CHARLES-ROUX Edmonde : 371.
CHARLOT Jean : 278.
CHARPENTIER Henry : 232.
CHARRAT Jeanine : 456.
CHARTIER Émile : 43.
CHARTIER Roger : 503.
CHASSIN Général : 398.
CHASTEL André : 333.
CHASTENET Jacques : 355, 370.
CHATAIGNIER Jacques : 310.
CHÂTEAUBRIANT Alphonse de : 65, 151, 220, 226, 227, 233, 235, 236.
CHÂTELET François : 377, 408, 410, 437, 438, 440, 445.

CHAUMET André : 233, 236.
CHAUMETTE François : 481.
CHAUNU Pierre : 353, 460.
CHAUVEAU Léopold : 157.
CHAVARDÈS Maurice : 408.
CHE Guevara : 369, 374, 406.
CHÉNIER André : 249.
CHENNEVIÈRE Georges : 100.
CHERAMY Robert : 310.
CHÉREAU Patrice : 438, 440, 496, 503, 517.
CHERONNET Louis : 157.
CHESNEAUX Jean : 383, 386, 388, 389, 391, 410, 412, 416, 421, 468, 503.
CHEVALLEY Claude : 491.
CHEVALLIER Gabriel : 370.
CHEVALLIER Jean-Jacques : 232.
CHEVASSON Louis : 95.
CHEVÈNEMENT Jean-Pierre : 421.
CHEVRILLON André : 245.
CHEYSSON Claude : 488, 489, 490.
CHIRAC Jacques : 517.
CHOLVY Gérard : 133.
CHOMBART DE LAUWE P.-H. : 391.
CHOMSKY Noam : 372.
CIXOUS Hélène : 421.
CLADEL Judith : 34.
CLAIR René : 370.
CLANCY Geneviève : 501.
CLARAC Pierre : 370.
CLAUDE Georges : 233, 236.
CLAUDEL Paul : 167, 178, 221, 244, 245, 248, 278.
CLAVEL Bernard : 408.
CLAVEL Maurice : 278.
CLÉMENT Catherine : 483.
CLÉMENT Patrick : 399.
CLÉMENTI Pierre : 437.
CLÉRY Gérard : 501.

CLOSTERMANN Pierre : 456.
CLOT René-Jean : 357.
COCTEAU Jean : 93, 110, 129, 245, 318, 323.
COGNETS J. des : 73.
COGNIOT Georges : 299.
COHEN Gustave : 245.
COHEN Jean : 456.
COHEN Marcel : 171.
COHEN-SOLAL Annie : 251, 277, 342, 360.
COHN-BENDIT Dany : 385, 406.
COLETTE : 182, 245.
COLIN Jean-Pierre : 438.
COLLARO Stéphane : 380.
COLLIARD : 371.
COLOMBO Pia : 416.
COLUCCI Michel (Coluche) : 472.
COLUCHE : 441, 464, 466, 467, 468, 469, 471, 472, 480, 484, 550, 551.
COMBELLE Lucien : 233, 236.
COMOLLI Jean-Louis : 410, 496.
CONCHON Georges : 408, 445.
CONDOMINAS Georges : 346.
COPEAU Jacques : 190, 245.
COPI : 437, 438, 440.
COPPÉE François : 33, 39.
CORDAY Michel : 100.
CORNEC Jean : 144.
CORNU Marcel : 296, 298.
COSTA-GAVRAS : 496, 516, 517.
COSTANTINI Pierre : 236.
COSTON Henry : 233, 236.
COT Jean-Pierre : 507.
COT Pierre : 400, 432.
COTTA Alain : 456.
COTTON Aimé : 206.
COUDERC Roger : 380.
COURTEJINE Georges : 34.
COUSTEAU Pierre-Antoine : 89, 236.

COUTROT Aline : 116.
CRASTRE Victor : 99.
CRAWFORD V.-M : 181.
CRÉMIEUX Albert : 100.
CREMIEUX Benjamin : 157.
CRÉMIEUX Francis : 410.
CRESSOLE Michel : 438.
CREVEL René : 100, 144.
CROCE Benedetto : 65.
CROCQ Jean : 501.
CROISET Maurice : 104.
CROMMELYNCK : 172.
CROUZET Guy : 233, 236.
CROUZET Michel : 315.
CROZIER Michel : 456.
CUISENIER André : 157.
CULIOLI Antoine : 383, 386, 396, 416.
CUNY Alain : 346, 439, 440.
CURTIS Jean-Louis : 456.
CURY Maurice : 501.
CUVILIER Armand : 398.
CZARNECKI Jean : 346.

DABIT Eugène : 144.
DAIX Pierre : 34, 421, 445.
DALADIER Édouard : 193, 196, 201, 202, 203, 204.
DALSACE Jean : 346.
DAMISCH Hubert : 346.
DANIEL Jean : 413, 422, 442, 443, 444, 445, 446, 502, 532.
DANIEL-ROPS : 110, 245, 267.
DANSETTE Adrien : 370.
DAQUIN Louis : 389, 421, 481, 483.
DARCOURT Pierre : 399.
DARD : 245.
DARD Michel : 456.
DARGET Claude : 380.
DAUDET Alphonse : 34.
DAUDET Léon : 39, 151, 178.

DAUMAN Anatole : 456.
DAUSSET Louis : 38.
DAVENAY René : 100.
DAX André : 346.
DÉAT Marcel : 91, 92, 200, 201, 227.
DEBIDOUR Victor Henry : 532.
DEBRAY Régis : 24, 96, 368, 369, 370, 371, 372, 373, 374, 375, 467, 535, 536, 540, 553.
DEBRÉ Michel : 337, 348.
DEBRÉ Robert : 370.
DEBÛ-BRIDEL Jacques : 232, 380, 410.
DECARIS Germaine : 200.
DECAUDIN M. : 20.
DECHEZELLES Yves : 310.
DECOUR Jacques : 247, 253.
DEDIJER Vladimir : 418.
DEGAS Edgar : 39.
DEGUY Michel : 532.
DEHARME Lise : 172.
DEHERME G. : 73.
DEIXONNE Maurice : 398.
DEJAGER Bernard : 437, 438.
DELAISI Francis : 233, 236.
DELÂTRE Gabriel : 157.
DELAUNAY Sonia : 456.
DELBOS Yvon : 170.
DELBREIL Jean-Claude : 116.
DELERUE Georges : 405.
DELEUZE Gilles : 410, 437, 440, 468, 501, 506.
DELEUZE Fanny : 438.
DELMAS André : 142, 144, 145, 193, 195, 202, 204.
DELORME Danièle : 434.
DELORS Jacques : 507.
DELTEIL Joseph : 110.
DELUMEAU Jean : 325.
DELUY Henri : 501.
DEMAISON André : 233, 236.
DEMARGNE Pierre : 333.

DEMARTIAL Georges : 119, 120, 129, 184.
DEMASY Paul : 233, 236.
DEMY Jacques : 372, 417.
DENEUVE Catherine : 434.
DENIS Maurice : 73.
DÉON Michel : 259, 355.
DEPAQUIT Serge : 410.
DEPARDIEU Elisabeth : 517.
DEPARDIEU Gérard : 456, 517, 524.
DEPREUX Édouard : 410.
DERAIN André : 245.
DERENNES G. : 73.
DÉROULÈDE Paul : 121.
DERRIDA Jacques : 261, 440, 506.
DESANGES : 100.
DESANTI Dominique : 302, 445.
DESANTI Jean : 445.
DESCAMPS Eugène : 315.
DESCAVES Lucien : 517.
DESCOMBES Vincent : 491.
DES FORÊTS Louis-René : 323, 347.
DESFORGES Pascale : 430.
DESJARDINS Paul : 59, 105, 144, 159.
DESNOS Robert : 100, 246.
DÉSORMIÈRES : 173.
DESSON : 94.
DESVALLIÈRES : 245.
DESVALLIÈRES Georges : 73.
DESVIGNES : 232.
DETIENNE Marcel : 421.
DETŒUF André : 190.
DEVISSE Jean : 325.
DEWAERE Patrick : 456.
DIEHL Charles : 104.
DION Roger : 319, 357.
DIOR R. : 172.
DIOUDONNAT Pierre-Marie : 216.

Divoire Fernand : 236.
Dolléans Édouard : 195.
Dolto Françoise : 440.
Domenach Jean-Marie : 13, 310, 318, 320, 321, 360, 371, 393, 414, 431, 456, 491, 503, 506.
Dominique Pierre : 190, 233, 236.
Donce-Brisy : 100.
Doniol-Valcroze Jacques : 410.
Donnay Maurice : 226.
Dorgelès Roland : 110, 245, 355.
Doriot Jacques : 165, 227.
Dorsay : 154.
Dort Bernard : 346, 438.
Douassot Jean : 346.
Drault Jean : 236.
Dresch Jean : 328, 333, 359, 383, 389, 402, 410, 415, 432, 433, 482, 483.
Dreyfus : 172.
Dreyfus Alfred : 29, 37, 529, 530.
Dreyfus Jean-Paul : 173.
Dreyfus Simone : 346.
Drieu : 265.
Drieu La Rochelle Pierre : 110, 151, 166, 178, 220, 226, 227, 233, 235, 236.
Dronne Raymond : 399.
Drucker Michel : 380.
Druon Maurice : 318.
Dubech Lucien : 73.
Dubief Henri : 164.
Dubosc : 173.
Du Bouchet : 172.
Duby Georges : 368.
Duchaussoy Michel : 456.
Dufoix Georgina : 516.
Dufrenne Mikel : 410, 411, 416.

Dufy Raoul : 110.
Duhamel Georges : 65, 100, 129, 174, 231, 245, 268.
Duhamel Olivier : 493.
Dujardin Édouard : 236.
Dullin Charles : 110, 165, 245.
Dumas Roland : 360.
Dumézil Georges : 80.
Dumont René : 402, 408.
Dumont Serge : 339.
Dumoulin Georges : 200.
Dumur Guy : 421.
Dunan Marcel : 370.
Dupin Gustave : 100.
Duquesne Jacques : 378.
Duranton-Crabol Anne-Marie : 463.
Duras Marguerite : 346, 377, 408, 410, 417, 421, 432, 433, 496.
Durey : 173.
Durkheim Émile : 43, 54.
Durtain Luc : 156, 158, 172.
Dutourd Jean : 353.
Duval Colette : 232.
Duverger Maurice : 308, 372.
Duvignaud Jean : 300, 310, 359.
Dyssord Jacques : 233, 236.

Eaubonne Françoise d' : 438, 468.
Effel Jean : 157, 245, 360, 408, 482, 483.
Eiffel Gustave : 32.
Einstein Albert : 65.
Elleinstein Jean : 482, 483.
Elleouet Yves : 346.
Ellul Jacques : 456, 491.
Éluard Dominique : 346-347.
Éluard Paul : 93, 100, 231, 232, 347.
Eme Maurice : 438.

ÉMERY Léon : 144, 184, 190, 195, 200, 233, 236.
EMMANUEL Pierre : 300, 371, 393, 414.
ENRICO Robert : 421.
ENRIQUEZ Eugène : 491.
ESCANDE Jean-Paul : 511, 517.
ESCARPIT Robert : 359, 541.
ESCUDERO Lény : 483, 516.
ESPEZEL Pierre d' : 236.
ESPIAU Marcel : 233, 236.
ESTERHAZY : 35.
ESTIENNE Charles : 347.
ESTRELLA Miguel Angel : 507.
ETCHEVERRY : 173.
ÉTIEMBLE René : 333, 359, 389.
EUGÈNE Marcel : 99.
EWALD François : 503.

FABIAN Françoise : 417, 430, 434.
FABIUS Laurent : 494, 521.
FABRE : 333.
FABRÈGUES Jean de : 113, 151, 153, 357.
FABRE-LUCE Alfred : 110, 166, 233, 236.
FAGUS : 73.
FARANDJIS Stellio : 482.
FARGE A. : 503.
FARGUE Léon-Paul : 104, 144.
FARRÈRE Claude : 151, 245, 266.
FAURE Elie : 157, 172.
FAURE H. : 171.
FAURE Marthe : 172.
FAURE Paul : 202.
FAUVET Jacques : 490.
FAVALELLI Max : 245.
FAY Bernard : 151, 178, 233, 236.
FAYE Jean-Pierre : 371, 408, 410, 421, 439, 445, 458, 468, 501, 507.

FAYOLLE-LEFORT : 233, 236.
FEBVRE Lucien : 144, 206, 207.
FÉGY Camille : 99, 236.
FEIX Léon : 295.
FEJTÖ François : 456, 492.
FELICE Jean-Jacques de : 412.
FELLINI Federico : 371.
FELS Florent : 94, 100.
FELTIN Monseigneur : 371.
FERNANDEZ Ramon : 110, 144, 166, 178, 226.
FERRAT Jean : 481, 482.
FERRIÈRES Gabrielle : 53.
FERRO Marc : 416.
FERRUCI : 172.
FERRY Luc : 261.
FILLIOUD Georges : 507.
FILLON René : 278.
FINKIELKRAUT Alain : 503, 522, 549, 550.
FLACELIÈRE Robert : 456.
FLAPAN : 172.
FLEISCHMANN Julius : 312.
FLERS Robert de : 36.
FLEURINES P. : 236.
FLON Suzanne : 434.
FLORENNE Yves : 456.
FLUCHÈRE Henri : 456.
FOMBEURE M. : 254.
FONTAINE André : 285.
FONTENOY Jean : 166, 236.
FORAIN : 104.
FORNAIRON Ernest : 236.
FORRESTER Viviane : 456.
FORT Paul : 233, 238.
FOSSEY Brigitte : 421.
FOSSIER François : 267.
FOUCAULT Michel : 410, 415, 421, 440, 494, 496, 502, 503, 508.
FOUCHET Max-Pol : 278, 377.
FOUGERON André : 482.
FOUILLOUX Étienne : 321.
FOUQUIER-TINVILLE Antoine Quentin : 28.

FOURASTIÉ Jean : 319, 456.
FOURCADE Marie-Madeleine : 357.
FOURNIER Georges : 157, 171, 206.
FOURQUIN Guy : 353.
FOURRIER Marcel : 99.
FOYER Jean : 430.
FRAENKEL Théodore : 347.
FRAIGNEAU André : 233, 236.
FRAISSE P. : 402.
FRANCE Anatole : 36, 43, 50.
FRANCIS Robert : 233, 236.
FRANCO Général : 331.
FRANÇOIS-PONCET André : 267, 355, 370.
FRANJU Jacques : 89.
FRANKEUR Paul : 481.
FRAPIÉ Léon : 100.
FREINET C. : 99.
FRÉNAUD André : 232, 347.
FRESSON Bernard : 417.
FREY Sami : 410, 417, 456.
FRIDENSON Patrick : 54.
FRIEDMANN Georges : 99, 157, 208, 209, 210, 217, 218, 371.
FRIOUX Claude : 389, 458.
FRONDAIE Pierre : 236.
FROSSARD André : 456.
FUKUYAMA Francis : 554.
FUMET Stanislas : 181, 278.
FURET François : 261, 503.

GALEY Matthieu : 316.
GALLETIER : 333.
GALLIEN Jean-Claude : 437, 438.
GALLIMARD Gaston : 20, 43, 94.
GALLIMARD R. : 94.
GALLIMARD Robert : 408, 416.
GALLISSOT René : 421.
GALLO Max : 146, 471, 509, 510.

GANCE Abel : 455.
GANDILLAC Maurice de : 359.
GARAUDY Roger : 296, 386, 401.
GARCIA MARQUEZ Gabriel : 507, 508.
GARÇON Maurice : 268, 271.
GARNIER Charles : 33.
GARREAU Roger : 399.
GARRIC Robert : 370.
GARROU Pierrette : 439.
GASPARD Françoise : 513.
GASQUET Joachim : 73.
GAUDEZ Pierre : 359.
GAULLE Charles de : 220, 240, 244, 266, 269, 271, 277, 278, 279, 393, 394, 395.
GAVI Philippe : 439, 468.
GAXOTTE Pierre : 151, 355.
GAY Francisque : 104, 181, 439.
GAY Pierre-Edmond : 104, 181, 439.
GÉBÉ : 437.
GEISMAR Alain : 437, 503.
GÉLIN Daniel : 516, 517.
GELLMAN Claire : 439.
GELLMAN Robert : 439.
GENET Jean : 361.
GENEVOIX Maurice : 246, 370.
GÉO-CHARLES : 100.
GEORGE François : 445.
GEORGE Pierre : 359.
GÉRALDY Paul : 104.
GÉRARD Francis : 100.
GÉRIN René : 195, 200, 202.
GERMAIN André : 100, 237.
GERMAIN José : 237.
GERMAIN-MARTIN : 245.
GERNET Jacques : 347.
GERNET Louis : 347.
GÉRÔME Pierre : 142, 157.
GHÉON Henri : 73, 77, 86, 151.
GHEORGHIU Virgil : 399.

GHILINI Hector : 237.
GIDE André : 93, 94, 144, 146, 157, 165, 172, 174, 221, 551.
GIDE Charles : 106.
GIGNOUX Claude : 100.
GILLET Louis : 182.
GILLOT Alain : 456.
GILSON Étienne : 266.
GINGEMBRE Léon : 338.
GIONO Jean : 110, 119, 153, 161, 184, 190, 195, 196, 197, 200, 201, 202, 204, 233, 235, 237.
GIRARDET Raoul : 42, 353, 357.
GIRARDOT Annie : 417, 517.
GIRAUDOUX Jean : 126, 127, 216.
GIRON Roger : 232.
GIROUD Vincent : 49.
GIROUX Henri : 193, 195, 200, 204.
GISCARD D'ESTAING Edmond : 370.
GISCARD D'ESTAING Valéry : 271, 466, 469, 470, 484.
GLEIZES Albert : 100.
GLISSANT Édouard : 347.
GLUCKSMANN André : 437, 439, 445, 446, 447, 496, 503, 508, 511, 517, 518.
GLUCKSMANN Christine : 410.
GODARD Jean-Luc : 421.
GOEBBELS Joseph Paul : 127.
GOERG : 173.
GOHIER Urbain : 237.
GOLDSCHILD A. : 172.
GOMA Paul : 456.
GONCOURT Edmond de : 34.
GONTIER René : 233.
GONZAGUE-FRICK L. de : 100.
GORKI Maxime : 50.
GORZ André : 377.
GOSSET Hélène : 232.

GOTLIEB : 437.
GOUDE Jean-Paul : 552.
GOUHIER Henri : 370.
GOUNOD Charles : 33.
GOYAU Georges : 178.
GRALL Xavier : 378.
GRANDER Claude : 237.
GRANDJEAN D. : 157.
GRANDMONT Dominique : 501.
GRANIER-DEFERRE Pierre : 417.
GRANJEAN Georges : 237.
GRAPPE Georges : 73.
GRASSET Bernard : 95, 233, 237.
GRÉCO Juliette : 417, 481, 482.
GREGH Fernand : 104, 268.
GRÉGORY Tony : 173.
GRÉMION Pierre : 281.
GRENIER Jean : 247, 283.
GRENIER Roger : 247, 283.
GROLLEAU Charles : 73.
GROMAIRE Marcel : 110, 173.
GROOS René : 232.
GROS François : 501, 503, 506.
GROSCLAUDE Pierre : 352.
GROSSER Alfred : 371.
GUATTARI Félix : 437, 439, 440, 468, 469, 501.
GUEGEN-DREYFUS Georgette : 172.
GUÉHENNO Jean : 42, 54, 110, 121, 129, 137, 144, 157, 159, 182, 195, 231, 232, 254, 323, 359, 370, 531.
GUÉRIN Anne : 347.
GUÉRIN Daniel : 347, 439.
GUÉTANT Louis : 100.
GUGLIELMO Raymond : 410.
GUICHARD Olivier : 277.
GUICHETEAU Gérard : 496.
GUILLAIN Alix : 99.
GUILLAIN DE BÉNOUVILLE Pierre : 357.
GUILLAUME M. : 338, 503.

GUILLEBAUD Jean-Claude : 464.
GUILLEMIN Henri : 517, 518.
GUILLERMAZ Jacques : 456.
GUILLEVIC Eugène : 483, 501.
GUILLOUX Louis : 129, 157.
GUIOMAR Julien : 421.
GUITARD Paul : 99, 165.
GUITARD-AUVISTE Ginette : 267, 271.
GUITRY Sacha : 233, 237, 250.
GUITTON Jean : 259, 260, 264, 272.
GURVITCH Georges : 324.
GUTERMANN Norbert : 100.
GUY Michel : 278, 456.
GUYOTAT Pierre : 439.
GYP : 39.

HADAMARD Jacques : 157, 171.
HAGNAUER Yvonne et Roger : 200.
HAHN Pierre : 439.
HALBWACHS Pierre : 389, 412, 416, 468, 496, 503.
HALÉVY Daniel : 36, 73, 77, 104, 123, 355.
HALÉVY Élie : 123.
HALIMI Gisèle : 417, 433, 445.
HALLIER Jean-Edern : 486, 487, 516.
HALPERN Bernard : 403.
HAMON A. : 172.
HAMON Hervé : 315, 316, 342, 348, 379, 395, 435.
HAMON Léo : 371.
HAMP Pierre : 100.
HANIN Roger : 421.
HARCOURT Robert d' : 268, 357.
HARDY Thomas : 225.
HAREL : 298, 299.
HARLOT : 232.
HARTUNG Hans : 456.
HASSNER Pierre : 456.
HAURIOU André : 371, 402, 432.

HAUSER Henri : 120.
HAZARD Paul : 126.
HEGEDUS Zsuzsa : 492.
HELD Jean-Francis : 425.
HÉMERY Daniel : 424.
HENNIG Jean-Luc : 439.
HENNION Christian : 439.
HENRIC Jacques : 439, 456.
HENRIOT Émile : 104, 245.
HENRIOT Philippe : 226, 227.
HENRY Maurice : 310.
HEPP Pierre : 73.
HEREDIA José-Maria de : 39.
HÉRITIER Jean : 237.
HERMANT Abel : 34, 104, 151, 178, 226, 233, 237, 266.
HERR Lucien : 36, 43.
HERRIOT Édouard : 85.
HERVÉ Gustave : 121.
HERVÉ Pierre : 277.
HEURGON Jacques : 333, 353, 354.
HIEAUX Jean : 514.
HILAIRE Yves-Marie : 133.
HIMMLER Heinrich : 323.
HIRSCH Ch.-H. : 100.
HISQUIN Henri : 99.
HITLER Adolf : 119, 132, 154, 187, 196, 198, 203, 519.
HOANG MINH GIAM : 403.
HÔ CHI MINH : 412.
HOCQUENGHEM Guy : 439.
HOFFMANN Stanley : 339, 372.
HONEGGER Arthur : 110, 245.
HONNERT Robert : 157.
HOOG Georges : 181.
HOOK Sidney : 312.
HOUDEBINE Jean-Louis : 456.
HOULAIRE André : 94.
HOURS Joseph : 320, 354.
HOWLETT Jacques : 347.
HUGNET Georges : 232.
HUMBERT : 333.
HUMBERT Agnès : 300.

HUMBOURG Pierre : 237.
HUPPERT Isabelle : 437.
HUSSEL : 157.
HUSSON : 171.
HUYGHE René : 456.

IKOR Roger : 517.
IONESCO Eugène : 456.
IPOUSTEGUY : 496.
ISAAC Jules : 190.
ISORNI Jacques : 244, 250.
ISWOLSKI Hélène : 181.
ITKINE : 173.
IVENS Joris : 402, 421, 503.
IVERNEL Daniel : 481.
IZARD Georges : 321.

JACOB François : 371, 445, 503, 505, 507.
JACOB Madeleine : 244.
JACOB Max : 93, 94.
JACOBY J. : 233, 237.
JACOTTET Philippe : 456.
JACQUES Lucien : 200.
JAGUER Édouard : 347.
JALOUX Edmond : 73, 94, 237.
JAMBET Christian : 496.
JAMET Claude : 237.
JAMET Henry : 227.
JAMMES Francis : 73, 178.
JANET : 245.
JANKÉLÉVITCH Vladimir : 333, 341, 359, 371, 389, 402, 403, 408, 415, 421, 432, 433, 501, 506, 507, 517, 518.
JAOUEN Pierre : 347.
JARDIN André : 357.
JARDIN Jean : 190.
JARLOT Gérard : 347.
JASPERS Karl : 311.
JAULIN Robert : 347.
JAURÈS Jean : 42, 391.
JEAN Raymond : 482, 483, 501.

JEANNENEY Jean-Noël : 34, 487.
JEANNERET : 173.
JEANSON Henri : 100, 110, 156, 200, 254, 256.
JEANSON Colette et Francis : 322.
JEANTET Claude : 226, 237.
JELENSKI Constantin : 414.
JENNINGS Jeremy : 362.
JOBERT Michel : 488.
JOHANNET René : 73.
JOLINON Joseph : 100.
JOLIOT Frédéric : 171, 206, 323.
JOLIOT-CURIE Irène : 206, 324.
JOLIOT-LANGEVIN Hélène : 403.
JOLIVET : 333.
JOLIVET René : 237.
JORDAN : 245.
JOSPIN Lionel : 497, 498.
JOUBERT Alain : 347.
JOUFFA Yves : 408.
JOUHANDEAU Marcel : 166, 220, 233, 235, 237.
JOURDAIN Francis : 100, 173, 196, 298.
JOURDAIN Frantz : 100.
JOUVE Pierre Jean : 65.
JOUVENEL Bertrand de : 110, 371.
JOUVENEL Renaud de : 206, 208.
JOUVET Louis : 156, 165.
JOXE Pierre : 499, 516.
JUIN Maréchal : 352, 355.
JULIEN Charles-André : 320, 321, 333, 415.
JULLIARD Jacques : 48, 49, 331, 445, 471, 492, 494, 503, 517, 553.
JULLIARD René : 323.
JULY Serge : 379, 421.
JUQUIN Pierre : 386.

KAHANE J.-P. : 402.
KAHN Émile : 172.
KAHN Jean-François : 520.
KALF Marie : 173.
KAPLAN Grand rabbin : 371.
KAPLAN Nelly : 372.
KASPI André : 412.
KASTLER Alfred : 341, 371, 402, 403, 405, 410, 411, 414, 415, 419, 432, 433, 501.
KAUPP Katia D. : 387.
KAYSER Jacques : 157.
KELLOGG Frank Billings : 114.
KEMP Robert : 264, 268.
KEMPF Marcel : 197, 203.
KÉRILLIS Henri de : 197.
KERN Alfred : 501.
KESSEL Joseph : 222, 318, 405.
KHROUCHTCHEV Nikita : 284, 285, 286, 287, 291, 301, 309, 310.
KIEJMAN Georges : 506.
KISSINGER Henry : 412.
KLOSSOWSKI Pierre : 506.
KOECHLIN Ch. : 173.
KOLM Serge-Christophe : 492.
KÖPECZI Béla : 40.
KOUCHNER Bernard : 395, 396, 439, 496, 511, 517, 518.
KOUPERNIK Cyrille : 456.
KREA Henri : 347.
KRIEGEL Annie : 508.
KRIMER Harry : 173.
KRISTEVA Julia : 421, 456.
KRITON Karl : 339.
KRIVINE Alain : 410, 412, 516.

LABÉRENNE : 171.
LABIN Suzanne : 357, 398, 399.
LABORIE Françoise : 439.
LABORIE Pierre : 213.
LABROUE H. : 237.

LABROUSSE Ernest : 359, 402, 415, 408.
LACAN Jacques : 371, 377.
LACAZE Amiral : 245.
LACCASAGNE Antoine : 403.
LACOMBE Olivier : 181.
LACOSTE Robert : 337.
LACOSTE Yves : 410, 415, 416, 421.
LACOUTURE Jean : 92, 277, 425.
LACRETELLE Jacques de : 110, 266, 270.
LACROIX Jean : 217, 319, 325, 540.
LACROIX Maurice : 181, 310.
LAFFOREST Roger de : 237.
LAFONT Bernadette : 437.
LA FORCE Duc de : 245.
LA FOUCHARDIÈRE Georges de : 233, 237.
LAGACHE Daniel : 333.
LAGARDE Robert : 347.
LAGRANGE Valérie : 437.
LAGUERRE Hélène : 200, 201.
LA HIRE Jean de : 233, 237.
LAÏK Madeleine : 439.
LALANDE : 245.
LALO Pierre : 73.
LALOU René : 157, 172.
LALOY Jean : 506.
LAMBERT Abbé : 237.
LAMIDAEFF : 89.
LA MORT Noël B. de : 237.
LAMOUR Philippe : 208.
LANG Jack : 439, 485, 487, 506, 507, 508.
LANGE Monique : 157, 347.
LANGE Robert : 157, 347.
LANGEVIN Luce : 171.
LANGEVIN Paul : 43, 129, 142, 143, 146, 157, 165, 171, 174, 196, 206, 207, 210.
LANGLOIS Charles-Victor : 50.
LANGLOIS Walter G. : 92.

Lanoux Armand : 408.
Lanson Gustave : 104.
Lanux Pierre de : 94, 157.
Lanzmann Claude : 290, 347, 396.
Lapassade Georges : 439.
Lapatie Louis : 245.
Lapeyre Henri : 353.
Lapierre Georges : 142.
Laporte Maurice : 237.
Lapoujade Robert : 347.
Lara : 100.
Larbaud Valery : 49.
Lardeau Guy : 496.
Larger Dominique-Pierre : 317, 341, 431.
Laroque Pierre : 191.
Lasne René : 233, 237.
La Souchère D. de : 347.
Lasserre Jean : 233, 237.
La Tour du Pin Patrice de : 245.
Latreille André : 319, 540.
Laubreaux Alain : 216, 226, 233, 237.
Laudenbach Roland : 357.
Laugier Henri : 206.
Laurent Jacques : 259, 355.
Lautman Albert : 130.
Laval Maurice : 310.
Laval Pierre : 151.
La Varende Jean de : 220, 226, 233, 238.
Lavau Georges : 360, 371.
Lavedan Henri : 55.
Lavisse Ernest : 54, 120.
Lazar Marc : 274, 391.
Lazitch Branko : 304, 309.
Lebas Jacques : 511.
Lebègue : 333.
Lebel Jean-Jacques : 468.
Leblond Claude : 181.
Lebovici : 172.
Le Bras Gabriel : 370.

Lebrun Jean : 507, 508.
Lecache Bernard : 100.
Le Cardonnel Louis : 73.
Le Chanois Jean-Paul : 481.
Leclerc Guy : 256.
Lecoq Louis-Charles : 237.
Lecoin Louis : 199, 200, 201, 217.
Lecomte Georges : 245.
Leconte de Lisle : 33.
Le Corbusier (Jeanneret, dit) : 102, 106.
Lecouteur Jean : 165, 173.
Leduc Victor : 296, 303, 387, 389, 390, 421.
Leenhardt Roselène : 501.
Lefébure Yvonne : 456.
Lefebvre Georges : 146.
Lefebvre Henri : 100, 172, 252, 253, 254, 347, 377.
Lefebvre J.-H. : 233.
Le Forestier Maxime : 437.
Lefort Claude : 360, 503.
Lefranc Georges : 195.
Léger Fernand : 93, 165.
Le Goff Jacques : 40, 360, 411, 415, 503, 504.
Le Goffic Charles : 73.
Legrand Gérard : 237, 347.
Legrand Jean-Charles : 237, 347.
Le Grix François : 94.
Leiris Michel : 100, 231, 232, 254, 290, 318, 347, 405, 408, 410, 421, 439, 440.
Le Lannou Maurice : 456.
Lelouch Claude : 417.
Lemaître Jules : 39.
Lemarchand J. : 254.
Lenglois Marie : 200.
Lenormand H.-R. : 172, 237.
Lentin Albert-Paul : 410.
Léon-Martin Louis : 237.
Léon XIII : 113.

Le Pen Jean-Marie : 22, 338.
Lepoutre Raymond : 439.
Leprince-Ringuet Louis : 414.
Leroi-Gourhan André : 328.
Le Rolland : 319.
Lerouge Nicolas : 160.
Leroy Roland : 386, 446.
Le Roy Ladurie Emmanuel :
    302, 445, 456, 503.
Lesca Charles : 216, 226.
Lescure Jean : 232, 254.
Lescure Pierre de : 73, 232.
Lesdain Jacques de : 233, 237.
Lesord Paul : 237.
Letourneau Jean : 399.
Leulliot Jean-Michel : 380.
Levaï Yvan : 518.
Le Verrier Madeleine : 157.
Levinas Emmanuel : 261.
Lévis-Mirepoix Duc de : 151.
Lévi-Strauss Claude : 324.
Lévy   Bernard-Henri :   471,
    486, 487, 489, 508, 509,
    549, 550, 551.
Lévy Jeanne : 171.
Lévy Paul : 347.
Lévy-Bruhl Lucien : 43, 144,
    157, 195.
Leyris Pierre : 232.
Lindenberg Daniel : 421, 503.
Lindon Jérôme : 347, 348.
Lipchitz : 173.
Lipset Martin : 372.
Locatelli : 173.
Lockroy Édouard : 33.
Loisy Jean : 245.
Lombard Paul : 237.
London Lise : 506.
Longnon Henri : 73.
Lonsdale Michel : 416, 456.
Lorenzi Stellio : 481.
Lorien Joseph : 339.
Losfeld Eric : 347.
Lote : 73.

Louis XVI : 246.
Lousteau Jean : 233.
Louzon Robert : 200, 347.
Lubac Henri de : 370.
Lubeck Mathias : 100.
Luchaire François : 517.
Luchaire Jean : 110, 121, 226,
    233.
Lurçat Jean : 100, 165.
Lwoff André : 501, 507.
Lyautey Maréchal : 103.
Lyotard Jean-François : 410,
    437, 439.

Macciochi M.-A. : 421.
Mac Orlan Pierre : 94, 129,
    151, 220.
Madariaga Salvador de : 311.
Madaule Jacques : 157, 171,
    181, 310, 323, 341, 400,
    432, 434, 517.
Madelin Louis : 151, 178, 245.
Magallon Xavier de : 73, 234,
    237.
Magny Colette : 421, 437.
Magny Olivier de : 347.
Maheu René : 254.
Maire Edmond : 444, 494,
    502.
Malherbe Henri : 232.
Malkine Georges : 100.
Malraux André : 82, 88, 92,
    93, 94, 95, 96, 137, 146,
    157, 165, 182, 221, 231,
    232, 277, 278, 279, 373.
Malraux Clara : 92, 95, 300,
    433, 501.
Malraux Florence : 347.
Man Henri de : 202.
Mandel Georges : 216.
Mandouze André : 325, 347,
    506, 517.
Mandrou Robert : 368.
Manessier Alfred : 391.

MANN Heinrich : 65.
MANNONI Maud : 347, 410.
MANTOUX Paul : 144.
MANUEL Denis : 481.
MARAN René : 232.
MARANS René de : 73.
MARCEAU Félicien : 272.
MARCEL Gabriel : 110, 151, 181, 190, 232, 245, 311, 353, 355, 360, 370, 414.
MARCEL-MARTINET Renée : 347.
MARCHAIS Georges : 446, 465, 482, 515.
MARCILLAC Raymond : 380.
MAREUIL Serge : 379.
MARGUERITTE Victor : 100, 129, 156, 184, 197, 200, 202.
MARIAGE E. : 172.
MARIAT Jean : 234.
MARITAIN Jacques : 73, 77, 181, 182, 190, 221, 311.
MARIUS André : 73.
MAROUZEAU : 171.
MARQUÈS-RIVIÈRE Jean : 234, 237.
MARROU Henri : 130, 315, 325, 332, 333, 334, 335.
MARSAN Eugène : 73.
MARSEILLE Jacques : 421.
MARTELLI Roger : 287.
MARTIN Gaston : 172.
MARTIN Henri : 318.
MARTIN Jean : 347.
MARTINAUD-DEPLAT Léon : 336.
MARTIN-CHAUFFIER Louis : 110, 157, 172, 255, 256, 300, 370, 415, 432.
MARTIN DU GARD Maurice : 94, 151, 237.
MARTIN DU GARD Roger : 106, 110, 174, 231, 232, 323.
MARTINET Gilles : 310, 318, 320, 330, 383.

MARTINET Jean-Daniel : 347.
MARTINET Marcel : 43, 65, 100, 129, 144, 184.
MARTY-CAPGRAS Andrée : 347.
MASCOLO Dionys : 323, 347, 377, 408, 439.
MASEREEL Frans : 157.
MASPERO François : 342, 347, 407, 412, 445.
MASSARD : 73.
MASSIGNON Louis : 126, 317, 321, 328.
MASSIS Henri : 41, 42, 73, 74, 77, 78, 79, 80, 81, 82, 86, 104, 148, 151, 155, 158, 159, 178, 237, 271, 272, 355, 361.
MASSIS Jean : 113.
MASSOL colonel : 234, 237.
MASSON André : 100, 347, 403, 405.
MASSON Loys : 232.
MASSOT Pierre de : 347.
MATEI-ROUSSOU : 172.
MATHIEU : 421.
MATHIEU André : 501.
MATHIEZ Albert : 56, 129.
MATTA Roberto : 391.
MATZNEFF Gabriel : 439, 440.
MAUBAN Maria : 456.
MAUBLANC René : 99, 144, 156, 172.
MAUCLAIR Camille : 73, 233, 237.
MAULNIER Thierry : 90, 113, 151, 153, 245, 311, 355.
MAUPASSANT Guy de : 33.
MAURIAC Claude : 240, 243, 244, 278, 456, 496, 503, 516, 517.
MAURIAC François : 13, 94, 96, 104, 106, 174, 179, 181, 182, 190, 231, 244, 245, 254, 255, 267, 268, 269,

321, 322, 324, 325, 339, 370, 401, 403, 405, 432, 551.
MAURO Frédéric : 456.
MAUROIS André : 94, 104, 221, 311.
MAUROY Pierre : 146, 471, 485, 487, 494, 507.
MAURRAS Charles : 39, 73, 74, 76, 78, 86, 93, 151, 160, 161, 178, 234, 235, 237, 266.
MAUSS Marcel : 43, 144, 195.
MAXENCE Jean-Pierre : 151, 153, 234, 237.
MAXIME Roger : 173.
MAYER Daniel : 359, 371, 432.
MAYEUR Jean-Marie : 116.
MAYOUX Jean-Jacques : 347, 402.
MAYOUX Jehan : 347.
MAZEAUD Henri : 352.
MEDIEU R.P. : 232.
MELLET Alain : 89, 91.
MÉNAGER Bernard : 331.
MENANT Guy : 172.
MENDÈS FRANCE Pierre : 282, 294, 323, 325, 358, 444.
MENDRAS Henri : 368.
MENGIN Urbain : 171.
MÉRAT : 172.
MERIGA Luc : 100.
MERLE Robert : 389, 391.
MERLEAU-PONTY Maurice : 122, 123, 181, 254, 360.
MERSON Olivier : 34.
MESSAGIER Jean : 456.
METZ Fernand : 130.
MEYERSON Ignace : 171, 386.
MICHEL Paul-Henri : 245.
MILLET Catherine : 439.
MILLET Marcel : 100.
MILLET Raymond : 232.
MILLIEZ Paul : 403, 410, 417.

MILZA Pierre : 144.
MINEUR Henri : 171.
MINKOWSKI Alexandre : 411, 419, 416, 445, 501, 516, 517.
MIRABEL Henri : 100.
MIRAMBEL André : 171.
MIRBEAU Octave : 34.
MIRON Gaston : 501.
MITTERRAND François : 263, 323, 442, 444, 466, 472, 484, 494, 501, 507, 508, 512, 518, 521, 522.
MITTERRAND Danielle : 507.
MNOUCHKINE Ariane : 416, 421, 517.
MOLLET Guy : 287, 327, 329, 330, 331, 335.
MONDOR Henri : 232, 311.
MONFREID Henri de : 152, 355.
MONNERON Jean-Louis : 517-518.
MONNEROT Jules : 307, 355.
MONNIER Adrienne : 156.
MONNIER Thyde : 200.
MONOD Gustave : 43, 45, 190, 195, 319, 408.
MONOD Jacques : 371.
MONOD Théodore : 347, 401, 408.
MONSACRÉ Fernand : 234.
MONTAND Yves : 286, 301, 410, 417, 433, 434, 435, 495, 496, 497, 498, 503, 508, 511, 512, 518, 519.
MONTANDON Georges : 226, 234, 237.
MONTARON Georges : 310, 445.
MONTBRIAL Thierry de : 456.
MONTEIL Vincent : 439.
MONTERO Germaine : 456.
MONTHERLANT Henry de : 182, 220, 234, 235, 237.
MONTJOUX Anne : 234.
MONTREVEL Jean : 99.

Monzie Anatole de : 237.
Morand Paul : 49, 110, 234, 235, 238, 265, 266, 267, 269, 270, 271.
Moré Martin : 181.
Moreau Jeanne : 434, 444, 445.
Morellet François : 417.
Moret Philippe : 456.
Morgan Claude : 172, 232, 291, 293, 295.
Morgin de Kéan : 234, 237.
Morhange Pierre : 100.
Morhardt Mathias : 100.
Morin Edgar : 217, 310, 323, 360, 379, 413, 437, 445, 492, 503.
Morise Max : 100.
Moro-Giafferi J. de : 172.
Morvan-Lebesque : 401.
Moscovici Marie : 347.
Moscovici Serge : 415.
Mossé Claude : 421.
Mossuz-Lavau Janine : 278, 279.
Moulié Charles : 73.
Moulin Léo : 456.
Moullet Luc : 372.
Mouloudji : 484.
Mounier Emmanuel : 157, 181, 192.
Mounin Georges : 347.
Mousnier Roland : 319, 333, 352, 353, 354.
Moussinac Léon : 99, 156, 172, 232.
Moustaki Georges : 484.
Mouton Pierre : 234, 237.
Moyne Michel : 237.
Muldworf Bernard : 439.
Mun Albert de : 39, 42.
Mussier Marc : 173.

Nadeau Maurice : 138, 347, 377, 408, 432, 468, 503.

Naderpour Nader : 501.
Naegelen Marcel : 398.
Nallet J.-F. : 402.
Nantet Jacques : 310.
Narbonne René de : 234.
Navel Georges : 347.
Naville Pierre : 219, 330.
Neel Louis : 505.
Négrepont : 439.
Négroni Jean : 456.
Néré Jacques : 357.
Néret Jean-Alexis : 237.
Nesmy Jean : 73.
Neveux Georges : 456.
Nimier Roger : 259, 278, 355.
Nixon Richard : 410, 416.
Nizan Paul : 157, 172, 211, 221, 251, 252, 253, 254, 255, 256, 257, 258.
Nogent Guillin de : 237.
Noguères Henri : 516.
Noirot Paul : 389, 390, 410, 412.
Noll Marcel : 100.
Nora Pierre : 445, 456, 503.
Nord Pierre : 355.
Nougaro Claude : 484.
Nourissier François : 456.
Novick Peter : 266.

Obaldia René de : 456.
Obey André : 245.
Obratzov : 301.
Ogier Bulle : 417, 437.
Olievenstein Claude : 445.
Ollier Claude : 347.
Oltramare Georges : 237.
Onimus Jean : 456.
Orcel Jean : 402, 403.
Orfilat Patrice : 258.
Orgel Jean : 414.
Ormesson Jean d' : 456.
Ormesson Wladimir d' : 245, 267, 268.

ORNANO d' : 237.
ORY Pascal : 18, 251.
OUDARD Georges : 232.
OZENFANT Amédée : 157.

PACAUT Marcel : 325, 456.
PAGNOL Marcel : 110.
PAINLEVÉ Paul : 85.
PALMIER Jean-Michel : 421.
PANGE Jean de : 181.
PANNEQUIN Roger : 412.
PAPAIOANNOU Kostas : 456.
PAPP Tibor : 501.
PARAF Pierre : 100.
PARAIN Brice : 254, 256.
PARINAUD André : 137.
PARMELIN Hélène : 296, 298, 347, 384, 386, 387, 408.
PARODI Jean-Luc : 493.
PARROT Louis : 172, 232.
PARVULESCO Jean : 456.
PASCAL Pierre : 234, 237.
PASSERON Jean-Claude : 416.
PASTEUR VALLERY-RADOT Louis : 266, 267, 278.
PATRI Aimé : 311.
PATRONNIER DE GANDILLAC Maurice : 192.
PAUL-BONCOUR Joseph : 90, 127.
PAULHAN Jean : 93, 94, 110, 231, 232, 235, 245, 254, 255, 256.
PAUWELS Louis : 355, 456.
PECKER Jean-Claude : 391, 402, 503.
PÉGUY Charles : 45, 46.
PÉGUY Pierre : 113.
PÉJU Marcel : 291, 347.
PELORSON Georges : 234, 237.
PEMJEAN Lucien : 237.
PEPPO Pierre : 89, 90, 91.
PEREC Georges : 371.
PÉRET Benjamin : 100, 311.

PERON Jean : 237.
PERRET Jacques : 333, 353.
PERRIAND Ch. : 173.
PERRIN Francis : 171, 417.
PERRIN Jacques : 417.
PERRIN Jean : 36, 43, 144, 157.
PERROT M. : 503.
PERROUX François : 320, 400.
PERROY Edouard : 320.
PESCHANSKI Denis : 196, 215.
PÉTAIN Philippe : 124, 266, 272, 470.
PETITJEAN Armand : 234, 235, 237.
PETRI Elio : 371.
PETROPOULOS Elias : 501.
PEYREFITTE Christel : 198.
PEYREFITTE Alain : 469.
PHILIP André : 190, 311, 393.
PHILIPE Anne : 410, 416, 421.
PHILIPE Gérard : 292, 318, 433, 435.
PIA Pascal : 94.
PIC Roger : 417, 421.
PICARD Charles : 333, 353.
PICARD Gilbert : 352, 353.
PICASSO Pablo : 275, 296, 298, 300, 403, 405.
PICCOLI Michel : 417, 421, 481, 484, 507.
PICHAT : 245.
PICON Gaëtan : 278.
PIÉPLU Claude : 456.
PIERRE abbé : 323.
PIERRE José : 136, 347.
PIERRE-QUINT Léon : 208.
PIERRET Marc : 439.
PIEYRE DE MANDIARGUES André : 347, 416, 456.
PIGNON Edouard : 173, 296, 298, 347, 386, 401, 403, 405, 408, 421.
PIKE David Wingeate : 177.
PILLEMENT Georges : 157, 172.

Pilon Edmond : 73, 234.
Pinay Antoine : 239, 356
Pineau Yvan : 11.
Pingaud Bernard : 347, 445, 458, 501.
Pinochet Général : 493.
Pioch Georges : 100, 200.
Piquet Marcel : 513, 514.
Pironneau André : 197.
Pisier Marie-France : 445.
Pitoëff Sacha : 456.
Pivert Marceau : 200.
Pivot Bernard : 247.
Planchon Roger : 405.
Plassart : 333.
Pleynet Marcellin : 456.
Poincaré Raymond : 104, 116, 120.
Poiret Paul : 156.
Poirier René : 333, 353, 370.
Polac Michel : 410.
Polin Raymond : 456.
Politzer Georges : 100, 172, 246, 247, 253.
Pollack M. : 503.
Pollès Henri : 245.
Pomeau René : 549.
Pomian Krzystof : 456, 504.
Pommier : 171.
Pompidou Georges : 113, 260.
Poncins Léon de : 237.
Ponge Francis : 278, 438.
Pons Maurice : 347.
Pontalis J.-B. : 347.
Porto-Riche Georges de : 34.
Pouillon Jean : 347, 396.
Poujade Pierre : 337, 338.
Poujade Robert : 280.
Poulaille Henry : 100, 200, 201.
Poulain Henri : 234, 237.
Pourtalès Guy de : 94.
Prélot Marcel : 278.
Prenant A. : 100.

Prenant Marcel : 144, 165, 171.
Presle Micheline : 434.
Prévert Jacques : 290, 318, 360.
Prévost Jean : 110, 129, 157, 232, 253.
Prézeau Jocelyne : 143.
Prigent Michel : 460.
Prochasson Christophe : 59.
Promidès : 291.
Pronteau Jean : 386, 391, 412.
Prost Antoine : 40.
Prou Suzanne : 445.
Proust Marcel : 36.
Provence Marcel : 73.
Psichari Jean : 73.
Puységur A. de : 234, 237.

Queneau Raymond : 231, 232.
Querrien Anne : 439.

Racine Nicole : 62, 142, 208.
Radiguer H. : 173.
Radiguet Raymond : 93.
Rancière Jacques : 421.
Rapoport Armand : 501.
Ratel Simone : 245.
Ravennes Alain : 448, 456.
Reagan Ronald : 493.
Real Griselidis : 439.
Rebatet Lucien : 89, 220, 227, 234, 237.
Rebérioux Madeleine : 40, 383, 386, 387, 388, 389, 390, 401, 402, 410, 412, 421, 501, 518.
Rebeyrolle Jean : 291.
Rebierre Paul : 237.
Recouly Raymond : 234, 237.
Redier Antoine : 73.
Reggiani Serge : 421.
Régnault Francis : 439.
Regneville Jean : 237.

RÉGNIER Henri de : 104, 151.
REGY Claude : 456.
REINHARD Marcel : 325.
RÉMOND René : 13, 14, 42, 116, 166, 198, 325, 356.
RÉMY Colonel : 353, 355.
RÉMY Tristan : 172.
RENAITOUR Jean-Michel : 234, 237.
RENALDI J. : 234.
RENARD Delphine : 406.
RENAUD : 524, 550, 551.
RENAUD Madeleine : 416, 417, 433, 434, 456.
RENAUT Alain : 261.
RENÉ Denise : 347.
RENOIR Auguste : 39.
RENOIR Jean : 165.
RESNAIS Alain : 82, 347, 401, 417.
RESNAIS Florence : 417.
RÉTORÉ G. : 504.
REUILLARD Gabriel : 100.
REVAULT D'ALLONNES Claude : 439.
REVAULT D'ALLONNES Olivier : 439.
REVEL Jean-François : 347, 408, 456, 459.
REVEL Paul : 347.
REY Étienne : 237.
REYNAUD Paul : 456.
REYNAUD Jean-Daniel : 104.
RIBARD A. : 172.
RIBERO Catherine : 518.
RICARD : 333.
RICHEPIN Jean : 34, 125.
RICHET Charles : 352, 357.
RICŒUR Paul : 341, 360, 402, 408.
RIOUX Jean-Pierre : 39, 215, 282, 314, 325, 518.
RISPAIL Jean-Luc : 62.
RIST : 36, 245.

RIST Charles : 36.
RIVA Emmanuelle : 456.
RIVERO : 371.
RIVES Paul : 227.
RIVET Jules : 157, 234, 237.
RIVET Paul : 107, 142, 157, 174, 329, 356.
RIVET Paul : 142, 157, 174, 234, 237, 329, 356.
RIVETTE Jacques : 421.
RIVIÈRE Jacques : 61, 74, 86, 94.
ROBBE-GRILLET Alain : 347, 440.
ROBERT Louis : 171.
ROBERT Marthe : 506.
ROBERT Mlle : 172.
ROBERT Yves : 484.
ROBERTFRANCE Jacques : 100.
ROBESPIERRE : 14.
ROBRIEUX Philippe : 384, 445.
ROCARD Michel : 410, 412, 444, 465, 516.
ROCHARD J.-M. : 234, 237.
ROCHAT Charles : 100.
ROCHE Daniel : 538.
ROCHEFORT Christiane : 347, 433, 437, 439, 440.
ROCHET Waldeck : 294, 382, 386, 388, 403.
RODIN Auguste : 34, 35.
RODINSON Maxime : 341, 445.
ROLAND Thierry : 380.
ROLIN Dominique : 456.
ROLLAND Romain : 56, 62, 65, 79, 80, 84, 86, 100, 129, 144, 157, 165, 172, 196, 197, 203, 204, 209.
ROLLAND Jacques-Francis : 290, 293, 294, 295, 302, 347.
ROMAINS Jules : 65, 110, 129, 156, 158, 165, 182, 221, 266, 268, 270, 311, 355.

RONAT Mitsou : 501.
RONET Maurice : 456.
RONY Jean : 483.
ROSANVALLON Pierre : 492, 494, 504.
ROSAY Françoise : 434.
ROSENBERG Julius et Ethel : 320.
ROSENTHAL Gérard : 137, 408.
ROSENTHAL Léon : 58.
ROSENTHAL Manuel : 456.
ROSMER Alfred : 347.
ROSSI-LANDI Guy : 201.
ROSTAND Jean : 100, 129, 323.
ROSTOW Walt Withman : 308.
ROTHSCHILD Édouard de : 103.
ROTMAN Patrick : 315, 316, 342, 348, 379, 395, 435.
ROUAULT Joseph : 237.
ROUCH Jean : 417.
ROUGEMONT Denis de : 157, 278, 312.
ROUGET Gilbert : 347.
ROUJON Jacques : 237.
ROURE Rémy : 311, 357.
ROUS Jean : 310.
ROUSSEAUX André : 152, 232.
ROUSSELET : 370.
ROUSSET David : 312, 371, 380, 393, 408, 504.
ROUSSO Henry : 227, 271.
ROY Claude : 232, 246, 290, 293, 295, 302, 305, 347, 377, 410, 416, 432, 456, 492.
ROYER Michel : 518.
ROZ Firmin : 73, 245.
RUBINSTEIN Arthur : 456, 507.
RUDNICKI Marek : 456.
RUEFF : 245.
RUEFF Jacques : 370.
RUHLMANN R. : 402.
RUSCIO Alain : 318.
RUSSELL Bertrand : 65, 311.

RUSSO Domenico : 181.
RUTH Léon : 172.
RUYSSEN Théodore : 106, 355.
RYNER Han : 100.

SADOUL Georges : 172, 232, 372.
SADOUL Jacques : 100.
SAGAN Françoise : 371.
SAINT-EXUPÉRY Antoine de : 221.
SAINT-PIERRE Michel de : 355.
SAINT-ROBERT Philippe de : 380.
SAINT-SAËNS Marc : 347.
SALACROU Armand : 110, 405.
SALENGRO Roger : 162.
SALIÈGE Cardinal : 329.
SALLENAVE Danielle : 439.
SALLERON Louis : 357.
SALMON André : 237.
SALOMÉ René : 73.
SAMUEL Pierre : 439.
SAMUELSON Paul : 372.
SANDIER Gilles : 439.
SANDRE Thierry : 237.
SANGLA Raoul : 481, 482.
SANGNIER Marc : 172.
SANTAMARIA Yves : 143.
SANTONI Joël : 456.
SANVOISIN Gaëtan : 110.
SAPRITCH Alice : 484.
SARDOU Victorien : 33.
SARRAILH Jean : 329.
SARRAUTE Nathalie : 347, 377, 433.
SARTRE Jean-Paul : 11, 12, 14, 24, 26, 122, 123, 130, 218, 231, 232, 240, 252, 254, 258, 276, 277, 290, 291, 292, 293, 294, 301, 320, 323, 325, 326, 336, 339, 347, 360, 361, 363, 377, 379, 380, 395, 396, 400,

401, 402, 403, 405, 407, 410, 412, 416, 417, 418, 421, 431, 425, 432, 433, 439, 440, 462, 465, 534, 538, 551
SAUREL Renée : 347.
SAUTET Claude : 347, 496.
SAUVAGE Catherine : 481, 484.
SAUVEPLANE H. : 173.
SAUVY Alfred : 378.
SAVARY Alain : 507.
SAVARY Jérôme : 437.
SAY Marcel : 100.
SCELLE Georges : 319.
SCHAEFFER Pierre : 456.
SCHALK David L. : 362.
SCHAZMAN Evry : 492.
SCHELER Lucien : 232.
SCHÉRER René : 439.
SCHIMMEL Ilana : 492.
SCHLOEZER Boris de : 181.
SCHLUMBERGER Jean : 86, 110, 157, 182, 190, 245, 254, 255.
SCHMID Carlo : 312.
SCHNAPP Alain : 375.
SCHNEIDER Édouard : 237, 507.
SCHNEIDER Romy : 237, 507.
SCHULHOF Mlle : 172.
SCHUMANN Maurice : 456.
SCHUSTER Jean : 347.
SCHWARTZ Bertrand : 504, 518.
SCHWARTZ Laurent : 13, 291, 341, 371, 389, 396, 401, 402, 405, 408, 410, 411, 412, 415, 416, 418, 419, 424, 431, 433, 445, 501, 504.
SCHWARTZENBERG Léon : 501.
SCIPION Robert : 347.
SCIZE Pierre : 125.
SÉCHAN : 333.
SÉCHÉ Alphonse : 237.

SEGHERS Pierre : 232, 410.
SEGUIN Louis : 347.
SÉGUY Georges : 443.
SEIGNOBOS Charles : 43, 50.
SEMPRUN Jorge : 82, 371, 493, 496, 504.
SENGHOR Léopold Sédar : 278.
SERGE Victor : 99.
SERNIN André : 196, 201.
SERREAU Geneviève : 347.
SERVAN-SCHREIBER Jean-Louis : 518.
SERVÈZE Gérard : 157.
SERVIN Marcel : 294.
SESTON William : 333, 353.
SÉVERINE : 34, 100.
SEYRIG Delphine : 410, 417, 421, 434.
SEYRIG Henri : 417.
SHAW Bernard : 225.
SICARD Maurice-Yvan : 226.
SIEGFRIED André : 266, 267, 268.
SIGNAC Madame : 173.
SIGNAC Paul : 100.
SIGNORET Simone : 286, 347, 410, 417, 433, 434, 496, 504, 518.
SIKORSKA Andrée : 232.
SILBERMANN Jean-Claude : 347.
SILONE Ignazio : 312.
SILVE Edith : 49.
SIMIAND François : 36, 43.
SIMON Claude : 347, 456.
SIMON Pierre : 430, 440.
SIMON Pierre-Henri : 325, 370.
SIMON Yves : 162.
SINÉ : 408, 421.
SIRINELLI Jean-François : 18, 19, 42, 44, 120, 124, 275, 282, 314, 325, 358.
SIROTA André : 518.
SMOLAR Alexander : 457.

Soboul Albert : 383, 386, 389, 482, 483.
Soccard Jean-Paul : 424.
Solier René de : 347.
Soljenitsyne Alexandre : 441, 442, 443, 471.
Sollers Philippe : 371, 410, 421, 437, 439, 440, 445, 457.
Sonolet Louis : 73.
Sordet Dominique : 237.
Sorel Albert : 39.
Soucher Maurice : 237.
Soulages Pierre : 457.
Soulier Gérard : 439.
Soupault Philippe : 94, 100, 254.
Soupault Ralph : 89.
Souriau Étienne : 370.
Soustelle Jacques : 147, 207, 208, 209, 210, 278, 329.
Souvarine Boris : 190.
Sperber Manès : 312.
Spire André : 291.
Spire Antoine : 482, 483.
Staline : 224, 287.
Stantoff : 89.
Stéphane Roger : 279, 310, 318, 504.
Sternhell Zeev : 152.
Stibbe Pierre : 310.
Stil André : 295, 482.
Stirbois Jean-Pierre : 514.
Stoléru Lionel : 460.
Strehler Giorgio : 507.
Sturzo Luigi : 181.
Suarez Georges : 166, 226, 227, 237.
Suffert Georges : 310, 325.
Sully-Prudhomme : 33.
Supervielle Jules : 129, 311.
Suret-Canale Jean : 483.
Syveton Gabriel : 38.

Tapié Victor-Lucien : 370.
Tarde Alfred de : 41.
Tardieu Jean : 232.
Tartakowsky Danielle : 391, 392.
Taviani Vittorio et Paolo : 371.
Tchaigadjieff Stéphane : 457.
Terrenoire Louis : 157.
Téry Simone : 172.
Terzieff Laurent : 434, 481.
Texcier J. : 254.
Tharaud Jérôme et Jean : 245.
Theis Laurent : 201.
Thérame Victoria : 439.
Thérive André : 220, 234, 235, 238.
Thibaud Paul : 486, 487, 504, 518.
Thibaudet Albert : 76, 84, 131, 132, 134.
Thiercelin Jean : 347.
Thieu Général : 399, 420.
Thobie Jacques : 388.
Thomas Louis : 234, 238.
Thomas Edith : 172, 232, 300, 433.
Thomassan Jean : 238.
Thomasson Jean : 234.
Thonon Marie : 439.
Thorez Maurice : 251, 252, 382.
Tigrid Pavel : 457.
Tillard Paul : 298.
Tillion Germaine : 431, 433.
Tillon Charles : 386, 415.
Tinant René : 399.
Tissot docteur : 537.
Tito : 300, 310.
Tixier-Vignancour Jean-Louis : 399.
Toda Michel : 77, 148, 179.
Todd Olivier : 395, 413.
Topor : 437.

Torrès Henry : 100.
Toulouse-Lautrec Henri de : 34.
Touraine Alain : 411, 445, 492, 494, 504.
Tourly Robert : 200.
Tournier Isabelle : 435.
Trenet Charles : 484.
Trintignant Jean-Louis : 405.
Trintignant Jean-Louis et Nadine : 418, 421.
Trintignant Nadine : 418, 434.
Triolet Elsa : 172, 403, 405, 433.
Troupeau-Housaie Jean : 238.
Troyat Henri : 50.
Troye Suzanne : 418.
Truffaut François : 416.
Tual Roland : 100.
Turlais Jean : 238.
Turquoi Jean-Pierre : 292.
Tzanck René : 310, 347.
Tzara Tristan : 93, 172.
Tzepeneag Dimitri : 457.

Ullmann André : 157.
Unik Pierre : 157, 172.

Vadim Roger : 418.
Vailland Roger : 290, 293, 295, 302.
Vaillant A. : 171.
Vaillant-Couturier Paul : 99, 157, 165, 172.
Vaïsse Maurice : 198, 203.
Valabrègue Catherine : 439.
Valensi : 172.
Valentino Henri : 234, 238.
Valéry Paul : 104, 124, 125, 231, 232, 244, 245.
Valet Henriette : 172.
Vallery-Radot Robert : 73, 238, 266, 267, 268, 278.

Vallès Gérard : 439.
Vallette Alfred : 49.
Valois Georges : 73.
Vanderpyl : 234, 238.
Vanuxem Général : 399.
Varda Agnès : 418, 421.
Variot Jean : 238.
Vasarely : 405.
Vaudal Jean : 232.
Vaudoyer Jean-Louis : 73.
Vaugeois Henry : 38.
Vedel Georges : 319, 371, 457.
Védrines Hélène : 439.
Veil Simone : 515, 519.
Veillon Dominique : 218.
Vercors : 232, 285, 290, 292, 293, 301, 318, 389, 391, 403, 405, 416.
Verdès-Leroux Jeannine : 274, 275, 276, 283, 284, 288, 301, 302, 390, 391, 392, 496.
Vermeil Edmond : 158, 171.
Vernant Jean-Pierre : 261, 347, 383, 384, 386, 387, 389, 390, 401, 412.
Verne Jules : 39.
Vernes Charles : 103.
Vernet : 253.
Vernet Madeleine : 184.
Veuillot François : 103.
Veyne Paul : 504.
Vidal-Naquet Pierre : 107, 261, 331, 334, 371, 375, 396, 402, 408, 412, 424, 432, 433, 492, 496, 501, 504.
Videla Général : 12.
Vielfaure J.-P. : 347.
Vienney : 172.
Vigier Jean-Pierre : 412.
Vignaud Jean : 238.
Vignaux Paul : 181, 445, 506.

VIGNE : 200.
VILAIN Charles : 234.
VILAR Jean : 371, 391, 403, 405, 434.
VILDÉ Boris : 218.
VILDRAC Charles : 43, 65, 100, 110, 129, 157, 165, 172, 232, 408.
VILLARD Marcel : 157.
VILLEFOSSE Louis de : 290, 408.
VILLETTE Pierre : 154.
VILLEY Daniel : 357.
VILMORIN Louise de : 431.
VINCENT Jean-Marie : 439.
VINCENT René : 238.
VIOLLIS Andrée : 144, 172, 232.
VIRLOJEUX Henri : 481.
VISEUX Claude : 347.
VITEZ Antoine : 481, 501, 507, 518.
VITOLD Michel : 481.
VITRAC Roger : 100.
VIVES : 200.
VLAMINCK Maurice de : 100, 110, 234, 238, 245.
VOLDMAN Danièle : 435.
VUILLERMOZ Émile : 238.

WAHL Alfred : 330, 331.
WAHL Jean : 323.
WAKHEVITCH Georges : 457.
WALINE Marcel : 278.
WALLON Henri : 165, 171, 296, 298, 299.
WALTER François : 142.
WARHOL Andy : 552.
WEBER Eugen : 74.
WEBER Henri : 421.

WEBER Max : 283.
WEHRLIN François : 457.
WEIL Simone : 184, 190, 532.
WEINGARTEN Romain : 457.
WERTH Léon : 65, 100.
WIENER Jean : 418, 481, 482.
WIENER Élisabeth : 418.
WILDE Oscar : 225.
WILHEM Jean-Michel : 439.
WILLARD Claude : 133, 421.
WILLARD Marcel : 172.
WILSON Georges : 405.
WILSON Woodrow : 113.
WINOCK Michel : 107, 166, 192, 334, 421.
WOLFF Étienne : 457.
WOLINSKI : 482.
WUILLEMIER : 333.
WULLENS Maurice : 100, 200.
WURMSER André : 157, 172.

XENAKIS Françoise : 457.
XENAKIS Iannis : 405, 457, 507.
XYDIAS Jean : 234, 238.

YANNAKAKIS Ilios : 457.
YLIPE : 347.
YOURCENAR Marguerite : 507.
YVETOT Georges : 200.

ZAZZO René : 296, 298, 347, 383, 410.
ZELDIN Theodore : 16.
ZOLA Émile : 28, 34, 35, 36, 139.
ZORETTI Ludovic : 144, 195, 200, 238.
ZWEIG Stefan : 65.
ZYROMSKI Jean : 172.

Avant-propos   11
  Les intellectuels en leurs manifestes   13
  Idées, cultures, mentalités   16
  Observatoire et sismographe   18
  Une démarche impressionniste ?   23

CHAPITRE PREMIER : LEVER DE RIDEAU   29
  Pétitions pré-historiques   29
  La faille de l'affaire Dreyfus   35
  La pétition, arme de gauche ?   39
  Échos extérieurs   48

CHAPITRE II : GUERRE
  ET LENDEMAINS DE GUERRE   52
  Les hérauts et les héros   52
  La guerre d'indépendance   60
  Une nouvelle ligne de partage des eaux ?   79

CHAPITRE III : PÉTITIONS
  AU CŒUR DES ANNÉES FOLLES   88
  Pétitions et mystifications   88
  L'affaire Malraux   92
  Retombées franco-françaises de la guerre du Rif   96

Débats sur la sécurité   108
Le bain pacifiste   117

CHAPITRE IV : LE TEMPS DES MANIFESTES   132

Un milieu en extension   133
La « grande peur » de 1934   135
La guerre d'Éthiopie des intellectuels   147
Une nouvelle affaire Dreyfus ?   162
« Le moment est venu de dégainer son âme ! »   167

CHAPITRE V : AU SEUIL
DES ANNÉES NOIRES   182

Munich   185
Un reflux pacifiste ?   197
Intellectuels antimunichois   204

CHAPITRE VI : UN LUSTRE DE SILENCE
PÉTITIONNAIRE   215

L'intellectuel aux armées   216
« Dans les ténèbres de l'ergastule »   219
Les fantômes de Sigmaringen   226

CHAPITRE VII : L'APRÈS-GUERRE
DES INTELLECTUELS   230

L'épuration   230
Le « cas Nizan »   251
L'empreinte persistante de la guerre   259

CHAPITRE VIII : UN AUTOMNE 1956   273

L'âge d'or des intellectuels communistes   273
À droite : un désert de l'esprit ?   276
L'ébranlement de la foi   282
Un « coup de tonnerre » au printemps   284
Le « sourire » de Budapest   289

Choc en retour — 300
Annexes — 309

CHAPITRE IX : GUERRE D'ALGÉRIE,
GUERRE DES PÉTITIONS ? — 314
Le tournant de 1955 — 317
Une gauche divisée ? — 322
Une influence des clercs ? — 334
La « stupeur » de 1958 — 339
La guerre des manifestes (1960) — 342
« La guerre de Sartre » ? — 360

CHAPITRE X : D'UNE GUERRE À L'AUTRE :
DE L'ALGÉRIE AU VIETNAM — 367
L'affaire Debray — 368
Mai 1968 : Pétitionnaires, un pas en arrière ! — 375
Turbulences au Parti communiste ? — 380
Regards extérieurs — 392

CHAPITRE XI : SOUS LE SIGNE DU VIETNAM — 397
Une droite atonique — 397
Pétitions en chaîne — 400
Désinformation ? — 407
L'adieu aux larmes — 424

CHAPITRE XII :
LE CRÉPUSCULE DES CLERCS ? — 428
Les femmes, à leur tour — 429
L' « Appel du 18 joint » — 435
Guérilla avec le PCF — 441
Des intellectuels vont au CIEL — 447
L'automne des maîtres penseurs ? — 462

Fin de partie ?   472
Annexe : les « 343 »   475

CHAPITRE XIII : SUR LE « SILENCE »
DES INTELLECTUELS   480
La décrue de l'intelligentsia communiste   481
Des clercs boudeurs   485
Dreux, ou les débuts de l'« antiracisme »   509
Retour en grâce ?   521

Conclusion : Ni plaidoyer ni requiem   525
Des clercs à responsabilité limitée   526
Humeurs et rumeurs   530
Une spécialité française ?   539
La fin de la piste ?   542
Champ de ruines...   551
...ou champ en jachère ?   554

Sources et bibliographie   558
Index   559

DU MÊME AUTEUR

LES INTELLECTUELS EN FRANCE, DE L'AFFAIRE DREYFUS À NOS JOURS, en collaboration avec Pascal Ory, Armand Colin, 1986, 2ᵉ éd., 1992.

GÉNÉRATION INTELLECTUELLE. KHÂGNEUX ET NORMALIENS DANS L'ENTRE-DEUX-GUERRES, Fayard, 1988 (Couronné par l'Académie française); coll. « Quadrige », PUF, 1994.

LA POLITIQUE SOCIALE DU GÉNÉRAL DE GAULLE (en codirection avec Marc Sadoun et Robert Vandenbussche), Centre d'histoire de la région du Nord, 1990.

LA GUERRE D'ALGÉRIE ET LES INTELLECTUELS FRANÇAIS (en codirection avec Jean-Pierre Rioux), Bruxelles, Complexe, 1991.

HISTOIRE DES DROITES EN FRANCE (sous la direction de), 3 vol., Gallimard, 1992.

LA FRANCE DE 1914 À NOS JOURS (en collaboration avec Robert Vandenbussche et Jean Vavasseur-Desperriers), PUF, 1993.

ÉCOLE NORMALE SUPÉRIEURE. LE LIVRE DU BICENTENAIRE (sous la direction de), PUF, 1994.

DICTIONNAIRE HISTORIQUE DE LA VIE POLITIQUE AU XXᵉ SIÈCLE (sous la direction de), PUF, 1995.

CENT ANS DE SOCIALISME SEPTENTRIONNAL (en codirection avec Bernard Ménager et Jean Vavasseur-Desperriers), Centre d'histoire de la région du Nord, 1995.

LES AFFAIRES CULTURELLES AU TEMPS DE JACQUES DUHAMEL (en codirection avec Augustin Girard, Geneviève Gentil et Jean-Pierre Rioux), Comité d'histoire du ministrère de la Culture-La Documentation française, 1995.

DEUX INTELLECTUELS DANS LE SIÈCLE, SARTRE ET ARON, Fayard, 1995.

Collaboration à

HISTOIRE DE LA CIVILISATION FRANÇAISE, de Georges Duby et Robert Mandrou, tome II, nouvelle édition, Armand Colin, 1984; Le Livre de Poche-Références, 1993.

LES LIEUX DE MÉMOIRE, sous la direction de Pierre Nora, t. II, **LA NATION**, vol. 3, Gallimard, 1986.

POUR UNE HISTOIRE POLITIQUE, sous la direction de René Rémond, Le Seuil, 1988.

NOTRE SIÈCLE (1918-1988), de René Rémond, nouvelle éd. Fayard, 1995; Le Livre de Poche-Références, 1993.

L'HISTOIRE ET LE MÉTIER D'HISTORIEN EN FRANCE 1945-1995, sous la direction de François Bédarida, Éditions de la Maison des sciences de l'homme, 1995.

Composé et achevé d'imprimer
par la Société Nouvelle Firmin-Didot
à Mesnil-sur-l'Estrée, le 7 mars 1996.
Dépôt légal : mars 1996.
Numéro d'imprimeur : 33332
ISBN 2-07-032919-4 / Imprimé en France.

75409